Oxydkeramik

der Einstoffsysteme

vom Standpunkt der Physikalischen Chemie

Von

Dr. Eugen Ryschkewitsch

Mit 132 Abbildungen

Springer-Verlag

Berlin / Göttingen / Heidelberg

1948

ISBN 978-3-540-01343-3 ISBN 978-3-642-49237-2 (eBook)
DOI 10.1007/978-3-642-49237-2

Softcover reprint of the hardcover 1st edition 1948

Vorwort.

Das vorliegende Buch, das ich auf Anregung Dr. P. ROSBAUDS geschrieben habe, bildet den ersten Versuch, das neue Gebiet der Oxydkeramik, an deren Ausbau der Autor durch eigene mehrjährige Arbeiten beteiligt war, zusammenfassend zu schildern. Der eingenommene Standpunkt der physikalischen Chemie des festen Zustandes führte zur Auffassung, daß zwischen den oxydischen Systemen einerseits und den vielfach besser erforschten und technisch beherrschten metallischen Systemen andererseits innere Zusammenhänge existieren. Insofern erscheint es berechtigt, von der „Keramographie" solcher oxydischkeramischer Systeme zu sprechen, im gleichen Sinne wie von der Metallographie auf dem Gebiete der Metallkunde. Die Verfolgung der keramographischen Gesichtspunkte scheint geeignet, manche neuen Erkenntnisse und weiteren Zusammenhänge zutage zu fördern.

Die Niederschrift des Manuskriptes fiel in die schwere Zeit des zweiten Weltkrieges und war im Jahre 1942 im wesentlichen abgeschlossen. Die für das Jahr 1943 beabsichtigte Drucklegung des Buches konnte erst jetzt zu Ende geführt werden.

Da der Autor bald nach dem Kriegsende nach Amerika ging, hat der Verlag für die Erledigung der letzten Korrekturen und Beseitigung einiger Unebenheiten im Text usw. Sorge getragen.

Zwischen dem Abschluß des Manuskriptes und dem Zeitpunkt des Erscheinens des Buches sind einige Jahre verflossen, in denen auf dem behandelten Gebiet weitere Arbeiten — teils vom Autor selbst — ausgeführt und neue Ergebnisse erzielt worden sind. Diese sind im vorliegenden Buch noch nicht berücksichtigt.

Es möge die günstigere Zeit eine bessere Möglichkeit schaffen, die noch bestehenden weiten Lücken der Oxydkeramik zu schließen. Das vorliegende Buch soll einen Beitrag und eine Anregung dazu liefern.

Dayton, O. USA., Febr. 1948.

EUGEN RYSCHKEWITSCH.

Inhaltsverzeichnis.

Berichtigung.

S. 40, Z. 15 v. oben, beginnend mit: „Aber auch dieser Wert . . “, einschließlich S. 41, Z. 4 v. oben, endend: „dementsprechend rund 3800° C“, ist zu streichen.

S. 41, Z. 18—19 v. oben: [Abweichung von der Formel (b) usw.] ist zu streichen.

I. Allgemeine Grundlagen der Oxydkeramik.

1. Einleitung: Mehrstoff- und Einstoffsysteme.

Keramik ist wohl die älteste Technik des Menschen. Schon zu der Zeit, als der Mensch weder Webstoffe anzufertigen noch Metalle zu verarbeiten verstand, sondern die Kleidung aus Fellen und die Werkzeuge und Waffen aus Stein benutzte, konnte er bereits seine primitiven Töpfererzeugnisse herstellen. Man kann annehmen, daß die ersten keramischen Geräte recht bald nach der Erlangung der Fertigkeit, das Feuer willkürlich und künstlich zu erzeugen, das Licht der Welt erblickten. Im Bereich der Hitze des Scheiterhaufens und des Herdfeuers backte die tonige Erde zu einem festen steinigen Scherben zusammen. Die im Ton eingeprägten Spuren und Formen erhielten hierdurch eine bleibende Gestalt. Der Mensch lernte bald, aus derartiger bildsamer Erde seine Gefäße den Schalen der Kokosnuß, des Kürbisses usw. nachzubilden und die Stücke absichtlich zu brennen.

Lange Jahrhunderte und Jahrtausende hindurch war die Herstellung der keramischen Erzeugnisse an die Anwendung besonderer in der Natur vorhandenen verformbaren Erden, der Tone, gebunden, die ja reichlich an verschiedenen, für die menschlichen Siedlungen geeigneten Stellen gefunden wurden. — So ist es eigentlich bis auf den heutigen Tag geblieben.

Die Mauerziegel, die feuerfesten Schamottesteine, die Steinkrüge und die schönsten Porzellane — alle diese keramischen Erzeugnisse haben immer wieder dieselbe Substanz — den Ton — zu ihrem Grundstoff. Mit der Zeit fand man verschiedene Abarten des Tons, die sich für bestimmte Zwecke besonders gut eignen. Danach benannte man auch die betreffenden Ausgangsstoffe als „Steingutton", „Porzellanerde", „Feuerton" usw. Diese verschiedenen Arten sind in der Hauptsache durch charakteristische Beimengungen zur eigentlichen Tonsubstanz gekennzeichnet, wie z. B. feinstverteilten Quarzsand im Halleschen Porzellanton usw.

Unter der Tonsubstanz im engeren Sinne versteht man das feinverteilte Mineral Kaolinit, $Al_2O_3 \cdot 2SiO_2 \cdot 2H_2O$. Die in der neueren Zeit gelegentlich geäußerten Zweifel an der Richtigkeit dieser alten Formel konnten R. SCHWARZ und R. TRAGESER in ihrer Arbeit[1] beseitigen.

[1] SCHWARZ, R., u. R. TRAGESER: Über die Zusammensetzung der Tonsubstanz. Ztschr. f. anorg. u. allg. Ch. **227**, 179—183 (1936).

Der Kaolinit ist ein Zersetzungsprodukt von kompliziert gebauten Alumosilicaten, z. B. Feldspäten und Glimmerarten. Neben dem Kaolinit sind in der neueren Zeit auch andere ähnlich gebaute und durch ähnliche Eigenschaften ausgezeichnete Mineralien, wie Allophane, Halloysit $Al_2O_3 \cdot 2\,SiO_2 \cdot 4\,H_2O$, Montmorillonit $Al_2O_3 \cdot 4\,SiO_2 \cdot n\,H_2O$ usw. näher bekannt geworden. Es ist wohl gerechtfertigt, nicht nur den Kaolinit, sondern alle diese Mineralien unter dem Begriff „Tonsubstanz" zusammenzufassen. Eine eingehendere Kenntnis dieser Stoffe verdankt man den Untersuchungen von G. Keppeler, W. Noll, R. Schwarz[1] u.a. Selbst der reinste entwässerte Kaolinit verhält sich bei hoher Temperatur nicht wie ein einheitlicher Stoff, der nur eine einzige feste Phase bildet, geschweige denn der normale feuerfeste Ton, aus dem z. B. Schamottesteine hergestellt werden. Eine nähere Betrachtung zeigt uns sofort, daß das Erzeugnis aus mehreren Phasen und Stoffen besteht. Selbst ein auf den ersten Blick so homogenes keramisches Erzeugnis wie Porzellan, das bis heute zu den Edelprodukten keramischer Fertigung gehört, besteht aus einem Gemisch mehrerer Stoffe und verschiedener Zustände.

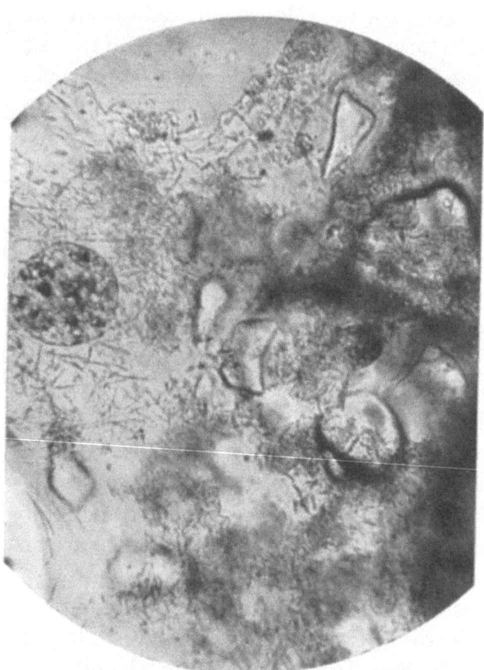

Abb. 1. Dünnschliff des Porzellanscherbens im Polarisationsmikroskop. Vergr. 600×.

Wie die nähere Betrachtung eines Dünnschliffes (Abb. 1) des Porzellanscherbens im Polarisationsmikroskop zeigt, befinden sich in der erstarrten homogen erscheinenden Glasbasis ungelöst gebliebene, aber bereits angegriffene Quarzkristalle, man bemerkt viele feinste Nadeln aus Mullit, die sich infolge des Brennvorgangs aus Al_2O_3 und SiO_2 gebildet haben, man erkennt Gaseinschlüsse, in die drusenartig feinste Kriställchen hineinragen — kurz, wir haben hier ein Konglomerat verschiedener Stoffe und ein Nebeneinander von kristallisierten festen Stoffen mit der unterkühlten Flüssigkeit, als die man die Glasbasis ansehen kann, sowie mit gasförmigen Einschlüssen vor uns. Man braucht

[1] Vgl. W. Noll: Über synthetische Tonminerale und ein Porzellan aus synthetischem Kaolin. Sprechsaal **70**, 127—129 (1937).

nicht erst die GIBBSsche Phasenregel zu Rate zu ziehen, um hier sofort zu erkennen, daß ein derartiges System sich nicht im physikalisch-chemischen Gleichgewicht befindet.

Das bedingt eine Reihe von Besonderheiten im Verhalten derartiger Systeme, worauf hier kurz hingewiesen sei. In bezug auf die mechanische Festigkeit z. B. ist es von Bedeutung, daß die einen Bestandteile bei der Beanspruchung auf Zug, Druck, Verdrehung, Biegung usw. anders reagieren als die benachbarten anderen. Dementsprechend müssen wir mit „Spannungsspitzen" an den betreffenden Grenzflächen und -punkten rechnen, die zur Verminderung der betreffenden Festigkeitseigenschaft des heterogen gebauten Körpers führen. Der eine Kristall wird mehr als der Nachbar komprimiert oder ausgedehnt, infolgedessen kommt an der Berührungsstelle eine Zusatzkompression oder -dehnung über den Betrag hinaus, der mit Manometer gemessen wird, es kommen innere Spannungen zustande, die sich äußerlich durch vorzeitiges Zusammenbrechen kundgeben. Die Festigkeit derartiger Konglomerate liegt daher oft unterhalb der Festigkeit der schwächsten Komponente.

Bestimmte physikalisch-chemische Eigenschaften derartiger im Ungleichgewicht befindlicher Systeme sind nicht zu verlangen. Je nach der Behandlung und der Benutzung des Materials erfolgen die Auflösungs- oder Ausscheidungsprozesse, z. B. die Auflösung des Quarzes, die Ausscheidung der Mullitkristalle usw., so daß man einem derartigen keramischen Körper keine konstante Zusammensetzung zuschreiben kann. Sie bewegt sich höchstens in bestimmten Grenzen. Dementsprechend ist auch die chemische Widerstandsfähigkeit des komplexen keramischen Körpers keine bestimmte konstante Eigenschaft. Sie ist eine Funktion verschiedener Umstände, auch der Dauer der Einwirkung korrodierender Einflüsse.

Bekanntermaßen weist ein derartiges Material, wie Steingut, aber auch Porzellan, Schamotte usw. keinen konstanten Schmelzpunkt, sondern ein ziemlich weites Erweichungs- und Schmelzintervall auf. Unter dem Temperatureinfluß geraten die Bausteine des komplex gebauten keramischen Werkstoffes in ein allmählich um sich greifendes Wanken, bis nach und nach schließlich alles zusammenbricht.

Es ist nicht gut möglich, bei derartigem Material vom spezifischen Gewicht zu sprechen. Dieser Begriff wird durch den des „Raumgewichts" ersetzt, usw. Das Material hat nicht nur keine definierten Eigenschaften im gegebenen Augenblick, es verändert dieselben mit der Zeit, insbesondere im Gebrauch, also es „altert".

Die Auflösungs- und Ausscheidungsvorgänge, die damit verknüpften Änderungen der Glasbasis usw. können infolge der inneren (allerdings von außen hervorgerufenen) Umwandlungen erfolgen (z. B. Entglasung). Noch stärkere Änderungen treten jedoch ein, wenn das keramische Material, z. B. Schamottestein, dem Schlackenangriff oder einer sonstigen auflösenden Einwirkung unterworfen wird. Denn hierbei erfolgt ein auswählender Angriff auf leichter verletzliche Bestandteile und Stellen, die eingreifende Substanz frißt sich ins Innere ein, und nach Ablauf einer gewissen Zeit ist der anfängliche Werkstoff nur zum geringen Teil in ursprünglicher Zusammensetzung geblieben.

Das Studium der durch verschiedene Einflüsse hervorgerufenen Zustände und Vorgänge wird bei einem keramischen Mehrstoffsystem überaus erschwert, zuweilen ganz unmöglich gemacht. Sogar ein so einfacher Vorgang wie die Rekristallisation, die man als Reaktion des Stoffes mit sich selbst bezeichnen kann, entzieht sich beim keramischen Mehrstoffsystem der richtigen Beobachtung und Untersuchung. Bei komplizierten Erscheinungen, wie z. B. bei der Vorausbestimmung der Schmelzpunkte einer Mehrstoffreihe mit steigendem Gehalt einer Komponente u. dgl., kommt man bald mit den Tatsachen auseinander. Es war seinerzeit z. B. nicht einmal einem SEGER möglich, die Reihenfolge der Schmelzpunkte seiner „Schmelzkegel" vorauszusagen, die später die Grundlage für die SEGER-Kegel bildete, wenn die Massen bestimmte Zusätze erhielten. Noch unübersichtlicher gestalten sich die Verhältnisse, wenn es sich um weitere Feinheiten, wie z. B. um den Brennschwund, die Festigkeit, die Brennfarbe usw. handelt — alles Dinge, die für die Praxis von größter Bedeutung sind. Sie hängen aber von so vielen nicht vorausbestimmbaren Faktoren ab, daß es am einfachsten ist, die empirische Prüfung allein entscheiden zu lassen. Der Keramiker ist somit auf bestimmte Vorkommen, ja Lagen seiner Rohstoffe angewiesen, bei denen er alle seine Vor- und Nachteile in Kauf nehmen muß. Es sei in diesem Zusammenhang nur an das Mullit-Sillimanit-Problem erinnert, das weiter unten eingehender besprochen wird. Wieviel Scharfsinn, Arbeit, Anwendung von subtilsten Methoden der Experimentierkunst usw. war erforderlich, um diese Frage eines unkomplizierten Zweistoffsystems zu klären! Kein Wunder also, daß das Studium der Mehrstoffsysteme schwierig, ihre Übersicht mangelhaft, die technischen Aufwendungen unvollkommen sind. All diese Schwierigkeiten verschwinden bei der Betrachtung der Einstoff- oder noch richtiger Einphasensysteme von selbst.

So z. B. ist es erst am Einstoffsystem leicht möglich, den Einfluß der Korngröße auf die Festigkeitseigenschaften des Scherbens zu ermitteln, den Einfluß der geringen Zusätze auf die Kristallisation des Hauptstoffes zu studieren usw. Bei polymorphen Oxyden, die als keramisches Material in Frage kommen, wie z. B. Al_2O_3, SiO_2, ZrO_2, auch TiO_2, ist es leicht möglich, die Formen und Umwandlungen kennenzulernen, den Einfluß geringer Zusätze zu ermitteln und ihn in gewünschtem Sinne zu verwenden.

Es ergeben sich hierbei in den einfachsten Fällen manche Gesetzmäßigkeiten, die in weitgehender Analogie mit denen stehen, die man aus der Metallkunde, speziell aus der Metallographie, kennengelernt hat. Die Prozesse der Gleitung der Gitterbestandteile, ihrer Blockierung durch fremde Stoffe, die sich an den betreffenden Stellen des Gitters abscheiden, die Erscheinungen der Behinderung des chemischen Angriffs einer unbeständigen Substanz durch ihren Einbau in eine beständige, ähnlich dem Schutz des Silbers vor der Auflösung in der Salpetersäure durch das Quartieren mit Gold usw., dürften sich in den oxydischen Verbindungen in ähnlicher Weise abspielen wie in den Metallen. Die Zusammenfassung derartiger Erscheinungen an oxydischen keramischen Systemen, die eine weitgehende Analogie zu metallographischen Erscheinungen aufweisen und eine ähnliche Betrachtungsweise erlauben, kann man als „keramographisch" bezeichnen[1].

Dementsprechend bietet die Keramik der einfachen oxydischen Systeme, die den Gegenstand der weiteren Betrachtungen im vorliegenden Buch bildet, nicht nur eine Erweiterung der keramischen Technik schlechterdings, sie bietet auch die Möglichkeit zur Vertiefung ihrer Grundlagen.

Das Verständnis der Erscheinungen bei der Ausbildung der Plastizität der keramischen Massen, das Verständnis der Veränderungen beim Brennen der Formlinge, endlich das Verständnis für das Verhalten der keramischen Fertigerzeugnisse im Gebrauch wird gefördert und z. T. erst ermöglicht durch das Studium an den Einstoff- und Einphasensystemen. — Auch sie geben noch genug Rätsel auf, und je mehr man sich mit scheinbar einfachsten Dingen beschäftigt, um so mehr erkennt man, daß zu ihrer Beherrschung ein weites Hinausgreifen aus der eng erscheinenden Welt des betreffenden einen Stoffes gehört.

Es ist vielleicht nützlich, näher darzulegen, was unter der Bezeichnung Einstoffsystem verstanden werden soll.

Streng theoretisch gesprochen ist ein Einstoff- oder besser Einphasensystem[2] nur das Innere eines einheitlichen ideal ausgebildeten Kristalls völliger chemischer Reinheit nach strengen Regeln der klassischen Stöchiometrie. Denn schon die im wirklichen Kristall — selbst wenn er gar keine fremdstofflichen Verunreinigungen enthält — vorkommenden Baufehler, worüber weiter unten näher die Rede sein wird, bilden streng genommen andere Phasen und Zustände, wenn auch amikroskopischen Ausmaßes. Die Kristalloberfläche oder gar Korngrenzen des polykristallinen Gebildes ergeben ebenfalls andere Zustände als das Kristallinnere. Wenn es im polykristallinen Gebilde gar einzelne Kristalle (es brauchen nur wenige zu sein) gibt, die durch irgendwelche

[1] Vgl. E. Ryschkewitsch: Einstoffsysteme als Grundlage der wissenschaftlichen keramischen Forschung. Ber. Dtsch. Keram. Ges. **16**, 111—117 (1935) und einige weitere Arbeiten ebenda.

[2] Hier ist nur vom festen Zustand die Rede.

Verunreinigungen sich von den andern unterscheiden, dann kann man erst recht nicht mehr von dem Einphasen- und Einstoffsystem im strengen Sinne des Wortes sprechen.

Bei den technischen Werkstoffen, die den Gegenstand der nachstehenden Betrachtungen bilden, kann demnach überhaupt keine Rede vom Einstoffsystem (im obigen Sinne) sein.

Um sich der Wirklichkeit anzupassen, soll unter dem Einstoffsystem oder System auf der Einstoffbasis ein solches System verstanden werden, das zur Basis einen einzigen Stoff in einer einzigen Modifikation (Phase) hat, das jedoch nicht nur technisch unvermeidbare oder übliche Verunreinigungen und Beimengungen enthalten kann, sondern zuweilen auch mit absichtlichen Zusätzen versehen ist. Das letztere ist z. B. bei der keramischen Verarbeitung von ZrO_2 der Fall, dem man etwa 2% MgO zusetzen muß, wie es weiter unten näher dargelegt wird.

Auch die bisher nicht vermeidbaren Lufteinschlüsse im Scherben der keramischen Werkstoffe stören den Begriff des Systems auf der Einstoffbasis nicht, da er sich eben auf die technische und wirkliche und nicht auf die theoretische und ideale Basis bezieht.

In diesem Sinne kann also ein Werkstoff durchaus sogar einem ausgesprochenen Mehrstoffsystem angehören, jedoch auf der Einstoffbasis aufgebaut sein. Einfachheitshalber kann man auch in diesem Fall vom Einstoffsystem sprechen, obwohl es nicht ganz einwandfrei ist. Dem Sinne nach dürften sich deswegen keine Verwechslungen ergeben.

Es erscheint nicht überflüssig, an dieser Stelle die Bezeichnung „Oxydkeramik" näher zu bestimmen. Darunter soll die Keramik reiner (im soeben erörterten Sinne) Oxyde verstanden werden, im bewußten Unterschied z. B. zur üblichen Silicatkeramik, die hauptsächlich mit Ton oder mit anderen Silicaten, bzw. mit ihren Gemischen zu tun hat. Dementsprechend kann man von der Metallkeramik, vielleicht bald von der Carbidkeramik usw. sprechen.

Die Besprechung des Zirkonsilicats würde somit zur Silicatkeramik und nicht zur Oxydkeramik gehören. Seine Hereinnahme in das vorliegende Buch ist aber aus Gründen der Zweckmäßigkeit infolge mancher Zusammenhänge mit ZrO_2 gerechtfertigt. Andererseits bleibt hier SiO_2 außer Betracht, obwohl es ein reines Oxyd nach der obigen Definition darstellt. Der Grund für das Fernbleiben der Kieselerde liegt hier vornehmlich darin, daß erstens das keramische Verhalten von SiO_2 (Silicasteine, Quarzgut usw.) bereits in anderen Werken ausführlich beschrieben und hinlänglich geläufig ist, und daß zweitens die Kieselsäure selbst eigentlich erst recht den Gegenstand der Silicatkeramik im engeren Sinne des Wortes bilden dürfte. Höchstens kann man die Kieselerde als das Bindeglied zwischen der Oxyd- und Silicatkeramik ansehen.

2. Feinzerkleinerung.

Die allererste Bedingung zur Herstellbarkeit von keramischen Erzeugnissen besteht in der Verformbarkeit, in der Plastizität des Ausgangsmaterials. Der Ton besitzt diese Eigenschaft sozusagen von vornherein, die Plastizität und der Ton sind unzertrennbare Begriffe geworden. Dementsprechend wird auch zur Verformung von an sich unplastischen Materialien, wie z. B. Korund, der Ton als Bindemittel genommen, wobei allerdings keine Erzeugnisse aus wirklich reinem Korund erzielbar sind.

Aber auch die Plastizität des Tons ist an bestimmte Bedingungen geknüpft. Der allerbeste trockene Ton kann z. B. mit Quecksilber nicht zu einer plastischen Masse angeteigt werden, auch nicht mit Petroleum und nicht einmal mit Alkohol. Nur Wasser, Glycerin usw. vermag ihm die Eigenschaft der Verformbarkeit zu verleihen. Andererseits weiß man, daß manche Metallpulver, z. B. von Zinn, Silber usw., keinesfalls mit Wasser und einheitlichen organischen Flüssigkeiten, wohl aber mit Quecksilber zu plastisch verformbaren Pasten angerührt werden können. Zur Vervollständigung des Bildes sei erwähnt, daß z. B. der Trockenasphalt weder mit Quecksilber noch mit Wasser, wohl aber mit Kohlenwasserstoffen plastisch „angemacht“ werden kann.

Die Plastizität ist also nicht eine dem Material als solchem innewohnende Eigenschaft an sich[1], sondern ein Zustand, der durch gewisse Umstände hervorgerufen werden kann. Diese Umstände sind sowohl physikalischer als auch chemischer Art, wobei aber eine Trennung zwischen den beiden nicht möglich ist.

Wohl die wichtigste Bedingung zur Erlangung der Plastizität, der Verformbarkeit eines z. B. mit Wasser angemachten pulverförmigen Stoffes besteht in seiner feinen Verteilung. Sie bewirkt eine innigere Verbindung zwischen dem Anmachwasser und dem Pulver einfach durch die Adsorptionskräfte, die in hohem Maße von der Entwicklung der Oberfläche abhängig sind. Daher empfiehlt z. B. E. Podszus[2] und auch Graf B. Schwerin[3], zur Überführung der unplastischen Stoffe in plastischen Zustand sie einer kolloidal-feinen Vermahlung zu unterwerfen. In der Praxis hat sich jedoch eine Zerkleinerung bis maximal etwa 5 bis 10 μ Korndurchmesser für alle reinen Oxyde als vollkommen ausreichend herausgestellt.

Über den Vorgang der Zerkleinerung von harten Materialien, die als Rohstoffe für den Keramiker in Frage kommen, wie Quarz, Feld-

[1] Es wird hier nur von der Plastizität einer „Masse“, also des Zweiphasensystems, und nicht eines Körpers gesprochen. Selbst die sprödesten Körper und Kristalle besitzen bis zu einem gewissen Grade die Eigenschaft der plastischen Verformbarkeit, worüber weiter unten die Rede sein wird.

[2] Podszus, E.: Kolloid-Ztschr. **20**, 65—73 (1917).

[3] Schwerin, Graf B.: D.R.P. 274039 (1910).

spat, auch Glas usw., aber auch von Kohle, Zementklinker, von verschiedenen Erzen usw. liegen eingehende Untersuchungen von verschiedenen Autoren vor. Es hat sich hierbei gezeigt, daß die Vermahlungsprodukte bezüglich der zeitlichen Einwirkung der Mahlwerkzeuge und auch bezüglich der gleichzeitigen Kornzusammensetzung der Mühlenfüllung bemerkenswerte und verhältnismäßig einfache Gesetzmäßigkeiten aufweisen.

Wenden wir uns zunächst der Frage zu, in welcher Weise sich die Mahldauer auf die Korngröße des Mahlgutes auswirkt.

Bezeichnen wir die Anzahl der Körner, deren Durchmesser[1] größer als x ist, mit N_x, so wird die Abnahme dieser Anzahl, also $-dN_x$, proportional dieser Zahl selbst und der Zeitdauer der Einwirkung der Mühle dZ sein, d. h.

$$-dN_x = a \cdot N \cdot dZ.$$

Durch Integration dieser Differentialgleichung erhält man:

$$N_{xZ} = N_{x0} \cdot e^{-aZ},$$

wo N_{xZ} die Anzahl der Teilchen mit einem Korndurchmesser $\geqq x$ nach Verlauf der Mahldauer Z und N_{x0} die ursprünglich der Mühle aufgegebene Anzahl solcher Körner ist. Die Anzahl der unzerkleinert gebliebenen Körnchen fällt also exponentiell mit der Mahldauer. Physikalisch gesprochen besagt dies, daß jedes Teilchen die gleiche Wahrscheinlichkeit, zermalmt zu werden, besitzt. Hier liegt ein dem radioaktiven Zerfall der Elemente völlig analoges Gesetz vor. Vielleicht liegt hier eine Ähnlichkeit, die über die mathematische Formulierung hinausgeht, vor.

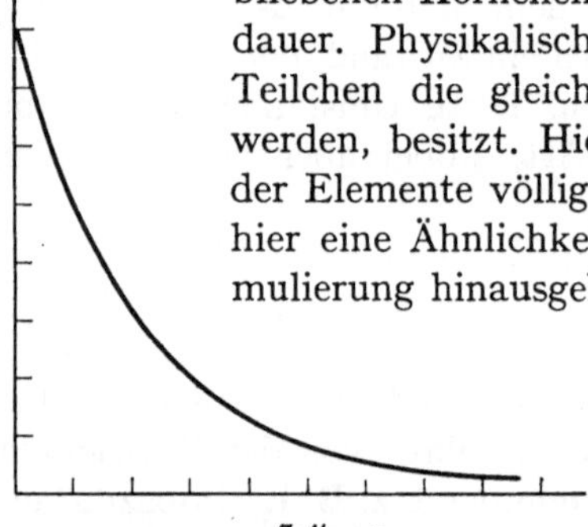

Abb. 2. Abhängigkeit der Korngröße des Mahlproduktes von der Mahldauer.

Die experimentelle Prüfung dieses Zusammenhanges hat z. B. R. Müller[2] an Quarz und an Feldspat bestätigt gefunden. Trägt man den Siebrückstand (Ordinate) auf einem bestimmten Sieb als Funktion der Mahldauer (Abszisse) auf, dann erhält man eine Kurve, wie die Abb. 2 zeigt. Bei einer großen Feinheit des zerkleinerten Gutes, das sich nicht mehr durch Siebe fassen läßt, bestimmt man den „Rückstand" oder das größte Korn durch mikroskopische Messungen. Derartige Messungen erweisen die Gültigkeit dieses Mahldauergesetzes auch an den reinen Oxyden, z. B. an der Tonerde. Das ist deswegen interessant zu vermerken, weil die Tonerde im Gegensatz zu Feldspat, Quarz, Zement usw. nicht als ein dreidimen-

[1] Über die nähere Definition des Korndurchmessers vgl. weiter unten.

[2] Müller, R.: Über die Vorgänge beim Mahlen keramischer Massen in Trommelmühlen. Sprechsaal **68**, 613—615, 627—631 (1935).

sionales, sondern infolge ihrer Blättchenform als ein zweidimensionales Gebilde angesehen werden darf.

Aus dem hier erörterten zeitlichen Ablauf des Mahlvorganges ersieht man ohne weiteres, daß mit der Zeit die Mahlwirkung der Mühle immer schwächer und schwächer wird. Physikalisch kommt diese Abschwächung dadurch zustande, daß die gebildeten feineren Körnchen als Puffer für die gröberen wirken und sie vor dem Zermalmen schützen. Aus dem zeitlichen Verlauf der Abnahme der Korngröße des Mahlgutes kann man mit ziemlicher Sicherheit entnehmen, wie lange die Mühle laufen muß, um den gewünschten „Zerkleinerungsgrad" des Mahlgutes in vernünftigen Grenzen zu liefern, deren Überschreitung eine unverhältnismäßige Verlängerung der Mahldauer mit sich bringen würde.

Die Kugelfüllung hat auch eine optimale Grenze, da die zu vielen Kugeln in der Mühle nicht mehr die Möglichkeit haben, das Gut zu zerkleinern, sondern schlagen nutzlos aufeinander. Durch einige Versuche kann man den größten Wert der Konstante a in der Exponentialfunktion und damit den steilsten Abfall der Kurve $N_x = f(Z)$, also die beste Wirkung der Mühle, leicht ermitteln. Er hängt ab von der Größe der Mühle, von ihrer Umdrehungsgeschwindigkeit, von der Füllung mit Mahlgut und auch von der Größe der Kugelfüllung und natürlich in einem entscheidenden Maße von dem Mahlgut selbst. Hierbei spielt die Arbeit, die zur Zerkleinerung der Teilchen notwendig ist, eine erhebliche Rolle. Nach dem RITTINGERschen Gesetz ist diese Arbeit proportional der erzielten Oberfläche des Mahlgutes. Dieser Satz ist durch G. MARTIN und seine Mitarbeiter am Quarzsand nachgeprüft und in diesem Falle als gültig gefunden worden, wobei eine exakte Messung der angewandten Energie einerseits und der erzielten Oberfläche des Sandes andererseits vorgenommen wurde[1]. C. MITTAG[2] führt zur Erfassung der energetischen Zusammenhänge im Mahlprozeß eine neue Größe, S, ein, die er spezifischen Mahlwiderstand nennt. Sie wird charakterisiert durch den Arbeitsaufwand dA, der zur Zerkleinerung eines Gewichtsanteils dD eben bis zur Korngröße kleiner als x notwendig ist, d. h. $S = \frac{dA}{dD}$. S wächst stark mit der Abnahme des Kornes. Diese Funktion kann durch eine Mahlkurve wiedergegeben werden, bei der die Abszisse D, die Ordinate Mahlarbeit A darstellt und die obenstehendes Aussehen hat (Abb. 3).

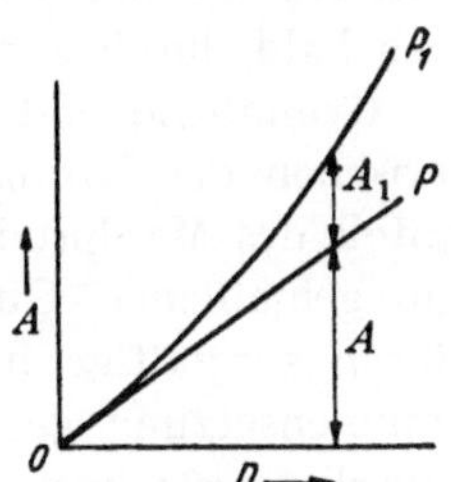

Abb. 3. Spezifischer Mahlwiderstand nach C. MITTAG.

Vergleicht man durch nähere Messungen und Rechnungen den durch

[1] Vgl. G. MARTIN, E. A. BOWES, F. B. TURNER: Researches on the Theory of fine grinding, Teil III. Trans. Ceram. Soc. (Lond.) **24**, **63—81** (**1925—1926**).

[2] MITTAG, C.: Der spezifische Mahlwiderstand. VDI-Verlag Berlin (1925).

den Mühlenantrieb aufgewendeten Energiebetrag mit der wirklich bei der Zerkleinerung geleisteten Mahlarbeit, dann findet man, daß hierfür nur wenige Prozente der aufgewandten Energie nützlich verbraucht werden. Die allermeiste Energie geht als Reibungswärme verloren. Die Mühlen stellen bis heute Maschinen mit dem schlechtesten Wirkungsgrad dar, die wir kennen.

Eine weitere, wohl die wichtigste Frage, die uns beim Mahlprodukt interessiert, bezieht sich auf die Korngrößenverteilung des Mahlproduktes, d. h. auf die Funktion, die angibt, wie groß der Gewichtsanteil des Mahlgutes ist, der auf bestimmte Korngröße x entfällt.

Nach einer Formulierung von J. W. MELLOR, die sich nicht auf experimentelle Befunde, sondern mehr auf theoretische Überlegungen stützt, soll jede Korngröße mit gleicher Anzahl im Mahlprodukt vertreten sein. Mathematisch ausgedrückt wäre danach also $\frac{dN_x}{dx} = 0$ oder $N_x = \text{const.}$ Diese Ansicht hat sich aber nicht als richtig erwiesen, was bald durch experimentelle Untersuchungen klargeworden ist.

Gründliche und ausführliche Arbeiten über die gesuchte Funktion zwischen der Korngröße x und dem dieselbe enthaltenden Gewichtsanteil des Mahlproduktes haben G. MARTIN und Mitarbeiter zunächst am gemahlenen Quarzsand ausgeführt[1]. Der gemahlene Sand wurde durch sorgfältige mikroskopische Untersuchungen auf seine Kornzusammensetzung geprüft. G. MARTIN postulierte durch mathematische Überlegung folgende Beziehung:

$$N_x = a \cdot e^{-bx},$$

wo N_x die Anzahl der Sandteilchen mit dem mittleren Durchmesser x, a und b Konstanten und e die Basis der natürlichen Logarithmen sind. Durch Differentiation erhält man:

$$-\frac{dN_x}{dx} = b \cdot N_x,$$

d. h. die Geschwindigkeit des Anwachsens der Teilchenanzahl mit der Abnahme des Korndurchmessers ist proportional der Teilchenanzahl der fraglichen Korngröße. Die geometrische Reihe der zunehmenden Teilchenanzahl entspricht hier der arithmetischen Reihe der abnehmenden Korngrößen dieser Teilchen.

Die gefundene Beziehung entspricht der Zinseszinsrechnung und wird auch von MARTIN „the compound interest law" genannt. Dieses Gesetz wird verständlich, sobald jedem Teilchen von der beliebigen Größe x eine immer gleichbleibende Anzahl Körnchen von der nächstkleineren Größe $(x - \Delta x)$ entspricht. Es seien z. B. im Mahlprodukt 10000 Körner von $20\,\mu$ im Durchmesser und 20000 Körner von $18\,\mu$,

[1] Vgl. G. MARTIN, C. E. BLYTH, H. TONGUE: Researches on the Theory of fine grinding. Trans. Brit. Ceram. Soc. **23**, 61—120 (1923—1924).

dann muß man nach diesem Gesetz 40000 Körner von 16 μ, 80000 Körner von 14 μ usw. erwarten.

Die mikroskopische Untersuchung der Mahlprodukte ergab nun, daß das Maximum der Teilchenzahl sich mit der angewandten Mikroskopvergrößerung nach der Seite der kleineren Teilchen verschob. Das folgt einfach aus dem Umstande heraus, daß man mit der stärkeren Vergrößerung immer mehr feine Teilchen erkennt und berücksichtigen kann. Hieraus folgt nach MARTIN die Gültigkeit dieses Gesetzes bis in die kolloiden Dimensionen der Mahlprodukte hinein.

Die Abzählung der Teilchen von bestimmten Größen ergibt nun, ob das Mahlprodukt dem Mahlgleichgewicht (dem radioaktiven Gleichgewicht analog) entspricht oder nicht.

Spätere Untersuchungen anderer Autoren ergaben, daß die von MARTIN aufgefundene Gesetzmäßigkeit den tatsächlichen Verhältnissen nicht immer gerecht wird. So z. B. findet H. F. VIEWEG[1], allerdings nur an Mahlprodukten von Quarz und Feldspat, und zwar in einem nicht sehr erheblichen Korngrößenbereich, folgenden Zusammenhang zwischen dem Gewichtsanteil G_x und der Korngröße x: Der Gewichtsanteil G_x bis zu einer bestimmten Korngröße x ist dieser Korngröße x direkt proportional. Trägt man den Gewichtsanteil G_x als Ordinate, die Korngröße x als Abszisse auf, dann erhält man eine Gerade. D. h. jede Korngröße beteiligt sich am Mahlprodukt mit gleicher *Gewichts*menge. Das ist eine wesentlich andere Beziehung als die von J. W. MELLOR angenommene, wonach im Mahlprodukt jede Korngröße mit gleicher *Anzahl* Teilchen vertreten sein soll.

In einem verhältnismäßig engen Bereich (von 5 bis 44 μ Durchmesser) findet der Autor eine gute Übereinstimmung seiner Formel mit den tatsächlich gefundenen Gewichtsanteilen des Mahlproduktes. Die Formel verlangt aber, daß die Gerade in den Anfangspunkt der Koordinaten einmündet und daß die verschiedenen Mahlprodukte sich dann nur durch die verschiedenen Neigungen der Geraden voneinander unterscheiden sollen. Beides trifft jedoch nicht immer zu.

Interessant ist noch der Befund des Autors, daß die kontinuierlich arbeitenden Mühlen eine etwas andere Korngrößenverteilung erzeugen als die periodisch arbeitenden, und zwar entsteht in der kontinuierlich arbeitenden Mühle eine Bevorzugung einer mittleren Korngröße, verglichen mit geschlossener Kugelmühle. Der Effekt der Rohrmühle z. B. besteht also darin, als ob der normalen Korngrößenverteilung eine mittlere Fraktion noch beigemengt würde.

Der allgemeine Zusammenhang zwischen der Korngröße und dem Gewichtsanteil der betreffenden Fraktion, gültig sowohl für kontinuierlich als auch für diskontinuierlich arbeitende Kugelmühlen. Schlag-

[1] VIEWEG, H. F.: Particle-size distribution in some ground ceramic raw materials. Journ. Amer. Ceram. Soc. **18**, 25—29 (1935).

mühlen u. a. Feinzerkleinerungsgeräte, wurde durch ausgedehnte Untersuchungen von P. ROSIN und Mitarbeitern[1] aufgefunden.

Die Autoren werten die experimentell gefundenen Gewichtscharakteristiken ihrer Mahlprodukte aus. Sie bestimmen also wieder den Gewichtsanteil G_x des Mahlproduktes, der aus Körnern von $x = 0$ bis zur Größe $x = \varkappa$ besteht. Untersucht wurden die verschiedensten Materialien, wie Kohle, Magnesit, Gips, Flint, Steingutton usw. Der untersuchte Bereich der Korngröße erstreckte sich von wenigen μ bis 0,3 mm. Die allgemeine Form der Gewichtskennlinie ist nun nicht mehr eine Gerade, wie es VIEWEG fand, sondern eine Kurve, die ihren Anfang im Nullpunkt des Koordinatensystems nimmt, zuerst linear mit x ansteigend verläuft, aber allmählich mehr und mehr nach der Abszissenachse zu umbiegt, um schließlich asymptotisch mit ihr parallel zu

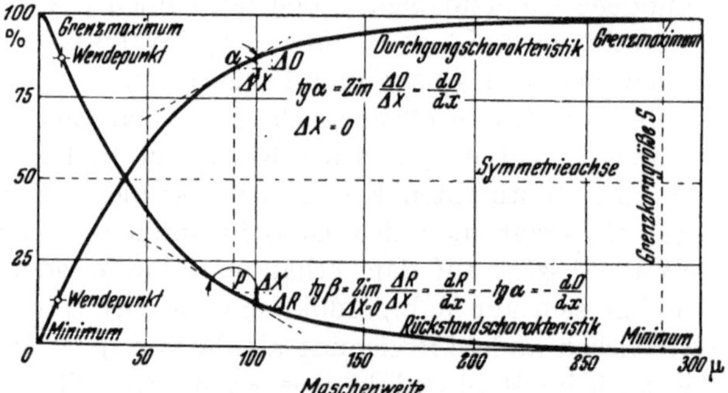

Abb. 4. Gewichtscharakteristik des Mahlproduktes in Abhängigkeit von der Korngröße.

werden. Die Abb. 4 veranschaulicht die allgemeine Gestalt der Gewichtscharakteristik (obere Kurve).

Man kann nun die Korngrößenverteilung in zweierlei Weise darstellen: erstens, indem man den Durchgang des Korngemisches durch bestimmte Siebe ermittelt (Durchgangscharakteristik), also die Korndurchmesser bestimmt, die kleiner als der gegebene Siebdurchmesser sind, oder aber, indem man den Siebrückstand in Betracht zieht (Rückstandscharakteristik, untere Kurve), also die Korndurchmesser erfaßt, die gerade größer als die Sieböffnungen sind. Der Durchgang und der Rückstand müssen sich naturgemäß bei jeder Korngröße zu 1 bzw. zu 100% ergänzen.

Die mathematische Analyse der experimentellen Kurve führt nun P. ROSIN zu einer Formulierung seines Mahlgutgesetzes, die eine gewisse Ähnlichkeit mit der Formel von G. MARTIN hat (die sich aber auf die Zahl der Teilchen von der Korngröße x bezieht). Nach P. ROSIN gilt:

$$R_x = 100 \cdot e^{-b x^n}.$$

[1] Vgl. P. ROSIN u. E. RAMMLER: Gesetze des Mahlgutes. Ber. Dtsch. Keram. Ges. **15**, 399—416 (1934).

R_x ist der Gewichtsanteil in Prozenten des Mahlgutes, dessen Korngröße über x liegt, e ist die Basis der natürlichen Logarithmen, b und n Konstanten. Diese Konstanten hängen von der Mühlenart und -größe ab, von der Natur des Mahlgutes, von der Art der Mahlsteine usw. Der Wert der Konstanten n liegt in der Nähe von 1, manchmal darunter, zuweilen auch darüber, und schwankt etwa von 0,58 bis 1,32. Die Größe b dagegen variiert von 0,0004 bis rund 1,56. Durch zwei Gewichtsbestimmungen der Rückstände (auf zwei Sieben z. B.) und der dazugehörigen Korngrößen ist also die ganze Charakteristik des Mahlproduktes erfaßbar. Eine einfache graphische Darstellung obiger Formel erhält man durch zweimaliges Logarithmieren, wonach dann $\log \left(\log \frac{1}{R}\right)$ proportional dem $\log x$ ist. Trägt man also den Logarithmus der Korngröße als Abszisse, den Logarithmus des Logarithmus des reziproken Wertes für den Gewichtsanteil des Rückstandes als Ordinate auf, dann erhält man im Falle der Gültigkeit dieses Gesetzes eine Gerade. P. Rosin und seine Mitarbeiter finden, daß ihre experimentellen Befunde sich durch diese Formel gut wiedergeben lassen.

Allerdings darf man nicht vergessen, daß die logarithmischen Funktionen ziemlich unempfindlich gegen Abweichungen sind ($\log 10 = 1$; $\log 100 = 2$ usw.). Eine physikalische Grundlage für die gefundene Regelmäßigkeit geben die Autoren nicht an.

E. Szinger hat einen Beitrag zur Frage der Korngrößenverteilung des Materialproduktes geliefert, indem er verschiedene nicht ganz homogene Stoffe, wie Zementklinker, Ziegel, aber auch Sand u. a., in einer Kugelmühle mahlte und die Gewichtscharakteristik bestimmte. Nach seinen Befunden ist der Gewichtsanteil D des Durchgangs durch ein Sieb von der Größe x durch folgende Gleichung bestimmt:

$$D = \text{const}\ x^m, \text{ wo } m \text{ von etwa } 0{,}7 \text{ bis etwa } 0{,}9$$

je nach Substanz schwankt. Diese Gleichung findet der Autor im Bereich von 10 bis 40 μ ziemlich genau bestätigt. Der enge Bereich und auch die absolute Größe des Gültigkeitsgebietes erlauben nicht, der Gleichung von Szinger eine breite Bedeutung zuzuerkennen.

Recht anschauliche Versuche von A. H. M. Andreasen[1] über den Vorgang der Zerkleinerung sind geeignet, die physikalischen Grundlagen zum richtigen Erfassen und Verständnis des Mahlvorganges herbeizuschaffen. Er bediente sich dabei des Kunstgriffes, den unter dem Preßdruck zerdrückten Würfel aus einem homogenen Material (Glas) mittels eines klebend wirkenden Stoffes vor dem Zerfall zu schützen, um die Bruchstücke in ihrer ursprünglichen Gestalt und in ihrer ursprünglichen Größe an den ursprünglichen Stellen zu erkennen. Die

[1] Andreasen, A. H. M.: Die kolloiden Anteile des Mahlgutes. Ber. Dtsch. Keram. Ges. **19**, 23—29 (1938).

Abb. 5 veranschaulicht in schematischer Weise die erhaltenen Resultate:

Aus der Abbildung ist es sofort verständlich, daß das gröbste Korn I 50%, das Korn II 25%, das nächste Korn III 12,5% usw. der gesamten Gewichtsmenge ausmacht. Daraus ergibt sich die lineare Gewichtscharakteristik, wie sie im Bereiche der kleinsten Korngrößen von allen Autoren immer wieder gefunden worden ist, nämlich: $G_x = a x$*. Dieses einfache Gesetz der gleichmäßigen Korngrößengewichtsverteilung kommt unter bestimmten Voraussetzungen der Ausbildung der kleineren Körnchen aus den größeren zustande. In unserem Falle verlaufen die Bruchflächen so, daß die einmal entstandene Bruchfläche die Grenze der Ausbildung der neuen Bruchfläche bildet. Die Zahl N_x der Körner mit dem Durchmesser x entspricht hier, wie man sofort erkennt, der Beziehung $N_x = a \cdot e^{-bx}$, wie es aus der Formel von MARTIN folgt. Die Verfolgung der Gewichtscharakteristik bis in die kolloiden Dimensionen der Korngrößen führte ANDREASEN und seine Mitarbeiter zur Erkenntnis, daß der gradlinige Verlauf der Charakteristik bis in die kleinsten noch erkennbaren Dimensionen gilt. Hier haben wir es also offenbar mit dem Grundgesetz der Feinmahlung in seiner einfachsten Form zu tun.

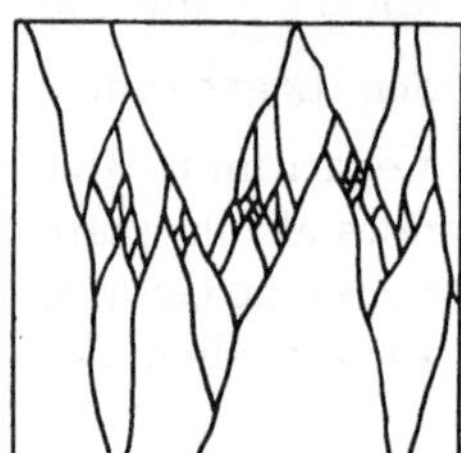

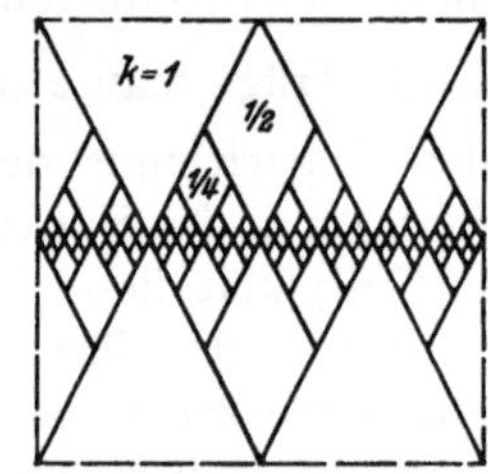

Abb. 5. Korngröße und Gewichtsanteil (nach ANDREASEN).

Die betriebsmäßige Feinmahlung z. B. der Tonerde ergibt eine Kornzusammensetzungskurve, die durchaus diesen Gesetzmäßigkeiten entspricht. Die Bestimmung der verschiedenen Korngrößen und ihrer Mengen ist experimentell z. B. nach der Sedimentationsmethode bis in die kolloidalen Teilchenabmessungen leicht ausführbar. Die Grundlage der Methode besteht in folgendem:

Nach dem STOCKESschen Fallgesetz der kleinen Teilchen mit der Kugelgestalt mit Radius r in einem flüssigen Medium der Viscosität η beträgt die Fallgeschwindigkeit

$$v = \frac{2}{9} \cdot r^2 \frac{(d - d_{(m)})}{\eta} \cdot g,$$

wobei r der Radius des Teilchens, d sein spezifisches Gewicht, $d_{(m)}$ das spez. Gewicht des Mediums (meist Wasser), η die Viscosität des letzteren (bei Wasser 0,01), g die Gravitationskonstante ist. D. h. die Fallzeiten gleichartiger Teilchen verschiedener Größe um die gleiche Höhendifferenz verhalten sich umgekehrt proportional dem Quadrat

* Vgl. Befund von H. F. VIEWEG S. 11 oben.

ihrer Teilchengröße. Aus den Zeit- und Fallhöhenmessungen ergeben sich also die Teilchengrößen der nach Ablauf dieser Zeit abgesetzten Teilchen. Durch das Abfangen und Wägen dieser Teilchen ergibt sich hieraus die Gewichtskennlinie des Mahlprodukts, also die Kornzusammensetzung des Materials. Nach dem Vorschlag von ANDREASEN ist es jedoch bequemer, nicht die bereits abgesetzten Teilchen mit Radius $\geqq x$, sondern die noch in der Schwebe befindlichen Teilchen mit dem Radius $\leqq x$ zu erfassen. Dazu dient die sich vielfach bewährte und gerade in der Keramik gut eingeführte ANDREASENsche Pipette, die in der Abb. 6 dargestellt ist. Sie ermöglicht in einfacher Weise, den Gewichtsanteil G_x der Korngröße x zu bestimmen. Die Wertepaare G_x/x geben dann die Charakteristik an, indem man z. B. x als Abszisse, G_x als Ordinate aufträgt.

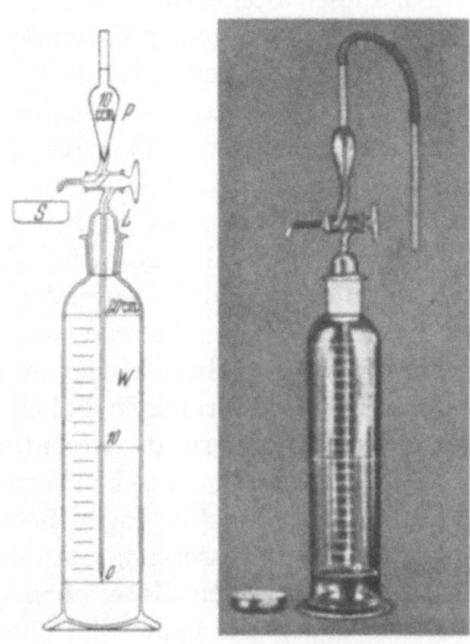

Abb. 6a und b. Sedimentationspipette zur Korngrößenbestimmung nach ANDREASEN.

Zwei typische Kurven, die die Kornverteilungen zweier Feinmahlprodukte (Tonerde, verschieden fein gemahlen) darstellen, sind nachstehend abgebildet. Den beiden Kurven ist der gradlinige Verlauf der

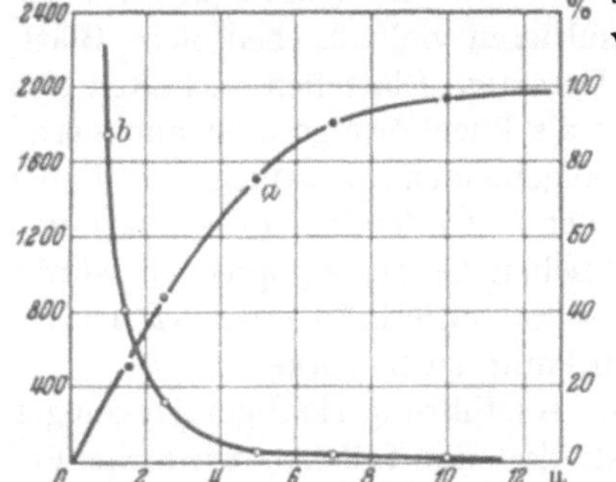

Abb. 7. Technisch normal gemahlene Tonerde für keramische Zwecke. Gewichts- und Kornzahlcharakteristik.

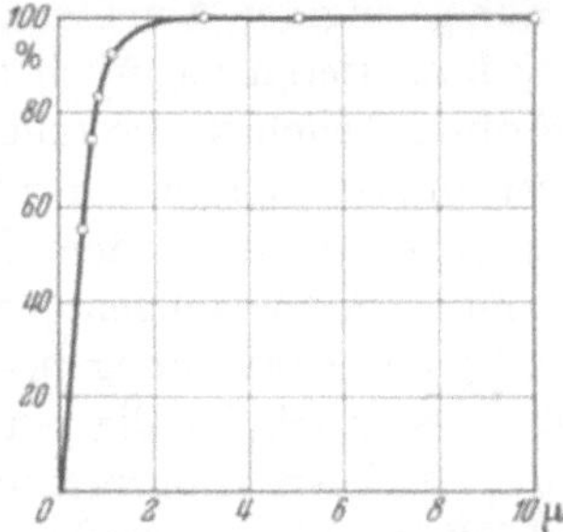

Abb. 8. Besonders fein gemahlene Tonerde. Gewichtscharakteristik.

feinsten Anteile gemeinsam. Die Kurven erlauben, die Gewichtscharakteristik jeweiliger Korngrößen unmittelbar abzulesen.

In Abb. 7 ist das gleiche Mahlprodukt einmal in der Gewichts- (Kurve *a*) und einmal in der Kornzahl- (Kurve *b*) Charakteristik wiedergegeben. Man sieht, wie oben ausgeführt, daß die Kornzahlen in hyperbelähnlicher Weise mit der Korngröße zusammenhängen. Diese Zahlen sind durch mikroskopische Auszählung von Teilchen bestimmter Abmessungen im Netzokularmikrometer gewonnen.

An dieser Stelle ist es nun möglich, den Begriff der „Korngröße" eines größenheterogenen Materials näher zu präzisieren. Es genügt nämlich nicht, anzugeben, daß die Korngrößen zweier Mahlungen zwischen dem Minimalwert x_1 und Maximalwert x_2 sich bewegen. Es ist noch erforderlich, wenigstens in erster Näherung den Anteil der fraglichen (und dazwischenliegenden) Korngrößen anzugeben. Sonst kann es leicht geschehen, daß man zwei ganz verschiedene feine Mahlprodukte, deren untere und obere Grenze gleich sind, als gleich fein anspricht und sogar, wenn ein nur unbedeutender Anteil des größeren Kornes in einem sonst viel feineren Material vorhanden ist, das feinere Material als gröber und das gröbere als feiner ansieht.

Wie in allen derartigen Fällen kommt es also nicht auf die Grenzwerte allein, sondern im wesentlichen auf die statistische Verteilung derselben sowie der Zwischenwerte an.

Alle obigen Ausführungen betr. Korngrößenbestimmungen beruhen nun auf der Voraussetzung, daß die Teilchen kugelförmig sind. Bei den meisten keramischen Materialien (außer Glimmer, Graphit, aber auch Kaolinit usw.), die keine blättchenförmige Textur aufweisen, ist diese Voraussetzung bei Korngrößen unter 15 bis 20 μ hinreichend genau erfüllt. Das ist bei Feldspat, Quarz, verschiedenen Oxyden, Carbonaten usw. der Fall. Unter den nicht dazugehörigen Oxyden, die weiter unten eingehend behandelt werden, ist in erster Linie Al_2O_3 zu nennen. Die technische Tonerde ist blättchenförmig, wie die Abb. 9 zeigt. Auch beim Zermahlen dieser Blättchen resultieren vielfach ebensolche Blättchen, nur geringerer Abmessungen. Derartige Blättchen verhalten sich beim Sedimentieren natürlich anders als kugelförmige oder annähernd kugelförmige Teilchen. Sie fallen im allgemeinen langsamer, man findet also bei mikroskopischer Prüfung der betreffenden Fraktion etwas größere Teilchen, als es dem STOKESschen Gesetz entsprechen würde. Bei geringen Abmessungen jedoch, schon unterhalb etwa 5 μ Durchmesser, ist die Abweichung praktisch kaum zu bemerken.

Sehr wesentlich für die praktische Ausführung richtiger Messungen nach der Sedimentationsmethode ist, daß die Teilchen wirkliche Primärteilchen und nicht Agglomerate sind. Die Agglomerate feiner Partikelchen verhalten sich in diesem Falle natürlich wie große Teilchen. Aus diesem Grunde ist es erforderlich, das zu untersuchende Material in der Suspension richtig zu verteilen. Das gelingt oft durch Zusatz von sehr geringen Mengen (unter 0,1%) löslicher Salze, Säuren usw., so z. B. bei Kaolin Alkaliphosphat, bei Tonerde Essigsäure usw. Die Wirkung dieser Zusätze scheint in der Aufrechterhaltung der passenden Wasserstoffionenkonzentration der Suspension mitbegründet zu sein. Aus der Kolloidchemie ist ja die Bedeutung der p_H-Werte für Koagulations- usw. Erscheinungen hinreichend bekannt.

Die Feinverteilung eines Stoffes kostet bei schwer vermahlbaren Materialien mit großen innerkristallinen Kräften einen hohen Arbeitsaufwand. Bekanntlich wird die Vermahlung für manche Zwecke (z. B. in der Bleistiftindustrie) recht weit getrieben, wofür zuweilen wochenlanges Mahlen erforderlich ist. Die Mühle ist ja eine der unrationellsten Maschinen, die wir haben. Ihre wirksame Arbeitsleistung, verglichen mit

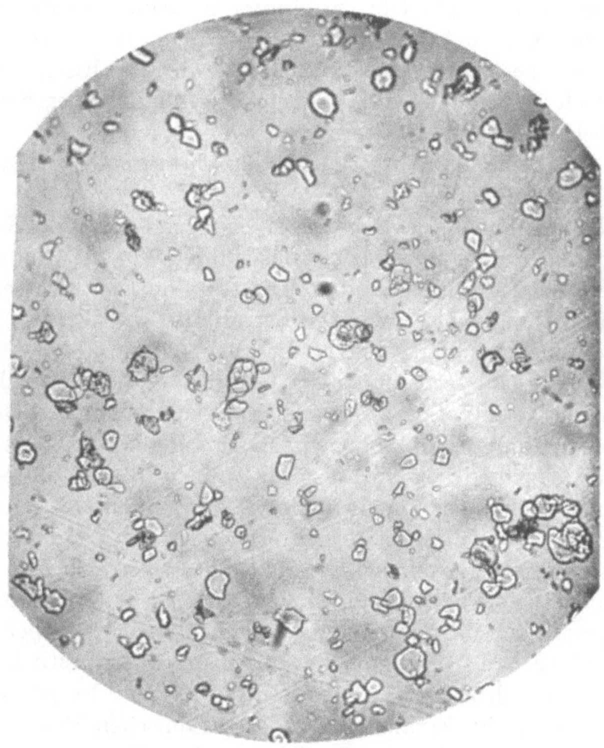

Abb. 9. Calcinierte technische Tonerde. Mikroaufnahme. Vergr. 250×.

der aufgewandten Energie, beträgt normalerweise nur, wie erwähnt, Bruchteile eines Prozents. Unter den zahlreichen Mühlenarten und -konstruktionen haben sich in der keramischen Industrie nur Kugelmühlen, hauptsächlich in Form von periodisch arbeitenden Trommelmühlen, eingeführt und bewährt. Schlagmühlen sind kaum anzutreffen. Während nun die silicatischen Rohstoffe ohne weiteres in Mühlen gemahlen werden können, deren Innenfutter und deren Mahlkugeln ebenfalls aus silicatischen Massen bestehen (Flint, Porzellan, Steatit), da die Vermahlung der Mühlenbestandteile keine artfremde Verunreinigung ins Mahlgut hineinbringt, kommt ihre Verwendung beim Mahlen von reinen

Oxyden nicht in Frage. Hier hat sich die Stahlmühle am besten bewährt, wobei sowohl die Innenauskleidung der Mühle als auch die Mahlkugeln aus zähem Stahl, z. B. aus *Ni-Cr*-legiertem Stahl bestehen soll. Hartguß hat sich auch für den Kugelmantel infolge der Sprödigkeit nicht bewährt. Beim Naßmahlen reiner Oxydmaterialien erfolgt eine gewisse peptisierende Wirkung des Wassers auf die frischen Teilchen. Das beim Vermahlen ins Gut eingebrachte Eisen — oft bis über 1% der Charge — muß aus dem Oxyd wieder entfernt werden. Infolge der praktischen Unlöslichkeit in verdünnter Salzsäure der für die keramische Verarbeitung in Frage kommenden Oxyde, wie z. B. Tonerde, Zirkonerde usw., beschränkt auch Beryllerde, wird das Eisen am besten chemisch durch Behandlung des Mahlproduktes mit heißer Säure entfernt. Hierbei erfolgt eine weitere Anätzung des Materials. Dadurch gewinnt es noch mehr an Wasseradsorptionsvermögen, d. h. in diesem Falle auch an der Plastizität.

In den Kugelmühlen wirkt die schlagende und reibende Kraft der fallenden und scheuernden Kugeln auf das Mahlgut. Da die Umdrehungszahlen der Mühlen nur gering sind — bei etwa 1 m Durchmesser ist die optimale Umdrehungszahl etwa 60 in der Minute (sie fällt mit der Zunahme des Mühlendurchmessers), so ist auch die Anzahl der Schläge der Kugeln auf die zu zerteilenden Partikelchen in der Zeiteinheit nur verhältnismäßig gering. Somit ist die Mahldauer entsprechend lang. Bei der Feinstmahlung, die bis zu einem Maximalkorn von etwa 10 μ führt, beträgt sie in großen technischen Mühlen 70 bis 100 Stunden, zuweilen auch noch mehr. Zur Erhöhung der zeitlichen Mahlleistung hat man infolgedessen die Anzahl der Schläge in der Zeiteinheit durch besondere Mühlenkonstruktionen zu erhöhen versucht. So sind die sog. Schwing- oder auch Rüttel- und Stoßmühlen, die mit federnden Bewegungsorganen in Schüttelbewegung versetzt werden, wobei pro Sekunde 20 bis 30 Stöße vorkommen; natürlich bezüglich zeitlicher Wirksamkeit den alten Rotationsmühlen weit überlegen. Es ist damit zu rechnen, daß sie in der Zerkleinerung der keramischen Rohmaterialien mit der Zeit sich mehr und mehr einführen werden (Mühle nach S. KIESSKALT).

Wie groß die Wirkung einer rationellen Feinmahlweise gegenüber der bisher in der Technik üblichen ist, ersieht man aus dem Vergleich obiger zweier Kornverteilungskurven, die beide an der Tonerde gewonnen wurden. Vgl. Abb. 7 und 8.

Die eine Kurve (Abb. 7) stellt die Kornverteilung in einer großen technischen Mühle bisheriger normaler Bauart nach 72stündiger Mahldauer dar, während die andere (Abb. 8) die Kornverteilung nach einer einstündigen Mahldauer in einer kleinen besonderen Versuchsmühle wiedergibt. Das Ergebnis ist um so verblüffender, als bekanntlich die großen Mühlen im allgemeinen schneller als die kleinen arbeiten.

Die günstige Wirkung der erwähnten kleinen Sondermühle wurde durch eine passende Abstimmung des zeitlichen Stoßablaufs und der räumlichen Anordnung der Mahlkugeln sowie des Mahlgutes erreicht.

3. Plastische Verformbarkeit oxydischer Massen.

Die feingemahlenen Teilchen üben eine starke Adsorptionskraft auf das flüssige Medium, meist also Wasser, aus, wodurch jedes Teilchen mit einer Haut von Wasser umgeben wird. Diese Haut erlaubt eine gleitende Verschiebbarkeit der Teilchen gegeneinander, ohne Verlust des Zusammenhanges miteinander, also ohne Reißen. Die Verschiebbarkeit ist zwar eine notwendige, aber noch nicht ausreichende Bedingung der Plastizität. Eine zweite wichtige Bedingung ist die Eigenschaft der plastischen Masse, die angenommene Gestalt auch beizubehalten, sonst hätte man es mit einer Flüssigkeit zu tun.

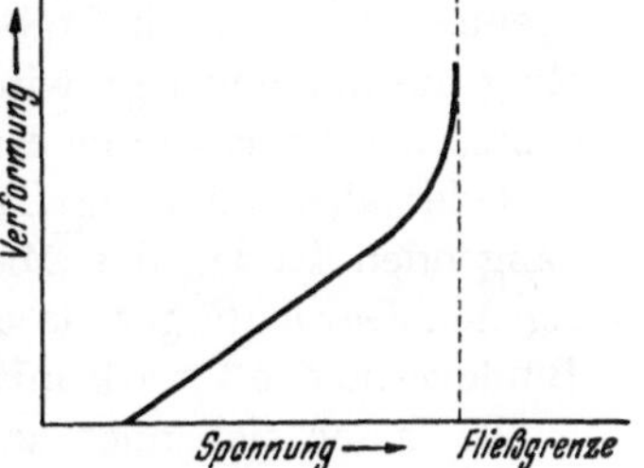

Abb. 10. Diagramm der plastischen Verformung einer plastischen Masse.

Eine „ideal plastische" keramische Masse wäre eine solche, die ihre Gestalt erst nach der Überschreitung eines nicht zu geringen Grenzwertes der äußeren Kraft ändert, wobei dann die Änderung schon durch eine geringfügige zusätzliche Kraftanspannung erfolgen soll.

Das kann man anschaulich durch folgendes Diagramm erläutern (Abb. 10): Auf der Abszissenachse sei in willkürlichen Maßeinheiten die auf das plastische, zu verformende Material ausgeübte Schubspannung aufgetragen. Auf der Ordinate ist, ebenfalls in beliebigen Maßeinheiten, die dazugehörige Dauerverformung als Scherung, also die „plastische Deformation" eingezeichnet. Bei sehr geringen anfänglichen Krafteinwirkungen erfolgt nur die elastische, also umkehrbare und nicht dauernde Verformung. Eine Dauerdeformation findet zunächst überhaupt nicht statt. Erst beim Überschreiten einer gewissen Grenzkraft G überlagert sich der elastischen die Dauerdeformation. Beim Wachsen der deformierenden Kraft wächst auch die Verformung direkt der Kraft $(K-G)$ proportional. In diesem Idealfall haben wir also eine volle Analogie zum HOOKEschen Gesetz der Proportionalität zwischen der elastischen Spannung und der elastischen Verformung.

Beim Erreichen der „Fließgrenze" erfolgt eine weitere Deformation bei konstanter weiterer Krafteinwirkung.

Die quantitative Messung der Plastizität ist bisher noch nicht eindeutig möglich. Die Massen können höchstens in ihrem plastischen Verhalten miteinander roh verglichen werden. Das beruht darauf, daß der Begriff der „Plastizität" noch nicht eindeutig definiert ist. Denn dazu gehört nicht allein die irreversible Scherung in Abhängigkeit von der angelegten Schubspannung (der einfachste Fall der plastischen Deformation), sondern noch vieles andere mehr, wobei jedoch die Einfachheit der Beziehungen sofort verwischt wird und die Verhältnisse unübersichtlich werden. In der Praxis mengen sich noch andere Begriffe hinein, wie z. B. „das Bindevermögen" für Füllstoffe und Magerungsmittel usw.

Deswegen ist es heute noch nicht möglich, die „Plastizität" der Massen durch eine einfache Zahl (etwa „Plastizitätsmodul") anzugeben. Es gibt bisher auch kein einfaches Meßverfahren, welches allgemein üblich oder gar genormt wäre.

Man begnügt sich in der Praxis mit verschiedenen, den einfacheren Anforderungen angepaßten Methoden, die einen gewissen Anhalt für die interessierende Eigenschaft liefern. So z. B. wird nach C. BISCHOF[1] die Plastizität eines mit Wasser angemachten Tonteiges in der Weise „gemessen", daß ein Stab aus der zu untersuchenden Masse zu einem Ring zusammengelegt wird. Je geringer der erreichbare Krümmungsradius des Ringes ohne Rißbildung ist, um so plastischer ist der Ton.

Oder aber wird die Länge des aus einer Strangpresse frei heraushängenden Endes der Masse bestimmt, das unter der Zugkraft des eigenen Gewichts gerade abreißt. Wie man sieht, ist hier bereits „das Bindevermögen" stark mit der „Plastizität" an sich vermengt worden.

Es lassen sich noch zahlreiche andere Meßmethoden erdenken und ausbilden, worunter auch des in der letzten Zeit bekannt gewordenen „Plastographen" von BRABENDER gedacht sei, die aber alle entweder die Viscosität oder auch andere Festigkeitsgrößen in die zu messende „Plastizität" miteinbeziehen.

Für die praktischen Bedürfnisse der Ermittlung der Verarbeitbarkeit keramischer Massen hat sich das Verfahren von OLSZEWSKI eingeführt, das darin besteht, daß die Geschwindigkeit ermittelt (und passend, z. B. durch Bemessung des Anmachwassers, variiert) wird, mit der ein belasteter Metallzylinder unter bestimmter Kraft in die Masse eingedrückt wird (also auch hier die Messung der Viscosität).

Eine gute Brauchbarkeit kommt der Methode von J. STARK[2] zu. Seine Methode besteht darin, daß die zu untersuchende keramische Masse zu immer dünneren Plättchen ausgewalzt wird, bis sich makroskopisch sichtbare Risse bilden. Je weiter sich die Masse ohne Risse verarbeiten läßt, um so besser ist sie verformbar, um so „plastischer" ist sie.

Die Verformbarkeit der Masse besteht eigentlich in der Verschiebbarkeit der Teilchen ohne Verlust ihres Zusammenhanges. Diese Verschiebbarkeit wird durch die Flüssigkeit zwischen den festen Teilchen

[1] BISCHOF, C.: Die feuerfesten Tone **1904**, 83.

[2] STARK, J.: Die physikalisch-technische Untersuchung der Kaoline. Leipzig 1922.

besorgt. Je fester das flüssige Medium an die festen Teilchen gebunden ist, um so fester wird auch die Masse im ganzen zusammenhalten. Das überschüssige Wasser vermischt sich infolgedessen mit einer Masse desto schwerer, je plastischer sie ist. Das kann man z. B. sehr deutlich an fettem und an gemagertem Ton feststellen. Um somit aus sog. „unplastischen" Stoffen, wie z. B. Quarz, Siliciumcarbid, Zirkonoxyd, Wolframpulver usw., eine plastisch-verformbare Masse herzustellen, ist es erforderlich, die Teilchen möglichst fein zu zerkleinern und sie mit einer Flüssigkeit, die die Teilchen gut benetzt, zu vermischen. Die Herbeiführung einer guten Benetzung, also einer möglichst starken Adsorption der Flüssigkeit (hoher Viscosität) am festen Körper ist im Grunde genommen die Hauptaufgabe der Plastifizierung.

Die Benetzung eines festen Stoffes durch eine Flüssigkeit ist an gewisse Ähnlichkeit im molekularen Bau der beiden Partner geknüpft. So wird, wie oben ausgeführt, das Zinnpulver nicht vom Wasser, wohl aber vom Quecksilber, der Asphalt nicht vom Quecksilber, wohl aber von flüssigen Kohlenwasserstoffen, endlich Oxyde wie ZrO_2, Al_2O_3 usw. nicht vom Quecksilber oder Petroleum, wohl aber von Wasser bzw. von stark sauerstoffhaltigen Verbindungen, wie Glycerin usw., benetzt.

Eine polar-orientierte Adsorption oder sozusagen eine teilweise Benetzung findet auch bei unähnlichen Körpern, z. B. im Falle des Zusammenbringens der Stearinsäure und Wasser statt. Hierbei orientieren sich nach I. Langmuir die langgestreckten Säuremoleküle in der Art, daß die Carboxylgruppen mit Wasser in Berührung stehen, während der Kohlenwasserstoffrest von dem Wasser abgewandt ist.

Durch Vermittlung derartiger polar gebauter Stoffe kann man eine Adsorption und Vermischung von an sich nicht benetzbaren Stoffpaaren herbeiführen, wie z. B. Kohlepulver und Wasser. Die Stearinsäuremoleküle lagern sich in der Weise dazwischen, daß die Carboxylgruppe ins Wasser taucht, während der Kohlenwasserstoffrest an Kohle festhaftet. Somit dient die Säure als vermischendes Bindeglied zwischen einem nicht benetzbaren bzw. nur schwach benetzbaren Pulver einerseits und der Flüssigkeit andererseits. — Auf die an sich sehr interessanten Probleme und Ergebnisse der Forschung betr. die Orientierung von Molekülen an Grenzflächen kann hier nicht näher eingegangen werden[1]. Der physikalischen Chemie der Grenzflächenvorgänge war die Hauptversammlung der Deutschen Bunsengesellschaft in Breslau 1938 gewidmet[2].

Ähnliche Verhältnisse kann man auch bei den sehr stabilen und daher hochfeuerfesten und unlöslichen Oxyden und Wasser herbei-

[1] Eine zusammenfassende Übersicht des Gegenstandes findet sich im Artikel von H. Freundlich: Ergebn. der exakten Naturwissenschaften **12** (1933).

[2] Vgl. Ztschr. f. Elektrochem. **44**, 455—570 (1938).

führen, um die an sich nicht sehr starke Adsorption des Wassers an festen Partikelchen zu erhöhen.

Die Vergrößerung der Grenzflächen wird durch eine feine Vermahlung und außerdem durch eine Anätzung mit stark wirkenden Stoffen erreicht, am besten mit Säuren, wie z. B. HCl. Dadurch werden die Teilchen „peptisiert". Durch die Anätzung erfolgt eine partielle Bildung eines löslichen Salzes, das allerdings hydrolytisch gespalten wird, z. B.:

$$Al_2O_3+6HCl = 2AlCl_3+3H_2O,$$

$$AlCl_3+H_2O(aq) = AlCl_2OH\ aq+HCl \text{ usw.}$$

In ganz analoger Weise kann man sich auch die Bildung entsprechender Komplexe mit ZrO_2 als Grundstoff vorstellen.

Danach ist also die Bildung folgender Produkte der Reaktion von ZrO_2 mit HCl zu erwarten:

$$ZrO_2+2HCl = ZrOCl_2+H_2O,$$

$$ZrOCl_2+H_2O = ZrOCl(OH)+HCl \text{ usw.}$$

Gerade das Zirkonoxyd, als eine bei Zimmertemperatur sehr schwache Base, ist geneigt, in wässeriger Lösung zahlreiche Stufen der hydrolytischen Spaltung seiner Salze zu bilden. Eine Formulierung ähnlicher Vorstellungen darüber, in welcher Weise das Zirkonoxyd plastische Eigenschaften annimmt, gab O. RUFF[1]. Weiter unten wird darauf näher eingegangen (bei der Besprechung der Zirkonerde).

Nun ist es klar, daß man auch mit anderen Oxyden, wie z. B. BeO, ThO_2 usw., ähnliche Reaktionen und Reaktionsprodukte erhalten kann. Denn bei den keramisch interessanten Oxyden handelt es sich durchwegs um recht schwache basische oder um amphotere Stoffe.

Das Spaltprodukt der Hydrolyse, also Hydroxylchlorid, wird einerseits an dem festen Oxydteilchen adsorbiert, andererseits aber, und zwar wahrscheinlich durch die OH-Gruppen, von den Wassermolekülen angezogen. Es bildet sich also ein sehr kompliziert gebautes, wahrscheinlich mehrschichtiges System, dessen Kern aus einem Oxydteilchen und dessen äußere Hülle aus Wasser besteht, das durch die Vermittlung der salzartigen Komplexe an den Kern mit großer Festigkeit gebunden ist.

Wir haben somit ein System vor uns, das eine mehr oder minder ausgesprochene Plastizität aufweisen muß (plastischer Komplex erster Ordnung). — Beträgt die Korngröße der festen Teilchen 0,1 bis 2 bis 5 μ, dann ist ein derartig präpariertes Oxyd, völlig unabhängig von seiner chemischen Natur, mit Wasser angemacht, in Gips- oder in saugenden porösen Tonformen gut gießbar. Bei keramischen Tonen ist diese Vorarbeit bereits durch Naturkräfte geleistet worden.

[1] RUFF, O.: Die Verarbeitung unplastischer Oxyde zu keramischen Gegenständen. Ber. Dtsch. Keram. Ges. **5**, 149—167 (1924—1925).

Die Wasserstoffionenkonzentration des Gießschlickers kann erfahrungsgemäß in ziemlich weiten Grenzen variieren, ist aber bei den hochfeuerfesten Oxyden, wie Al_2O_3, BeO, ZrO_2, ThO_2, auch Spinell, meist unter $p_H = 7$, also ausgesprochen nach der sauren Seite zu halten. Das ist ja aus der Bildung der Komplexe, die als Bindeglied zwischen dem festen Teilchen und dem Wasser auftreten, auch zu erwarten. Selbstverständlich liegen die optimalen Werte p_H-Werte bei verschiedenen Stoffen verschieden.

Die auf diesem Wege gewonnene Plastizität ist im allgemeinen nur gering, sie läßt sich z. B. mit der der Tone nicht vergleichen. Die entsprechende Masse kann also nicht etwa durch Strangziehen und noch weniger durch Freidrehen auf der Scheibe verarbeitet werden. Sie ist aber ausreichend, um den Schlicker in der üblichen Weise in Gips- oder Tonformen zu vergießen. Hierbei ist es möglich, Material, das hochgesintert oder geschmolzen ist und infolgedessen eine besonders stabile Struktur neben geringer Oberflächenentwicklung aufweist, hineinzumischen und mitzuverformen. Darin äußert sich das „Bindevermögen" der plastifizierten Oxyde, welches man sich als eine schwache Nachbildung der Adsorption von schutzkolloidähnlichen Komplexen an den feinen Partikelchen vorstellen kann. Die mit den adsorbierten Komplexen umgebenen feinen Teilchen umschließen die gröberen Teilchen und bilden damit sozusagen die plastischen Komplexe zweiter Ordnung.

Es ist jedoch auch möglich, die plastische Verformung von nicht bildsamen Stoffen auf die Weise herbeizuführen, daß man hochviscose ausgesprochen kolloide Systeme als Bindemittel im eigentlichen Sinne des Wortes benutzt. Das Kolloid umschließt jedes feste Teilchen und bildet den Plastizitätsträger der Masse. Am besten arbeitet man mit gut benetzenden Lösungen von pflanzlichen, stark quellbaren Kolloiden, wie Stärke, Agar-Agar, Tragant usw. Es genügt eine recht geringe Menge derartiger Substanzen, z. B. 1 bis 2%, um aus dem mit passender Menge Wasser angemachten Gemisch eine recht gut knetbare Masse zu erhalten. Dabei ist es auch hier vorteilhaft, das feingemahlene Oxyd vorher mit Säure etwas zu peptisieren. Bei geeigneter Arbeitsweise erzielt man eine so hohe Plastizität, daß sie für sämtliche keramische Verformungsmethoden ausreicht.

Die geringsten Anforderungen an die Verformbarkeit der Masse stellt das Stampf- und sog. Trockenpreßverfahren. Wie der Name des Verfahrens andeutet, wird die krümelige, nur ganz wenig angefeuchtete und sich fast trocken anfühlende Masse in geschlossenen Formen gestampft oder gepreßt. Hierbei muß allerdings etwas „Bindevermögen" zwischen den zusammengestampften Partikelchen vorhanden sein, damit der Formling nach der Herausnahme aus der Form nicht zerfällt. Erfahrungsgemäß genügt hierzu oft bereits reines Leitungswasser, noch besser ist natürlich die Verwendung von peptisierend wirkenden sauren

Flüssigkeiten oder endlich Schutzkolloiden und organischen Bindemitteln.

Die nächste Frage, die bei der Betrachtung der keramischen Verarbeitung von reinen Oxyden auftritt, besteht darin, wie verhält sich der bereits verformte Körper beim Trocknen und beim Austrocknen. Es nimmt nicht wunder, daß die normalen keramischen Erzeugnisse auf der Tonbasis nach dem Trocknen eine recht beträchtliche Trockenfestigkeit aufweisen. Man hat sich daran sozusagen seit Jahrhunderten gewöhnt. Die Teilchen besitzen eben auch nach dem Trocknen eine gewisse Adhäsion, Kohäsion usw., daher auch die Festigkeit. Wie kommt aber diese Festigkeit bei den unplastischen Oxydteilchen zustande? Man müßte sich doch zunächst vorstellen, daß die im feuchten Zustande noch einigermaßen zusammenhaltenden Einzelkörner nach der Entfernung der Feuchtigkeit wieder auseinanderfallen. Das ist z. B. beim Quarzsand der Fall, der nur im feuchten Zustand einen gewissen Zusammenhalt zeigt, ihn aber nach dem Austrocknen wieder verliert oder vielmehr fast verliert. Denn selbst bei verhältnismäßig grobkörnigem magerem Sand kann man noch eine merkliche Trockenfestigkeit feststellen, die jedenfalls höher ist als bei ursprünglichem trockenem Ausgangsmaterial.

Bei den plastisch gemachten feingemahlenen Oxyden ist die Trockenfestigkeit recht bedeutend, wenn auch im allgemeinen viel geringer als bei den keramischen Erzeugnissen auf der Tongrundlage. Sie genügt aber, um z. B. 1½ bis 2 m lange gezogene Rohre im aufgehängten Zustand ohne Reißgefahr zu brennen. Den Ursprung dieser hohen Druck- und Zerreißfestigkeit der getrockneten Formlinge kann man sich folgendermaßen vorstellen:

Bei der Verdunstung des Wassers, das sich zwischen den Körnern des geformten Stückes befand, nähern sich die Körner einander, wodurch ja der Trockenschwung zustande kommt. Bei der allmählichen Verflüchtigung des Wassers werden die zunächst stark wasserhaltigen plastifizierenden Komplexe, die an den Oxydkörnern adsorbiert sind, konzentriert. Sie gehen in Gelform über, die Körnchen des Oxyds kleben nun aneinander mittels der hydroxydartigen Substanzen, die aber immer noch säurehaltig und auch beim völligen Austrocknen an der Luft noch etwas wasserhaltig sind. Zur vollständigen Entfernung der letzten Spuren Wasser (und Säure) sind erhöhte Temperaturen erforderlich, die schon an die Rotglut heranreichen.

Die mit Agar-Agar, Tragant usw., also mit sog. „sekundären" Plastifikatoren geformten Stücke erhalten ihre Trockenfestigkeit durch koaguliertes Kolloid, das die Einzelkörnchen umgibt und das Ganze zusammenhält.

Selbst bei der Anwendung des reinen Wassers muß man sich eine, wenn auch sehr geringe oberflächliche Hydratation der Oxydkörnchen vorstellen, die dazu führt, daß nach dem Trocknen die Teilchen mit etwas hydroxydischer kolloider Substanz überzogen sind. Dieses Hydroxyd haftet nach dem Trocknen der Masse an den festen Körnchen und bewirkt die Trockenfestigkeit. Besonders gut sieht man das bei Magnesia, deren Reaktionsfähigkeit mit Wasser genügt, um an der Oberfläche des Kornes eine beträchtliche Bildung von $Mg(OH)_2$ herbeizuführen. Dementsprechend kann man MgO mit Wasser allein verformen. Zur Erhöhung der plastischen Eigenschaften ist es jedoch vorteilhaft, auch bei MgO mit HCl zu arbeiten. Hierbei bilden sich Oxychloride von Mg, die eine beträchtliche Plastizität und ein hohes Bindevermögen besitzen, so daß die Masse mit Fremdstoffen stark gefüllt werden kann. Bekanntlich wird auf solche Weise z. B. der Sorelzement hergestellt.

Die Trocknung der Formlinge geschieht normalerweise an der Luft bei der Raumtemperatur. Nur in seltenen Fällen ist es von Vorteil, eine schärfere Trocknung bei erhöhter Temperatur anzuwenden.

4. Brennvorgänge an Einstoffsystemen.

Die getrockneten Formlinge kommen nun zum Brennen. Entsprechend dem Fehlen der leicht schmelzbaren Glasbasis, wie bei den feuerfesten Erzeugnissen auf der Silicatgrundlage, sind die erforderlichen Brenntemperaturen sehr hoch, jedenfalls beträchtlich höher als 1600° C. Die Anwendung solcher Temperaturen birgt aber für die aus verschiedenen Oxyden bestehenden Formlinge die Gefahr in sich, daß sie im Falle der gegenseitigen Berührung u. U. leicht schmelzbare Schlacken bilden können.

Die erste Voraussetzung des erfolgreichen Brennens der Erzeugnisse aus reinen Oxyden besteht also darin, daß ihre Berührung mit Stoffen, die bei den Brenntemperaturen etwa flüssige Systeme bilden könnten, vollkommen vermieden wird. Damit ist es aber oft nicht genug. Bekanntlich erfolgen bei hohen Temperaturen recht lebhafte Reaktionen bereits im festen Zustand selbst. So ist z. B. zwischen MgO und Al_2O_3 die Spinellbildung bereits bei 1600° recht stark. Desgleichen ist eine Reaktion zwischen ZrO_2 und Al_2O_3 bei dieser Temperatur zu befürchten usw. Infolgedessen muß man Unterlagen, auf denen die zu brennenden Körper ruhen, oder Teile, an denen sie aufgehängt sind, am besten aus dem gleichen Material verwenden. Da die Brennöfen, Kapseln, Untersätze usw. für die hier in Frage kommenden Temperaturen bis 2000° C aus wirtschaftlichen und technischen Gründen fast ausschließlich aus Magnesia bestehen, muß man oft zwischen der eigentlichen MgO-Unterlage und dem zu brennenden Körper noch eine neutrale Zwischenunterlage verwenden, um jegliche Gefährdung des Brenngutes zu vermeiden. So z. B. kann man BeO nicht direkt mit MgO in Berührung bringen, da bei der erforderlichen Brenntemperatur von annähernd 2000° C bereits der eutektische Punkt überschritten wird. Da aber ZrO_2 bis zu dieser Temperatur weder mit MgO merklich reagiert noch mit BeO eine flüssige Phase bildet, kommt das Formstück aus BeO auf eine Unterlagsplatte aus BeO, um mit Fremdstoffen nicht verunreinigt zu werden. Die BeO-Unterlage ruht auf einer zweiten Unterlage aus ZrO_2, die ihrerseits im Kontakt mit dem Ofenfutter aus MgO bleiben kann. Erst auf diese Weise ist ein einwandfreies Brennen der wertvollen Erzeugnisse aus dem an sich schon teuren Ausgangsmaterial BeO möglich. Man erkennt also, daß hierbei in erster Linie die Kenntnis der Zustandsdiagramme der beteiligten Stoffe und der Ofenzustellung erforderlich ist. Da sie im Laufe der Entwicklung der technischen Arbeiten auf diesem Gebiete zum großen Teil entweder sehr mangelhaft oder gar nicht bekannt waren, mußte man ihre Kenntnis durch manche Schwierigkeiten erkaufen.

Worin bestehen nun die Vorgänge beim Brennen von geformten Stücken aus reinen Oxyden ohne Zusatz von bleibenden Binde-, Sinterungs- oder Flußmitteln? Auf den ersten Blick müßte es geradezu scheinen, daß der Brand unterhalb der Schmelztemperatur der betreffenden reinen Oxyde keinerlei Vorgänge verursacht, welche nennenswerte Veränderungen des Ausgangsmaterials bewirken könnten. Geht man von hochgesinterten oder gar von geschmolzenen (und nachträglich feingemahlenen) Oxyden aus, dann erwartet man zunächst, daß unterhalb der Schmelztemperatur keinerlei Kräftewirkungen zwischen den benachbarten Körnchen zustande kommen. Diese Auffassung, daß die Körper erst im verflüssigten Zustande merklich oder lebhaft aufeinander einwirken, stammt aus der alten Überlieferung, ist aber heute durchaus überholt. Die bisherige Silicatkeramik konnte dieser alten Überlieferung nichts Entscheidendes entgegensetzen und benutzte die alten Grundlagen für ihre Ziele.

Erst die Beschäftigung mit reinen Substanzen bei genügend hohen Temperaturen, aber immer noch weit unterhalb ihrer Schmelzpunkte, zeigte, daß die Reaktionen im festen Zustande nicht nur unter verschiedenartigen Körpern mit „chemischer Affinität" zueinander, wie z. B. bei der Spinellbildung, sondern auch zwischen den Körnern der gleichen Substanz wohl möglich, ja unvermeidlich sind. Sie äußern sich in der Sammelkristallisation, Rekristallisation, in der starken Zunahme der Festigkeit der gebrannten Stücke — falls sie genügend hoch gebrannt worden sind — usw.

Es ist hier nicht möglich, auf die Einzelheiten aller Vorgänge einzugehen, die sich an, in und zwischen den festen Teilchen abspielen. G. Tammann, J. A. Hedvall, C. Wagner, C. Tubandt, G. F. Hüttig, W. Jander und anderen Forschern verdanken wir zahlreiche wichtige Arbeiten darüber.

Schon bei verhältnismäßig tiefen Temperaturen — etwa 300 bis 500° C — beginnen die selbst „schwerschmelzbaren" Stoffe, wie manche Metalle, Salze, Oxyde usw., sich merklich zu verändern. Die detaillierte Erforschung ihres Verhaltens gegenüber der Adsorption von Farbstoffen, katalytischer Einwirkung auf verschiedene Reaktionen usw. zeigt, daß die festen Stoffe verschiedenste Kraftäußerungen zu vollführen imstande sind. Hierzu ist in erster Linie die Wanderungsmöglichkeit der Reaktionsteilnehmer erforderlich. Der Begriff des festen Stoffes schließt aber diese Möglichkeit geradezu aus. Das entspricht jedoch nicht den tatsächlichen Verhältnissen. Die Kristallbauteile (Ionen, ungeladene Teilchen, Atome und ganze Komplexe) sind nicht dauernd an ihre festen Plätze gebunden und sind imstande, außer den Schwingungen um ihre Gleichgewichtslage auch noch tatsächlich zu wandern, zu „vagabundieren". Insbesondere ist es entsprechend den Vorstellungen von A. A. GRIFFITH, A. SMEKAL, J. A. HEDVALL und anderen Forschern für die Teilchen der Fall, welche die Baufehler im Gitter veranlassen, also die Abweichungen des Real- vom Idealkristall bedingen. Sie sind nicht voll „abgesättigt" und infolgedessen energiereicher als die übrigen den Idealregeln entsprechend gebundenen Partner. Schon verhältnismäßig geringe Temperaturerhöhung vermag ihre merkliche Wanderung herbeizuführen.

Alle an der Oberfläche befindlichen Bauteile sind ohnehin viel freier beweglich als die im Kristallinnern gebundenen. Liegt also der feste Stoff in feiner Verteilung vor, wobei die Teilchen einer engen Berührung miteinander ausgesetzt sind, dann haben wir alle Vorbedingungen für die Wanderung besonders zahlreicher Kristallbestandteile und infolgedessen für das Auftreten einer Reaktion. Wie bereits vermerkt, macht es gar nichts aus, wenn die „Reaktionspartner" aus ein und demselben Stoff bestehen. Dann setzt eben die Reaktion des betreffenden Stoffes mit sich selbst ein, und wir haben die Prozesse des Kristallwachstums, der Rekristallisation, der Sammelkristallisation usw. vor uns. Darin besteht im wesentlichen der keramische Brennvorgang an einheitlichen keramischen Werkstoffen.

Was uns vom keramischen Standpunkte aus in erster Linie hier interessiert, ist, wie hoch man die Erzeugnisse aus reinen Oxyden brennen muß, um einen dichten, wahrhaft „feinkeramischen" Scherben daraus zu erhalten. In welcher Weise wächst die chemische Beständigkeit und mechanische Festigkeit des Brennproduktes mit der zunehmenden Brenntemperatur usw.? Nach G. TAMMANN erfolgt das merkliche schnelle Wachsen (und Zusammenwachsen) der Körner fester Metalle bei der Temperatur 0,3 Ts, wobei Ts die absolute Schmelztemperatur des betreffenden Metalls bedeutet, also bereits bei relativ sehr tiefer Temperatur. In Analogie zu dieser Regel fand E. KORDES[1], daß bei

[1] KORDES, E.: Ztschr. f. anorg. u. allg. Ch. **149**, 67—77 (1925).

Stoffen mit besonders großen intramolekularen Kräften, wie stabilen Silicaten, Oxyden usw., der Zahlenfaktor nicht 0,3, sondern etwa 0,8 bis 0,9 ist. Daraus folgt, daß z. B. für das Zusammensintern der Tonerde (Schmelzpunkt 2050° C) zu einem festen Scherben ohne fremde Zusätze die Temperatur von 1800° oder mehr erforderlich ist.

Dementsprechend würde sich die erforderliche Brenntemperatur für die Sinterthorerde (Schmelzpunkt 3000°) auf etwa 2500° C stellen.

Die experimentell-technische Prüfung zeigte, daß man in den allermeisten Fällen mit Temperaturen von 1850 bis 1950° völlig auskommt. Der Platzwechsel der Feinbauteile erfolgt in diesem Temperaturbereich

Abb. 11. Schwindung nach dem Brand eines Gefäßes aus Sintertonerde. Links vor dem Brand, rechts nach dem Brand.

mit technisch brauchbaren Geschwindigkeiten — zuweilen sogar bereits zu schnell.

Als das sichtbarste Zeichen der sich vollziehenden Brennvorgänge im Scherben tritt die Schwindung und die Zunahme der mechanischen Festigkeit des Brenngutes auf. Die obenstehende Abb. 11 veranschaulicht die Abnahme der Abmessungen eines keramischen Erzeugnisses infolge der Brennschwindung.

Die Verfolgung dieser Veränderungen im Zusammenhang mit der Brenntemperatur brachte gerade bei den oxydkeramischen Einstoffsystemen interessante Ergebnisse.

Es wurde einerseits die lineare Schwindung, andererseits der Elastizitätsmodul (E-Modul) der Prüfkörper in Abhängigkeit von der Brenntemperatur gemessen[1]. Als Prüfkörper dienten massive dünne Stäbe mit kreisrundem Querschnitt. Die Wahl des E-Moduls als Festigkeitsgröße war dadurch begründet, daß der Young-Modul eine gut definierte *physikalische* und nicht allein technische Größe (im Gegensatz z. B. zur Druck- oder Zerreißfestigkeit) ist und hierbei nach der Durchbiegungsmethode bequem gemessen werden kann. Er stellt diejenige Molekularkraft dar, mit der die Bestandteile des Körpers aneinanderhaften.

[1] Ryschkewitsch, E.: Ber. Dtsch. Keram. Ges. **25**, 95—112 (1944).

Die Meßergebnisse an verschiedenen oxydkeramischen Werkstoffen sind in folgenden zwei Tabellen zusammengestellt:

Lineare Brennschwindung in %.

Brenn-temperatur	ThO_2	Al_2O_3	Spinell	ZrO_2	BeO_2	$ZrO_2 \cdot SiO_2$
1120°		0,8				
1180°	1,0	0,9	0,2	3,0	1,0	3
1280°	3,5	1,0	0,5	6,5	2,2	8
1410°	5,5	1,3	1,0	10,0	3,5	27
1520°	14,0	4,5	2,4	11,0	8,6	29
1600°	15,0	6,1	5,0	14,0	9,6	29
1670°	16,0	10,8	10,0	17,0	14,0	28
1770°	17,0	19,0	16,0	18,0	21,0	27
1910°	18,0	19,0	16,0	19,0	24,0	—

E-Modul bei Zimmertemperatur in $kg/cm^2 : 10^6$.

Brenn-temperatur	ThO_2	Al_2O_3	Spinell	ZrO_2	BeO_2	$ZrO_2 \cdot SiO_2$
1120°		0,13				
1180°	0,29	0,15	0,10	0,1	0,11	0,08
1280°	0,4	0,19	0,18	0,20	0,30	0,36
1410°	0,5	0,30	0,19	0,47	0,43	2,10
1520°	1,37	0,55	0,41	0,67	0,77	2,47
1600°	1,46	0,76	0,64	0,88	0,89	2,40
1670°	1,55	1,40	1,20	1,32	1,59	2,25
1770°	1,84	3,55	2,38	1,57	2,45	0,95
1910°	2,01	3,55	2,40	1,67	2,45	—

Man sieht, daß sowohl die Schwindung als auch der E-Modul bei allen angeführten Werkstoffen — mit Ausnahme des Sinterzirkons $ZrO_2 \cdot SiO_2$ — mit wachsender Brenntemperatur bis zu einem Grenzwert wächst, der durch eine weitere Temperatursteigerung im allgemeinen nicht mehr überschritten wird. D. h. mit anderen Worten, daß zum Erreichen der maximalen, dem Werkstoff zukommenden Schwindung und Festigkeit die Einwirkung einer bestimmten Mindesttemperatur erforderlich ist.

Die näheren Zusammenhänge erhellen erst bei graphischer Darstellung der Meßergebnisse der Tabellen, wie sie in den nächsten Diagrammen angeführt ist. Als Abszisse ist die angewandte Brenntemperatur, als Ordinate die dabei erreichte Schwindung und der E-Modul aufgezeichnet (Abb. 12 bis 17).

Man sieht, daß anfänglich die Schwindung und die Festigkeit mit der steigenden Brenntemperatur nur langsam zunehmen, um nach Überschreitung einer bestimmten, für jeden Werkstoff charakteristischen Temperatur sehr viel schneller zu wachsen. Nach der Überschreitung einer zweiten kritischen Temperatur bleiben dann die erreichten Werte konstant.

Die Kurven können also in drei verschiedene Bereiche unterteilt werden, die offenbar auf dreierlei verschiedene Vorgänge innerhalb des Brenngutes während des Brennprozesses hinweisen. — Alle Werkstoffe verhalten sich dem Brennvorgang gegenüber grundsätzlich gleich. Das Bemerkenswerte daran ist u. a., daß bei jeder einzelnen Sintererde die Änderung der Temperaturabhängigkeit der Schwindung und des E-Moduls bei genau derselben Temperatur erfolgt. Das spricht dafür, daß die erlittene Schwindung und die erlangte Festigkeit nur die äußeren Zeichen für ein und denselben inneren Vorgang sind.

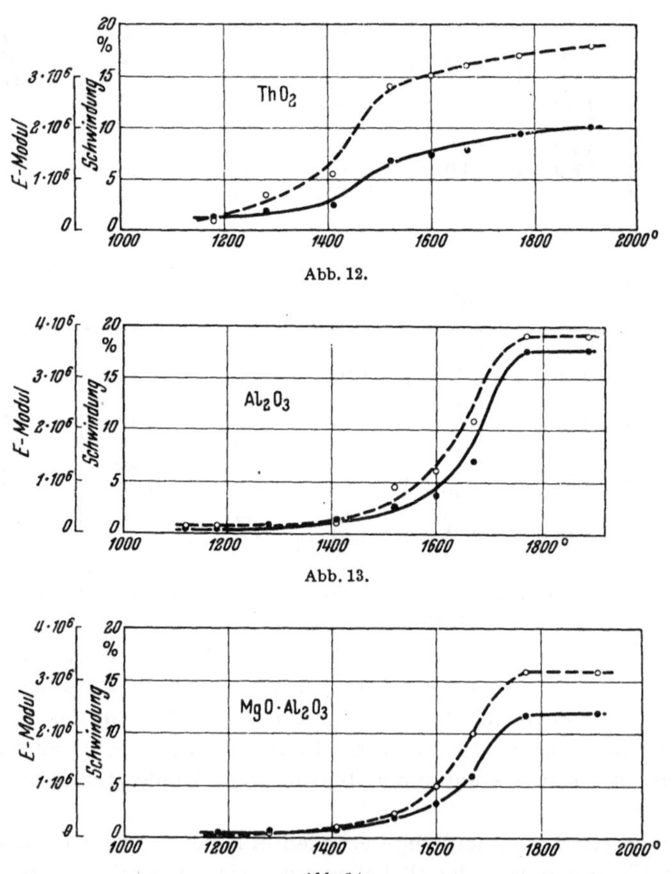

Abb. 12.

Abb. 13.

Abb. 14.

Die nähere Kenntnis darüber gewinnt man bei dem Studium entsprechender Dünnschliffe der Brennprodukte im Polarisationsmikroskop. Als Beispiel soll hier die Sintertonerde, Al_2O_3, dienen.

Der Dünnschliff des bei 1410° gebrannten Präparates zeigt, daß die Kristallite im Mittel 3 μ im Durchmesser haben. Sie sind also gleich groß wie die Korngröße des Ausgangsmaterials. Ihr Zusammenhalt im Scherben ist noch recht gering, und es genügt ein geringer

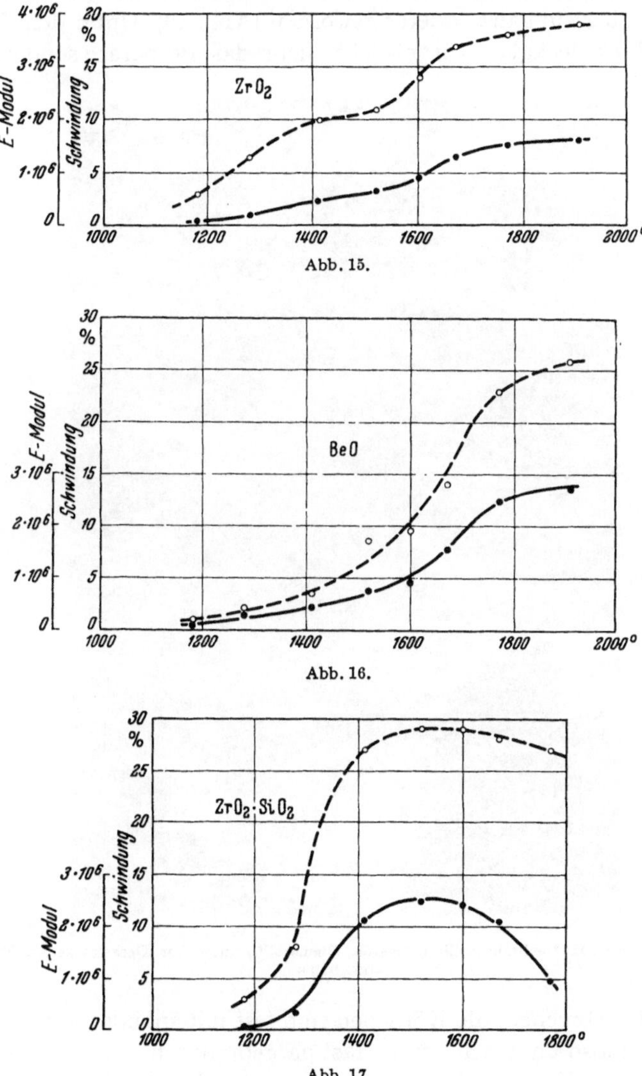

Abb. 15.

Abb. 16.

Abb. 17.

Abb. 12 bis 17. Zusammenhang zwischen der Brenntemperatur und Schwindung bzw. Festigkeit oxydkeramischer Werkstoffe.

Druck auf das Deckglas des Präparates, um den „Scherben" zur Auflösung in die Einzelkörner zu bringen, wie die Mikroaufnahme Abb. 18 zeigt.

Der Dünnschliff des Präparates eines bei 1670° gebrannten Scherbens sieht schon wesentlich anders aus. Die Korngröße der Kristallite beträgt zwar im Mittel 3 bis 4 μ, ist also immer noch nicht wesentlich von derjenigen des Ausgangsmaterials verschieden, der Charakter des Ganzen ist aber ein ganz anderer geworden (Abb. 19). Unter dem Druck auf das Objektdeckglas würde nicht mehr das Präparat, sondern das

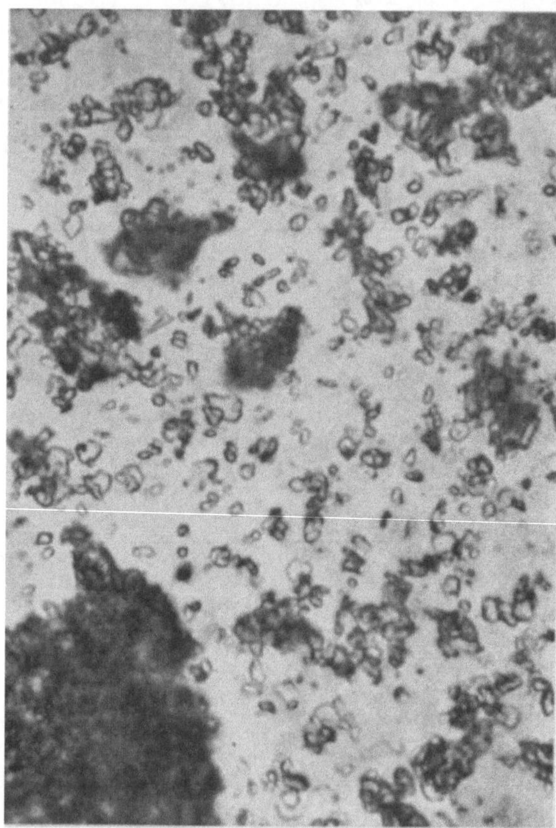

Abb. 18. Bei 1410° gebrannte Sintertonerde. Dünnschliff, unter dem Deckglas zerdrückt. Vergr. 550×.

Glas selbst zerbrechen, die Körnchen sind fest miteinander verkettet. Es handelt sich also um einen bereits fast gargebrannten fertigen Werkstoff Sintertonerde. Die Brenntemperatur entspricht bereits dem Beginn des Horizontalastes der Schwindungs- und der E-Modul-Kurve der Sintertonerde. Der Dünnschliff eines bei 1770° gebrannten Scherbens ergibt ein Bild, welches in seinen Wesenszügen dem vorausgehenden Bild durchaus ähnelt, nur der mittlere Kristallitdurchmesser ist stärker gewachsen und beträgt hier $> 10\,\mu$ im Durchmesser (Abb. 20).

Im ersten schwach ansteigenden Teil der Kurve handelt es sich also zunächst nur um eine Auswirkung der zwischenkristallinen Kräfte unter den einzelnen Kristallbruchstücken. Jeder Kristallit behält noch seine Individualität bei, die resultierende Festigkeit des Scherbens ist demgemäß gering und erreicht bei weitem nicht den möglichen Höchstbetrag, der den Kräften innerhalb eines Kristalls entspricht. In diesem

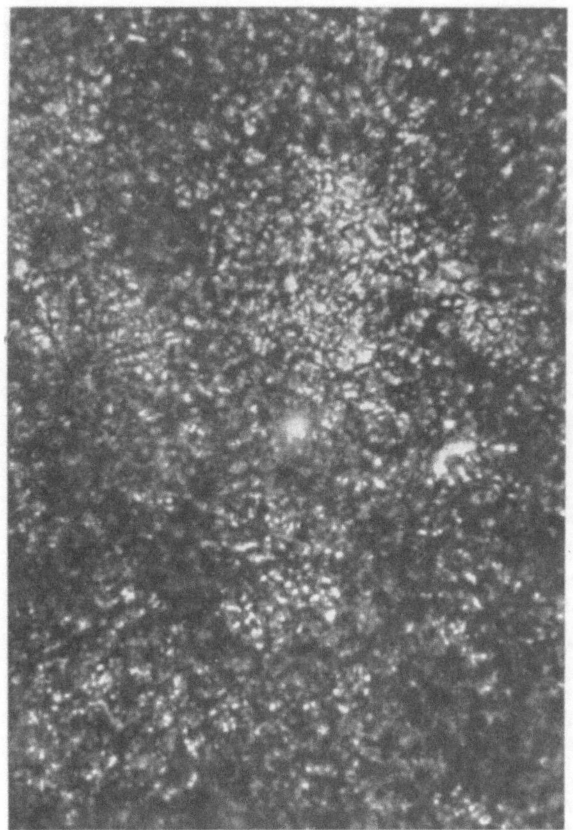

Abb. 19. Bei 1670° gebrannte Sintertonerde. Mikroaufnahme des Dünnschliffs. Vergr. 550×.

Stadium könnte man zweckmäßigerweise von Fritten sprechen, wobei aber selbstverständlich jede Beteiligung irgendeiner fremden Substanz, insbesondere der flüssigen Phase, ganz außer Betracht bleibt.

Erst nach der Überschreitung der ersten kritischen Temperatur, in dem steil ansteigenden Teil der Kurve befinden wir uns im Zustand der Wechselwirkung der Kristalle aufeinander. Sie verlieren allmählich ihre Selbständigkeit, hier ist das Gebiet der Rekristallisation, der Sammelkristallisation. Erst in diesem Bereich könnte man von der Sinterung im eigentlichen Sinne des Wortes sprechen. Hier sind die Schwingungsamplituden der Kristallbauteile bereits kommensurabel mit den Abständen der Kristalle voneinander geworden. Daher greift das Kraftfeld des einen Kristalls auf den Bereich des Nachbarn über.

In diesem Stadium des Brennprozesses beginnen die intrakristallinen Kräfte sich im ganzen Scherben voll auszuwirken, und wir er-

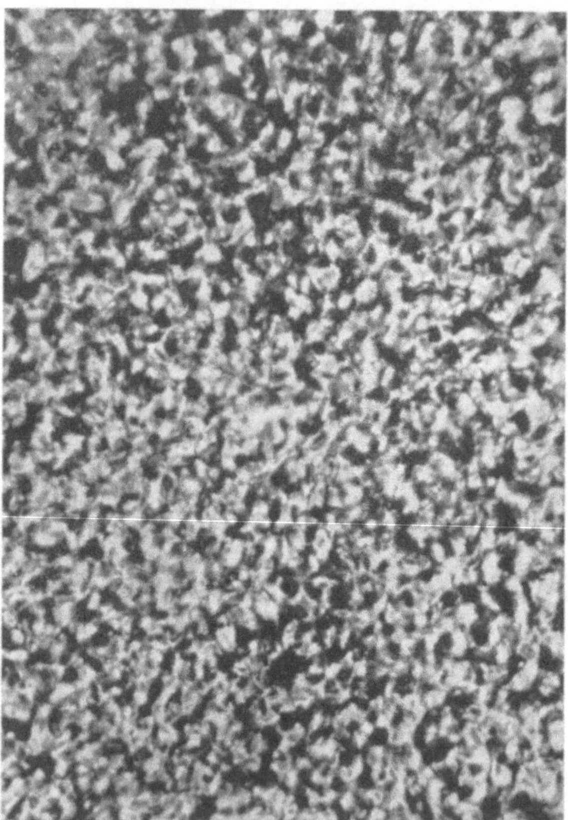

Abb. 20. Bei 1770° gebrannte Sintertonerde. Mikroaufnahme des Dünnschliffs. Vergr. 550×.

halten schließlich einen polykristallinen Scherben, dessen Festigkeit annähernd derjenigen des Einkristalls gleicht. Die Kräfte, mit denen die Einzelkristallite miteinander verkettet sind, müssen im Grenzfall den innerkristallinen Kräften selbst gleich sein. Weiter unten werden wir den experimentellen Beweis dafür vorfinden.

Nun ist zu erwarten, daß nicht nur die Elastizitätsfestigkeit, sondern auch andere Festigkeitswerte des jeweiligen Werkstoffes, also die Druck- oder die Zerreißfestigkeit in der gleichen Weise von der Brenntemperatur abhängt. In der Tat hat A. J. HEDVALL (1926) am Beispiel von Eisenoxyd einen ganz ähnlichen Verlauf der Abhängigkeit zwischen der Druckfestigkeit der gepreßten Pastillen und der Brenntemperatur festgestellt, wie es oben am E-Modul und der Schwindung einerseits und der Temperatur andererseits dargelegt ist. Bemerkenswerterweise hat man ähnliche Beziehungen bereits früher für einige metallische Systeme aufgefunden — ohne jedoch auf nähere innere Zusammenhänge gekommen zu sein. Es dürfte keinem Zweifel unterliegen, daß die im vorstehenden erörterten Zusammenhänge sich nicht allein auf die oxydischen Systeme beschränken, sondern auch auf metallkeramische Systeme, solche aus Salzen, Carbiden usw. in sinngemäßer Weise anwendbar sind.

Es ergibt sich daraus für den Keramiker eine praktisch recht bedeutsame Folgerung, daß man bei gleicher keramischer Masse (dasselbe gilt, mutatis mutandis, wie Versuche gezeigt haben, auch für komplexe keramische Systeme, z. B. für Porzellan) aus dem linearen Schwund allein auf die erlittene Brenntemperatur und auf die erworbene Festigkeit des resultierenden Scherbens schließen kann, was u. a. für die Betriebskontrolle von großer Bedeutung ist. Anstatt des linearen Schwundes kann man natürlich auch z. B. das Raumgewicht benutzen, was noch bequemer ist.

Der Spinell, obwohl eigentlich aus zwei Oxyden (MgO und Al_2O_3) zusammengesetzt, verhält sich dem Brennvorgang gegenüber in genau derselben Weise wie auch die Tonerde, also völlig einheitlich. Selbst die Temperaturen der Übergänge der Kurventeile ineinander sind für beide Werkstoffe die gleichen.

Für die Sinterthorerde, Zirkonerde, z. T. auch Beryllerde erhält man für die Schwindung und den E-Modul an den bis 1910° C gebrannten Proben Werte, die noch eine weiter steigende Tendenz zeigen. Diese Werkstoffe erheischen also bis zur völligen Aussinterung noch höhere Temperaturen. Das ist angesichts ihrer sehr hoch liegenden Schmelzpunkte (BeO: 2530°, ZrO_2: 2680°, ThO_2: 3000° C) durchaus begreiflich. Praktisch kommt man jedoch auch bei den genannten Werkstoffen mit der in der Nähe von 2000° C liegenden Brenntemperatur bereits gut aus.

Hier kann man noch die fehlende Temperaturhöhe durch die Brenndauer ersetzen, da ja im vorliegenden Sinterbereich der Prozeß des Garbrandes sich bereits vollzieht. Aber keine noch so lange Brenndauer bei 1400 bis 1500° vermag z. B. den Scherben aus reiner Sintertonerde bis zu einem ausgesinterten Werkstoff zu verwandeln, da wir uns hier noch im Bereich der Frittungstemperaturen befinden[1].

[1] In Unkenntnis dieser Zusammenhänge hatte man für die Herstellung keramischer Erzeugnisse aus Sintertonerde zum Gebrauch als Werkzeuge, bei denen ja eine besonders hohe mechanische Festigkeit erforderlich ist, empfohlen, nicht über 1400° zu brennen. Vgl. D.R.P. 611105.

Eine nähere Untersuchung lehrt, daß eine zu hohe Brenntemperatur und zu hohe Brenndauer auch für reine Oxyde schädlich sein können. Nach mehreren Bränden ein und desselben Stückes Tonerde bei S.K. 40 bis 41 beobachtet man eine Umkehr des Schwundes und der Festigkeit. Die Stücke werden wieder leichter und größer, ihre Festigkeit nimmt gleichzeitig ab. Die Ursachen dieses merkwürdigen Verhaltens sind bisher noch nicht mit Sicherheit festgestellt.

Nur bei dem Sinterzirkon ($ZrO_2 \cdot SiO_2$), welches dieses Verhalten in einer sehr stark ausgesprochenen Weise zeigt, ist die Aufklärung auf eine sehr einfache Art möglich gewesen, worüber weiter unten anläßlich der Besprechung des Sinterzirkons ausführlich die Rede ist.

Die geschilderten Verhältnisse gelten für Stoffe ohne innere Phasenumwandlungen. In manchen Fällen können aber im Verlauf des Brennprozesses Modifikationsumwandlungen des Ausgangsmaterials stattfinden. Das wäre z. B. bei Al_2O_3 der Fall, wenn man von der γ-Tonerde ausgehen würde. Meist wird aber für die keramische Weiterverarbeitung bereits zum stabilen α-Korund gewordene, im großen auf etwa 1100 bis 1200° C vorcalcinierte Tonerde genommen, wovon wir in Abb. 9 (S. 17) eine Mikroaufnahme kennengelernt haben. Die Umwandlung der kubischen γ- in die hexagonale α-Modifikation findet, wie weiter unten ausführlicher besprochen wird, bei rund 1000° C statt. Eine ähnliche Umwandlung, aber in einem noch komplizierteren Ausmaße, erleidet im Brennprozeß die Sinterzirkonerde.

Das reine ZrO_2-Ausgangsmaterial kann keramisch, wie weiter unten ausführlich dargelegt wird, überhaupt nicht verarbeitet werden, da es eine reversible Modifikationsumwandlung mit verhältnismäßig starken Volumenänderungen durchmacht. Infolgedessen reißen die im Brand befindlichen ZrO_2-Stücke und ergeben keine formbeständigen Erzeugnisse. Man muß das Zirkonoxyd mit etwas MgO „legieren" und erst diese „Legierung" keramisch verarbeiten. Interessanterweise erleidet auch diese Legierung bei etwa 1900° C eine Modifikationsänderung, wodurch die Sinterzirkonerde erst ihre endgültige Formart erlangt.

Man sieht also, daß zum erfolgreichen Brennen der Erzeugnisse aus Einstoffsystemen die Kenntnis und die Beherrschung der Phasenumwandlungen dieser Systeme gehört.

Endlich soll hier noch eine nicht zu unterschätzende Seite der Brenneinflüsse erwähnt werden.

Das sind die Einflüsse der Gasatmosphäre auf das Brenngut. Bei den fraglichen Brenntemperaturen in der Nähe von 2000° C sind die Dampfdrucke aller, auch der beständigsten und feuerfesten Stoffe nicht mehr ganz vernachlässigbar. Nach Berechnungen von F. Born[1] soll bei 2000° C z. B. der Dampfdruck von Al_2O_3 bereits 25 mm der Queck-

[1] Born, F.: Ztschr. f. Elektrochem. **31**, 309—311 (1925).

silbersäule entsprechen (was vermutlich doch zu hoch ist). Die Einflüsse der Dämpfe der Ofenwand, der zu brennenden Materialien selbst, der Stützen im Ofen, sind also durchaus merklich, ja oft recht stark, z. B. bei Cr_2O_3, bei BeO, Fe_2O_3 usw., wie wir weiter unten näher sehen werden.

Außerdem wirken insbesondere reduzierende Gase, also H_2, CO, sowie der aus gasförmigen Kohlenwasserstoffen ausgeschiedene Graphitkohlenstoff auf verschiedene Oxyde z. T. deutlich reduzierend ein. Das ist insbesondere bei MgO der Fall; die Magnesia kann in stark reduzierender Atmosphäre durch intermediäre Reduktion bereits bei 1800^0 C teilweise verflüchtigt werden. Selbst solche Gase, wie H_2O, CO_2, O_2, N_2, die in jedem Verbrennungsofen notwendigerweise in hohen Konzentrationen auftreten, und die man normalerweise als völlig indifferent den oxydischen Stoffen gegenüber bisher ansieht, sind in Wirklichkeit nicht völlig indifferent und üben einen durchaus merkbaren Einfluß auf die darin hocherhitzten Oxyde aus.

Es ist doch z. B. denkbar und sogar ziemlich wahrscheinlich, daß z. B. die Sauerstoffatome aus H_2O und MgO bei hohen Temperaturen an der Festoberfläche ihre Partner wechseln, wodurch eine fördernde rekristallisierende Einwirkung der Wasserdämpfe auf Oxyde erklärbar wäre.

Verschiedene Beobachtungen zeigen, daß es auch für die resultierenden Eigenschaften der Festkörper bei weitem nicht gleichgültig ist, in Gegenwart welcher Gase sie erhitzt worden waren.

Nach G. F. Hüttig, der solche Einflüsse in den Bereich seiner ausgedehnten Untersuchungen über die Reaktionen der festen Körper, über aktive Oxyde usw. mit einbezogen hatte, besteht die Wirkung von Gasen auf die oxydischen Systeme u. a. darin, daß die Oberflächenbedeckung des einen Oxyds mit einem damit in Reaktion tretenden zweiten in verschiedener Weise herabgemindert wird[1]. Das braucht natürlich nicht auf die Reaktion zwischen mehreren Oxyden sich zu beschränken, sondern kann auch für die Reaktion des Oxydes mit sich selbst gültig sein.

J. A. Hedvall und O. Runehagen[2] fanden, daß durch die Behandlung von SiO_2 mit O_2 bei erhöhter Temperatur eine Erhöhung der Aktivität von SiO_2 erzielt wird, die sich z. B. an der leichteren Bildung von Calciummetasilicat bemerkbar macht. Auch hier nimmt Hedvall den Wechselaustausch der O-Atome der festen und der Gasphase an.

Technisch kommt natürlich die Ausschaltung von CO_2, H_2O und auch mancher Dämpfe im Brennprozeß nicht in Frage. Außerdem darf man ja nicht vergessen, daß die mit verschiedenen sauren Chemikalien (hauptsächlich mit HCl) vorbehandelten Ausgangsmaterialien in den

[1] Vgl. z. B. Angew. Ch. **49**, 882—892 (1936).

[2] Hedvall, J. A., u. O. Runehagen: Naturwissenschaften **28**, 429—430 (1940).

Gasraum die Säureionen senden, die auch ihrerseits auf das Brenngut einwirken. Kurz, wir haben eine Menge kaum kontrollierbarer Einflüsse während des Brennvorgangs, deren Bedeutung erst in der neuesten Zeit entwirrt zu werden beginnt.

Oben haben wir bemerkt, daß bei keramischen Brennprozessen der Einfluß der Temperaturhöhe zum Teil dem Einfluß der längeren Zeitdauer des Brennvorgangs ähnlich ist. Die mangelnde Temperaturhöhe kann also innerhalb gewisser Grenzen durch die verlängerte Brenndauer kompensiert werden. Das geht natürlich nur innerhalb gewisser Grenzen, z. B. beim Garbrand innerhalb des Sinterungsintervalls.

Nach G. TAMMANN ist die Zunahme der Schichtdicke (und Korngröße) y einer einheitlichen Stoffart mit der Zeit z bei konstanter Temperatur durch folgende kinetische Beziehung gegeben:

$$dy/dz = b/z,$$

oder in Worten ausgedrückt: das Korn wächst um so langsamer, je länger es behandelt wird. Nach der Integration der Gleichung erhält man:

$$y = b \lg z + \text{const.}$$

W. JANDER[1] kommt dagegen zur Ansicht, daß es gilt:

$$y = k \sqrt{z}.$$

Diese Gleichung erhält man aus dem Ansatz, wonach das Korn um so langsamer wächst, je größer es ist. Jedenfalls wächst die Schichtdicke und Korngröße bei konstanter Temperatur viel langsamer als proportional der Zeitdauer.

Was den Einfluß der Höhe der Temperatur auf das Kornwachstum anbelangt, so kann man sich die Verhältnisse folgendermaßen vorstellen. In erster Annäherung wird die Diffusion und die Wanderungsgeschwindigkeit der Partikelchen als maßgebend für das Kristallwachstum anzusehen sein. Hier kann die Gleichung von VAN'T HOFF Anwendung finden, wonach diese Geschwindigkeit

$$k = C \cdot e^{-\frac{a}{RT}}.$$

Darin ist die Größe C konstant und von der Temperatur so gut wie unabhängig. Die Größe a bedeutet die Lockerungs- und Ablösearbeit der für das Wachstum verantwortlichen Teilchen. Nach C. WAGNER kann man in den oxydischen Systemen die Sauerstoffatome als ruhend und nur die entsprechenden Metallatome (bzw. Ionen) als beweglich ansehen. Nach der VAN'T HOFFschen Gleichung beeinflußt die Temperatur das Kornwachstum in einem sehr starken Maße, was auch in der Tat beobachtet werden kann.

[1] JANDER, W.: Ztschr. f. anorg. u. allg. Ch. **163**, 1—30 (1927); **166**, 31—52 (1928); **168**, 113—124 (1928); Ztschr. f. angew. Ch. **41**, 73—79 (1928).

Will man also ein grobkörniges Produkt erzielen, dann darf die Brenntemperatur bis zur technisch erreichbaren Höhe getrieben werden. Strebt man dagegen ein feinkörniges, aber dennoch gargebranntes Produkt an, dann ist die Erreichung des Zieles schwieriger.

Man muß wohl die Sintertemperatur des betreffenden Materials erreichen, sie aber nicht wesentlich überschreiten, und lieber die Brenndauer etwas verlängern.

Wohlbemerkt beziehen sich diese Überlegungen auf die wahren Temperaturen innerhalb des zu brennenden Gutes selbst und nicht etwa auf die Temperatur im Ofen oder im Verbrennungsraum. Um die Verhältnisse technisch zu meistern, muß also der Zusammenhang zwischen diesen Temperaturgrößen im Betrieb ermittelt werden.

5. Verbrennung. Hochtemperaturöfen.

Wie hoch kann die Flammentemperatur bei der Verbrennung steigen? — das ist die uns hier zunächst interessierende Frage. Im Prinzip ist ihre Beantwortung sehr einfach, die wirklich exakte Berechnung jedoch recht kompliziert und schwierig.

Es würde hier zu weit führen, sich auf ausführliche Erörterungen darüber einzulassen, es soll nur kurz skizziert werden, wie man zu dieser für den Keramiker doch wichtigen und interessanten Aussage über die erreichbare Verbrennungstemperatur eines Brennstoffes gelangen kann.

Die Berechnung der erreichbaren maximalen Verbrennungstemperatur erfolgt durch die Bestimmung der Verbrennungswärme Q des Brennstoffs und die Bestimmung der spezifischen Wärme (bei konstantem Druck) Cp entstandener Verbrennungsprodukte, die ja fast immer CO_2 und H_2O sind.

Unter der Voraussetzung, daß die Verbrennungswärme ausschließlich dazu dient, die Verbrennungsprodukte zu erhitzen und nicht durch Konvektion, Ausstrahlung usw. verlorengeht, daß also der Prozeß adiabatisch erfolgt, ergibt sich die erreichbare maximale Verbrennungstemperatur T in absoluter Zählung aus der Beziehung

$$T = \frac{Q}{\Sigma\, Cp}\,. \tag{a}$$

Für den einfachsten Fall der Verbrennung von Wasserstoff mit Sauerstoff zu Wasser ergibt sich danach die Rechnung folgendermaßen:

Verbrennungswärme eines Moles Wasserstoff und eines halben Moles Sauerstoff zu einem Mol Wasser ergibt reduziert auf 0° C 68000 cal. Nun ist die calorimetrisch bestimmte Verbrennungswärme, zumal reduziert auf 0° C, nicht dieselbe, wie sie bei der Verbrennungstemperatur bei der Reaktion selbst entwickelt wird. Zunächst enthält die calorimetrisch ermittelte Wärmemenge einen Betrag der latenten Verdampfungswärme des Wassers, der bei der Kondensation des 1 Moles Wasserdampfes zum flüssigen Wasser frei geworden ist. Dieser Betrag ist für 0^0 C 11000 cal pro 1 Mol. Um den entsprechenden Betrag unterscheidet sich die untere Verbrennungswärme von der oberen Verbrennungswärme eines jeden Brennstoffs, falls bei seiner Verbrennung bis 0^0 C (bzw. bis 25^0 C) kondensierbare Verbrennungsprodukte entstehen. Bei allen H-haltigen Brennstoffen, die praktisch in der größten Mehrzahl aller Fälle vorkommen, muß man eigentlich nur den unteren Verbrennungswert berücksichtigen, da ja die Kondensationswärme bei der Verbrennung natürlich nicht auftritt. Dementsprechend müssen wir unseren Wert Q nicht zu 68000, sondern nur zu rund 57000 ansetzen, wodurch unsere errechnete Maximaltemperatur der Verbrennung sich zu etwa 3900^0 C ergibt, und zwar unter der Zugrundelegung der mittleren spezifischen Wärme für Wasserdampf bis zu dieser Temperatur von rund 13,5. Aber auch dieser Wert ist noch auf nicht ganz richtigen Voraussetzungen aufgebaut und noch viel zu hoch. Man darf nämlich nicht vergessen, daß die Reaktionswärme temperaturabhängig ist. Dementsprechend ist die zur Erhitzung beitragende Energiemenge bei der Reaktionstemperatur und nicht bei der Temperatur des Calorimeters in Rechnung zu setzen. Zur Berechnung der Verbrennungswärme bei der interessierenden Reaktionstemperatur muß man die bekannte Abhängigkeit der Reaktionswärme von der Temperatur als Funktion der spezifischen Wärmen der Reaktionspartner nach der Gleichung:

$$\frac{\Delta Q}{\Delta T} = C_1 - C_2 \tag{b}$$

ansetzen, wobei ΔQ der Zuwachs der Reaktionswärme bei der Temperatursteigerung ΔT, C_1 die spezifische Wärme der ursprünglichen (hier also eines Moles Wasserstoff und eines halben Moles Sauerstoff), C_2 die spezifische Wärme der gebildeten (hier also eines Moles Wasserdampf) Stoffe ist. Da C_1 in unserem Falle kleiner als C_2 ist, nimmt die Reaktionswärme mit der Temperatur ab.

In erster roher Annäherung wollen wir die Reaktionstemperatur zu rund 3000^0 C ansetzen, um mit diesem Wert in unserer Gleichung zu operieren, damit man zur angenäherten Bestimmung der interessierenden Größe gelangen kann.

Die mittlere Molwärme von H_2 bis etwa 3000^0 C beträgt 7,7; die spezifische Wärme des halben Moles Sauerstoff entsprechend 4,1, die des gebildeten Wasserdampfes 12,9. Wir haben somit:

$$C_1 = 7{,}7 + 4{,}1 = 11{,}8,$$

$$C_2 = \qquad 12{,}9.$$

Somit ist

$$\frac{\Delta Q}{\Delta T} = -1{,}1 \text{ cal pro Grad.}$$

Für 3000° C ist also die gesamte Abnahme der Reaktionswärme 3300 cal. Wir haben somit anstatt 57000 nur 53700 cal als Heizenergie in die Gleichung (a) einzusetzen. Als Verbrennungstemperatur erhält man dementsprechend rund 3800° C.

Aber auch dieser Wert ist noch zu hoch, da hierbei noch die Dissoziation des Wasserdampfes bei derart hohen Temperaturen bisher noch nicht berücksichtigt worden ist. Da aber die Dissoziation nicht einfach eine Umkehrung des Vereinigungsvorgangs bedeutet und andere Stoffe als H_2 und O_2 liefert, so ist auch die Berechnung des Betrages der Energie, die für die betreffende Spaltung erforderlich ist, nur bei gleichzeitiger Kenntnis des Betrags des dissoziierten Wasserdampfes und der Art der Dissoziationsprodukte, z. B. H_2, O_2, H, O, HO und ihrer quantitativen Zusammensetzung möglich. Hier sieht man, daß es sich um recht schwierige, z. T. heute noch nicht vollständig gelöste Fragen handelt. Nehmen wir roh (sicher nicht richtig!) an, daß der Wasserdampf bei der Verbrennungstemperatur z. T. einfach wieder in Wasserstoff und Sauerstoff zerfällt. Der Dissoziationsgrad des Wasserdampfes bei hohen Temperaturen ist aus anderen Daten [Abweichung von der Formel (b) usw.] bekannt. In der Nähe von 3000° C beträgt der Dissoziationsgrad bei 1 at rund 20% oder noch mehr, dementsprechend muß die errechnete maximale Temperatur der Reaktion um diesen Betrag herabgesetzt werden. D. h., wir erhalten jetzt nur rund 80% des vorhin errechneten Wertes, also nur 3000° C, d. h. genau entsprechend obiger Annahme. Dieser Wert muß jedoch bei näherem Besehen noch weiter herabgesetzt werden, da ja die Dissoziation des Wasserdampfes unter dem Partialdruck = 1 at berücksichtigt wurde, was ja während der Verbrennung nie der Fall sein kann. Bei geringeren Partialdrucken ist der Dissoziationsgrad größer. Auf Grund der errechneten Zahl muß man den Dissoziationsgrad nicht bei 3000° C, sondern bei entsprechend tieferer T^0 berücksichtigen. Kurz, wir sehen, daß eine exakte theoretische Bestimmung der Verbrennungstemperatur einer so einfachen Reaktion wie die Verbrennung von H_2 in O_2 an recht viele experimentelle und thermodynamische Voraussetzungen geknüpft und immer noch — gerade bei Wasser — mit einigen Unsicherheiten verbunden ist. Die gemessene Verbrennungstemperatur bei der Verbrennung von H_2 und O_2 ergab 2660° C*.

Die Frage wird aber noch um einiges komplizierter, wenn man die Verbrennung nicht mit Sauerstoff, sondern in der Luft sich vollziehen läßt. Es handelt sich hierbei nicht allein um die an sich einfache Berücksichtigung der Miterwärmung des als „Ballast" wirkenden Stickstoffs, der die Verbrennungstemperatur wesentlich herunterdrückt. Hier können noch Sekundärreaktionen eintreten, wie Bildung von Stick-

* Lurie, H. H., and J. W. Sherman: Industr. Engng. Chem. **25**, 404—409 (1933).

oxyden, die ja auch mit Wärmetönungen und dementsprechend mit den anteiligen Beeinflussungen der Endtemperatur in die Rechnung eingehen.

Die hier angewandte Methode zur Berechnung der Verbrennungstemperatur beruht, wie man sieht, auf der Einsetzung der roh geschätzten Temperatur in die thermodynamischen Funktionen zum Zwecke der allmählichen Annäherung an den richtigen Wert.

Neuerdings hat H. ZEISE[1] ein direktes Berechnungsverfahren angegeben, das aber auch nicht einfacher ist, und worauf hier nur hingewiesen sei.

In der Technik ist es bei Gasen üblich, nicht mit Molen und Gewichten, sondern mit Volumen, in Kubikmetern ausgedrückt, zu operieren. Durch diese andere Rechnungsart wird selbstverständlich das Ergebnis in keiner Weise berührt.

Aus den obigen Betrachtungen folgt bereits, daß für die Bewertung der Brennstoffe die Verbrennungswärme nicht nur vom Standpunkte der erzeugten Wärmemenge, sondern auch vom Standpunkt der erreichbaren Verbrennungstemperatur das wichtigste Kennzeichen ist. In der Technik wird der Brennstoffwert eines Brennstoffes bei festen und flüssigen Materialien pro Kilogramm, bei den Gasen pro „Normal"-Kubikmeter (0^{0} C, 760 mm Druck: nm^3) ausgedrückt. Die Verbrennung selbst wird meist mit Luft, zuweilen mit Sauerstoff-angereicherter Luft ausgeführt. Hierbei unterscheidet man wieder zwischen dem oberen Heizwert H_o und dem unteren Heizwert H_u des (wasserstoffhaltigen) Brennmaterials. Der Unterschied ergibt sich aus der Kondensationswärme des gebildeten Wassers im Calorimeter bei der Bestimmung des Heizwertes, wie oben bereits bemerkt.

Für die hohen Temperaturen bei der Verbrennung selbst spielt, wie erwähnt, nur der untere Heizwert H_u eine praktische Rolle, da im Ofen und wohl auch im Abzug niemals eine Kondensation des Wasserdampfes auftreten kann. Für den reinen Wasserstoff ist der Wert H_o 3050 kgcal, der untere H_u 2570 kgcal pro nm^3. Der Wert der Verbrennungswärme der Volumeneinheit von Wasserstoff ist also an sich sehr gering, was mit dem geringen spezifischen Gewicht des Wasserstoffs zusammenhängt.

Die Verbrennung eines jeglichen Brennstoffes ist mit seiner Vergasung verbunden. Die gasförmigen Brennmaterialien ergeben naturgemäß die bequemsten Bedingungen für den Brennvorgang. Die Reaktion kann durch eine intensive Vermischung der Komponenten stark gefördert werden.

Die theoretische Berechnung der Verbrennungstemperaturen tech-

---

[1] ZEISE, H.: Ein neues Verfahren zur Berechnung von Verbrennungstemperaturen und seine Anwendung auf Gemische aus Alkoholdampf, Wasserdampf und Sauerstoff. Ztschr. f. Elektrochem. **45**, 456—463 (1939).

nischer Gase in der Luft zeigt, daß sie zum Brennen oxydkeramischer Erzeugnisse genügen, wie man aus der nachstehenden Tabelle ersieht:

Wasserstoff	2000° C	unter der Berücksichtigung der Dissoziation.
Kohlenoxyd	2100° C	
Methan	1920° C	
Stadtgas	1900° C	
Wassergas	2010° C	
Generatorgas	2000° C	
Koksofengas	2100° C	

Die Frage ist nur die, ob die theoretischen Verbrennungstemperaturen dieser Stoffe auch tatsächlich in der Flamme erreicht werden können. Wir wollen uns infolgedessen der Frage der Temperaturmessung der Flammen zuwenden.

Die einfachste Methode besteht natürlich darin, entsprechende Thermoelemente in die Flamme einzuführen und die Thermokraft zu messen. Hierzu ist es vor allem erforderlich, mit sehr feinen Drähten zu arbeiten, um nicht durch die Wärmeableitung durch die Metalldrähte die Resultate zu verfälschen. Da auch bei den kleinsten Abmessungen derartiger Drähte eine gewisse Ableitung stattfindet, so ermittelt man diesen Fehler und bringt die Korrektur an. Das geschieht z. B. dadurch, daß man mit verschiedenen, immer dünneren Drähten arbeitet und die erhaltenen Werte auf die Drahtstärke 0 extrapoliert, was schon WAGGENER vor vielen Jahren vorgeschlagen hatte. Die von FÉRY thermoelektrisch tatsächlich gemessenen Flammentemperaturen[1] sind z. B. folgende:

Bunsenflamme des Kohlengases	1870° C
Acetylenflamme in der Luft	2550° C
Wasserstoffflamme in der Luft	1900° C
Sauerstoff-Wasserstoff-Gebläse	2420° C

Man sieht, daß die Messungen einigermaßen sich mit den theoretisch abgeleiteten Zahlen decken.

Eine noch sicherere Methode der Flammentemperaturmessung besteht darin, daß man die Flammenspektren photometriert. Dadurch vermeidet man die von außen erfolgende Beeinflussung der Flammen. Die hierbei angewandte Arbeitsweise besteht in der Beobachtung der Umkehr von Spektrallinien der zu untersuchenden Flamme, was am geeignet geheizten heißen Hintergrund mit kontinuierlichem Spektrum, wie z. B. an elektrisch beheizter Wolfram- oder Molybdänfläche, erfolgt. Die Helligkeit der betreffenden Spektrallinie der Flamme wird mit der Helligkeit des Hintergrundes verglichen. Solange der Hintergrund heißer als die Flamme ist, hebt sich die betreffende Linie dunkel gegen den hellen Hintergrund ab, ganz ähnlich den dunklen FRAUN-

[1] Vgl. W. A. BONE u. D. T. A. TOWNEND: Flame and combustion S. 200. London 1927.

HOFERschen Linien im Sonnenspektrum. Bei der Steigerung der Flammentemperatur verschwindet im Augenblick des Temperaturausgleichs die vorher dunkle Linie, um bei weiterer Erhöhung hell auf dem dunkleren Hintergrunde zu erscheinen. Diese „Linienumkehr" erlaubt, die Temperaturen recht genau zu messen, da ja die Temperatur des festen Strahlers nach verschiedenen Methoden ermittelt werden kann. Da die Flammenspektren im allgemeinen keine sehr charakteristischen hellen Linien aufweisen, ist es vorteilhaft, dem Gas ganz geringe Mengen eines stark emittierenden Salzes, wie z. B. *Na* oder *Sr* usw., zuzusetzen, um die Natrium- bzw. Strontiumumkehr zu beobachten.

Nach dieser Methode wurden zahlreiche Messungen von hohen Gasflammentemperaturen, darunter auch die Gasstrecke des Lichtbogens, gemessen.

Einige Meßergebnisse seien hier mitgeteilt:

Verbrennung von

H_2 mit Sauerstoff ergab die gemessene Flammentemperatur von	2660° C
CH_4 mit Luft	1880° C
C_2H_6 mit Luft	1975° C
C_3H_8 mit Sauerstoff	2020° C
C_2H_2 mit Luft	2250° C
C_2H_2 mit Sauerstoff	3010° C
Kokereigas mit Sauerstoff	2750° C

Man sieht, daß im allgemeinen die theoretischen Berechnungen mit den experimentell optisch gefundenen Ergebnissen ziemlich gut übereinstimmen.

Angesichts dieser Sachlage fragt man sich jetzt, warum denn die normalen Gasfeuerungen im besten Falle Temperaturen aufweisen, die mehrere hundert Grad unter den Verbrennungstemperaturen der sie speisenden Brennstoffe liegen.

Bekanntlich erreichen z. B. die mit Generatorgas unter Anwendung von hoher Vorwärmung in Regeneratoren beheizten metallurgischen Öfen, etwa die Siemens-Martin-Öfen, nur Temperaturen bis 1650° C. Ohne Vorwärmung würde auch diese Temperatur bei weitem nicht zu erreichen sein. Selbst mit reichem Kokereigas erreicht man (ohne Vorwärmung) in üblichen Feuerungen nur etwa 1650° C.

Es gibt mehrere Gründe dieser Unzulänglichkeit im praktischen Betrieb. Sie lassen sich in zwei Gruppen unterteilen. Die eine besteht in den Verlusten nach außen, die andere in der Unvollständigkeit der Brennstoffausnutzung. Die Verluste bestehen in erster Linie aus der „fühlbaren" und latenten Wärme der Abgase, die ja mit hoher Temperatur den Verbrennungsraum verlassen (bei festen Brennstoffen muß man dazu noch die Aschen und Schlacken rechnen) sowie aus Strahlungs- und Konvektionsverlusten der Ofenwände.

Der erste Posten macht bereits etwa 15% der gesamten Wärmeenergie der Verbrennung aus. Seine Verminderung wird durch die Ausnutzung der Abgase zur Vorwärmung der Verbrennungsluft angestrebt. Ein gewisser Verlust bleibt aber immer bestehen, schon aus dem Grunde, weil die spezifischen Wärmen der Gase mit der Temperatur anwachsen.

Interessanterweise darf nicht einmal die Gasstrahlung außer acht gelassen werden. Selbst die nichtleuchtende Gasflamme besitzt eine bedeutende Strahlung. Die ersten bolometrischen Messungen der Flammenstrahlung wurden schon 1890 von R. HELMHOLTZ ausgeführt. Er fand (an kleinen Flammenkegeln), daß die CO-Flamme etwa 8% und selbst die H_2-Flamme etwa 3% der Gesamtenergie bei der Verbrennung ausstrahlt. Spätere Versuche mit verfeinerten Methoden, unter Spektralzerlegung der Strahlung, ergaben noch viel höhere Strahlungswerte. Die Strahlung hat sich als stark selektiv herausgestellt, wie man es z. B. (nach den Messungen von PASCHEN) aus der beiligenden Abbildung sieht, welche die Energieverteilung der emittierenden Strahlung der Bunsenflamme darstellt (Abb. 21).

Die Gesamtstrahlung bei der Explosion von Kokereigas im geschlossenen Zylinder ergab sich bei etwa theoretischer Zusammensetzung Gas/Luft und infolgedessen bei der maximalen möglichen Temperatur der Verbrennung zu über 22% des Energieumsatzes, wobei fast die gesamte Strahlung auf die zwei infraroten Banden von 4,8 und 2,8 μ Wellenlänge entfällt.

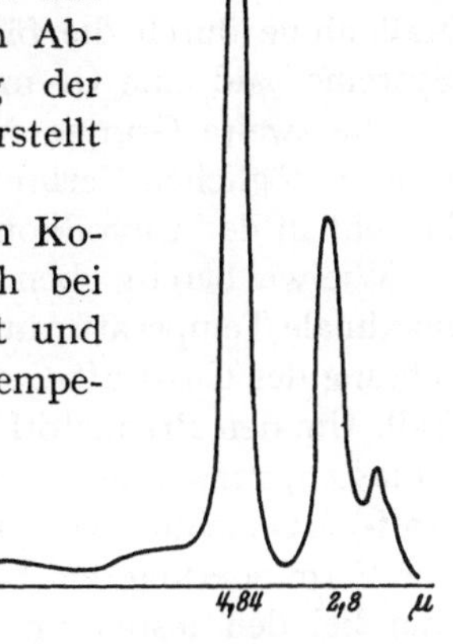

Abb. 21. Emissionsspektrum der Bunsenflamme.

Die CO-Flamme hat etwa 2,4fache Ausstrahlung gegenüber der H_2-Flamme gleicher Größe. Die Ausstrahlung wächst mit der Temperatur (und Druck) an, jedoch bei weitem nicht so schnell, wie z. B. bei den festen Körpern, deren Emissionsvermögen entsprechend dem STEFAN-BOLTZMANNschen Gesetz proportional der 4. Potenz der abs. Temperatur ansteigt. Über die Einzelvorgänge, die den Spektrallinien der Flammenstrahlung zugrunde liegen, kann man sich hier nicht auseinandersetzen[1]. Es sei hier nur angeführt, daß die Flammenstrahlung eine reine Temperaturstrahlung zu sein scheint, die Chemiluminiscenz spielt jedenfalls eine weit untergeordnete Rolle.

Ist nun die Feuerung so ausgebildet, daß die ausstrahlende Energie nach außen entweichen kann bzw. nicht zur Energieabgabe an das zu erhitzende Gut gelangen kann, dann bedeutet der betreffende Teil der Strahlung einen Verlust und die wirklich erreichte Temperatur bleibt hinter der erreichbaren entsprechend zurück.

[1] Einzelheiten vgl. z. B. bei K. F. BONHOEFFER: Optische Untersuchungen an Flammen. Ztschr. f. Elektrochem. **42**, 449—457 (1936).

A. SCHACK[1] konnte nachweisen, daß in einem Siemens-Martin-Ofen beim Wärmeübergang aus dem Gasraum von 60000 kgcal 33000 kgcal durch die Gasstrahlung und 25000 kgcal aus der Gewölbestrahlung bestritten wurden. Nur der kleine Rest stammt aus der Konvektion. Bei geringen Gasschichten überwiegt die Strahlung von CO_2, bei großen von H_2O.

Einen noch weiteren Minusposten in der Bilanz der Verbrennung bilden die Wärmeverluste durch die Ofenwände. Diesen Betrag kann man zu etwa 8 bis 10% ansetzen, manchmal auch noch mehr. Bei den Hochtemperaturöfen ist er naturgemäß höher als bei den normalen Öfen. Die wirksame Abhilfe gegen die Wandverluste besteht in der Anwendung der Wärmeisolation nach außen. Theoretisch gesprochen könnte man den Wärmeverlust nach außen durch die Verstärkung der Isolation fast vollständig unterbinden, praktisch wird jedoch dieser Maßnahme durch die fühlbare Vergrößerung der Wärmekapazität des Systems bald eine Grenze gesetzt.

Die zweite Gruppe der Ursachen für die Nichterreichung der theoretisch möglichen Verbrennungstemperatur in der technischen Feuerung besteht in der Unvollkommenheit der Verbrennung.

Wie wir bereits oben gesehen haben, erreicht das brennende Gas die maximale Temperatur nur bei der stöchiometrisch richtigen Zusammensetzung des Gas-Luft-Gemisches. Das ist aber technisch meist nicht der Fall. Um den Brennstoff voll auszunutzen, also keinen Teil unverbrannt zu lassen, verwendet man meist absichtlich einen gewissen Luft- (Sauerstoff-) Überschuß, was ja mit der Vermehrung des Abgasvolumens und der Verminderung der Temperaturleistung verknüpft ist. Während man nun bei den festen und auch noch bei flüssigen Brennstoffen kaum Feuerungen hat, die mit der stöchiometrisch richtigen Luftmenge arbeiten, da die Vermischung des Brennstoffs mit dem Sauerstoff selbst bei der feinsten Verteilung nicht leicht ist, ist dies bei den Gasen nicht unbedingt erforderlich, da sie sich ja mit der Luft vollkommen vermischen. Die Vermischung ist die erste Vorbedingung für den Brennprozeß. Ist die Vermischung nicht vollkommen, und kann z. B. das Gas an der einen Stelle nur unvollständig verbrennen, während es an einer anderen Stelle auf einen Luftüberschuß trifft und den Überschußballast mit zu erhitzen hat, dann haben wir naturgemäß wieder mit Energie- und mit Temperaturverlusten zu tun[2].

Denn die Diffusion der Gase selbst bei hohen Temperaturen vermag hier nicht den vollen Ausgleich zu schaffen, obwohl die lineare Verbrennungsgeschwindigkeit des Gases nicht hoch ist. Wie die Messungen

[1] SCHACK, A.: Der industrielle Wärmeübergang. Düsseldorf: Stahleisen 1929.

[2] Auf die Bedeutung des Mischungsvorganges auf die Gasverbrennung hat K. RUMMEL: Arch. f. Eisenhüttenwes. **10**, 505—510; 541—548 (1937) mit vielen Beispielen hingewiesen.

zeigen, beträgt die lineare Zünd- bzw. Verbrennungsgeschwindigkeit des Gases in der kalten Luft nur 1 bis 2 m in der Sekunde. Im reinen Sauerstoff sind die Zündgeschwindigkeiten erheblich größer und erreichen etwa das Fünffache der Geschwindigkeiten in der Luft.

Die Zündgeschwindigkeit wird am bequemsten an der stationär brennenden Bunsenflamme gemessen. Auf der Mantelfläche des Flammenkegels herrscht der Gleichgewichtszustand zwischen der Geschwindigkeit der ausströmenden Gase von innen nach außen und der Verbrennungsgeschwindigkeit, die von außen nach innen gerichtet ist. Daraus ergibt sich durch einfache Rechnung die Zündgeschwindigkeit

$$u = \frac{\text{Gas-Luft-Volumen}}{\text{Brennoberfläche}} \text{ pro Zeiteinheit.}$$

Wenn der Radius der Bunsenflamme r und die Höhe des Brennkegels $= h$ ist, dann ist die Brennoberfläche $F = \pi r \sqrt{r^2 + h^2}$. Kennt man (durch Messung mit Hilfe der Gasmesser) das in der Zeiteinheit dem Brenner zugeführte Volumen der Gase V, dann ergibt sich die Zündgeschwindigkeit $u = V/F$.

Diese Größe ist charakteristisch für das gegebene Brenngas. Sie hängt aber in einer bestimmten Weise von der Zusammensetzung des Luft-Gas-Gemisches ab und erreicht nahe dem stöchiometrisch richtigen Mischungsverhältnis das Maximum.

Die Maximalwerte für verschiedene Gase bei der Verbrennung an der Luft sind folgende in m/sec: Acetylen 1,31, Wasserstoff 2,67, Kohlenoxyd 0,33, Methan 0,35, Propan 0,32, Stadtgas 0,64, Wassergas 1,60. Für die Bestimmung der Zündgeschwindigkeiten von verschiedenen technischen Brenngasen haben K. BUNTE und LITTERSCHEIDT ein instruktives Diagramm geschaffen[1].

Aus der angeführten Zusammenstellung der Verbrennungsgeschwindigkeiten ersieht man, daß die heizkräftigen Gase in der Luft erheblich langsamer verbrennen als die heizschwachen. An der Spitze der Zündgeschwindigkeiten steht der Wasserstoff. Im reinen Sauerstoff sind die Verbrennungsgeschwindigkeiten höher als in der Luft. Sie betragen das 3- bis etwa 12fache, wobei aber gerade die heizkräftigen Gase (Acetylen, Propan) eine noch höhere Zündgeschwindigkeit aufweisen als der Wasserstoff. Während die Zündgeschwindigkeit für Wasserstoff mit Sauerstoff etwa 9 m in der Sekunde aufweist, beträgt sie für Acetylen mit Sauerstoff sogar 13 bis 14 m in der Sekunde.

Aus der Verschiedenheit der Verbrennungsgeschwindigkeiten verschiedener Gase ersieht man, daß für das Erreichen der höchsten Leistung der technischen Gasfeuerung wesentlich ist, die Brenner- und Brennraumkonstruktion so auszugestalten, daß sie sich dem brennbaren Gas am besten anpassen. Der Brenner für Wasserstoffgas muß natur-

[1] BUNTE, K., u. LITTERSCHEIDT: Gas u. Wasserfach **73**, 837 (1930).

notwendig ganz anders als für das Propangas gebaut sein, der für das Stadtgas passende Brenner wird weder für Acetylen noch für Methan der richtige sein.

An dieser Stelle erscheint es am Platze, von der spezifischen Flammen- und Verbrennungsleistung einiges auszuführen.

Darunter soll die in der Zeiteinheit pro Volumeneinheit entwickelte Wärmemenge verstanden werden. Sie wird technisch durch kgcal/st/m³ ausgedrückt. Die Aufgabe einer Hochtemperaturfeuerung besteht im wesentlichen darin, eine hohe spezifische Verbrennungsleistung zu erzielen. Es erscheint nach dem Vorstehenden klar, daß man in einer Feuerung mit einem energiereichen, aber langsam brennenden Gas u. U. eine geringere Verbrennungsleistung als mit einem ärmeren, aber schnellbrennenden Gas erzielen kann. Führt man im Ofen Prozesse durch, die mit einem hohen und schnellen Wärmeverbrauch verbunden sind, wie z. B. Schmelz- oder gar Vergasungsoperationen, dann kann es u. U. durchaus von Vorteil sein, lieber ein weniger heizkräftiges, aber schneller verbrennliches Gas, z. B. Wasserstoff, als Heizmittel zu verwenden. Aber auch in den Fällen, in denen es sich um die Erreichung der höchsten Temperaturen ohne einen zu starken Wärmeverbrauch im Ofeninneren handelt, hat es sich als vorteilhaft erwiesen, schnell verbrennendes Gas anzuwenden, da ja die höchsten Temperaturen technisch immer mit dem maximalen Wärmeverlust nach außen verbunden sind, der ja sehr schnell erfolgt.

Die Messung der relativen spezifischen Leistung eines Gases wird nach H. BRÜCKNER und H. LÖHR[1] so ausgeführt, daß ein Brenner mit 1 cm² Querschnitt, entsprechend einem Durchmesser 1,13 cm mit bestimmter Kegelausbildung, mit verschiedenen Gasen gespeist wird. Die Kegelausbildung wird durch die Zahl $k = \frac{u}{w}$ charakterisiert, wobei u die Zündgeschwindigkeit, w die variable Strömungsgeschwindigkeit des Gases ist. Die Zahl k kann in den Grenzfällen von 0 (w und dementsprechend auch die Brennfläche und die Kegelhöhe unendlich groß) bis 1 ($w = u$, Verkürzung der Brennfläche auf den Querschnitt der Brennöffnung, Kegelhöhe gleich 0) schwanken. Bei gewähltem k, z. B. ½, berechnet sich dann die Verbrennungsleistung eines Brennstoffes mit dem Heizwert H zu $J = \frac{H \cdot u}{k}$. Die relativen Verbrennungsleistungen (die Zahl der kgcal, die man in der Zeiteinheit durch den gegebenen Querschnitt hindurchjagen kann: sie ist ja der spezifischen Verbrennungsleistung proportional) verhalten sich also wie Produkte aus der Verbrennungswärme und der Verbrennungsgeschwindigkeit. Für Kohlenoxyd ist das Produkt $3020 \cdot 0{,}33 = 1000$; für Wasserstoff ist dieses Produkt $2570 \cdot 2{,}67 = 6850$, also fast 7mal soviel. In der Zeiteinheit

[1] BRÜCKNER, H., u. H. LÖHR: Gas- u. Wasserfach **79**, 17 (1936).

kann man also mit dem Wasserstoffgas eine erheblich größere Heizleistung hervorbringen als mit dem Kohlenoxyd, trotz der höheren Verbrennungswärme des letzteren.

In Wirklichkeit ist ein derartiger Unterschied (1: 7) in den praktischen Feuerungen nicht vorhanden. Das kommt daher, weil die Verbrennungsgeschwindigkeiten der Gase bei hohen Temperaturen keine so großen Unterschiede aufzuweisen scheinen. Ihre Messungen bei hohen Temperaturen sind leider bisher noch nicht ausgeführt worden.

Einen Anhalt über die Verbrennungsgeschwindigkeiten in der Nähe der Verbrennungstemperaturen selbst gibt uns die Explosions- oder die Detonationsgeschwindigkeit der Brenngase. Die Entdeckung der „Explosionswelle" wurde durch M. Berthelot und H. Le Chatelier 1881 gemacht. Seit dieser Zeit haben sich viele Forscher mit dieser wichtigen und interessanten Erscheinung befaßt, worunter H. B. Dixon besonders erwähnt zu werden verdient.

Das in geschlossenem Gefäß befindliche brennbare, an einer Stelle entzündete Gasgemisch explodiert, reagiert also mit einer sehr hohen Geschwindigkeit, die um 3 bis 4 Größenordnungen höher als die erörterte normale lineare Verbrennungs- oder Zündgeschwindigkeit kalter Gase ist.

In langen geschlossenen Rohren kann man die Fortpflanzung einer derartigen „Explosionswelle" photographisch registrieren und ausmessen. Nach derartigen Messungen, hauptsächlich von H. B. Dixon[1], ergab sich, daß außer der Detonations- noch die Reflexions- und Kollisionswellen vorhanden sind, deren Fortpflanzungsgeschwindigkeiten ähnlich der Detonationswelle sind.

Für uns hier hat jedoch nur die Detonationsgeschwindigkeit ein unmittelbares Interesse. Die Geschwindigkeit der Explosionswelle von Wasserstoff in theoretischem Gemisch mit der Luft beträgt rund 1850 m/sec, mit Sauerstoff sogar 2820 m/sec. Acetylen mit Sauerstoff explodiert sogar mit der Geschwindigkeit von etwa 3000 m/sec, das ist also etwa das 9fache der Schallgeschwindigkeit in der Luft! Hierbei werden infolge der adiabatischen Kompression des Gases bei konstantem Volumen naturgemäß noch viel höhere Verbrennungstemperaturen erreicht als bei der normalen Verbrennung unter konstantem Druck. So erreicht die Maximaltemperatur bei der Explosion $2H_2+O_2$ etwa 3950° C, $2H_2+O_2+5N_2$ (also mit mehr N_2 als der Zusammensetzung der Luft entspricht) 2600° C. — Es wäre somit auch technisch recht interessant, durch die sozusagen stabilisierte Explosionswelle die Erzeugung von besonders hohen Temperaturen auf dem Wege der Verbrennung herbeizuführen. Das könnte wohl in einer besonderen Kammer erfolgen, die sozusagen als stehende Rakete wirken würde. Die Schwierigkeit würde hier im Auffinden einer genügend widerstandsfähigen

[1] Vgl. W. A. Bone: Flame and combustion. London 1927, speziell Kap. 15, S. 163 u. ff.

hochfeuerfesten Ausmauerung der „Explosionsfeuerung" bestehen. Doch wird weiter unten gezeigt, daß man heute mit keramischen Materialien (ThO_2) bis 2700° C zu arbeiten bereits imstande ist. Allerdings läßt sich bei der „Explosionsfeuerung" das strenge Einhalten des konstanten Volumens nicht durchführen: die Gase müssen ja abgeführt werden. Dementsprechend wird auch die theoretisch berechnete Maximaltemperatur nicht erreichbar sein. Manche Explosionsverbrennung im Innenverbrennungsmotor (Otto-Motor) dürfte sich dieser Art der Feuerung nähern. Hier hat man beim Klopfen des Motors bereits lineare Verbrennungsgeschwindigkeiten der Brenngase über 500 m/sec gemessen. Die Verhältnisse weichen also von der gewöhnlichen ruhigen Verbrennung völlig ab und nähern sich tatsächlich denen der Explosion. Die Temperaturen dürften im Moment und an der Stelle der Explosion 2500° C wohl erreichen. Doch ist eine ausführlichere Erörterung dieser an sich sehr wichtigen und interessanten Fragen hier nicht am Platze, da ja in normalen Feuerungen Explosionen höchstens durch Unvorsichtigkeit und unglückliche Umstände zustande kommen.

Alle mitgeteilten Zahlenwerte der Verbrennungstemperaturen, Zündgeschwindigkeiten, Explosionsfortpflanzung usw. bezogen sich auf die sog. theoretische, d. h. stöchiometrische Zusammensetzung Brennstoff-Sauerstoff bzw. Brennstoff-Luft. Bei der Änderung dieser Zusammensetzung, d. h. bei einem Überschuß des Brennstoffes oder des Sauerstoffes bzw. der Luft ändern sich die Verhältnisse, wie nicht anders zu erwarten ist. Bei der Überschreitung gewisser Grenzwerte der Zusammensetzung zündet das Brennstoff-Sauerstoff- (bzw. Luft-) Gemisch überhaupt nicht mehr. Hierbei unterscheidet man naturgemäß zwischen der oberen und der unteren Zündgrenze, d. h. zwischen den (Raum-) Anteilen des Brennstoffs, oberhalb und unterhalb deren die Zündung und Verbrennung nicht mehr stattfinden kann. Diese Grenzen sind nun ihrerseits sowohl vom Druck als auch von der Temperatur der Reaktionspartner abhängig und werden bei steigenden beiden Parametern erweitert. Die neueren Untersuchungen zeigten, daß es sogar mehrere obere bzw. untere Grenzen gibt.

Für 1 at und gewöhnliche Raumtemperatur sind die Zündgrenzen einiger *reiner Gase* im Gemisch mit der Luft folgende:

	obere Grenze	untere Grenze
Kohlenoxyd	75%	12,5%
Methan	15%	5 %
Äthan	14%	3 %
Propan	10%	2 %
Äthylen	33%	3 %
Propylen	10%	2 %
Wasserstoff	75%	4 %
Acetylen	82%	2,3%

Für einige *technische* Gase:

	obere Grenze	untere Grenze
Generatorgas	75%	35%
Wassergas	70%	6%
Stadtgas.	35%	6%

Man sieht, daß im allgemeinen die ungesättigten Kohlenwasserstoffe weitere Zündgrenzen als die gesättigten mit der gleichen Anzahl der C-Atome haben. Überaus weite Zündgrenzen besitzt (außer dem hochungesättigten Acetylen) der Wasserstoff. Er gehört also zu den gefährlichsten Partnern in der Reihe der Brennstoffe.

Die genannten Zahlen gelten für verhältnismäßig weite Gefäßwände. Bei näherer Untersuchung der obwaltenden Verhältnisse stellt sich nämlich heraus, daß die Explosionsgrenzen von dem Einfluß der Gefäßwände abhängen, und zwar bei sehr geringen Gefäßweiten (Rohren) ist der H_2-Partialdruck des noch explodierenden Knallgases etwa umgekehrt proportional dem Durchmesser des Gefäßes.

Die bisherigen Betrachtungen waren der physikalischen Seite des Verbrennungsvorganges gewidmet. Nicht weniger wichtig und interessant, manchmal aber um wesentliches komplizierter ist die chemische und physikochemische Seite.

Beginnen wir mit der Verbrennung von Wasserstoff.

Die summarische Gleichung $2H_2+O_2 = 2H_2O$ der einfachen Verbrennungsreaktion spiegelt die tatsächlich verlaufenden Vorgänge nicht in annähernder Weise wider. In Wirklichkeit haben wir bei jeder Verbrennung eine ganze Reihenfolge von Teilreaktionen, teilweise unter Dazwischentreten von ungesättigten Radikalen, ja von Ionen und von Elektronen, die alle in der obigen summarischen Gleichung gar nicht auftreten.

Die nähere Untersuchung zeigt, daß bei der Knallgasverbrennung Kettenreaktionen und Kettenverzweigungen zustande kommen, deren Verfolgung eine anscheinend so überaus einfache Reaktion zu einem sehr komplizierten Vorgang stempelt. Im Moment der Zündung finden sich einige energiereichere Teilchen, die eine chemische Reaktion unter Freiwerden von H einleiten, wodurch dann z. B. folgende Vorgänge ausgelöst werden:

$$H+H_2+O_2=H_2O+OH$$

(unter Entwicklung von 102 kgcal). Das gebildete OH-Radikal reagiert weiter:

$$OH+H_2=H_2O+H$$

unter Rückbildung von H, wodurch die Reaktionskette weiter läuft. Durch sog. „Dreierstoß“ kann ein Abbruch der Kette entweder an einer unbeteiligten Gasmolekel, wie N_2, oder auch an der Gefäßwand, also an der Ausmauerung des Verbrennungsraumes erfolgen, womit die „unbeteiligten" Partner die Bildungsenergie der Reaktion aufnehmen. So z. B. kann der Abbruch erfolgen $H+OH(+M)=H_2O+(M)^{(*)}$. Man kann noch verschiedene andere Reaktionsschemata für die Knallgasreaktion aufstellen.

Noch komplizierter verläuft natürlich die Oxydation von Kohlenwasserstoffverbindungen, wie z. B. Methan, CH_4 zu CO_2 und $2H_2O$. Hier müssen wir noch verschiedene Stufen der Anregung, Aktivierung, Dissoziation usw. der Methanmoleküle in Betracht ziehen, bevor dieselben mit Sauerstoff in Reaktion treten. Es sei hier nur auf die Merkwürdigkeit hingewiesen, die bei der Verbrennung von CO zu beobachten ist. Während nämlich das trockene Gemisch CO/Luft maximale Zündgeschwindigkeit von 16 cm/sec zeigt, erhöht sich diese Größe mit allmählichem Zusatz von H_2O-Dampf bis etwa 120 cm bei einem Gehalt von 8% H_2O. Aber nicht nur H_2O, sondern auch H_2-Zusatz sowie die Anwesenheit von H-Verbindungen üben den gleichen beschleunigenden Effekt aus. Offenbar haben wir es hier mit einer intermediären H_2O-Bildung zu tun, die die CO-Verbrennung katalytisch beeinflußt. Nach DIXON wird dieser Einfluß folgendermaßen formuliert:

$$CO+H_2O=CO_2+H_2,$$

worauf der freie Wasserstoff auch verbrennt und wieder in die Reaktion tritt. Wahrscheinlicher ist jedoch eine Formulierung der Kettenreaktion nach folgendem Schema:

$$\begin{aligned} CO+OH &= CO_2+H \\ H+O_2 &= HO_2 \\ HO_2+CO &= CO_2+OH \text{ usw.} \end{aligned}$$

H. WIELAND[1] formuliert diesen bemerkenswerten Einfluß des Wassers vom Standpunkt seiner bekannten Dehydrierungstheorie mancher Verbrennungsvorgänge durch folgende Gleichung:

$$CO+H_2O=C\begin{matrix}\diagup OH\\ =O\\ \diagdown H\end{matrix} \text{ (Ameisensäure)} \rightarrow CO_2+H_2.$$

Im weiteren Verlauf des gesamten Verbrennungsprozesses wird der gebildete Wasserstoff zu Wasser oxydiert, und die „Kettenreaktion" beginnt ihr Spiel von neuem.

Eine auch nur einigermaßen ausführliche Schilderung dieser Vorgänge müssen wir uns hier aber versagen, da sie den gesetzten Rahmen dieses Abschnitts weit überschreiten würde[2].

---

[1] WIELAND, H.: Zur Verbrennung des Kohlenoxyds. Ber. Dtsch. Chem. Ges. **45**, 679—685 (1912).

[2] Eine eingehende Beschreibung der physikalisch-chemischen Zusammenhänge findet man im Werk von W. JOST: Explosions- und Verbrennungsvorgänge in Gasen. Berlin: Springer 1939.

Wie die Elektroleitfähigkeit der Flammengase zeigt, haben wir darin außer den neutralen Molekülen, Atomen und Radikalen noch geladene Ionen und auch Elektronen, wodurch die Flamme eine weitere Seite ihres Wesens offenbart.

Die Abspaltung der Elektronen und die damit bedingte Ionisation der Flammengase dürfte wohl bei H-Atomen am ehesten vor sich gehen. Die abgespaltenen Elektronen lagern sich an OH-Radikale und an andere Gruppen an und erzeugen negativ geladene Ionen in der Flamme.

Interessanterweise wirkt ein longitudinales elektrisches Feld stark auf die Zündgeschwindigkeit des Gasgemisches, wobei das gegen die Gasströmung gerichtete Feld eine Verlangsamung z. B. der Verbrennung C_2H_2/Luft bewirkt. Die Feldwirkung scheint um so größer zu sein, je mehr C-Atome das brennbare Gasmolekül enthält[1]. Beim elektrischen Wechselfeld bemerkt man u. U. eine Beschleunigung der chemischen Reaktion, was man durch die Resonanzerscheinungen beim Energieaustausch zwischen den Molekülen und Elektronen deuten kann. Ja, es gibt Andeutungen darüber, daß man z. B. durch schnelle Elektronen ein Knallgasgemisch zur Zündung bringen kann.

Die elektrischen Eigenschaften der Flammen können in sehr demonstrativer Weise gezeigt werden, indem man mit zwei Flammen, in denen Salzdämpfe eingeführt sind, regelrechte Konzentrationsketten, ähnlich den flüssigen Lösungen von ionisierten Salzen, herstellen kann. Als Elektroden kann man Pt-Bleche verwenden. Der elektrische Strom wird hauptsächlich von den negativen Ionen besorgt, wobei die Ionen von der konzentrierten Flamme zur verdünnteren wandern[2].

Auf technisch wichtige und gleichzeitig sehr einfache Beziehungen zwischen dem Heizwert eines Brennstoffes und seinem Abgasvolumen und Luftbedarf haben P. Rosin und R. Fehling[3] hingewiesen.

Schon die oberflächliche Betrachtung des Umstandes, daß die vollständige Verbrennung eines jeglichen Brennstoffes (der nicht außergewöhnlich reich an S, P oder anderen verbrennlichen Elementen außer C und H ist) immer nur CO_2 und H_2O liefert, bringt auf die Vermutung verhältnismäßig einfacher Beziehungen zwischen der Zusammensetzung (also auch dem Heizwert) und dem Abgasvolumen unter dem konstanten atmosphärischen Druck.

Ist der untere Heizwert eines Brennstoffes H_u (in kgcal/kg bei festen und flüssigen und in kgcal/nm^3 bei gasförmigen) und das Abgasvolumen

[1] Vgl. A. Malinowsky u. K. Egorow: Einfluß des longitudinalen elektrischen Feldes auf den Verbrennungsprozeß in der Flamme. Acta physicochim. USSR. **4**, 929—936 (1936).

[2] Eine ältere Übersicht über die elektrischen und magnetischen Eigenschaften der Flamme findet sich in der Broschüre G. Moreau: Propriétés électriques et magnetiques des flammes. Mémorial des sciences physiques. Paris 1928.

[3] Rosin, P., u. R. Fehling: Das I-T-Diagramm der Verbrennung. Berlin: VDI-Verlag 1929.

der verlustlos verlaufenen Verbrennung V in nm³, dann ist der Wärmeinhalt des Abgases $i = \frac{H_u}{V}$ gemessen pro 1 nm³ des Abgases.

Die rein statistische Betrachtung (an 64 Sorten von festen Brennstoffen, wie Holz, Torf, Kohlen, Koks; an 13 flüssigen Brennstoffen, wie Benzol, Rohöl, Petroleum, Benzin, und an 42 gasförmigen Brennstoffen, wie Generatorgas, Wassergas, Leuchtgas, Koksofengas, carburiertes Wassergas usw.) ergab folgende empirische Beziehungen für Abgasvolumen V und für den Luftbedarf L:

	V in nm³/kg	L in nm³/kg
Feste Brennstoffe	$\frac{0{,}89}{1000} \cdot H_u + 1{,}65$	$\frac{1{,}01}{1000} \cdot H_u + 0{,}5$
Flüssige Brennöle	$\frac{1{,}11}{1000} \cdot H_u$	$\frac{0{,}85}{1000} \cdot H_u + 2{,}0$
Armgase	$\frac{0{,}725}{1000} \cdot H_u + 1{,}0$	$\frac{0{,}875}{1000} \cdot H_u$
Reichgase	$\frac{1{,}14}{1000} \cdot H_u + 0{,}25$	$\frac{1{,}09}{1000} \cdot H_u - 0{,}25$

Die theoretische Begründung dieser statistisch-empirisch ermittelten Werte besteht u. a. darin, daß die mit Luft erfolgende Verbrennung von C und von H_2 genau die gleichen i-Werte liefert, wie man aus folgender Rechnung ersieht:

Zur Verbrennung von 12 kg Kohlenstoff mit Luft sind 22,4 nm³ Sauerstoff und $\frac{79}{21} \cdot 22{,}4$ nm³ Stickstoff (Luftgemisch) erforderlich, wobei $(22{,}4 + 79/21 \cdot 22{,}4)$ nm³ Rauchgas resultiert. Da die Verbrennung von 12 kg Kohlenstoff 95600 kgcal liefert, ergibt sich bei der Verbrennung von C: $i_C = 896$ kgcal/nm³. Die gleiche Rechnung für Wasserstoff ergibt: $i_{H_2} = 899$ kgcal/nm³, was durch die Volumenkontraktion bei der H_2-Verbrennung zustande kommt. Setzt man also den Mittelwert für $\frac{H_u}{V} = i = 898$ kgcal/nm³, erhalten wir $V = \frac{1{,}11}{1000} \cdot H_u$. Für natürliche Aschen- und sonstige Fremdbestandteile enthaltende Brennstoffe müssen natürlich entsprechende Korrekturen angebracht werden. Für flüssige Kohlenwasserstoffe, die ja praktisch die wichtigsten Brennstoffe bilden, gilt die obige Formel recht genau, da die Bildungswärmen der Kohlenwasserstoffe, verglichen mit den Verbrennungswärmen, verschwindend gering sind.

Der untere Heizwert der flüssigen, aus Kohlenwasserstoffen bestehenden Brennstoffe beträgt rund 10000 kgcal/kg. Dementsprechend ist also $V = 11{,}1$ nm³, d. h. das Rauchgasvolumen bei normalen Bedingungen (0° C, 760 mm Druck) beträgt 11,1 m³ auf 1 kg flüssigen Brennstoff. Um das Rauchgasvolumen bei der wirklichen Verbrennung zu bestimmen, muß man natürlich die Abgastemperatur bei der Verbrennung kennen. Der Luftbedarf beträgt für flüssige Kohlenwasserstoffe rund 10,5 nm³/kg, ist also annähernd dem Abgasvolumen gleich.

Für gasförmige Brennstoffe der Klasse „Reichgase" (Heizwert über 2500 kgcal/m³) ergibt die stöchiometrisch-thermochemische Rechnung eine im großen und ganzen ähnliche Begründung obiger Formel. Als einfache Faustregel für den Luftbedarf folgt daraus, daß zur Verbrennung von 1 nm³ Heizgas so viel nm³ Luft erforderlich ist, wieviel tausend kgcal der untere Heizwert des Gases ergibt. Diese Regeln und ihre Begründung verschaffen uns die Möglichkeit einer richtigen Berechnung von Luft- und Abgasleitungen bei den Ofenkonstruktionen. — Diese Überlegungen zeigen aber gleichzeitig, daß die für ein bestimmtes Heizmittel richtig bemessenen Zuleitungen, Kaminquerschnitte, Düseneingänge usw. beim Übergang zu einem wesentlich andersgearteten Heizmittel völlig falsch sein müssen. Es ist also nicht ohne weiteres möglich, einen für die Beheizung mit Stadtgas (mit Wassergas vermengtes Leuchtgas) richtig konstruierten und einwandfrei arbeitenden Ofen z. B. mit Propan oder Butan mit ebensolchem oder gar noch mit besserem Erfolg zu heizen, in der falschen Hoffnung, daß dieser Erfolg allein durch die höhere Heizleistung des Butans gewährleistet sein müsse. Dagegen ist es unerheblich, ob man anstatt Propan Butan verwendet, und vice versa.

Im übrigen ergibt sich aus diesen Überlegungen und Zahlen, daß die Verbrennungstemperaturen verschiedenster Brennstoffe bei der Verbrennung in der Luft nur recht wenig voneinander abweichen.

Die von Rosin und Fehling[1] gegebene Tabelle für die theoretischen Verbrennungstemperaturen verschiedener Brennstoffe lautet z. B. folgendermaßen:

Kohle mit $H_u = 1000$ kgcal/kg	1960°
Schwelgas $H_u = 3500$ kgcal/nm³	1975°
Wassergas	2010°
Generatorgas	2030°
Kohle mit $H_u = 8000$ kgcal/kg	2060°
Öle (Benzol-Benzine)	2070°
Schwelgas $H_u = 8500$ kgcal/nm³	2085°
Koksofengas	2100°

Der Grund für die auf den ersten Blick überraschende Tatsache, daß es für die Verbrennungstemperatur fast ganz gleich ist, ob das Schwelgas 3500 oder 8500 kgcal/nm³, ob die Kohle 1000 oder 8000 kgcal/kg liefert, liegt darin, daß zur Verbrennung der heizkräftigeren Brennstoffe proportional mehr Verbrennungsluft erforderlich ist, so daß im Endeffekt 1 m³ Abgas fast den gleichen Wärmeinhalt beherbergt.

Nach diesen allgemeinen Ausführungen über die Verbrennung und die Eigenschaften der Flammengase wollen wir uns den Betrachtungen

[1] Rosin u. Fehling: Zit. S. 53.

über die technischen Anwendungen bei der Verbrennung im Ofen zuwenden. Die gewöhnlichen Feuerungen sollen hier außer Betracht bleiben, erstens, weil hierüber genug Literatur vorliegt, und zweitens, weil sie für die Zwecke der Erzeugung genügend hoher Temperaturen, die zum Brennen von einheitlichen hochfeuerfesten Oxyden erforderlich sind, nicht ausreichen. Wir wenden uns daher gleich der Betrachtung der sog. Oberflächenverbrennung zu, deren Anwendung die erforderlichen Ziele zu erreichen gestattet.

Nach der F. SIEMENSschen Theorie der freien Flammenentfaltung, deren bekanntestes praktisches Ergebnis und Anwendungsgebiet der Siemens-Martin-Ofen ist, soll die Verbrennung möglichst ungestört in einem freien Feuerungsraum vor sich gehen, damit sie die beste thermische Wirkung ausüben kann. Nach seiner Ansicht befördert nämlich die Einführung der heißen Oberflächen in die Flamme die Spaltung der Verbrennungsprodukte und verhindert ihre freie Beweglichkeit. Demgemäß resultiert die Verminderung der Energiewirkung der Verbrennung selbst. — Aber bereits im Anfang des 19. Jahrhunderts machte H. DAVY darauf aufmerksam, daß glühende metallische Oberflächen die Verbrennung fördern. In diesen Kreis der Untersuchungen fällt auch das bekannte Feuerzeug von DÖBEREINER, der fand, daß feinverteiltes Platin die Entzündung eines Gas-Luft-Gemisches noch unterhalb der normalen Zündtemperatur herbeiführen kann. Schon M. FARADAY versuchte, die Wirkung derartiger Kontaktwirkungen von fremden heißen festen Oberflächen durch die Annahme zu erklären, daß poröse Körper die reagierenden Gase an der Oberfläche adsorbieren und verdichten, wodurch die Bedingungen zur Reaktion verbessert werden. In den achtziger Jahren des 19. Jahrhunderts hat sich dann FLETCHER wieder den Erscheinungen der Oberflächenverbrennung zugewandt. Seine Arbeitsweise bestand darin, daß er ein Gemisch des Brenngases mit Luft auf ein erhitztes Bündel Eisendraht aufschlagen ließ, wobei er die Verbrennung „ohne Flamme“ innerhalb des Bündels feststellen konnte. Die „flammenlose“ Verbrennung wurde dann zum Charakteristicum der ganzen Erscheinung. Es muß hier aber gleich betont werden, daß die „Flammenlosigkeit“ der Oberflächenverbrennung nur darauf beruht und darin besteht, daß die hauptsächlich an heißer und dementsprechend stark strahlender fester Oberfläche sich abspielende Flammenverbrennung im wenig strahlenden Gasraum selbst unsichtbar bleibt. Es besteht aber gar kein Grund zum Verschwinden der Flamme, und bei passender Abblendung stark strahlender Flächen sieht man die Flammen ganz deutlich. Eine Weiterentwicklung der Oberflächenverbrennung bis zur praktischen Auswertung für technische Zwecke blieb aber den ersten Dezennien des jetzigen Jahrhunderts vorbehalten.

Die bekanntesten Ausführungen sind die von R. SCHNABEL und von W. A. BONE aus den Jahren kurz vor dem Weltkrieg 1914 bis 1918.

Allerdings sind die Konstruktionsgedanken schon von C. E. LUCKE (USA.) aus den ersten Jahren des 20. Jahrhunderts gegeben worden. Seine Anordnung bestand darin, daß er eine brennende Flamme direkt auf eine Schüttung aus feuerfestem Material aufprallen ließ. Hierbei vermindert sich das sichtbare Volumen der Flamme nach Maßgabe der Erhitzung der Schüttung, und die Verbrennung vollzieht sich im wesentlichen innerhalb der Schüttungszwischenräume. Diese Anordnung erinnert in ihren Grundzügen an die Experimente von FLETCHER mit dem Drahtbündel.

R. SCHNABEL arbeitet in der Weise, daß er ein fertiges Gas-Luft-Gemisch durch eine Schüttung aus porösem, feuerfestem Material hindurchleitet, innerhalb deren die „flammenlose" Verbrennung sich vollzieht. Nach dieser Methode sind viele sehr einfach konstruierte Feuerungen zur Erzeugung von hohen Temperaturen gebaut worden. Will man einen Tiegel z. B. sehr hoch erhitzen, dann bettet man denselben in eine Schüttung ein, die im Verfolg der Verbrennung ihre hohe Temperatur dem Tiegel mitteilt.

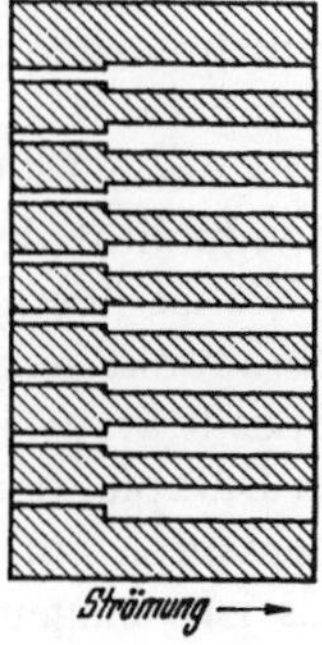

Abb. 22. Strahlstein, schematisch.

Eine klassische Form der Oberflächenverbrennung wurde in dem Verfahren verwirklicht, das unter dem Namen „Bonecourt"-Prozeß 1909 bekannt geworden ist (nach den Namen der beiden Autoren: W. A. BONE und C. D. M. COURT). Dieses Verfahren arbeitet ebenfalls mit dem fertigen Gas-Luft-Gemisch, das in eine Kammer unter Druck eingeführt wird, die an ein poröses Diaphragma aus einem feuerfesten Material angrenzt. Das Gasgemisch muß durch das Diaphragma hindurchtreten. Wird es außen angezündet, dann erhitzt sich die poröse Wand allmählich, die Verbrennungsreaktion zieht sich nach Maßgabe der Erhitzung immer mehr ins Innere des Diaphragmas, wodurch die Oberflächenverbrennung zustande kommt. Das Diaphragma gerät in helle Glut, außerhalb desselben bemerkt man kaum eine Flammenentwicklung. Die Aufgabe des Diaphragmas oder der feuerfesten kleinstückigen Schüttung besteht darin, auf einem möglichst geringen Verbrennungsraum eine möglichst große Oberfläche dem Gas darzubieten.

Nun kann man die Anordnung mit engen Poren des Verbrennungsraumes nicht nur in Form einer unregelmäßigen Schüttung, sondern noch besser als ein System von regelmäßig angebrachten Kanälen in einem feuerfesten Stein ausbilden. Der Effekt muß etwa gleich demjenigen mit dem Diaphragma von BONECOURT oder der Schüttung nach SCHNABEL herauskommen. Das ist auch in der Tat der Fall. Auf diesem Konstruktionsprinzip besteht die Ausbildung von sog. Strahlsteinen. Die schematische Abb. 22 gibt die Vorstellung von einem derartigen Strahlstein.

Alle diese Anordnungen besitzen merkwürdigerweise keine spezifische Wirkung der Kontaktmaterialien, aus denen die Vorrichtung zur Oberflächenverbrennung besteht. Es kommt anscheinend gar nicht darauf an, ob das Diaphragmamaterial aus Quarz oder Magnesia, aus Schamotte oder gar aus einem Metall besteht — jedes Material ist fast in gleicher Weise bei genügend hoher Temperatur wirksam.

Es macht den Eindruck, daß diese Gleichheit der Wirksamkeit in der Tat nur bei sehr hoher Temperatur — etwa über 1500° C — zu beobachten wäre, während bei verhältnismäßig tiefen Temperaturen noch eine Spezifität vorhanden ist.

So z. B. wird durch feinverteiltes Platin die Verbrennung von H_2 bei gewöhnlicher Temperatur stark beschleunigt, während z. B. Eisen diese Aktivität noch nicht zeigt. Bei höherer Temperatur wirkt auch *Fe* stark katalytisch, dann beginnen verschiedene andere Metalle eine beschleunigende Wirkung zu zeigen, um schließlich bei genügend hoher Temperatur vielen anderen Stoffen, wie Oxyden, Silicaten usw., ebenfalls einen Platz an ihrer Seite zu geben. Die Mannigfaltigkeit und Individualität der chemischen und physikalischen Erscheinungen unserer Welt ist überhaupt an die verhältnismäßig große Nähe zum absoluten Nullpunkt geknüpft. Bei der Temperaturerhöhung verliert sich diese Spezifität in jeder Beziehung, alle Stoffe verwandeln sich allmählich in Dämpfe, dann dissoziieren sie, um schließlich bei extrem hohen Temperaturen nur in Elektronen, Protonen und Neutronen zu zerfallen. — Es ist demgemäß nicht verwunderlich, daß bei genügend hoher Temperatur die Kontaktwirkung von verschiedensten Stoffen auf die Verbrennungsreaktion eine weitgehende Ähnlichkeit gewinnt. Es kommt hier weder auf die stoffliche Beschaffenheit der Kontaktmaterialien noch auf die chemische Zusammensetzung der Brennstoffe an — in jedem Falle tritt die beschleunigende Wirkung ein.

Verschiedenste Erklärungen dieser Erscheinung sind vorgeschlagen worden. Der Schöpfer der Oberflächenverbrennung W. A. Bone selbst stellt sich die Wirkung — ähnlich wie M. Faraday — so vor, daß er eine Absorption der reagierenden Gase an der festen Oberfläche annimmt, wodurch die Reaktion nach den Gesetzen der chemischen Kinetik mit größerer Geschwindigkeit und auch mit größerer räumlicher Energiekonzentration abläuft. Allerdings ist es nur schwer vorstellbar, daß feste Körper bei sehr hohen Temperaturen Gase absorbieren. Bekanntlich wird durch die Erhitzung nur die Entgasung gefördert. Auf einen interessanten Punkt hat bereits J. J. Thomson aufmerksam gemacht. Da die heißen, festen Körper Elektronen aussenden, so müssen diese Elektronen bei ihrem Aufprall auf die reagierenden Gase eine aktivierende Wirkung ausüben. Sie besteht nach unseren neueren Vorstellungen in der Deformation der Elektronenhüllen der betreffenden Moleküle und Atome, was zur erhöhten Reaktionsfähigkeit führt („Anregung", „Prädissoziation" usw.). Diese Auffassung hat den Vorteil, daß sie die Gleichartigkeit der Wirkung jeglicher heißer Oberfläche verständlich macht.

G. TAMMANN und H. THIELE[1] finden die Erklärung der beschleunigenden Oberflächenwirkung durch den Nachweis, daß die strahlungsdurchlässigen Gase beim Aufprallen an die heiße Oberfläche eine schnellere Erhitzung als nur durch Strahlungsabsorption erfahren. Die Beschleunigung der Reaktion ist hiernach einfach die Folge der gründlichen Vorerhitzung der Reaktionsteilnehmer.

Man kann sich schließlich noch vorstellen, daß durch den Anprall der reagierenden Gase auf heiße Flächen eine bessere Vermischung der Reaktionsteilnehmer stattfindet als im Gasraum allein. Die wirbelnde Wirkung rauher Oberfläche ist für jedes strömende Gasgemisch von Bedeutung. Dazu kommt vielleicht noch eine weitere, ebenfalls allen festen Körpern gemeinsame Wirkungsmöglichkeit in Betracht. Der feste Kontaktkörper wirkt wie das dritte an der Reaktion unbeteiligte Molekül im Dreierstoß unter Aufnahme der Energie der reagierenden Bestandteile. Er bricht zugleich die Reaktionskette ab und sorgt somit für die Abkürzung des zeitlichen Verlaufs der Reaktion. Es braucht nicht besonders hervorgehoben zu werden, daß man hierbei tatsächlich nicht an spezifische stoffliche Natur des Kontaktkörpers gebunden zu sein braucht. Schließlich sollen heiße feste Körper manche Kettenreaktionen sogar hervorrufen.

Nun wäre es vielleicht nicht am Platze, irgendeine einzige erwähnte Erklärungsmöglichkeit für die Kontaktwirkung auszusuchen und allein zu verteidigen, alle anderen Erklärungsmöglichkeiten aber zu verwerfen. Viel wahrscheinlicher ist es, daß hier mehrere Effekte zugleich sich zusammenfinden und die beobachtete Wirkung ausüben.

Einige der technischen Ausführungen der Anwendung der Oberflächenverbrennung, die oben schon kurz gestreift sind, kranken an manchen technischen Unvollkommenheiten und Schwierigkeiten.

Die Verwendung von porösen Diaphragmen und feinkörnigen Schüttungen hat den Nachteil eines verhältnismäßig hohen Widerstandes dem durchzutreibenden Gasgemisch gegenüber. Das bedingt die Verwendung von teuren Kompressoren für Luft und Brenngas. Die unregelmäßige und kaum kontrollierbare Verteilung der Poren und Öffnungen in derartigen Kontaktkörpern bringt es mit sich, daß an manchen Stellen die Gase mehr als an den anderen Stellen hindurchtreten. Es entstehen örtliche Ungleichmäßigkeiten, die sich im Laufe der Zeit dadurch noch vergrößern, daß die Poren und Zwischenräume sich zusetzen. Ein noch so hochfeuerfestes Material zeigt eine Nachschwindung bei andauerndem Erhitzen auf sehr hohe Temperatur. Die Verkleinerung

[1] TAMMANN, G., u. H. THIELE: Ztschr. anorg. u. allg. Ch. **192**, 65—89 (1930).

der Durchlaßöffnungen bedingt wiederum die Steigerung des zum Durchpressen der Gase erforderlichen Gasdruckes, die eine erhebliche Reserve, also Verteuerung der Maschinen bedeutet, usw.

Alle derartigen Erfahrungen waren dafür bestimmend, daß trotz der hervorragenden Ausnutzung der Verbrennungswärme der Heizstoffe auf dem Wege der Anwendung des Prinzips der Oberflächenverbrennung ihre praktische Verwendbarkeit in der Technik sich nicht durchführen ließ. Bald kam man auf eine andere Lösung der Aufgabe. Anstatt mit der unregelmäßigen Schüttung oder porösen Wand zu arbeiten, nahm man als oberflächenreiche Verbrennungsräume geringen Inhalts regelmäßig ausgebildete enge Kanäle im feuerfesten Stein. Von der einen Seite strömt dem Stein das fertige brennbare Gas-Luft-Gemisch zu, von der anderen Seite, am entgegengesetzten Ende der Kanäle, das in den Heizraum des Ofens mündet, zündet man das Brenngemisch an. Nach Maßgabe der allmählichen Erwärmung des Steines von der Austrittseite her verkürzen sich die Flammen und ziehen sich ins Innere der Kanäle selbst zurück, wo schließlich die Verbrennung sich vollzieht.

Meistens hat ein derartiger „Strahlstein", dessen Heizwirkung in der Ausstrahlung der darin entwickelten Wärme in den Ofenraum besteht, an der Eintrittsseite der Heizgase engere Kanäle, die sich nach der Austrittsseite entweder allmählich oder aber mit einem Absatz erweitern. Im Schnitt ist ein derartiger Stein schematisch in der Abb. 22 S. 57 dargestellt. Zwecks Vermeidung der Rückzündung in die Gemischkammer, die sich an den (linken) Eintrittsteil des Strahlsteins anschließt, sind die Eintrittskanäle enger als die eigentlichen Verbrennungskanäle selbst. Im engeren Querschnitt des Kanals strömt das Gasgemisch schneller als im weiteren. Der Durchmesser des engeren Teils wird z. B. etwa 6 bis 7 mm, des weiteren etwa 10 mm gehalten.

Trotz dieser Verbesserung der Anwendbarkeit der Oberflächenverbrennung bleiben auch bei derartigen Strahlsteinen manche technische Schwierigkeiten bestehen. Einen großen Mangel muß man vor allen Dingen darin erblicken, daß das fertige Gasgemisch immer eine gewisse Gefahrenquelle bedeutet. Schon beim Abstellen des heißgehenden Ofens z. B. ist kaum eine Rückzündung der Flamme bis in die Mischkammer zu vermeiden. Dementsprechend muß man die Gasmischung mit einer Geschwindigkeit durch die Kanäle hindurchjagen, die die Zündgeschwindigkeit des betreffenden Gemisches überschreitet. Infolgedessen ist es kaum möglich, eine langsame Anwärmung zu erreichen, was gerade für die Herstellung von keramischen Erzeugnissen von Wichtigkeit ist. Die eventuell teilweise Abschaltung von einzelnen Strahlsteinen bedeutet eine Komplikation der Konstruktion, außerdem bringt sie eine ungleichmäßige Erhitzung des Ofens mit sich. Bei kleinen Ofeneinheiten ist sie außerdem überhaupt nicht anwendbar. Wegen der stets drohenden Rückzündungsgefahr ist es auch kaum möglich, die Vorwärmung der

Gase anzuwenden, es ist außerdem fast unmöglich, mit stark oxydierendem Gemisch zu arbeiten, das bekanntlich eine besondere Neigung zum Rückschlag besitzt, usw. Die hohen Strömungsgeschwindigkeiten bedingen auch hier die Anwendung von großen Maschinen zum Komprimieren der beteiligten Gase, mit einem Wort besteht der Gewinn der Verwendung von Strahlsteinen an Stelle der Diaphragmen nur darin, daß man kontrollierbare und nicht leicht verstopfbare Durchtrittsöffnungen für Gase hat. Alle übrigen Schwierigkeiten bleiben aber auch hier bestehen.

Durch den Verzicht auf die Vormischung des Gases mit Luft und durch eine möglichste Verringerung des Strömungswiderstandes im Verbrennungsraum mit großer Oberflächenentwicklung kann man jedoch mit einem Schlag die geschilderten technischen Schwierigkeiten beseitigen. Dementsprechend wird es dadurch auch möglich, eine wirksame Vorwärmung zur Erhöhung des calorischen Effektes anzuwenden, usw. So konnte ein neuartiger Hochtemperaturofen gebaut werden, der alle Vorteile der Oberflächenverbrennung ausnutzt, ohne ihre bisherigen Nachteile zu besitzen. Er hat sich inzwischen vor allem für das Brennen von keramischen Erzeugnissen bei sehr hohen Temperaturen bewährt[1]. Die Abb. 23 veranschaulicht den Bau des Ofens.

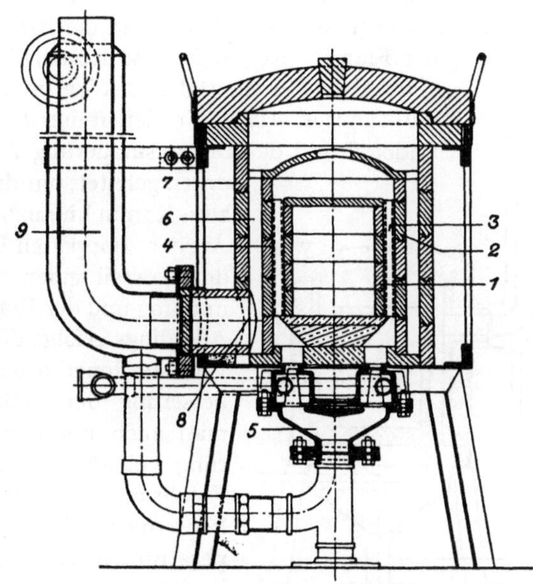

Abb. 23. Schnitt durch einen Hochtemperaturofen mit doppelter Flammenführung (Erklärung im Text).

Das Innere des Ofens wird durch zwei konzentrisch ineinander gestellte Zylindermäntel *1* und *2* aus Magnesia (deren Verarbeitung weiter unten näher beschrieben ist) gebildet. Zwischen den beiden Zylindern verbleibt ein verhältnismäßig enger Zwischenraum in Form eines hohlen Ringes *3*. Das ist eigentlich der Verbrennungsraum des Ofens. Die Weite dieses Ringes kann je nach der Größe und Höhe des Ofens variieren, und zwar etwa im Bereich von 1 bis 6 cm. Die an sich schon große Oberfläche des zylindrisch-ringförmigen Verbrennungsraumes wird noch

[1] Vgl. E. RYSCHKEWITSCH: Ein neuer Hochtemperaturofen nach dem Prinzip der Oberflächenverbrennung. Chem. Fabrik **1**, 61 (1930).

weiter durch profilierte Stäbe oder einfach durch eingesetzte Rohre *4* aus dem gleichen Material um etwa das Doppelte bis Dreifache vergrößert. Diese Vergrößerung der wirksamen Oberfläche wird hierbei ohne erhebliche Erhöhung des Widerstandes für die durch den Raum von unten nach oben durchströmenden Gase erreicht.

Das Brenn-(Stadt-)Gas und Luft wird dem Ofen durch den unterhalb desselben zentral angeordneten Brenner *5* zugeführt. Man kann hier eigentlich nicht vom Brenner sprechen, da die Vermischung der Gase und ihre Verbrennung nicht im Brenner, sondern im Ofen geschieht. Insofern ist dieser Ofen selbst der Brenner. Das Zurückschlagen der Flamme ist durch diese Konstruktion unmöglich gemacht. Nach dem Durchstreifen des Verbrennungsraumes werden die verbrannten Abgase in den freien Raum *6* zwischen dem Zylinder *2* und der Ofenausmauerung *7* nunmehr von oben nach unten geleitet, um durch die untere Öffnung *8* zum Kamin hinausbefördert zu werden. Diese Art der „doppelten Flammenführung“ sichert den Vorteil einer vollständigen Wärmeausnutzung und der Wärmeisolation nach außen. Allerdings erfolgt dies auf Kosten des Druckverlustes innerhalb des Ofens. Durch die Verbesserung der äußeren Ofenisolation kann man auch mit der einfachen Flammenführung vollständig auskommen, wie die gute Erfahrung mit der Vereinfachung der Ofenkonstruktion bewiesen hatte. Der Hochtemperaturofen einfacher Flammenführung ist in der schematischen Abb. 24 dargestellt.

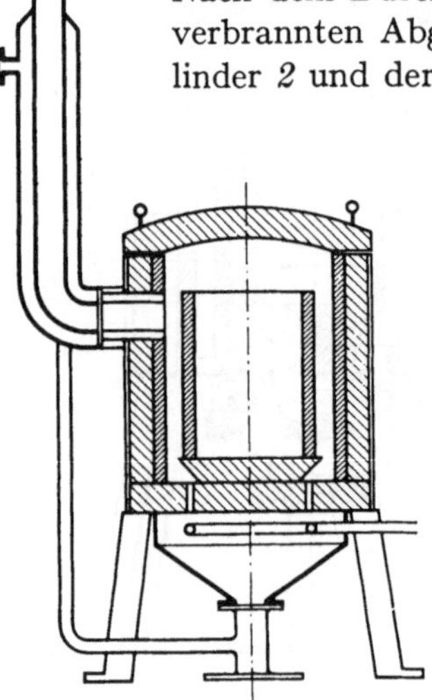

Abb. 24. Schnitt durch einen Hochtemperaturofen mit einfacher Flammenführung.

Der ringförmige Verbrennungsraum befindet sich hier zwischen der Ofenausmauerung und der Arbeitskapsel. Der Abzug wird naturgemäß oben angeordnet. Diese Ausführung braucht etwas mehr Höhe als die mit der doppelten Flammenführung, sonst aber ist sie einfacher.

Die aus dem Ofen in den Kamin eintretenden sehr heißen Abgase werden zur Vorwärmung der Verbrennungsluft ausgenutzt. Der Vorwärmer besteht aus einem doppelwandigen Blechzylinder, dessen unterer Teil aus hitzebeständigem Material gefertigt ist. Die Frischluft wird nach dem Gegenstromprinzip im ringförmigen Außenteil des Abzugs von oben nach unten geleitet, während die Abgase von unten nach oben den Innenteil des Abzugs durchstreichen. Die bei maximaler Ofentemperatur auf etwa 300 bis 400° C vorgewärmte Luft kommt direkt in den „Brenner“ unterhalb des Ofens vollständig als Primärluft allein. Sekundärluft wird dem Gas überhaupt nicht zugeführt. Dementsprechend ist es für die richtige Fahrt des Ofens wichtig, die Gas- und Luftzufuhr richtig zu bemessen.

Die vollkommene Vermischung und Verbrennung des Gases findet im Verbrennungsraum bei der höchsten Temperatur innerhalb rund $^1/_{100}$ bis $^1/_{50}$ sec statt. Das ist rund 10- bis 100mal kürzer als in den normalen Feuerungen. Während in den Feuerungen für große metallurgische oder der Kraftgewinnung dienenden Öfen normaler Konstruktion ohne Anwendung der Oberflächenverbrennung in einer Stunde pro 1 m³ Verbrennungsraum rund 1 Million kgcal entwickelt werden, kann man im beschriebenen Ofen, insbesondere bei kleineren Typen, über 100 Millionen kgcal pro 1 m³ Verbrennungsraum in der Stunde umsetzen. Dieser Umstand macht es klar, daß die Energieverluste durch Strahlung und Konvektion mit Leichtigkeit gedeckt werden können, so daß man im Verbrennungsraum tatsächlich die theoretische Verbrennungstemperatur erreicht.

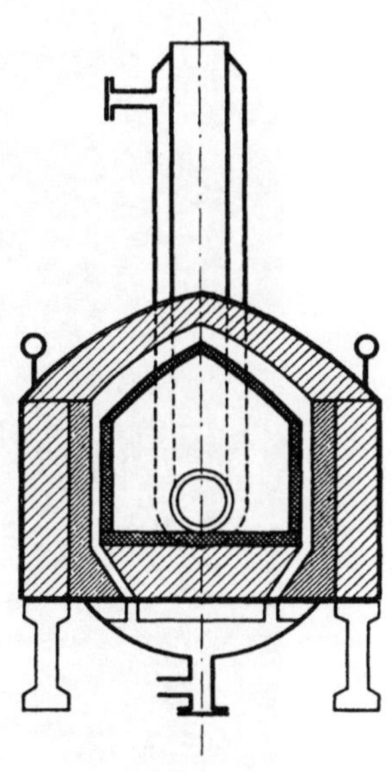

Abb. 25. Schnitt durch einen Hochtemperaturmuffelofen.

Außer der zylindrischen Form des Hochtemperaturofens kann man selbstverständlich unter entsprechender Bauweise Muffelöfen und selbst Tunnelöfen bauen, die mit Leuchtgas und vorgewärmter Luft über 1900 bis 2000° C zu erreichen erlauben. Es sei noch vermerkt, daß mit Sauerstoff angereicherter Luft in diesen Öfen bis 2400° C erreicht werden kann. Aber bereits bei dieser Temperatur beginnt die Magnesiazustellung des Ofens empfindlich zu leiden.

Die Abb. 25 veranschaulicht die Konstruktion eines Hochtemperaturmuffelofens für etwa 2000° C. Der eigentliche Verbrennungsraum des Ofens wird durch die Zwischenräume gebildet, die sich zwischen den Längswänden der Muffel einerseits und der Ausmauerung des Ofens andererseits befinden. Die Beschickung des Ofens erfolgt in üblicher Weise durch die Vordertüre. Zur Vermeidung der Wärmeverluste ist der Vorderverschluß aus 3 Lagen von Steinen gebildet. Der Abzug befindet sich am rückwärtigen Ende der Muffel und ist in der gleichen Weise ausgebildet wie bei den zylindrischen Hochtemperaturöfen. Die Brenner münden an den beiden Längsseiten der Muffel von unten in die Verbrennungsräume hinein. Die schmalen schlitzartigen Verbrennungsräume sind, ähnlich den ringförmigen Verbrennungsräumen in den zylindrischen Öfen, mit Rohren passender Dimensionen parallel zur Strömungsrichtung der Gase eng besetzt. Die verbrannten Gase kommen oberhalb der Muffelwölbung zusammen und werden nach rückwärts zum Abzug abgeführt. Hier haben wir also wiederum eine einfache Flammenführung. — Diese Öfen eignen sich bequem zum Brennen von flachen, breiten oder vielen kleinen Gegenständen, die eventuell in aufeinandergestellte Kapseln eingesetzt werden.

Abb. 26. Regelorgane einer Batterie von Betriebs-Hochtemperaturöfen nach RYSCHKEWITSCH.

Zur Wärmeisolierung wird entweder festgestampfte Masse oder es werden massive Steine verwendet. Während für die tieferen Temperaturen sich poröse Steine ausgezeichnet als Wärmeschutz bewähren, kommt ihre Verwendung bei hohen Temperaturen (über 1300° C) nicht mehr in Frage. Der Grund liegt darin, daß die Hohlräume der porösen „Isoliersteine" als schwarze Strahler die Wärmestrahlung ausgezeichnet vermitteln. Da bei hohen Temperaturen die Wärmeabgabe durch Strahlung diejenige durch die Wärmekonvektion weit übertrifft, wirkt der poröse Stein wie ein strahlungs-, also wärmedurchlässiger Körper.

Erst die äußerste Schicht der Ofenisolierung, die unterhalb 1000 bis 800° C warm wird, kann aus porösem Material bestehen. Sie mindert die Wärmeverluste nach außen sehr beträchtlich.

Zum Betrieb der Hochtemperaturöfen ist der Luft- und öfters auch Gasventilator erforderlich. Der dynamische Luftdruck vor dem Eintritt in den Brenner beträgt bei oben beschriebenen Öfen etwa 400 bis 500 mm WS. Das kann mit normalen einstufigen Turboventilatoren leicht erreicht werden. In dem Falle, daß der Gasdruck des Netzes unter 100 mm WS liegt, ist es erforderlich, auch das Gas mit einem Gasventilator auf etwa 150 bis 200 mm WS zu pressen, um für alle

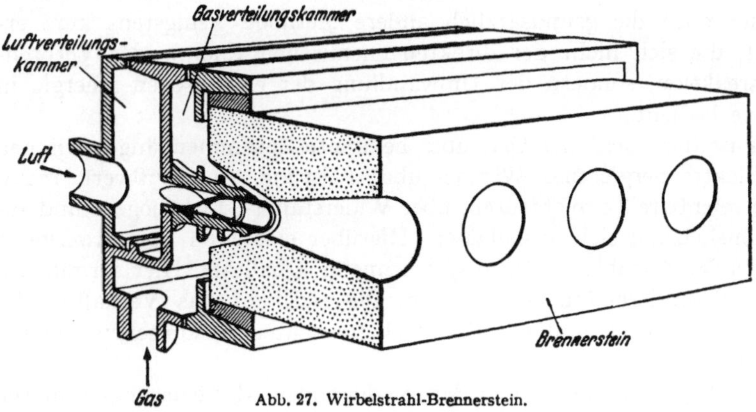

Abb. 27. Wirbelstrahl-Brennerstein.

Fälle eine gewisse Druckreserve zur Verfügung zu haben. Die Messung der Gas- und Luftmengen kann wohl am bequemsten mittels der normalisierten, im Handel befindlichen Stauränder geschehen. Eine ausführliche Beschreibung der hierfür erforderlichen Vorrichtungen ist hier überflüssig (Abb. 26).

Außer der beschriebenen Ofenart für oxydierendes Brennen bis 2000° C ist noch eine andere Ausführung bekannt geworden, die auch bis zu recht hohen Temperaturen zu arbeiten gestattet. Sie bedient sich einer Art „Strahlsteine", die bis zu einem hohen Grade die Oberflächenverbrennung ausnutzt. Wie die Abb. 27 zeigt, besteht ein wesentlicher Teil dieser „Wirbelstrahl"anordnung darin, daß die Luft mit Gas im günstigsten stöchiometrischen Verhältnis durch besondere Wirbelorgane intensiv miteinander vermischt wird. Hierzu wird ein wendelartig geformter Körper in die Brennermündung vor dem Eintritt in den Brennerstein eingesetzt. Dieser Körper bewirkt eine sehr intensive und vollständige Vermischung des Brennstoffs mit der Luft. Dadurch wird die Flamme auf das kleinste Volumen zusammengezogen, d. h. die räumliche Energiekonzentration wird auf einen hohen Betrag gebracht. Die heiße kurze Flamme vollendet ihre Verbrennungsreaktion innerhalb der Düsen des Brennersteins. Die heißen Abgase und der strahlende Brennerstein dienen hier als Heizmittel.

Die Brennersteine werden meist aus Mullit hergestellt. Schon dadurch allein ist die höchste Gebrauchstemperatur derartiger Konstruktion auf unter 1800° C beschränkt, da ja der Schmelzpunkt von Mullit bei 1810° C liegt.

Die Anordnung der Wirbelstrahlbrenner mit entsprechenden Brennersteinen erlaubt einen bequemen Einbau in Muffel- und Tunnelöfen.

Außer den geschilderten Methoden, auf dem Wege der Verbrennung hohe Temperaturen zu erreichen und die Hochtemperaturöfen zum Brennen der keramischen Erzeugnisse aus reinen Oxyden zu bauen, sei hier noch die grundsätzlich andere Methode wenigstens kurz erwähnt, die sich nicht der direkten chemischen Energie der Verbrennungsreaktion, sondern der Umwandlung der elektrischen Energie in Wärme bedient.

Es ist hier nicht der Ort, über bekannte Zusammenhänge zwischen der Elektroenergie und Wärme, über Leistung, Anschlußwert, maximal erreichbare Temperaturen, über Widerstands-, Lichtbogen- und Induktionsheizung sich auszulassen. Hierüber existieren Spezialwerke in genügender Anzahl und in ausgezeichneter Qualität[1]. Hier sei nur auf einige Besonderheiten hingewiesen, die sich auf das Verhalten der feuerfesten Oxyde und der daraus hergestellten keramischen Erzeugnisse beziehen.

Die Oxyde sind gegenüber der oxydierenden oder feuerungstechnisch neutralen Atmosphäre naturgemäß völlig beständig. Das heißt natürlich nicht, daß sie dagegen „unempfindlich" wären. Der Einfluß des Sauerstoffs und der neutralen Gase, wie z. B. N_2, vielleicht auch der Edelgase, ist nach den neueren Untersuchungen und Ansichten nicht unerheblich. (Vgl. S. 37.)

Recht stark können die reduzierenden Gase, wie H_2, NH_3, CO, CH_4 bei hohen Temperaturen wirken. Unter Umständen ist hierbei eine Reduktion verschiedener Oxyde unter Bildung von niederen Sauerstoffverbindungen oder sogar von Metallen oder — bei der C-Einwirkung — von Carbiden zu erwarten. Da nun die elektrische Hochtemperaturheizung bislang nur mit Kohle oder mit sehr hochschmelzenden Metallen, wie *Mo* und *W* in entsprechender Schutzgasatmosphäre durchführbar ist, so ist es klar, daß man auf dem elektrischen Wege nicht ohne weiteres reduktionsempfindliche Erden zu keramischen Erzeugnissen brennen kann.

[1] Vgl. z. B. M. PIRANI u. Mitarbeiter: Elektrothermie. Berlin: Springer 1930. Eine wertvolle Übersicht gewährt das Werk von P. LEBEAU u. Mitarbeitern: Fours éléctriques et chimie. Paris 1924.

Der gasdichte Scherben der Sintererden, wie z. B. der Sintertonerde, erlaubt jedoch die Anwendung der Elektroheizung in der Schutzgasatmosphäre, die innerhalb des geschlossenen Heizkörpers angebracht ist, während die zu brennenden Erzeugnisse an der anderen Seite sich befinden. Eine derartige Anordnung in verschiedenen Ausführungen besteht z. B. darin, daß man einen Elektroleiter in das keramische hochhitzebeständige Rohr etwa aus Sintertonerde einschließt und den Leiter darin durch Schutzgasatmosphäre vor der Oxydation bewahrt. Die schematische Darstellung eines derartigen elektrischen Widerstandsheizelements ist in Abb. 28 dargestellt.

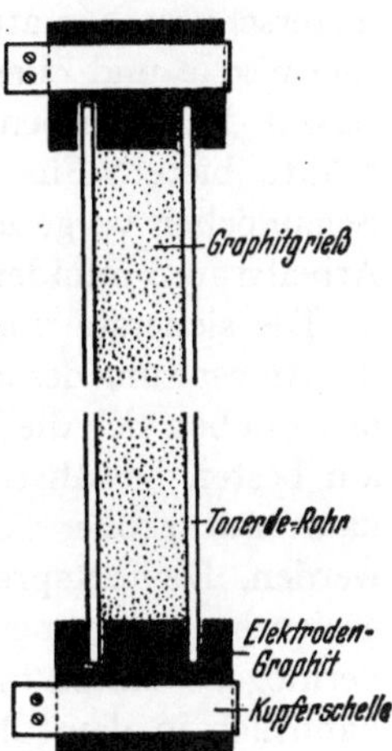

Abb. 28. Heizelement mit Widerstandsheizkörper, eingeschlossen in eine keramische gasdichte hochfeuerfeste Umhüllung.

Dieses Heizelement ist mit einem Silit- oder Graphitstabheizkörper vergleichbar. Je nach der Bemessung des Heizkörpers im Rohrinnern ergeben sich verschiedene Stromspannungsverhältnisse, so daß man z. B. direkt vom elektrischen Netz ohne Transformatoren arbeiten kann. Derartige Heizelemente haben bisher noch eine schwierige Stelle — das ist der gasdichte Verschluß der Stromzuleitungen. Es ist vorteilhaft, ihn außerhalb der Heizzone kalt zu belassen. Verschiedene Ausführungen sind in der Patentliteratur beschrieben worden, wovon hier einige erwähnt seien[1].

Zuweilen wird als Heizwiderstand nicht das metallische *W* oder *Mo*, sondern Graphit empfohlen. Die Temperaturgrenze der Anwendbarkeit derartiger Heizelemente ist im Grunde genommen nur durch die Feuerfestigkeit der betreffenden Sintererde bestimmt.

Es sei hier aber noch einer Anordnung gedacht, welche sich ebenfalls der hochfeuerfesten Oxyde bedient, wobei aber das Oxyd nicht als Elektroisolator, sondern als Elektroleiter funktioniert.

Wie weiter unten ausführlicher geschildert wird, gibt es insbesondere auf der Grundlage des ZrO_2 (z. B. die Nernstmasse) und auch des CeO_2 aufgebaute Oxydgemische, die bei höheren Temperaturen den elektrischen Strom ziemlich gut leiten. Sehr hoch liegende Schmelztemperaturen (über 2500° C) derartiger Gemische erlauben die zum Sintern von hochfeuerfesten Sintererden erforderlichen Brenntemperaturen zu erreichen. Da sie naturgemäß in oxydierender Atmosphäre verwendet werden können, erübrigt sich die Sorge um die Schutzatmosphäre. Allerdings besteht z. Z. noch eine andere — vielleicht noch größere — Sorge, nämlich die um die passenden Stromzuführungen zum

[1] D.R.P. 625847 von Siemens & Halske (Erf. H. Reichmann). — Metallwerk Plansee GmbH.: D.R.P. Zweigstelle Österreich 158629. — P. Schwarzkopf: Kanad. Pat. 374650.

keramischen Heizleiter. Doch soll hierüber weiter unten näher berichtet werden. Hier sei nur noch erwähnt, daß die Anwendung dieser Heizleiter zweiter Klasse bisher keinen praktischen Eingang beim Brennen keramischer Erzeugnisse finden konnte[1].

Nun sei noch auf die Temperaturmessung eingegangen. Infolge der Höhe der erreichten Temperaturen in beschriebenen Hochtemperaturöfen kommt die sonst in den Öfen und Feuerungen übliche Temperaturkontrolle mittels der Thermoelemente nicht in Frage, es sei denn im ersten Stadium des Heizens bis maximal 1500 oder 1600° C. Als Pyrometerschutzrohrmaterial wählt man hierbei die Sintertonerde, deren thermische und chemische Eigenschaften zusammen mit der Gasdichtigkeit des Scherbens die beste Gewähr für den Schutz der Edelmetalldrähte bietet. Für die Temperaturmessung sind im Ofen besondere Schaulöcher vorgesehen, die entweder in den Feuerraum oder in den Arbeitsraum münden.

Die sicherste und bequemste Kontrolle der Temperatur besteht in der Anwendung des optischen Pyrometers. Im Falle des Hochtemperaturofens haben sich die Teilstrahlungspyrometer nach HOLBORN-KURLBAUM am besten bewährt. Die aus der Schauöffnung austretende Strahlung kann mit großer Annäherung als die schwarze Strahlung angesehen werden. Dementsprechend braucht die Ablesung des kalibrierten und geeichten Instruments keine Korrektionen bezüglich des Emissionsvermögens des zu messenden Objektes. Die Messung selbst besteht bekanntlich in dem photometrischen Helligkeitsvergleich der zu messenden mit der bekannten bzw. kalibrierten Strahlungsquelle für die bestimmte Wellenlänge des Lichtes λ. Meist wird eine solche Wellenlänge im roten Teil des Spektrums (z. B. $\lambda = 0{,}65\ \mathrm{m}\mu$) durch die Anwendung eines passenden Rotfilters ausgesondert.

Die Messung selbst beruht auf der Auswertung der bekannten Beziehung:

$$\ln \frac{E_x}{E_0} = \frac{c_2}{\lambda}\left(\frac{1}{T_0} - \frac{1}{T_x}\right),$$

wo E_0 (Helligkeit) und T_0 (Temperatur) bekannt bzw. vorher (an der mitgelieferten kalibrierten Lampe) in passender Weise ermittelt worden, c_2 die Strahlungskonstante des W. WIENschen Verschiebungsgesetzes, λ die Wellenlänge des benutzten Lichtes und T_x die gesuchte Temperatur in abs. Zählung ist.

Das optische Teilstrahlungspyrometer besteht aus einem Fernrohr, durch das die zu messende Stelle anvisiert werden kann. Zugleich wird in der Brennebene des Okulars der Bügel einer eingebauten Wolframfadenlampe abgebildet, die von einer Batterie oder von einem Akkumulator gespeist wird. In Serie mit der Lampe des Pyrometers ist ein Feinregulierwiderstand geschaltet, wodurch die Stromstärke und somit

[1] Vgl. jedoch C. TINGWALDT: Physikal. Ztschr. **36**, 627—629 (1935).

die Helligkeit der Lampe willkürlich verändert werden kann. Die Skala des Instruments ist normalerweise direkt als Temperaturskala des absolut schwarzen Körpers kalibriert. Visiert man also die zu messende Stelle an und projiziert auf dieselbe den Glühfaden der Pyrometerlampe, wird der Faden der noch nicht glühenden Lampe sich als eine dunkle Schleife am hellen Hintergrund abheben. Durch die Einschaltung des Heizstromes und durch seine allmähliche Steigerung kommt man schließlich so weit, daß der Glühfaden genau so hell wie der zu messende Hintergrund ist und somit unsichtbar wird. Bei weiterer Steigerung der Stromstärke erscheint der Glühfaden heller am dunkleren Hintergrund. Im Moment des optischen Verschwindens des Glühfadens haben wir die Gleichheit der beiden Helligkeiten. Da das Gerät direkt so geeicht ist, daß der eingestellten Stromstärke und Helligkeit die zugehörige Temperatur des absolut schwarzen Körpers im gewählten Spektralbereich entspricht, so haben wir eine unmittelbare Temperaturangabe des schwarzen Strahlers. Bei nicht schwarzer Strahlung muß natürlich der Absorptions- (Emissions-) Koeffizient im betreffenden Spektralbereich bekannt sein, um Korrektur (immer nach oben) anbringen zu können. Im Falle des Hochtemperaturofens haben wir jedoch praktisch keine derartige Korrektur nötig.

Bei sehr hohen Temperaturen der zu messenden Strahlungsquellen braucht man nur die Helligkeit der emittierten Strahlung in bekannter Weise (z. B. durch Graufilter) zu drosseln, um sie in den Bereich der Helligkeitsgrenzen der Vergleichslampe zu bringen. Das geschieht z. B. bei den erwähnten Pyrometern, die für zwei Meßbereiche, meist bis 1400° C ohne Graufilter und bis 2000° C bzw. 2500° C oder höher mit Graufilter kalibriert sind. Aus der obigen Formel ergibt sich, daß z. B. für den Meßbereich bis 2000° C die Helligkeitsschwächung gegenüber 1400° C rund 30fach sein muß. Man kann die Meßanordnung auch so gestalten, daß nicht die Helligkeit der Lampe, sondern die Helligkeit des zu messenden Strahlers in bekannter Weise verändert und der konstanten Helligkeit der Lichtquelle angeglichen wird. Dadurch erlangt man den technischen Vorteil, daß die Messung in einem für das Auge empfindlichsten Bereich erfolgen kann. Die Reproduzierbarkeit der Temperaturablesung erreicht bei einiger Übung und natürlich bei einwandfreiem Funktionieren der ganzen experimentellen Anordnung bei rund 2000 $\pm$ 10° C. Das besagt natürlich noch nicht, daß diese Zahl zugleich die Genauigkeit der wahren Temperaturbestimmung darstellt. Diese Genauigkeit ist in Wirklichkeit geringer. Man kann sie unter günstigen Umständen zu etwa $\pm$20° bei 2000° C angeben.

Eine insbesondere in der Keramik beliebte Methode der Temperaturverfolgung im Ofen besteht in der Beobachtung der eingesetzten SEGER-Kegel, deren Beschreibung hier wohl überflüssig ist. Das grundsätzlich Unbequeme dieser Methode besteht darin, daß die Kegel bei sehr hohen Temperaturen nur sehr schwer zu beobachten sind und meist nur nachträglich auszusagen gestatten, ob die betreffende Temperatur erreicht worden ist oder nicht. Die optische Temperaturmessung dagegen gestattet zu jedem Moment die Aussage über gerade herrschende Temperatur an der Meßstelle. Bekanntlich besteht aber der Vorteil der Brennkontrolle mit den SEGER-Kegeln darin, daß ihre Fallpunkte die Brennwirkung auf keramische Mineralien anzeigen, die nicht nur von der Temperatur allein, sondern auch von der Dauer ihres Einflusses abhängig ist. Ein derartiger Effekt besteht auch bei den oxydischen Einstoff- und Einphasensystemen, die weiter unten beschrieben sind. Zu einem gewissen Grade kann man also die Temperaturhöhe, wie oben angeführt ist, durch die verlängerte Einwirkungsdauer ersetzen.

Leider ist das exakte Studium der Zeit- und Temperatureinflüsse auf die physikalischen Größen des keramischen Scherbens bisher noch kaum durchgeführt worden. Wenn man aber die Schwierigkeiten eines derartigen Studiums beim komplizierten Bau des Scherbens aus mehreren Phasen bedenkt, dann erhellt daraus, daß hierfür erst die Grundlagen geschaffen werden müssen, die nur an den Einstoffsystemen zu gewinnen sind.

Wie aus den nachfolgenden Schilderungen der keramischen Werkstoffe, die aus Einstoffsystemen bestehen, folgt, ergeben sich bei der Verarbeitung und bei der Erforschung der Erzeugnisse auf der Einstoffbasis besonders einfache Verhältnisse (wobei allerdings manche methodische Einfachheit mit technischen Schwierigkeiten verknüpft ist), die eine Übertragung auf kompliziertere Systeme ermöglichen.

Insofern bieten die Einphasensysteme nicht nur neue technische, sondern auch neue methodologische und rein wissenschaftliche Ausblicke.

Ob es sich um das Kristallwachstum in Abhängigkeit von der Einwirkung der Brenntemperatur und -dauer, ob es sich um den Einfluß der mechanischen und sonstigen Eigenschaften des Scherbens von der Größe der denselben aufbauenden Kristalle, ob es sich um das chemische, elektrische oder sonstige Verhalten des Werkstoffs handelt — immer werden wir bei den weiter unten besprochenen Einfachsystemen die durchsichtigsten, die einfachst deutbaren Erscheinungen antreffen.

Ihr verspäteter Eintritt in den Kreis der wissenschaftlichen Betrachtung und der technischen Anwendung erklärt sich ausschließlich aus den technischen Schwierigkeiten heraus, die mit der Herstellung der keramischen Erzeugnisse aus einheitlichen hochfeuerfesten Oxyden zusammenhängen. Gerade ihre wertvollste technische Seite — die Unangreifbarkeit, die Widerstandsfähigkeit verschiedensten Einflüssen gegenüber — enthält als Kehrseite die schwierige Verarbeitbarkeit, die in der mangelnden Plastizität, in der Notwendigkeit der Anwendung außerordentlich hoher Brenntemperaturen usw. besteht.

II. Spezieller Teil.

1. Tonerde.

a) Vorkommen, Gewinnung, Kristallformen.

Die Tonerde bildet mengenmäßig einen der wichtigsten Bestandteile der festen Erdrinde. Die Zusammensetzung der Gesteine, aus denen die Erdoberfläche besteht, weist neben 50% Kieselsäure rund 25% Tonerde auf, wie die statistisch-analytischen Untersuchungen von F. CLARKE, W. HARKINS u. a. gezeigt haben. Alle anderen Oxyde, Sulfide, Salze usw., die am Aufbau unserer Erdoberfläche beteiligt sind, machen also zusammen nur so viel wie die Tonerde allein aus. Tiefengesteine, vulkanische Produkte, sekundäre und Verwitterungsbildungen sind fast immer zum großen und größten Teil tonerdehaltig. Verschiedene Gesteine, insbesondere manche Verwitterungsprodukte, enthalten nach der Entwässerung 40 bis 45% Tonerde, meist an Kieselsäure gebunden, wie Tone und Kaoline, oder sind mit ihr vergesellschaftet. Die mehr oder weniger reine freie Tonerde dagegen kommt auf der Erdoberfläche verhältnismäßig selten vor. Als Tonerdemineralien sind die Hydratformen Hydrargillit [$Al_2O_3 \cdot 3H_2O$ oder $Al(OH)_3$], Bauxit [$Al_2O_3 \cdot 2H_2O$ oder $Al_2 \cdot (OH)_2 \cdot O$] und Diaspor [$Al_2O_3 \cdot H_2O$ oder $AlO(OH)$] zu nennen, die meist mit anderen hydratisierten Oxyden, wie Eisenoxyden, Kieselerde usw., vermengt sind. Technische Bedeutung erlangte, insbesondere bei der Herstellung der reinen Tonerde als Zwischenprodukt für die Aluminiumfabrikation, vor allem der Bauxit (eigentlich Beauxit, nach dem ersten bekannt gewordenen Vorkommen bei Beaux in Südfrankreich), da dieses Gestein an verschiedensten Stellen der Kulturwelt verhältnismäßig reichlich zur Verfügung steht.

Die vollkommen freie Form der Tonerde, Al_2O_3, kommt relativ am seltensten vor. Das ist der Korund. Er ist selten völlig rein, sondern meist mit Fe_2O_3, Titanoxyd, gelegentlich auch mit anderen Oxyden, wie z. B. Cr_2O_3, verunreinigt. Die gemeineren Varietäten werden bekanntlich als Schleifmittel (Schmirgel) benutzt. Sehr selten vorkommende, schön ausgebildete und durchsichtige Kristalle der Tonerde werden als wertvolle Edelsteine — weißer und blauer Saphir, aber insbesondere blutroter mit Cr_2O_3 gefärbter Rubin — hoch geschätzt.

Die Herstellung der weitgehend reinen Tonerde geschieht heute in einem sehr großen Maßstabe durch alkalischen Aufschluß des Bauxits. Es sei hier kurz der Arbeitsgang angedeutet. Das alkalische Kreislaufverfahren bei hoher Temperatur des Aufschließens (H. LE CHATELIER) besteht darin, daß das gemahlene, geröstete Bauxiterz mit calcinierter Soda im ungefähren Verhältnis $1{,}2 Na_2CO_3$ auf $1 Al_2O_3$ im rotierenden Ofen bei etwa 1200° C behandelt wird. Hierbei spielt sich die Reaktion:

$$Al_2O_3+Na_2CO_3=2NaAlO_2+CO_2$$

ab. Die vergesellschaftete Kieselsäure verwandelt sich in Natriumsilicat, das Eisenoxyd bildet Natriumferrit. Das Aufschlußprodukt wird mit Wasser schnell ausgelaugt, wobei das Natriumaluminat und -silicat in Lösung gehen. Das Ferrit wird hydrolytisch zersetzt, wobei sich rotbraunes Eisenoxydhydrat bildet, das als „Rotschlamm" abfiltriert wird. Das klare, stark alkalische Filtrat enthält nun lösliche Natriumsalze der Kieselsäure und der Tonerde. Durch Spuren von Chromat ist es zuweilen deutlich gelb gefärbt. Aus der Lösung wird durch „Impfen" mit Tonerdehydrat die unlösliche Tonerde „ausgerührt", wobei die Kieselsäure in Lösung bleibt. Der unausgerührte Rest der Tonerde kann noch durch Fällung mit CO_2 aus der Mutterlauge gewonnen werden. Das gefällte und gewaschene Tonerdehydrat wird nun calciniert und dient zur Weiterverarbeitung.

Der pyrogene Aufschluß mit Soda im Drehofen wurde in der Folgezeit vielfach durch das nasse BAYERsche (St. Petersburg) Verfahren ersetzt. Hierbei wird der fein zerkleinerte Bauxit im Eisenautoklav mit konzentrierter Ätznatronlösung bei etwa 4 at und 160 bis 170° C aufgeschlossen. Die Aufarbeitung des Aufschließungsproduktes erfolgt im großen und ganzen wie oben beschrieben.

Zu erwähnen ist, daß der pyrogene Aufschluß seine Berechtigung wieder erlangt hatte, indem man nicht mit der teuren Soda, sondern mit dem billigen Natriumsulfat (in Gegenwart der Kohle) arbeitet. Der Prozeß nach PENJAKOFF verläuft nach der vereinfachten Bruttogleichung:

$$Al_2O_3+Na_2SO_4+C=2NaAlO_2+SO_2+CO.$$

Da das Zwischenprodukt — Natrium-meta-Aluminat — immer das gleiche wie bei den früher erwähnten Arbeitsverfahren bleibt, kann seine Weiterverarbeitung bis zur Herstellung der reinen Tonerde unverändert bleiben.

Schon frühzeitig sind Bestrebungen zutage getreten, sich vom Bauxit unabhängig zu machen und als Basis der Tonerdegewinnung die fast überall vorkommenden Tone oder auch andere Al_2O_3-Quellen technisch verwertbar zu machen. Diese Bestrebungen haben in der letzten Zeit zu gewissen Erfolgen geführt.

Ein Arbeitsverfahren besteht z. B. darin, daß der Ton zunächst auf 500 bis 600° C vorgeglüht wird. Hierbei wird der Kaolin ($Al_2O_3 \cdot SiO_2 \cdot 2H_2O$) völlig entwässert und in „Metakaolin" ($Al_2O_3 \cdot SiO_2$) übergeführt. In diesem Stadium scheint das „Molekül" des Aluminiumsilicats (wenn man davon sprechen kann) völlig zusammengebrochen zu sein. Die Tonerde kann daraus mit HCl oder mit H_2SO_4 als lösliches $Al(Cl_3)$ oder $Al_2(SO_4)_3$ ausgelaugt und dann weiter verarbeitet werden. — Es sei noch auf das Verfahren von SÉAILLES hingewiesen, der Ton mit Kalk aufschließt, wobei lösliches Kalkaluminat als Zwischenprodukt auftritt. — Endlich sei noch erwähnt, daß die Kohlen- und Koksaschen eine sehr breite Basis für die Herstellung der Tonerde bilden können. Die letzteren Verfahren bieten die Möglichkeit, neben der Tonerde noch wertvollen Zement als Nebenprodukt zu erhalten.

Die technisch in größtem Maßstab hergestellte Tonerde besteht nach der Calcination, die meist bei 1000° C oder noch höher vorgenommen wird, aus rein weißem, z. T. grießartigem Pulver. Sie ist noch durch anhaftendes und z. T. im Al_2O_3-Korn enthaltendes Alkali u. a. verunreinigt. Bei guten Sorten kann man mit etwa folgender Zusammensetzung rechnen:

Al_2O_3 99,5 bis 99,8%; SiO_2 0,05 bis 0,1%; Na_2O 0,1 bis 0,2%; CaO 0,05 bis 0,1% (bei SÉAILLES-Verfahren auch mehr); Fe_2O_3 Spuren; TiO_2 Spuren; Cr_2O_3 Spuren.

Die Kriställchen der Tonerde bestehen aus sehr dünnen (ewa um 1 μ dicken) Blättchen und Schuppen von 1 und 60 μ im Durchmesser (vgl. Abb. 9, S. 17).

Nach dem Verfahren von VERNEUIL kann man aus dem Tonerdepulver größere durchsichtige Stücke zu echten Korundkristallen zusammenschmelzen, die heute vielfach technische Verwendung als Uhrensteine usw. und als Schmucksteine finden.

Das Verfahren besteht darin, daß man feingepulverte Tonerde, unter Umständen mit färbenden Zusätzen, wie z. B. Cr_2O_3, zur Herstellung der künstlichen Rubine durch Knallgasflamme hindurchfallen läßt, wobei die Tonerde zusammenschmilzt. Der Tropfen wird auf einem Schamotte- oder Tonerdefuß aufwachsen gelassen und erreicht bisweilen Längen von etwa 4 bis 5 cm bei etwa 1,5 bis 2 cm Durchmesser. Diese „Schmelzbirnen" bestehen aus einheitlichen, völlig durchsichtigen Korundkristallen. Zuweilen zeigen die Birnen einen ausgesprochenen sechseckigen Umriß entsprechend den hexagonalen Prismaflächen. Interessanterweise steht die c-Achse des Korundkristalls nicht zentral und symmetrisch zur Birne, sondern meist stark schief. Die ganze Oberfläche der Schmelzbirne ist mit winzigen schimmernden Schüppchen bedeckt, deren gemeinsame Orientierung den Flächen des Korundkristalls entsprechen[1]. Heute werden in Frankreich, in Deutschland, in der Schweiz, in den Vereinigten Staaten von Amerika usw. große Mengen derartiger Korundkristalle in dieser Weise künstlich hergestellt. Nach dem gleichen Verfahren macht man auch verschieden gefärbte künstliche Spinelle, hauptsächlich als Schmucksteine.

[1] Vgl. R. L. AUSTEN u. B. W. ANDERSON: Dtsch. Goldschmiedeztg. **42**, 47 (1938).

Außer den einzelnen Korundkristallen in besonders reiner Form wird noch der geschmolzene technische Korund im großen hergestellt[1]. Als Ausgangsmaterial wird vorcalcinierter Bauxit verwendet. Das Material wird reduzierend im Lichtbogenofen zusammengeschmolzen. Hierbei bilden sich zwei Schichten. Die untere besteht aus Ferrosilicium unter Beimengung von *Ti*, die obere aus geschmolzenem Korund, dem nur geringe Mengen von Cr_2O_3, FeO, Ti_2O_3, SiO_2 usw. beigemengt sind. Dieser Elektrokorund ist braun oder rosa-bräunlich, zuweilen auch dunkel bis fast schwarz. Der durchschnittliche Gehalt eines guten technischen Elektrokorunds beträgt etwa 95 bis 96% Al_2O_3. Das Material wird als künstlicher Schmirgel in der Schleifmittelindustrie und außerdem vielfach als hochfeuerfestes Magerungsmittel anstatt Schamotte in der Industrie feuerfester Erzeugnisse verwendet.

Interessanterweise kommen im Elektrokorund nie brauchbare große einheitliche Korundkristalle vor, die denjenigen ähnlich wären, wie man sie nach der Methode von VERNEUIL herstellt. Die Oberfläche der größeren Elektrokorundblöcke ist oft mit Kristalltäfelchen besetzt, die den Korundkristallen entsprechen.

Einen ganz reinen Elektrokorund erzielt man am besten durch Zusammenschmelzen der reinen Tonerde, wie sie nach oben beschriebenen Verfahren gewonnen wird. Ein derartiger Korund ist wasserklar in kleinen Kristallbruchstücken. Große durchsichtige Kristalle sind aber auch bei diesem Material nicht anzutreffen.

Die polarisationsmikroskopische Untersuchung der Tonerdeschuppen, aus denen die calcinierte Tonerde besteht, zeigt, daß sie aus dünnen Korundkristallen bestehen. Den Korundkriställchen, deren *c*-Achse senkrecht zur Blättchenebene steht, sind bei weniger scharf calcinierten Präparaten mehr oder weniger zahlreiche Körnchen der isotropen (aber nicht amorphen, sondern ebenfalls kristallisierten) Tonerde beigemengt.

Die Tonerde existiert nämlich in zwei kristallinen polymorphen Modifikationen: als α-Korund oder schlechterdings Korund genannt, mit hexagonalem Gitter und als γ-Tonerde, oder manchmal auch γ-Korund genannt, mit kubischem Gitter. Daneben sind noch zwei andere Modifikationen angenommen worden. Die „β-Modifikation" der Tonerde ist ebenfalls hexagonal, während die „Zeta-Modifikation" kubisch sein soll. Während die Bereiche der Beständigkeit und das Umwandlungsgebiet der α- und γ-Modifikationen eindeutig klar sind, ist es bezüglich der letztgenannten Modifikationen nicht der Fall. Es ist nicht gelungen, die Existenzbereiche dieser Modifikationen gegen die übrigen klar abzugrenzen. Wie wir weiter sehen werden, sprechen gewichtige

[1] Vgl. M. PIRANI u. Mitarbeiter: Elektrothermie, Kapitel III von R. SCHNEIDLER. Berlin: Springer 1930. Außerdem K. ARNDT u. W. HORNKE: Über die Gewinnung von Elektrokorund. Tonind.-Ztg. **60**, 212—214, 273—274 (1936).

Gründe dafür, daß diese „β- und Zeta-Modifikationen" in Wirklichkeit gar nicht existieren.

Die γ-Modifikation entsteht beim Entwässern von Tonerdehydraten durch Erhitzen, wobei aber die Temperatur nicht 1000° C überschreiten darf[1], da oberhalb dieser Temperatur die monotrop beständige α-Korundmodifikation sich bildet. Man kann das Entstehen der α-Modifikation in zunehmendem Maße im Bereich von 750° bis etwa 1000° C beobachten. Nach anderen Autoren[2] erfolgt die schnelle Umwandlung erst oberhalb 1200° C. Schließlich gibt es Beobachtungen[3], wonach diese Umwandlung bereits bei 840° C sich vollzieht. Wir wollen an der Temperatur 1000° C festhalten, da sie ohne Gegenwart besonderer Beschleuniger mit Sicherheit verbürgt ist. Nach G. F. Hüttig erfolgt aber der Übergang der γ-Form in den Korund in der HCl-Atmosphäre bereits bei 800° C — ein Fall der Katalyse durch gasförmige Stoffe.

Die Entwässerung des Tonerdehydrats ist erst bei etwa 750° C vollständig.

Die γ-Modifikation (welche von F. Ulrich, Mitarbeiter von V. M. Goldschmidt, in Oslo entdeckt wurde) der Tonerde ist charakterisiert durch kubisches flächenzentriertes Gitter mit dem Parameter $a = 7{,}90$ Å. Das spezifische Gewicht dieser locker gebauten Tonerde beträgt nach (extrapolierter) Bestimmung von D. Beljankin 3,647. Der Brechungsindex der γ-Tonerde für die *Na-D*-Linie ist 1,7330[4].

Schon W. Biltz und A. Lemke haben aus den Zahlen für die Raumbeanspruchung der Al- und O-Atome (eigentlich Ionen) in der γ-Tonerde einerseits und den entsprechenden Zahlen von Mg, Al und O im Spinell andererseits geschlossen, daß die Gitterstrukturen der γ-Tonerde und des Spinells weitgehend gleich sind. Danach ist zu erwarten, daß sie Mischkristalle miteinander zu bilden vermögen. Das ist auch in der Tat der Fall.

Die locker gebaute γ-Tonerde ist in Säuren verhältnismäßig leicht löslich, während die α-Form nur außerordentlich schwer angreifbar ist. Die Löslichkeit der Tonerde, die durch den Zerfall von Metakaolin entsteht und die Gewinnung der Tonerde aus Tonen ermöglicht, beruht wohl darauf, daß es sich hierbei um die γ-Form handelt.

Bei den zahlreichen Formen und Arten der sog. „aktiven" Tonerde, die für katalytische Reaktionen u. dgl. Verwendung finden, handelt es sich immer um die γ-Form bzw. sogar um die noch nicht zur sichtbaren kristallinischen Struktur zusammengewachsene sog. „amorphe" Ton-

---

[1] Vgl. W. Biltz u. A. Lemke: Über Tonerde und Spinelle. Ztschr. f. anorg. u. allg. Ch. **186**, 373—386 (1930).

[2] Klever, E.: Trans. Amer. Ceram. Soc. **29**, 149—161 (1930).

[3] Mashenko, P. N., u. D. A. Kompanski: Ztschr. f. angew. Ch. (russ.) **8**, 628—652 (1935).

[4] Vgl. Zentralbl. f. Min. u. Geol., Abt. A **1932**, 229—244.

erde. Es besteht nämlich kein prinzipieller, sondern anscheinend nur gradueller Unterschied zwischen der kristallinen und „amorphen" Struktur eines festen Körpers. Wir wissen z. B. aus den Untersuchungen an Graphit und Ruß mit Röntgenstrahlen, daß die beiden Formen des Kohlenstoffs ein und dieselbe graphitische Innenstruktur aufweisen. In manchen Fällen konnten z. B. kolloidal „amorphe" Präparate mit elektronenoptischen Methoden einwandfrei als aus winzigen Kriställchen bestehend erkannt werden.

Quantitative Untersuchungen von W. BILTZ und Mitarbeitern zeigten, daß die Lösungswärme in HF bei der γ-Tonerde empfindlich größer als bei der α-Tonerde ist. Nach W. D. TREADWELL und L. TEREBESI[1] ist bei der Chlorierung der Tonerde in Gegenwart von Kohle ein Maximum der Reaktionsgeschwindigkeit bei etwa 550° C zu beobachten. Bei hohen Temperaturen, bei denen sich die α-Form ausgebildet hat, fällt die Reaktionsgeschwindigkeit ab.

Nach dem Prinzip von J. A. HEDVALL der chemischen Aktivität der festen Stoffe hat man das Maximum der Reaktionsgeschwindigkeit gerade im Gebiet der allotropen Umwandlung. Das ist leicht verständlich, wenn man sich vergegenwärtigt, daß hierbei die Atome der festen Stoffe sozusagen auf Wanderschaft aus der einen Lage in die andere sich befinden. In der Tat konnten J. A. HEDVALL und L. LEFFLER[2] feststellen, daß die Bildungsgeschwindigkeit von $CoO \cdot Al_2O_3$-Spinell aus den einzelnen Oxyden gerade bei 1000° C, also im Temperaturgebiet des Überganges der γ-Modifikation in den α-Korund, am höchsten ist.

Erwähnenswert ist eine ausgesprochene Adsorptionsfähigkeit der γ-Tonerde gegenüber vielen Verbindungen, namentlich auch Farbstoffen, die erheblich größer ist als beim α-Korund. Ein Gemisch aus α- und γ-Tonerde kann man infolgedessen als solches ohne Anwendung des Mikroskops erkennen, sobald das Gemisch mit einer Lösung eines passenden Farbstoffes, wie z. B. Karmin, Alizarin, Methylenblau usw., behandelt worden ist. Die Teilchen der γ-Tonerde adsorbieren den Farbstoff und verfärben sich recht intensiv. Die Korundteilchen bleiben dabei weiß. Da die keramische Verarbeitung der Tonerde, ihre Brennschwindung usw. z. T. von der Form, in der sie vorliegt, abhängig ist, kann man[3] die Eignung des Ausgangsmaterials durch Farbstoffbehandlung chromatographisch feststellen.

Nähere Untersuchungen zeigten u. a., daß die Adsorptionsfähigkeit von Farbstoffen in einem hohen Maße von der Wasserstoffionenkonzentration abhängig ist. So z. B. wird das Alizarinblau bei $p_H = 3,96$ fast gar nicht adsorbiert, während im Bereich von p_H 5,6 bis 6,6 die An-

[1] TREADWELL, W. D., u. L. TEREBESI: Helv. chim. Acta **15**, 1353—1362 (1932).

[2] HEDVALL, J. A., u. L. LEFFLER: Ztschr. f. anorg. u. allg. Ch. **234**, 235—238 (1937).

[3] Nach D.R.P. 609345 von Siemens & Halske, Erfinder: R. REICHMANN.

färbung recht intensiv ist. Die Farbstoffadsorption folgt dem FREUNDLICHschen Gesetz, entsprechend den capillarchemischen Vorgängen. Nach G. F. HÜTTIG und A. PETER besteht folgender allgemeiner Zusammenhang der Farbstoffadsorption und der Wasserstoffionenkonzentration: die sauren Farbstoffe werden bei steigender H-Konzentration stärker, die basischen dagegen schwächer adsorbiert. Die Zurückdrängung der Ionenbildung und die Assoziation der Farbstoffmoleküle fördert also die Adsorption und die Anfärbung an festen Teilchen.

Eine systematische zielbewußte Anwendung der Adsorptionserscheinungen an der aktiven Tonerde erlaubt sogar eine „chromatographische Analyse" eines Salzgemisches in einer Lösung durchzuführen. Verschiedene Ionen werden von der Tonerde in einer bestimmten Reihenfolge adsorbiert. Durch Behandlung der Adsorbate mit bestimmten Reagenzien, z. B. mit H_2S-Wasser, kann man die adsorbierten Ionen sichtbar „entwickeln"[1].

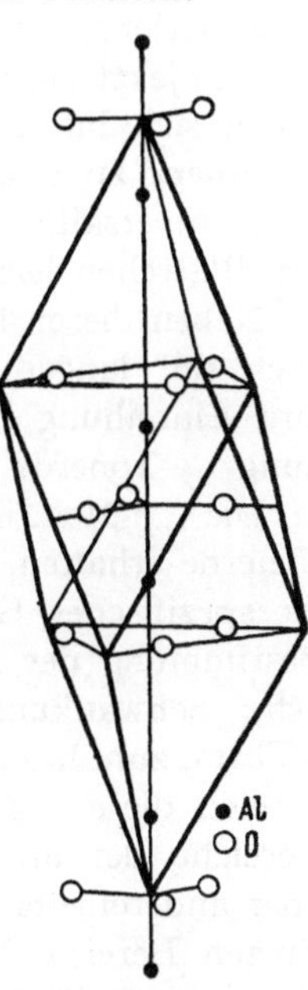

Abb. 29. Kristallstruktur des α-Korunds nach ZACHARIASEN.

Die α-Modifikation mit dem hexagonalen Gitter ist monotrop beständig. Diese Modifikation wird als der Korund schlechterdings bezeichnet. Ihre Kristallstruktur ist von W. H. ZACHARIASEN näher bestimmt worden. Nach seinem Befund gehört der Korund in die ditrigonal-skalenoedrische Klasse der Raumgruppe D_{3a}^6 mit 2 Molekülen Al_2O_3 in der Elementarzelle. Die beigegebene Abb. 29 veranschaulicht die gegenseitige Anordnung der Atome im Kristallgitter. Man kann sich die Korundstruktur am besten als hexagonale dichteste Packung von O-Atomen (bzw. Ionen) vorstellen, die durch zwischengelagerte kleine Al-Atome (Ionen) gestört ist. — Aus dem Bild erkennt man, daß die O-Atomanordnung des oberen Al-Atoms um 180° gegen die Anordnung des unteren verdreht ist, so daß die Identitätsperiode $2Al_2O_3$ erfordert. Der mittlere Abstand zwischen Al- und O-Atomen beträgt 1,92 Å, während die O-Atome um 2,495 Å voneinander entfernt sind. Die röntgenographisch bestimmte Dichte beträgt danach 3,89, in bester Übereinstimmung mit der direkten Ermittlung des spezifischen Gewichts an geschmolzenem sowie an über 1200° C calciniertem α-Korund, die die Zahl 3,902±0,03 ergab. Meist wird jedoch das spezifische Gewicht des Korunds höher angegeben. Die Zahlen bewegen sich um den Wert von 4 bis sogar etwas über 4. ZACHARIASEN findet an seinem eigenen Korund den Wert 3,96.

Das Achsenverhältnis c/a des Kristallgitters ist 1,366. Außer Cr_2O_3

[1] Vgl. G. M. SCHWAB u. K. JACKERS: Anorganische Chromatographie. Angew. Chem. **50**, 546 u. ff. (1937).

und Hämatit kristallisieren nach ZACHARIASEN im Korundgitter noch folgende Stoffe: Ti_2O_3, V_2O_3, Ga_2O_3 und Rh_2O_3.

Der α-Korund gehört als hexagonal bzw. ditrigonal kristallisierende Substanz optisch natürlich zu einachsigen doppelbrechenden Stoffen. Die Doppelbrechung ist negativ, wenn auch nicht stark, da ε (Brechungsindex des außerordentlichen Strahles) = 1,7630 und ω (Brechungsindex des ordentlichen Strahles) = 1,7715 ist.

Demgemäß kann man die γ- und die α-Formen der Tonerde im Polarisationsmikroskop leicht voneinander unterscheiden. Nur die auf dem Objektträger flach liegenden Blättchen der calcinierten α-Tonerde geben sich infolge ihrer Ausrichtung nicht ohne weiteres als doppelbrechnend zu erkennen. Durch die Neigung des Präparates, z. B. auf dem Universaltisch nach FEDOROW kann man jedoch die Doppelbrechung der Blättchen leicht wahrnehmen.

Neben diesen beiden „klassischen" Modifikationen der Tonerde gilt noch seit langer Zeit die „β-Modifikation" als existenzfähig. Durch ihre Einreihung hat ja auch die kubische Modifikation die Bezeichnung „γ-Tonerde" erhalten.

Die „β-Modifikation" wird aus Schmelzen von erdalkalihaltiger Tonerde erhalten. Sie ist deutlich leichter als die α-Tonerde, jedoch ist ihr spezifisches Gewicht nicht genau definiert und schwankend. Die Bestimmung der kristallographischen Parameter zeigt ebenfalls ziemliche Schwankungen, diese „β-Modifikation" gehört aber, wie die α-Form, zum hexagonalen Gitter. Bemerkenswert ist, daß der Existenzbereich dieser „β-Modifikation" niemals und von niemand gegen die Bereiche der anderen Modifikationen abgegrenzt worden ist. Da es aber andererseits nicht möglich ist, daß ein und dieselbe Substanz im ganzen Bereich des festen Aggregatzustandes in zwei Modifikationen ohne gegenseitigen Übergang existiert, so erscheint die Existenzfähigkeit dieser β-Form" allein durch diese Überlegung als zweifelhaft.

Nun haben Untersuchungen verschiedener Forscher gezeigt, daß es sich hier tatsächlich gar nicht um die reine Tonerde handelt, sondern immer um einen Stoff, in dem neben der Tonerde noch beträchtliche Mengen Erdalkali oder Alkali enthalten sind. C. A. BREVERS und S. BROHULT[1] kamen zum Ergebnis, daß die „β-Modifikation" der Tonerde nichts anderes als eine bestimmte erdalkaliarme Verbindung der Tonerde ist. Sie finden ihre Formel $11 Al_2O_3 \cdot Na_2O$. Nach anderen Autoren[2] muß man dieser Verbindung die Formel $12 Al_2O_3 \cdot Na_2O$ zuschreiben.

In der Tat: Bei den Bestimmungen des Ausdehnungskoeffizienten

[1] BREVERS, C. A., u. S. BROHULT: Ztschr. f. Krystallogr. Abt. A **95**, 472—474 (1936).

[2] RIDGWAY, R. R., A. A. Klein u. O. W. O'LEARY: Trans. Amer. Electr. Soc. **70**, prepint 9 (1936).

der „β-Modifikation" der Tonerde fand J. B. AUSTIN[1] keine konstanten Zahlen. Es ergab sich, daß bei längerer Erhitzung der „β-Tonerde" die gefundenen Werte sich immer mehr und mehr den bekannten Werten für den α-Korund näherten. Zu gleicher Zeit beobachtete er an seiner Quarzglasapparatur eine ungewöhnlich starke Korrosion, die durch die α-Tonerde nicht hervorgerufen wurde. Diese Befunde erklären sich einfach in der Weise, daß die alkalihaltige „β-Tonerde" beim Erhitzen das Alkali verliert und dabei die altbekannte α-Modifikation ergibt. Das Alkali greift die Quarzglasapparatur naturgemäß ganz anders an als die Tonerde. In Übereinstimmung mit diesen Untersuchungen befinden sich die Ergebnisse von N. TOROPOW und M. STUKALOWA[2], wonach z. B. Verbindungen $CaO \cdot 6Al_2O_3$, $SrO \cdot 6Al_2O_3$ und $BaO \cdot 6Al_2O_3$ existieren. Beim Zusammenschmelzen dieser Verbindungen mit Kaliumcarbonat tritt K an Stelle von Erdalkali ein, auch ist Rb imstande, Ca, Sr und Ba darin zu ersetzen. Danach sollte es den Verbindungstypus $Me_2O \cdot 6Al_2O_3$ geben, wo Me = Alkalimetall ist. Alle diese Umsetzungen finden wohlbemerkt nur bei der sog. „β-Modifikation" der Tonerde statt. Der Brechungsexponent der Verbindung $CaO \cdot 6Al_2O_3$ ist für den ordentlichen Strahl $\omega = 1{,}702$. Die Behandlung dieser „β-Tonerde" mit starken Mineralsäuren in der Hitze vermag ihr das Alkali nicht zu entziehen. Das ist aber auch nicht verwunderlich. Selbst eine so hochbasische Tonerdeverbindung wie der Spinell (Magnesium-meta-Aluminat) ist in der Siedehitze mit starken Mineralsäuren schwer zerlegbar. Erst recht ist es bei hochtonerdehaltigen Verbindungen zu erwarten. Denn hier haben wir eine Blockierung der Säurelöslichkeit vor uns, ähnlich derjenigen, wie sie die getemperten Legierungen zwischen den unangreifbaren Edelmetallen mit angreifbaren Komponenten aufweisen[3]. Auf die Schwierigkeit, das Alkali in der sog. „β-Tonerde" analytisch zu erfassen, weist übrigens eine interessante Arbeit von N. O. LAMAR, W. M. HAZEL und WM. J. O'LEARY[4] hin. Die Autoren kommen auf Grund ihrer eigenen experimentellen Untersuchungen auf diesem Gebiete ebenfalls zum Ergebnis, daß die sog. „β-Tonerde" nur ein Aluminat und keine selbständige Modifikation des Aluminiumoxyds ist. — Es existiert also keine selbständige „β-Modifikation" der Tonerde.

Vom keramischen Standpunkt aus ist das höchst erfreulich, weil die mechanisch-technologischen Eigenschaften dieser „Modifikation", verglichen mit dem α-Korund, recht minderwertig sind. Die „β-Tonerde" ist außerordentlich spröde, ihre Härte ist sehr merklich geringer

[1] AUSTIN, J. B.: Journ. Amer. Ceram. Soc. **21**, 351—353 (1938).

[2] TOROPOW, N., u. M. STUKALOWA: Compt. rend. Acad. Sci. USSR. **24**, 459 bis 461 (1939); **27**, 974—977 (1940).

[3] E. RYSCHKEWITSCH: Ber. Dtsch. Keram. Ges. **16**, 111—117 (1935), speziell S. 116—117.

[4] LAMAR, N. O., W. M. HAZEL u. WM. J. O'LEARY: Industr. Engng. Chem., Anal. Edit. **7**, 429—431 (1935).

als beim Korund, die Körner der „β-Tonerde" kann man sehr leicht in einer Reibschale mit dem Pistill aus Sintertonerde (die ja aus dem α-Korund besteht) zerreiben. Wenn die „β-Tonerde" in unkontrollierbarer Weise sich immer neben oder an Stelle der α-Modifikation bilden würde, könnte man nur geringwertige und vor allem nicht reproduzierbare Erzeugnisse aus der Sintertonerde herstellen.

Es wurde jedoch noch eine weitere kristallisierte Art der Tonerde gefunden, die ihre Entdeckerin H. B. BARLET[1] als die ζ-(Zeta)-Modifikation bezeichnet hatte. Sie entsteht beim Auskristallisierenlassen der Tonerde aus Li_2O-reichen Schmelzen. Es bilden sich dabei regelrechte Oktaeder, demnach ist die „Zeta-Tonerde" regulär. Die Bestimmung der Eigenschaften dieser Modifikation ergab das spez. Gewicht 3,6, den Brechungsindex 1,736, den Kristallparameter $a = 7{,}90$ Å. Die röntgenographische Feinbaubestimmung machte die Ausbildung des flächenzentrierten Würfelgitters wahrscheinlich. All diese Bestimmungselemente passen jedoch so gut auf die altbekannte γ-Tonerde, daß wir heute keinen Zweifel hegen dürfen, daß es sich bei der „Zeta-Modifikation" um nichts anderes als um die γ-Tonerde handelt[2].

In den keramischen Erzeugnissen aus Sintertonerde haben wir also immer nur die allein und monotrop (also im ganzen Temperaturbereich bis zum Schmelzpunkt) beständige α-Korund-Modifikation vor uns. Keine Umwandlungspunkte, keine Unstetigkeiten usw. können im Verhalten des Werkstoffs bei der Temperaturänderung oder im Verfolg irgendwelcher anderen Beanspruchung eintreten. Das unterscheidet die reine Tonerde grundlegend auch z. B. von den Silicaerzeugnissen. Die letzteren bestehen zwar aus einem einzigen chemischen Stoff, jedoch nicht aus einer einzigen physiko-chemischen Phase (im Sinne von W. GIBBS). Bei der Sintertonerde handelt es sich, wie übrigens bei den meisten anderen weiter unten näher beschriebenen Sintererden, nicht nur um ein Ein*stoff*-, sondern zugleich auch um ein Ein*phasen*system. Die Eigenschaften des Stoffes und der daraus hergestellten Erzeugnisse sind daher stets die gleichen.

b) Thermische Eigenschaften der Tonerde.

Wir wollen nun zur näheren Betrachtung verschiedener physikalisch-chemischer Eigenschaften der Tonerde übergehen, die für das Verarbeiten und das Verhalten dieses Materials im Gebrauch als keramischer Werkstoff von Wichtigkeit sind.

In erster Linie interessiert bei hochfeuerfesten keramischen Materialien die Feuerfestigkeit, d. h. hier der Schmelzpunkt der Tonerde. Die bisherigen feuerfesten und hochfeuerfesten keramischen Massen waren auf der Basis des Systems SiO_2/Al_2O_3 aufgebaut. Im Verlauf der

[1] BARLET, H. B.: Journ. Amer. Ceram. Soc. **15**, 361—364 (1932).

[2] Vgl. D. BJELANKIN: Zentralbl. f. Min. u. Geol., Abt. A, **1933**, 300—302.

wachsenden Anforderungen an die Feuerfestigkeit der Erzeugnisse kam man von den ursprünglichen kieselsäurereichen (aber leicht zu brennenden) Tonen zu immer Al_2O_3-reicheren Massen. Im Mullit ($3Al_2O_3 \cdot 2SiO_2$) mit der Schmelztemperatur von 1810° C hat man bereits eine sehr hochfeuerfeste Masse vor sich. Einen Grenzwert der Feuerfestigkeit konnte man aber in dieser Reihe naturgemäß nur in reinem Korund erreichen. Vgl. weiter unten das Schmelzdiagramm des Systems Al_2O_3/SiO_2.

Der Schmelzpunkt reiner Tonerde war vielfach Gegenstand der Untersuchungen und Bestimmungen gewesen. Wir wollen natürlich nicht auf zahlreiche, insbesondere auf ältere Arbeiten eingehen und begnügen uns mit der Mitteilung der letzten als gültig anerkannten Ergebnisse. C. W. KANOLT[1] hat im Washingtoner Bureau of Standards recht sorgfältige Bestimmungen darüber angestellt. Die Erhitzung erfolgte in einem Graphitwiderstandsofen nach ARSEM, aber nicht im Vakuum, sondern unter Atmosphärendruck (wodurch eine kleine Umänderung des für Vakuumbetrieb eingerichteten Ofens nötig wurde). Reinstes Al_2O_3 (Eisen 0,001%, Ca nicht vorhanden, SiO_2 0,001%, Chloride 0,005%, Sulfate 0,001%) wurde im Wolframtiegel erschmolzen, die Schmelztemperatur wurde mit geeichtem optischem Pyrometer (allerdings bei Zugrundelegung des Schmelzpunktes von $Pt = 1755°$ C, anstatt des heute gültigen $= 1773°$ C) gemessen, wobei streng auf die Abwesenheit des die Strahlung vermindernden Rauches gesehen wurde. Aus 8 Bestimmungen, und zwar bei 2 mm und bei 760 mm Hg-Säule, wurde der noch heute als richtig angesehene Schmelzpunkt $2050 \pm 5°$ C gefunden. Mit diesem Bezugpunkt operieren heute die Schmelzdiagramme der Al_2O_3-Systeme. Die Nachbestimmungen ergaben Bestätigung dieses Wertes. Gelegentlich finden sich Angaben mit einem noch höheren Schmelzpunkt der Tonerde — bis 2083° C. Wir wollen an der Zahl von C. KANOLT festhalten. Dies geschieht aus Zweckmäßigkeitsgründen. Aus den Bestimmungen von KANOLT selbst würde unter der Zugrundelegung des heute gültigen Schmelzpunktes für Pt der Wert von rund 2080° folgen. — Der Siedepunkt der Tonerde unter dem normalen Atmosphärendruck ist von O. RUFF und M. KONSCHAK[2] aus den Dampfdruckmessungen zu $2980 \pm 60°$ C, also rund 3000° C extrapoliert worden. Der Bereich, in dem die Tonerde im flüssigen Zustande zu existieren vermag, beträgt also rund 1000° C.

Es sei hier daran erinnert, daß der SEGER-Kegel 42, der nach der Vorschrift aus reiner Tonerde ohne Silicatzusätze besteht, der Temperatur von 2000° C entspricht. Das Fallen des Kegels besteht hier in der plastischen Deformation unter der Belastung des eigenen Ge-

[1] KANOLT, C. W.: Die Schmelzpunkte einiger refraktärer Oxyde. Ztschr. f. anorg. u. allg. Ch. **85**, 1—19 (1914).

[2] RUFF, O., u. M. KONSCHAK: Ztschr. f. Elektrochem. **32**, 515—525 (1926).

wichtes. Infolgedessen besteht kein Widerspruch zwischen dem Fallen des SEGER-Kegels 42 bei 2000° C und dem Schmelzpunkt der SEGER-Kegel 42-Masse von 2050° C. Bei sehr hohen Temperaturen erreichen die Beweglichkeiten der Feinbauteile solche Intensitäten, daß die einseitig wirkende Kraft plastische Deformationen weit unterhalb des Schmelzpunktes hervorruft. So z. B. erfolgt eine plastische, also nicht umkehrbare Verbiegung eines horizontal freihängenden Sintertonerdestabes, der an einem Ende eingeklemmt und am anderen belastet ist, bereits bei 1400° C. Es ist möglich, Stäbe aus reiner Kohle und reinem Graphit bei Erhitzung auf etwa 2200° C zu Bögen zu biegen, obwohl diese Temperatur um rund 1500° C tiefer als der Schmelzpunkt des Graphites liegt. — Das ist mit der Grund, warum die Druckerweichung erheblich tiefer liegt als die Schmelztemperatur des betreffenden Stoffes, selbst dann, wenn keine Glasbasis vorhanden ist.

So liegt auch die Druckerweichung der Sintertonerde unter der Last von 2 kg/cm² entsprechend der DIN-Vorschrift 1064 nach verschiedenen übereinstimmenden Ermittlungen bei 1860° C. Das ist immerhin recht bedeutend, wenn man sich vergegenwärtigt, daß dem Druck von 2 kg/cm² eine Last von 5 m Höhe des aus Sintertonerde bestehenden Mauerwerks entsprechen würde.

Die spezifische Wärme der α-Tonerde wurde u. a. von G. WILKES[1] gemessen. Danach sind die Zahlen für mittlere spezifische Wärme in angegebenen Temperaturgrenzen folgende:

30— 100°	0,206
30— 900°	0,258
30—1700°	0,280

Das Wachsen der mittleren spezifischen Wärme ist also mit der Temperatursteigerung recht bedeutend. Allerdings ist der Gang der Steigerung mit der Temperatur ein fallender, was unerwartet ist.

Eine sehr wichtige thermische Konstante der Tonerde ist ihre Bildungswärme. Bis zu einem gewissen Grad gibt sie das Maß für die chemische Stabilität, also Unangreifbarkeit der Verbindung und der daraus hergestellten Erzeugnisse.

Nach Bestimmungen von W. A. ROTH, U. WOLF und O. FRITZ[2] beträgt der calorische Effekt der Reaktion:

$$2Al + 3/2O_2 = Al_2O_3 + 403 \text{ kgcal.}$$

Mit Ausnahme einiger seltener Elemente, z. B. *La*, gehört diese Zahl zu den höchsten Werten für die Verbrennungswärme[3]. Nach den letz-

[1] WILKES, G.: The specific heat of magnesia and alumina at high temperatures. Journ. Amer. Ceram. Soc. **15**, 72—77 (1932).

[2] ROTH, W. A., U. WOLF u. O. FRITZ: Die Bildungswärme von Aluminiumoxyd (Korund). Ztschr. f. Elektrochem. **46**, 42—45 (1940).

[3] Vgl. auch W. D. TREADWELL u. L. TEREBESI: Zur Kenntnis der Bildungsenergie des Aluminiumoxyds aus den Elementen. Helv. chim. Acta **16**, 922—939 (1933).

teren Messungen ist die Verbrennungswärme von der Temperatur weitgehend unabhängig. So z. B. beträgt sie nach TREADWELL und TEREBESI bei 25° C 392 kgcal, bei 2600° abs. dagegen 387 kgcal, also fast dasselbe. Die freie Energie der Reaktion dagegen ändert sich mit der Temperatur nach denselben Autoren recht bedeutend. Während sie bei 25° C 371 kgcal beträgt, fällt sie bei 2600° abs. bis auf 194 kgcal herunter.

Interessanterweise finden W. A. ROTH und O. SCHWARTZ[1], daß die Verbrennungswärmen verschiedener Elemente auf einer glatten Kurve zu liegen kommen, wenn man als Koordinaten die Ordnungszahl und die Wärmetönung nimmt. Nur bei ZrO_2 finden die Autoren eine starke Abweichung von dieser Regel, was sie zur Ansicht führt, daß die fragliche Wärmetönung nachgeprüft werden müsse.

Zum richtigen Vergleich der Wärmeeffekte darf man nicht die molaren, sondern die äquivalenten oder auf 1 gebundenes O-Atom bezogenen Zahlen verschiedener Oxyde heranziehen. Sonst würde z. B. U_3O_8 infolge der zahlreichen im Molekül gebundenen Atome mit seiner Verbrennungswärme von 845 kgcal/Mol viel stabiler erscheinen als die Tonerde, während bekanntlich das Uranoxyd erheblich leichter reduzierbar ist als das Aluminiumoxyd. Bezieht man jedoch die Bildungswärme pro 1 O-Atom, dann haben wir beim Uranoxyduloxyd $\frac{845}{8}$ = rund 106 kgcal/O-Atom, beim Aluminiumoxyd jedoch $\frac{403}{3} = 134$ kgcal/O-Atom, also erheblich mehr. Nd_2O_3, La_2O_3, ThO_2 usw. haben noch höhere „reduzierte" Verbrennungswärmen als Al_2O_3.

Entsprechend der hohen Verbrennungswärme und freien Reaktionsenergie vermag das Al-Metall den Sauerstoff nicht nur in seiner freien Form, sondern auch aus anderen oxydischen Verbindungen, z. B. aus Metalloxyden, an sich zu reißen. Das bildet die physiko-chemische Grundlage für die Aluminothermie. In diesem Zusammenhang darf daran erinnert werden, daß die freie Oberfläche von Aluminiummetall stets mit einer zwar sehr dünnen, aber außerordentlich widerstandsfähigen und zusammenhängenden Schicht von Al_2O_3 bedeckt ist, die das darunterliegende Metall vor der Weiteroxydation schützt. Verletzt man die schützende Al_2O_3-Oberfläche durch Wegkratzen der Oxydschicht an einer Stelle und amalgamiert dieselbe, damit sie sich nicht sofort wieder dicht schließen kann, dann wächst aus der verletzten Stelle sichtbar unter den Augen ein Oxydgebilde mit starker Erwärmung. Das Wasser wird unter H_2-Entwicklung zersetzt, da das Normalpotential von Al unedler als das des H_2 ist.

R. A. BAKER und F. M. STRONG[2] haben die hohe Verbrennungs-

[1] ROTH, W. A., u. O. SCHWARTZ: Ordnungszahl und Wärmetönung. Ztschr. f. physik. Ch. **134**, 456—466 (1928).

[2] BAKER, R. A., u. F. M. STRONG: Ind. and Engin. Chem. **22**, 788—789 (1930).

wärme des *Al*-Metalls zur Konstruktion eines besonderen Gebläsebrenners ausgenutzt, in dem das pulverförmige *Al*-Metall als Brennstoff dient und in Sauerstoff verbrennt. Dieser Brenner erzeugt eine ruhige, blendend weiße Flamme unter Entwicklung von Al_2O_3-Rauch, der so fein ist, daß er teilweise 24 Stunden lang in der Luft suspendiert bleibt. Im Gebläse kann man *Mo*-Metall, jedoch nicht *W*-Metall schmelzen. Seine Temperatur dürfte rund 3000° C betragen.

H. v. WARTENBERG und G. WEHNER[1] rechnen die maximale Temperatur der Thermitreaktion $2Al+Fe_2O_3=Al_2O_3+2Fe$ zu 3200° C aus, unter der Voraussetzung der adiabatischen Verbrennung ohne Dissoziation der Produkte und ohne Nebenreaktionen. Die wirkliche photometrische Bestimmung der Reaktionstemperatur ergab jedoch nur 2300° C. Die Autoren nehmen an, daß die wahre Temperatur bei etwa 2400° C liegen dürfte.

Aus diesen Ausführungen folgt nun unmittelbar, daß das Aluminiumoxyd gegen reduzierende Einflüsse selbst bei hohen Temperaturen recht beständig sein muß. Wie wir weiter unten bei der Besprechung der chemischen Eigenschaften der Tonerde und der Sintertonerde (also zu keramischen Erzeugnissen verarbeitete und gesinterte reine Tonerde) sehen werden, ist es auch in der Tat der Fall.

Der Schmelzpunkt, der Siedepunkt, aber auch die spezifische Wärme können sowohl an pulverförmigem als auch an kompaktem, zu einem Körper zusammengesintertem oder zusammengeschmolzenem Oxydmaterial ermittelt werden. Hierbei müssen naturgemäß die gefundenen Werte übereinstimmen, falls es sich in den beiden Fällen um wirklich gleiches, also im Prozeß der Verarbeitung unverändert gebliebenes reines Material handelt.

Anders ist es mit der Wärmeleitfähigkeit. Sie hängt in einem hohen Grad vom Verteilungszustand des Materials ab und von dem Druck, unter dem z. B. das Pulver zusammengepreßt wird. Im allgemeinen leiten die feinverteilten Materialien schlechter als die grobdispersen, das Zusammenpressen der Teilchen erhöht die Wärmeleitfähigkeit. Gut definierte Verhältnisse kann man nur in einem homogenen, porenfreien Körper erwarten, der entweder aus zusammengeschmolzener oder versinterter Masse besteht.

Die an der Sintertonerde bestimmte Wärmeleitfähigkeit erwies sich als von der Temperatur stark abhängig und mit der Temperatursteigerung fallend. Bekanntlich zeigen die üblichen keramischen Erzeugnisse auf der Silicatbasis (mit einem Glasanteil) den umgekehrten Gang der Wärmeleitung mit der Temperatur: bei ihnen wird die Wärmeleitfähigkeit bei der Temperatursteigerung größer.

---

[1] WARTENBERG, H. v., u. G. WEHNER: Ztschr. f. Elektrochem. **42**, 293—298 (1936).

Die von JACOB und von HÄHNLEIN[1] bestimmten Werte für die keramisch verarbeitete Tonerde sind nebenstehende:

Wärmeleitfähigkeit

Temperatur °C	in gcal/cm^{-1} sec^{-1} °C^{-1}
Zimmertemp.	0,0466
95	0,0333
200	0,0255
300	0,0214
400	0,0188
500	0,0169
600	0,0155
700	0,0147
800	0,0136
900	0,0127

Es ist erwähnenswert, daß bei der Zimmertemperatur die Wärmeleitfähigkeit von Blei ungefähr das Doppelte der Wärmeleitzahl für die Sintertonerde beträgt, während andererseits die Wärmeleitfähigkeit von Porzellan nur etwa den fünfzehnten bis sogar zwanzigsten Teil des Wärmeleitvermögens des keramisch verarbeiteten Aluminiumoxyds beträgt. Bei tiefen Temperaturen gehört also die Wärmeleitung der Sintertonerde eher zur Größenklasse der metallischen und nicht mehr der keramischen Werkstoffe. Die Wärmeleitung der pulverförmigen Tonerde bei dem Korn von 0,05 bis 0,1 mm beträgt rund den zehnten Teil der Leitfähigkeit der kompakten Sintertonerde. Es sei hier eingeflochten, daß die hier angeführten Zahlen sich auf ein keramisches Produkt („Sinterkorund") beziehen, das, in den Anfängen der Produktionsentwicklung, nur ein Raumgewicht von 3,78 aufwies. Die verbesserte Qualität der Sintertonerde mit ihrem Raumgewicht von 3,85 bis 3,87 dürfte noch empfindlich höhere Wärmeleitfähigkeit aufweisen, als die obigen Zahlen ergeben, doch fehlen bislang exaktere Werte.

Der bei reinen Metallen unter dem Namen des Gesetzes von WIEDEMANN und FRANZ bekannte Zusammenhang zwischen der Elektro- und Wärmeleitfähigkeit, wonach beide Größen bei verschiedenen Metallen zueinander direkt proportional sind, trifft bei Oxyden und ihren Verbindungen miteinander nicht zu. Das ist auch theoretisch gar nicht zu erwarten, da der Mechanismus der Wärme- und Elektroleitung bei den Metallen einerseits und bei den Oxyden andererseits völlig verschieden ist.

Während die Elektroleitung ebenso wie die Wärmeleitung bei den Metallen auf die Elektronenbewegung zurückgeführt werden kann, spielt diese Bewegung bei den Oxyden und ihren Verbindungen nur eine sehr untergeordnete Rolle, insbesondere bei tieferen Temperaturen.

Der thermische Ausdehnungskoeffizient der Sintertonerde und des Korunds ist mehrfach bestimmt worden. Recht zuverlässige Messungen bis zu sehr hohen Temperaturen sind an Stäben aus reiner Sintertonerde von H. EBERT und C. TINGWALDT[2] ausgeführt worden. Danach

[1] Vgl. H. GERDIEN: Aluminiumoxyd als hochfeuerfester Werkstoff. Ztschr. f. Elektrochem. **39**, 13—20 (1933).

[2] EBERT, H., u. C. TINGWALDT: Ausdehnungsmessungen bis 2000°. Physikal. Ztschr. **37**, 471—475 (1936).

sind die Dehnungszahlen in Millimeter pro Meter für verschiedene Temperaturen folgende:

bis 300°	2,00	bis 1100°	9,30
500°	3,65	1300°	11,30
700°	5,40	1500°	13,35
900°	7,25	1700°	15,40
1000°	8,40	1800°	16,55

Der Gang der thermischen Ausdehnung mit der Temperatur erkennt man am besten aus der graphischen Darstellung der Meßergebnisse, die in der folgenden Abb. 30 veranschaulicht ist. Aus der Kurve ersieht man, daß der thermische Ausdehnungskoeffizient der Sintertonerde mit der Temperatur langsam und stetig, also ohne irgendwelche Knicke ansteigt. Dieser recht konstante Gang der Änderung der Ausdehnung der Sintertonerde bildet einen äußeren Ausdruck der inneren Gleichmäßigkeit des Werkstoffes, der im ganzen Temperaturbereich keine Umwandlungen erfährt. Bekanntlich trifft das für zahlreiche Massen auf der Silicatgrundlage nicht zu, und dort stoßen wir oft genug auf plötzliche Änderungen des Ausdehnungsverhaltens infolge z. B. der Kieselsäureumwandlungen, der partiellen Schmelzerscheinungen usw. Verglichen mit den Ausdehnungskoeffizienten mancher silicatischer Massen, z. B. mit „Sillimanit"-Erzeugnissen, deren Ausdehnung nur die Hälfte der Ausdehnung der Sintertonerde beträgt, kann die thermische Ausdehnung der Sintertonerde als verhältnismäßig hoch angesehen werden.

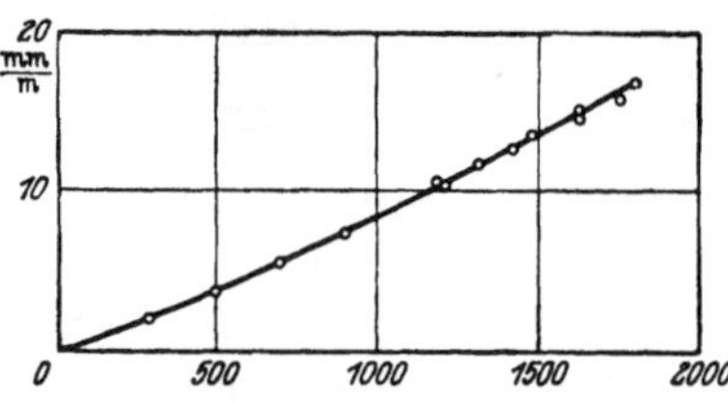

Abb. 30. Thermische Ausdehnung der Sintertonerde in graphischer Darstellung nach H. EBERT u. C. TINGWALDT.

c) Mechanische Festigkeitseigenschaften der Sintertonerde.

Die keramischen Werkstoffe werden nicht nur als chemisch beständige, korrosionsfeste Erzeugnisse, sondern zunehmend auch als Baumaterialien verwandt. Hierzu befähigen ihre zum Teil günstigen mechanisch-technologischen Eigenschaften.

In erster Linie ist der Porenfreiheit und somit der Gas- und Flüssigkeitsundurchlässigkeit zu gedenken. Wir sind beim Steinzeug, beim Porzellan usw. gewohnt, die Undurchdringlichkeit des Scherbens zu beobachten. Sie ist durch das vollkommen dichte Gefüge der durch Schmelzfluß erzeugten Glasbasis hervorgerufen, in der die übrigen Gefügebestandteile eingesprengt sind.

Nicht so einfach liegen die Verhältnisse bei einem keramischen Scherben, der aus nur einer einzigen kristallinen Phase aufgebaut ist. Hier sind Kristalle miteinander sozusagen ohne fremden Kitt oder

Mörtel zusammengefügt. Die Fugen könnten gasdurchlässig sein, infolgedessen würde auch der ganze Scherben nicht dicht erscheinen.

Die Abb. 31 zeigt eine Mikroaufnahme eines Dünnschliffes der Sintertonerde bei 500facher Vergrößerung zwischen gekreuzten Nikols, um die Einzelkristalle des Scherbens besser sichtbar zu machen. Man erkennt die vollständige Zusammenschweißung der Nachbarkristalle miteinander ohne irgendwelche Zwischenräume. Irgendwie zusammenhängende Porenkanäle sind nicht vorhanden. Nur innerhalb der Kristallite selbst befinden sich Einschlüsse, die man leicht als Gasblasen erkennen kann. Das sind wahre Poren, die aber geschlossen sind und infolgedessen die Undurchlässigkeit des Scherbens nicht beeinträchtigen. In der Tat, der Scherben der Sintertonerde, aber auch der anderen Sintererden ist bei richtiger Herstellungsweise vollkommen gasundurchlässig, und zwar nicht nur bei gewöhnlicher Raumtemperatur, sondern auch bis zu sehr hohen Temperaturen. Der Rauminhalt der Gaseinschlüsse kann in gewissen Grenzen variieren. Im allgemeinen sind die Einschlüsse um so größer, je größer die sie enthaltenden Kristallite selbst sind. Durch die Gaseinschlüsse ist das Raumgewicht der Sintertonerde merklich geringer als das spezifische Gewicht des Ausgangsmaterials. Es beträgt nur etwa 3,86 bis 3,87 bei sehr gut hergestelltem Scherben, also immerhin um rund 1% weniger als die Tonerde selbst (3,90). Diese Porosität des Scherbens der Sintertonerde ist nun gegenüber der Porosität von feinkeramischen Silicaterzeugnissen, wie z. B. aus Hartporzellan, sogar als recht gering zu bezeichnen, da die letzteren oft über 3% Porenvolumen aufweisen.

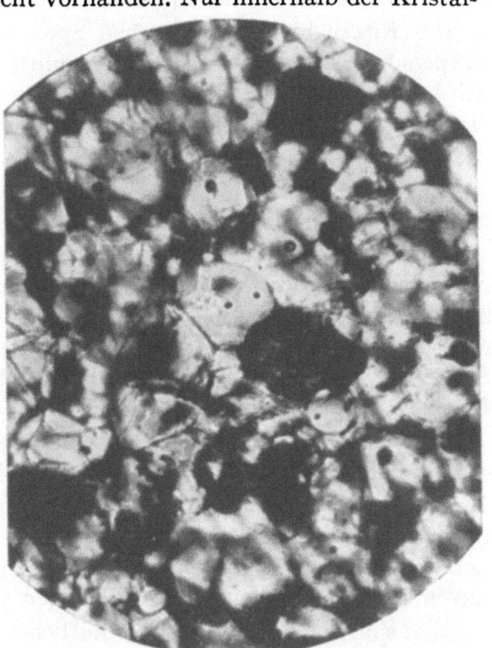

Abb. 31. Mikroaufnahme eines Dünnschliffs der Sintertonerde zwischen gekreuzten Nikols. Vergr. 500×.

Eine der auffälligsten mechanischen Festigkeitseigenschaften fester Körper ist ihre Härte. Obwohl die *Vorstellung* über die Härte eine unzweideutige und allen geläufige Sache ist, vermag man bislang noch nicht ohne weiteres den wissenschaftlichen *Begriff* der Härte zu definieren. Man kommt auch mit der Definition nicht weit, die Härte sei die Widerstandsfähigkeit der Oberfläche des betreffenden Körpers gegen das Eindringen eines anderen. Es gibt auch dann noch verschiedene zahlenmäßige Härten ein und desselben Körpers und ein und derselben Fläche, je nach der Art der Beanspruchung derselben. — Das Ritzen bis zur eben merklichen Spur, das Ritzen bis zu einer gewissen Tiefe oder Breite der Spur, das Eindringen einer Spitze usw. — all diese Härtemerkmale fallen bei ein und demselben Werkstoff verschieden aus.

Das Ritzen bis zur merklichen Spur an der glatten Oberfläche des Körpers war die Grundlage der bekannten Härteskala von MOHS, die sich in der Mineralogie bewährte und auch bis heute gehalten hat. Nach dieser Skala vermag das nächstfolgende Mineral das vorhergehende zu ritzen. Die bekannte Skala ist folgende:

1. Talk, 2. Gips, 3. Calcit, 4. Fluorit, 5. Apatit, 6. Orthoklas, 7. Quarz, 8. Topas, 9. Korund, 10. Diamant.

Danach kommt die Diamanthärte gleich über die Korundhärte. Nach der Aufstellung der MOHSschen Skala wurden jedoch verschiedene harte Stoffe aufgefunden bzw. künstlich hergestellt, die eine Erweiterung der Skala notwendig machten. Diese erweiterte Skala der härteren Stoffe von Orthoklas ab wird von R. R. RIDGWAY, A. H. BALLARD und B. L. BAILEY[1] folgendermaßen angegeben:

6. Orthoklas, 7. Quarzglas, 8. Quarz, 9. Topas, 10. Granat, 11. geschmolzenes ZrO_2, 12. Korund, 13. Siliciumcarbid, 14. Borcarbid, 15. Diamant. Leider findet man in dieser Reihe keine Angaben für die in der letzten Zeit so wichtig gewordenen Werkstoffe, wie Titancarbid und Wolframcarbid. Nach verschiedenen Befunden liegt die Härte dieser Carbide ziemlich gleich derjenigen des Korunds.

Nun sind die Stufen dieser willkürlichen Härteskala sehr verschieden. Ermittelt man z. B. die Belastung einer Diamantspitze auf der glatten Oberfläche, auf der ein Strich von 0,1 mm Breite gezogen wird, dann erhält man nach H. C. HODGE und J. H. MCKAY[2] folgende relative Zahlen für die Ritzhärte der Vergleichsmineralien: Calcit 130, Fluorit 143, Apatit 450 (schwankend), Orthoklas 917, Quarz 2700, Topas 3420, Saphir 5000 (etwas schwankend).

Nach der Methode von ROSIVAL wird zur Härtemessung die Arbeit bestimmt, die zum Abschleifen eines bestimmten Volumens des betreffenden Körpers (geschliffen wird z. B. mit Diamantpulver) notwendig ist. Danach stellen sich die Härtestufen der MOHSschen Skala folgendermaßen dar: Orthoklas 37, Quarz 120, Topas 175, Korund 1000, Diamant 140000. Danach ist der Härteunterschied zwischen dem Talk

---

[1] RIDGWAY, R. R., A. H. BALLARD u. B. L. BAILEY: Trans. Amer. Elektr. Soc. **63**, 23ff. (1933).

[2] HODGE, H. C., u. J. H. MCKAY: Amer. Mineralogist **19**, 161—168 (1934).

und Korund (1 bis 9 der MOHSschen Skala) kleiner als der zwischen Korund und Diamant (9 bis 10).

Man kann sich noch verschiedene Arten der quantitativen Härtebestimmung vorstellen, eine neuerdings von H. HANEMANN und E. O. BERNHARDT[1] vorgeschlagene Methode der sog. „Mikrohärteprüfung" verdient eine besondere Beachtung. Diese Methode lehnt sich an die bekannte Kugeldruckprobe in der Metallkunde an, wonach die Härte („Festigkeit") z. B. einer Stahlprobe dadurch gemessen wird, daß eine harte Stahlkugel bestimmter Abmessungen mit einer bestimmten Belastung auf die zu prüfende Fläche aufgedrückt und der dabei entstandene plastische Eindruck mikroskopisch ausgemessen wird. Je härter die Probe, desto geringer der Eindruck. In ähnlicher Weise wird nach HANEMANN und BERNHARDT die Spitze einer in bestimmter Weise geschliffenen Diamantpyramide von 0,8 mm, welche in einem besonderen Mikroskopobjektiv (von C. Zeiß, Jena, gebaut) eingelassen ist, mit einer geringen Kraft (5 bis 100 g, je nach der Mikrohärte der zu untersuchenden Substanz) auf den gewünschten, unter dem Mikroskop aufgesuchten Kristallit aufgedrückt. Hierbei entsteht je nach der Härte des Kristalls eine Vertiefungsspur, die man mit einem speziellen Okularmikrometer ausmessen kann. Es handelt sich hier um eine ausgesprochene plastische Dauerdeformation des festen Körpers. Es hat sich nämlich bemerkenswerterweise herausgestellt, daß zu dieser Mikrodeformation auch die sprödesten Körper, wie die Oxyde, Silicate, ja Carbide, wie SiC oder auch B_4C, fähig sind[2]. Die Eindringungstiefe beträgt nur 0,5 bis 3 μ, die Eindruckoberfläche umfaßt nur ganz wenige μ^2. Die Bestimmung der Härte kann direkt im absoluten Maß, also in kg/cm^2 ausgedrückt werden. Praktisch verwendet man die „Vickers"-Einheiten, die sich auf 1 mm^2 beziehen, also hundertmal kleiner sind.

Die nach HANEMANN und BERNHARDT bestimmte Mikrohärte des Korunds beträgt im Mittel rund 3000 Vickers. Zum Vergleich sei angeführt, daß der gehärtete Stahl bis etwa 850 Vickers erreicht. — Andererseits aber weist das Siliciumcarbid 4300 Vickers auf! — Die „β-Korund"-Kristalle der Aluminate sind erheblich weicher. Ihre Mikrohärte erreicht nur etwa 2000 Vickers oder noch weniger.

Es ist möglich, die Härte des Korunds durch passende Zusätze zu steigern. Wie aus der Metallographie bekannt, ist die Härte des Mischkristalls oft höher als die der härteren Komponente selbst. Im Verfolg der „keramographischen" Gedankengänge, nach einer Art „Korrespondenzprinzip" zwischen dem Innenbau und den Eigenschaften der Metalle einerseits und der Oxyde andererseits, war also zu erwarten, daß es Mischkristalle mit Korund geben könnte, deren Härte noch über

[1] HANEMANN, H., und E. O. BERNHARDT: Ztschr. f. Metallkunde **32**, 35—38 (1940). D.R.P. 688026 und 703584 (C. Zeiß, Jena).

[2] Vgl. jedoch W. KLEMM u. A. SMEKAL: Naturwissenschaften **29**, 710 (1941).

der des Korunds liegt. Das ist bei dem chromoxydhaltigen roten „Sinterrubin" tatsächlich der Fall. Die Rubinkristalle erweisen sich deutlich härter als die farblosen Saphirkristalle. Ihre Härte erreicht bis etwa

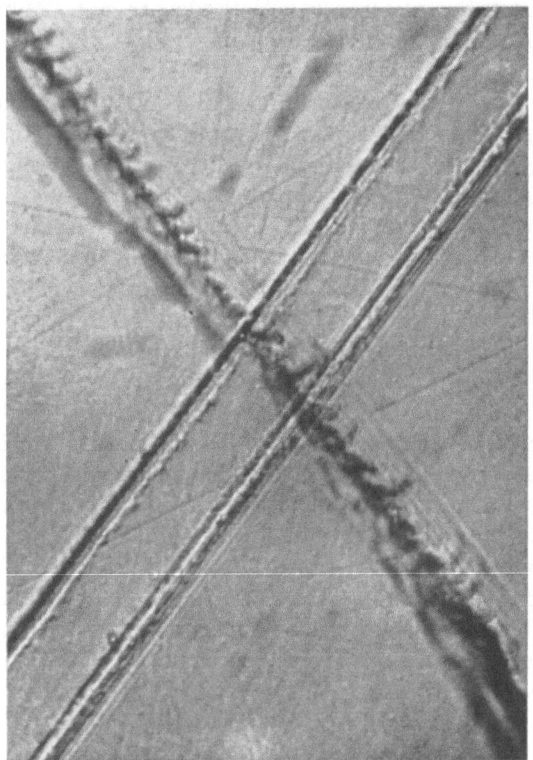

Abb. 32. Mikrophotographisches Bild einer Kreuzritzspur, erzeugt auf Saphiroberfläche mit Rubin. Vergr. 600×.

3300 Vickers. Mit dem Rubin kann man auf dem weißen Saphir deutliche Ritzspur erzeugen (Abb. 32)[1].

Zum Verständnis der inneren Zusammenhänge betr. Härte fester Körper kann man nach E. FRIEDERICH[2] annehmen, daß die Härte durch die Höhe der Valenz der Atome des betreffenden Stoffes einerseits und ihre Packungsdichte, also durch die Abstände der Atome im Gitter andererseits, bestimmt ist. Die Höhe der Valenz bedingt die Größe der Kraft, mit der die Atome aneinander gebunden sind, die Packungsdichte vergrößert den Widerstand des Stoffes gegen das Eindringen ins Innere. — (Außerdem wissen wir heute, daß die Wirkungs-

[1] Vgl. E. RYSCHKEWITSCH: Glastechn. Ber. **20**, 166—174 (1942).

[2] FRIEDERICH, E.: Über die Härte anorganischer Körper und die der Elemente. Fortschritte d. Ch., Physik u. physik. Ch. **18** (1926).

radien der Atome um so geringer, ihre Packungsdichte also um so größer ist, je höhere Valenzstufe sie aufweisen.) FRIEDERICH gibt als Ausdruck der „Härtefunktion" in erster Annäherung den Quotienten: Härte $= \left(\frac{\text{Valenz}}{\text{Atomvolumen}^{2/3}}\right)$. Der Ausdruck „(Atomvolumen)$^{2/3}$" kann durch einen anschaulichen Ausdruck „(Atomabstand)"[2] ersetzt werden. — Aus diesem Ansatz ist es verständlich, warum der Diamant mit der hohen Valenz 4 der Kohlenstoffatome und dem kleinsten unter allen Elementen-Volumen die höchste Härte aller Stoffe aufweist. Es ist auch verständlich, daß Borcarbid, Siliciumcarbid und ähnlich gebaute Carbide zu den härtesten Stoffen gehören. Aber auch Al_2O_3 und BeO müssen ihrem geringen Molvolumen nach — und insbesondere bei Al_2O_3 wegen der verhältnismäßig hohen Valenz von Al — zu den sehr harten Stoffen gehören. V. M. GOLDSCHMIDT[1] macht darauf aufmerksam, daß nach Untersuchungen von ZACHARIASEN das Aluminiumoxyd die kleinsten Gitterdimensionen unter allen Sesquioxyden besitzt. Daraus folgt, daß in dieser Klasse der Verbindungen der Korund auch die größte Härte besitzen sollte, was auch in der Tat der Fall ist.

Aus der Kristallstruktur des α-Korunds folgt, daß die Basisfläche (0001) härter als die der Prismaflächen (0101) sein müßte, da die Besetzung der erstgenannten Fläche mit Gitterpunkten dichter als die der Prismaflächen ist. Der Unterschied kann jedoch nicht sehr erheblich sein, was sich übrigens auch kristallographisch durch das Fehlen ausgesprochener Spaltbarkeit des α-Korunds nach der Basis dokumentiert. Selbst beim kubisch kristallisierenden Diamanten, dessen physikalische Eigenschaften weitgehend unabhängig von den kristallographischen Richtungen sind, beobachtet man Härteunterschiede an verschieden orientierten Flächen. So ist[2] z. B. die Oktaederfläche (111) am härtesten, während die Würfelflächen (100) sowie die Flächen des Rhombendodekaeders (110) am weichsten sind. Diese Unterschiede rühren ebenfalls von den Verschiedenheiten der Besetzungsdichte des Diamantgitters an verschieden orientierten Flächen her. Übrigens weist der Diamant eine deutliche Spaltbarkeit nach der (111)-Fläche auf. — Weiter unten werden wir die hohe praktische Bedeutung der Härte des Korunds und der Sintertonerde sowie des Sinterrubins kennenlernen.

Hier wollen wir zu den anderen mechanischen Festigkeitseigenschaften der Sintertonerde übergehen.

Die Druckfestigkeit der einheitlichen Korundkristalle sowie der Sintertonerde ist in verschiedenen Arbeiten ermittelt worden. Nach

---

[1] GOLDSCHMIDT, V. M.: Geochemische Verteilungsgesetze der Elemente. III: Untersuchungen über Bau und Eigenschaften von Kristallen S. 102—127. Oslo 1927.

[2] Vgl. H. BERGHEIMER: Die Schleifhärte des Diamanten und seine Struktur. N. Jahrb. f. Mineral. Abt. A Beil. Bd. **74**, 313—332 (1938).

H. GERDIEN[1] geht sie nicht über den Rahmen der Kaltdruckfestigkeit des Steatits und Hartporzellans hinaus und erreicht 5140 kg/cm².

Dieser Wert steht in keinerlei erkennbarer Beziehung zur Druckfestigkeit der Korundeinkristalle. Nach verschiedenen Angaben, z. B. nach Messungen von A. SMEKAL, beträgt die Druckfestigkeit der Korundeinkristalle rund 20000 kg/cm².

Danach wäre zu erwarten gewesen, daß auch die Sintertonerde eine ähnliche Druckfestigkeit zeigen müßte. Eine dieser Frage gewidmete Arbeit[2] führte in der Tat zu Ergebnissen, die mit der hohen Druckfestigkeit des Korunds im Einklang stehen.

Kleine Würfel der Sintertonerde von etwa 6 × 6 × 6 mm, die allseitig geschliffen und an zwei gegenüberliegenden Druckflächen poliert waren, kamen zwischen Druckstempel aus Widia, die in Form von Pyramiden ausgebildet waren. Die kleinere 10 × 10-mm-Pyramidenfläche drückte auf den Probekörper, die größere 20 × 20-mm-Fläche auf die Stahlplatten der hydraulischen Druckpresse. Auf diese Weise war die Deformation der Druckflächen und somit die vorzeitige Zertrümmerung der Probekörper vermieden. Zur möglichsten Beseitigung der Stauchungswirkung an Würfeln im Druckversuch wurden die polierten, die Druckstempel berührenden Flächen der Probekörper mit Graphit und Öl geschmiert. Bei Messungen im Bereich hoher Temperaturen befand sich der Probekörper im kleinen Elektroofen zwischen zwei Säulen aus Sintertonerde (die sich druckfester als Widia erwies), die ihrerseits auf den aus dem Ofen herausragenden kalt bleibenden Widia-Druckstempeln oben und unten ruhten. — Beim Erreichen der gewünschten Temperatur des Probekörpers, die thermoelektrisch gemessen wurde, erfolgte der eigentliche Druckversuch, der jeweils nur wenige Sekunden dauerte. Bei gut hergestellten und richtig eingespannten Prüfkörpern erfolgt während der Drucksteigerung kein Abplatzen von Teilchen, man hört kein Knacken und Knistern, sondern beim Erreichen des maximalen Druckes explodiert das Stück mit lautem Knall auf einmal und zerfällt in viele winzige Bruchstücke. Die Staubteilchen erweisen sich hierbei kleiner als die durchschnittliche Kristallitgröße des Prüfkörpers.

Die höchsten erhaltenen Werte, die sich auf einer glatten Kurve befinden, sind folgende:

20°	30000 kg/cm²	1100°	6000 kg/cm²
400°	15000 „	1200°	5000 „
600°	14000 „	1400°	2500 „
800°	13000 „	1500°	1000 „
1000°	9000 „	1600°	500 „

[1] GERDIEN, H.: Aluminiumoxyd als hochfeuerfester Werkstoff. Ztschr. f. Elektrochem. **39**, 13—20 (1933), Tabelle 2 auf S. 15.

[2] Vgl. E. RYSCHKEWITSCH: Über die Druckfestigkeit einiger keramischer Werkstoffe auf der Einstoffbasis. Ber. Dtsch. Keram. Ges. **22**, 54—65 (1941).

Die Kontrolle der Versuchsergebnisse an künstlichen, nach dem VERNEUIL-Verfahren hergestellten Saphiren ergab die Kaltdruckfestigkeit von über 21000 kg/cm².

Eine sinnfällige Demonstration der hohen Druckfestigkeit der Sintertonerde ist auf der photographischen Abb. 33 zu sehen. Ein Würfel von 2 cm Kantenlänge aus Sintertonerde ist durch die Belastung von 55000 kg in einen massiven Stahlblock einige Millimeter tief eingepreßt worden. Neben diesem Würfel steht ein ebenso großer Würfel frei, um die Einpreßtiefe kenntlich zu machen.

Die Extrapolation der Werte nach der Seite der tiefen Temperaturen führt zu dem Resultat, daß in der Nähe des absoluten Nullpunktes die Sintertonerde die Druckfestigkeit von 40000 kg/cm² aufweisen müßte.

Abb. 33. In massiven Stahlblock unter 55000 kg Last eingedrückter 2 × 2 × 2-cm-Würfel aus Sintertonerde. Maßstab 3 : 5.

Dieser Wert entspricht bereits der wahren „molekularen" Druckfestigkeit fester Stoffe, wie sie von A. SMEKAL[1] auf Grund plausibler Annahmen über die molekularen Kräfte fester Körper errechnet worden ist und sich im Bereich von 100000 kg/cm² bewegt, und übrigens der Größenordnung der Mikrohärte entspricht.

Der Hauptgrund, warum diese „wahre" Festigkeit in Wirklichkeit von den physikalischen Körpern nicht erreicht wird, liegt darin, daß die Ausbildung der festen Körper, selbst der bestausgebildeten einheitlicher Kristalle, nicht ideal ist. Die Gitterbauwerke enthalten nämlich nach A. A. GRIFFITH verschiedene Baufehler, Lücken, Kerbstellen usw., die zwar im einzelnen submikroskopisch klein, aber in ihrer Gesamtheit doch stark wirksam sind.

Die Ermittlung der Zerreißfestigkeit (fälschlich oft „Zugfestigkeit" genannt; mit diesem Namen müßte man eher den YOUNG-Elastizitätsmodul bezeichnen) der Sintertonerde ergab ebenfalls Werte, die ganz erheblich höher als bei allen bisher bekannten keramischen Werkstoffen liegen. — Die Untersuchungen[2] wurden nicht an den in der Keramik üblichen sog. „8"er Prüfkörpern, sondern an dünnen massiven Stäben mit rundem Querschnitt durchgeführt. 2 bis 4 mm starke Stäbe wurden

[1] SMEKAL, A.: Vgl. seine Übersicht: Die Festigkeitseigenschaften spröder Körper. Ergebn. exakter Naturwissenschaften **15**, 106—188 (1936).

[2] Vgl. E. RYSCHKEWITSCH: Über die Zerreißfestigkeit einiger keramischer Werkstoffe auf der Einstoffbasis. Ber. Dtsch. Keram. Ges. **22**, 363—371 (1941).

in der Mitte mit einer allmählichen Verjüngung, wie die Abb. 34 zeigt, versehen, um den Zerreißvorgang an vorbestimmter Stelle zu erzwingen. Die Stäbe müssen für die Zerreißprüfung ganz gerade sein, um nicht auf Biegung beansprucht zu werden. Die größte experimentelle Schwierigkeit lag in der Einspannung der Stabenden in die Klauen der Zerreißmaschine. Durch den Kunstgriff, die glatten Enden mit feuchtem Bindfaden zu umwickeln und die umwickelten Enden in die geriffelten Klauen mit konischem Einsatz einzubauen, konnte die Schwierigkeit des einwandfreien Fassens der Stabenden überwunden werden.

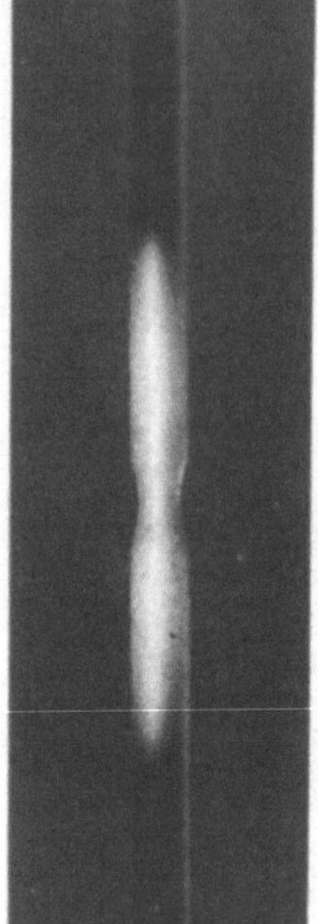

Abb. 34. Prüfstab für Zerreißprobe mit verjüngter Stelle.

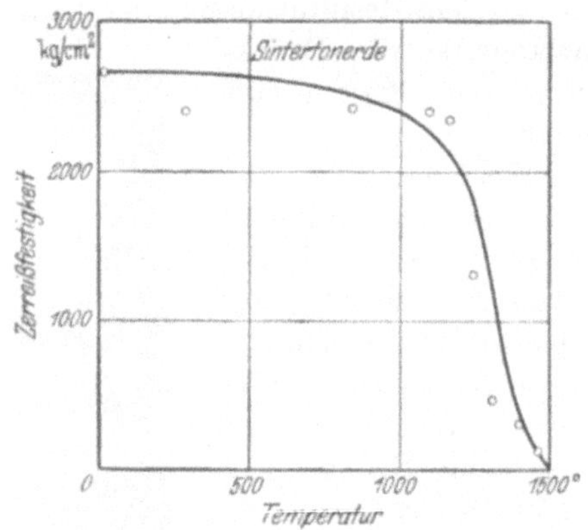

Abb. 35. Zerreißfestigkeit der Sintertonerde in Abhängigkeit von der Temperatur.

Zur Prüfung der Stäbe bei hohen Temperaturen wurde ein ähnlich wie bei der Bestimmung der Druckfestigkeit bei hoher Temperatur verwendeter Elektroofen angewandt, der mit *Mo*-Heizwicklung auf Sinterspinellrohr in Schutzgasatmosphäre bequem das Erreichen von 1800° C erlaubte. Der mittlere verjüngte Teil des zu prüfenden Stabes befand sich in der Mitte des Elektroöfchens. Das Zerreißen erfolgte erst nach Erreichen und Beibehalten der gewünschten Temperatur innerhalb 5 bis 7 Minuten, als man annehmen durfte, daß der mittlere Teil des Stabes die mit den Thermoelementen an dieser Stelle gemessene Temperatur mit Sicherheit im ganzen Querschnitt erreichte.

Die an den Stäben aus Sintertonerde erreichten Maximalwerte für die Zerreißfestigkeit waren folgende:

20°	2650 kg/cm²	1200°	1300 kg/cm²
300°	2560 „	1310°	450 „
805°	2400 „	1400°	300 „
1050°	2380 „	1460°	110 „
1130°	2210 „		

Sie liegen wiederum auf einer glatten Kurve, wie es auch bei der Homogenität des Werkstoffs nicht anders zu erwarten ist (Abb. 35). Bemerkenswert ist die große Zerreißfestigkeit der Sintertonerde, verglichen mit der Zerreißfestigkeit keramischer Werkstoffe auf der Silicatbasis. So z. B. beträgt die Kaltzerreißfestigkeit von Hartporzellan etwa 300 bis 350 kg/cm², des Steinzeugs etwa 200 bis 400 kg/cm², des Steinguts nur 30 bis 50 kg/cm². — Es ist lehrreich, Zerreißfestigkeitswerte festester Metalle hier anzufügen:

Flußstahl, geglüht bei ***700°***

Temperatur °C	Zerreißfestigkeit kg/cm²
20	4500
250	5720
330	5260
412	4450
485	2780
617	1500
722	700
Flußeisen	
20	3340
225	4300
275	4450
335	3710
407	2700
617	760
807	230
835	220
Nickel	
20	4930
195	4480
309	4480
455	3020
593	2060
800	920
1000	400
1100	250

Man sieht auch hier, daß um 1000° C die Festigkeitswerte der *Sintertonerde* die aller angeführten Werkstoffe weit übersteigen. Dementsprechend ist es denkbar, endlich an die Lösung derjenigen Probleme heranzutreten, die zwar schon längst als überaus wichtig anerkannt sind, aber mangels der passenden Werkstoffe keiner praktischen Ausführung zugeführt werden konnten.

Wie bei vielen ziemlich homogenen spröden Körpern bildet sich auch bei den Zerreißstäben aus Sintertonerde an der Zerreißstelle ein sog. „Spiegel" aus, eine recht glatte Zerreißfläche, die zuweilen bis ½ des Zerreißquerschnitts ausmacht. Ihre mikroskopische Untersuchung zeigt, daß der Zerreißvorgang nicht allein an den Korngrenzen vor sich geht, wie es TH. PÖSCHL[1] an den Metallen feststellen konnte, sondern daß auch viele Einzelkristallite zerrissen werden. Die Abb. 36 veranschaulicht diesen Befund. Mit Pfeilen sind die Stellen der Mikrophotographie gekennzeichnet, an denen die Einzelkristallite selbst zerrissen sind.

Das deutet darauf hin, daß die interkristallinen Kräfte der Sintertonerde, d. h. Kräfte, die zwischen den Einzelkristalliten wirksam sind und sie zusammenhalten, etwa den intrakristallinen Kräften, d. h. den Kräften zwischen den Gitterbestandteilen innerhalb eines einzelnen Kristalls, gleich sind — eine gewiß bemerkenswerte Feststellung. Wir werden gleich sehen, daß sie noch durch andere Befunde bestätigt wird, und zwar durch die Bestimmung des Elastizitätsmoduls der Sintertonerde.

[1] PÖSCHL, TH.: Arch. f. Eisenhüttenwes. **13**, 189—192 (1939).

Seine Bestimmung kann am einfachsten durch die Messung der Durchbiegung eines einseitig eingespannten Stabes unter der Belastung des am freien Ende angreifenden Gewichtes erfolgen.

Beim runden gleichmäßigen Querschnitt des massiven Stabes vom Radius r, Länge (zwischen der eingeklemmten und der belasteten Stelle) l cm, der Last P kg und Durchbiegung h in cm, die man z. B. bequem im Okularmikrometer messen kann, lautet der bekannte Ausdruck für den Elastizitätsmodul:

Abb. 36. Mikrophotographisches Bild der Zerreißoberfläche der Sintertonerde. Mit Pfeilen sind zerrissene Einzelkristalle gekennzeichnet. Vergr. 500×.

$$E = \frac{l^3 \cdot P}{\frac{4}{3}\pi r^4 \cdot h} \text{ in kg/cm}^2.$$

Definitionsmäßig ist es die Kraft, die zum Dehnen des Körpers um seine eigene ursprüngliche Länge notwendig ist, falls er sich um diesen Betrag ohne zu reißen dehnen ließe. Diese Größe könnte man infolgedessen am besten die „Zugfestigkeit" nennen. Leider ist unter diesem Ausdruck vielfach die Zerreißfestigkeit gemeint. Der Elastizitätsmodul von YOUNG stellt wohl *die* Festigkeit des Körpers dar und kann als das Maß des inneren Widerstandes desselben den außen angreifenden Kräften gegenüber angesehen werden.

Durch eine verhältnismäßig einfache Anordnung ist es möglich, den Prüfstab in einem passend konstruierten Elektroofen unterzubringen und die Durchbiegung unter bekannter Belastung bei beliebig hoher Temperatur zu messen. Auf diese Weise konnte der E-Modul verschiedener keramischer Werkstoffe bis zu recht hohen Temperaturen bestimmt werden[1].

Es sei hier vorausgeschickt, daß der Elastizitätsmodul der Sintertonerde bei gewöhnlicher Temperatur bereits früher[2] zu $2{,}3 \cdot 10^6$ kg/cm² gefunden wurde. Dieser Wert ist aber als überholt anzusehen, wie die folgende Tabelle ausweist, welche an Stäben von etwa 1,5 mm Durchmesser gewonnen wurde.

---

[1] Vgl. E. RYSCHKEWITSCH: Elastizitätsmodul keramischer Werkstoffe auf der Einstoffbasis. Ber. Dtsch. Keram. Ges. **23**, 243—260 (1942).

[2] GERDIEN, H. Zit. S. 92.

Bemerkenswert ist hier nicht nur der überaus hohe Wert des E-Moduls selbst, sondern noch der Umstand, daß der starke Abfall der „inneren Festigkeit" erst oberhalb 1100° C empfindlich bemerkbar ist (Abb. 37).

Temperatur °C	E-Modul / 10^6 kg/cm²
20	3,82
200	3,80
400	3,70
600	3,60
800	3,45
1000	3,22
1200	2,75
1400	2,05
1500	1,50

Es hat sich auch hier, wie bei der Untersuchung der Zerreißfestigkeit, gezeigt, daß der E-Modul der Prüfstäbe in einer bestimmten Weise von der Stabdicke abhängt, und zwar: je schwächer der Stab, um so höher der E-Modul. Die Zusammenstellung diesbezüglicher Messungen findet man in folgender Kurve (Abb. 38). Nimmt man den Durchmesser des Probestabes als Abszisse,

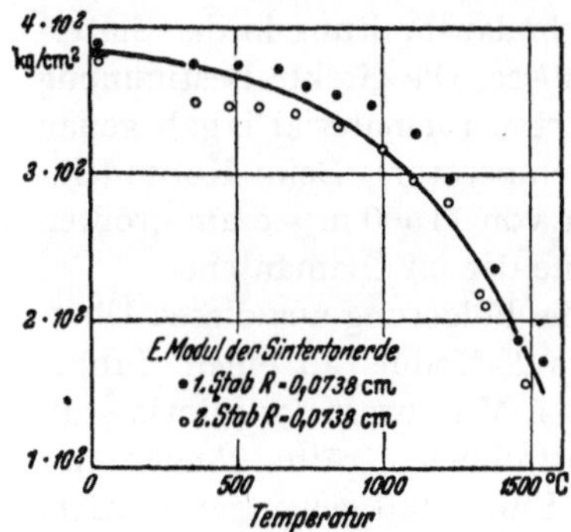

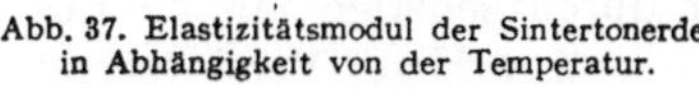
Abb. 37. Elastizitätsmodul der Sintertonerde in Abhängigkeit von der Temperatur.

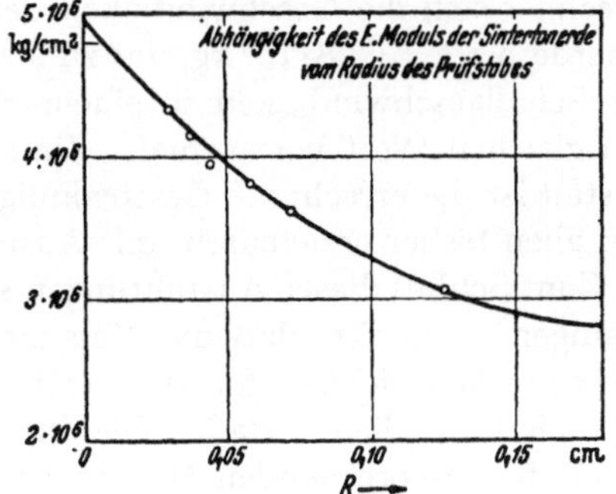

Abb. 38.

den zugehörigen Wert des E-Moduls bei gewöhnlicher Temperatur als Ordinate, dann erhält man eine glatte Kurve, die ohne weiteres nach unten und nach oben extrapolierbar erscheint. Die auf diese Weise erhaltenen Werte des E-Moduls der Sintertonerde sind nebenstehende.

Radius r cm	E-Modul kg/cm²
0	$5{,}0 \cdot 10^6$
0,05	$3{,}9 \cdot 10^6$
0,1	$3{,}3 \cdot 10^6$
0,2	$3{,}0 \cdot 10^6$
0,5	$2{,}9 \cdot 10^6$
1,0	$2{,}8 \cdot 10^6$

$2{,}8 \cdot 10^6$ kg/cm² ist der untere wahre Grenzwert gut hergestellter Sintertonerdeerzeugnisse ohne Lunker, ohne Grobkristalle usw. Andererseits erweist sich der Maximalwert des E-Moduls beim Extrapolieren auf den Durchmesser 0 zu rund $5 \cdot 10^6$ kg/cm². Das ist aber numerisch etwa der gleiche Wert, wie er dem einheitlichen Korundkristall zukommt ($5{,}2 \cdot 10^6$ kg/cm²)*. Mit anderen Worten: die intra-

* Nach AUERBACH. Vgl. LANDOLT-BÖRNSTEIN: Physikalisch-chemische Tabellen, 5. Aufl. Bd. I, S. 84.

kristallinen Kräfte und die interkristallinen Kräfte der Sintertonerde sind in erster Näherung numerisch gleich. Das ist der gleiche, auf Messungen beruhende Befund, wie wir ihn in mehr qualitativer Weise aus dem Mikrobild der Zerreißstelle abgeleitet haben (S. 96).

Der noch um etwa 5% höhere Wert der intrakristallinen Kraft über der interkristallinen dürfte reell sein, wie wir weiter unten sehen werden. Bemerkenswert ist, daß man diesen höheren Wert der Einkristalle gegegenüber dem Polykristall in etwa gleicher Größe auch bei anderen Werkstoffen, z. B. bei metallischem Wolfram, wiederfindet.

Aus dem bekannten Zusammenhang zwischen der Geschwindigkeit V der Ausbreitung der periodischen elastischen Schwingung in einem Medium von der Dichte d und Elastizitätsmodul E:

$$V = \sqrt{98{,}1 \cdot \frac{E}{d}},$$

errechnet sich die Geschwindigkeit der Schallausbreitung in der Sintertonerde bei $E = 3{,}8 \cdot 10^6$ kg/cm² zu 9600 m/sec. Die direkte Bestimmung der Schallgeschwindigkeit in einem Sintertonerdematerial ergab genau den gleichen Wert bei normaler Zimmertemperatur[1]. Beim Korundeinkristall ist die errechnete Geschwindigkeit von 11500 m/sec am größten von allen bisher erzielbaren, mit Ausnahme der im Diamanten.

Zum Schluß dieser Ausführungen sei die Folgerung aus diesen Überlegungen vermerkt, daß die Messung des E-Moduls an einem Probekörper in Wirklichkeit nur den statistischen Mittelwert der interkristallinen Kräfte allein erfaßt. Die intrakristallinen Kräfte können nur durch die entsprechenden Messungen am Einkristall gewonnen werden. Ist durch das ungenügende Brennen oder durch sonstige falsche Behandlung des keramischen Materials die vollständige Versinterung zwischen den Einzelkristalliten des betreffenden Oxyds nicht erreicht, dann verrät sie sich, wie wir oben bei der Betrachtung der Zusammenhänge zwischen der Brenntemperatur und der Festigkeit der Erzeugnisse (S. 30ff.) gesehen haben, durch die geringere Festigkeit der Produkte. Aus der Zerreißfestigkeit und dem E-Modul ergibt sich der Wert der elastischen Dehnung der Sintertonerde bei gewöhnlicher Temperatur zu rund 0,07%. Das kann als das Maß der Sprödigkeit angesehen werden. Je geringer dieser Wert ist, um so spröder ist der betreffende Werkstoff. Bekanntlich besitzen die Metalle eine viel höhere elastische (und erst recht plastische) Dehnbarkeit.

Die Kaltbiegefestigkeit der stranggezogenen Stäbe aus Sintertonerde wurde am „Sinterkorund" von H. Gerdien[2] zu 1210 kg/cm² angegeben. Dieser Wert bezog sich auf ein Material mit dem Raumgewicht

[1] Thiede, H.: Ein Material sehr hoher Schallgeschwindigkeit. Akust. Ztschr. 6, 64 (1941).

[2] Gerdien, H.: Zit. S. 92.

von rund 3,7. Am verbesserten Prüfmaterial ergaben sich ganz erheblich höhere Zahlen. Der Maximalwert liegt bei rund 3500 kg/cm², die Normalwerte gut hergestellter Probekörper bei rund 3000 kg/cm². Die Biegefestigkeit keramischer Silicatwerkstoffe erreicht dagegen höchstens etwa 1000 kg/cm².

d) Elektrische Eigenschaften der Tonerde.

Die im Vergleich mit anderen Oxyden sehr hohe mechanische Festigkeit der Tonerde ist natürlich nur der sinnfällige Ausdruck der großen Bindungskräfte, die innerhalb des Oxyds herrschen. Dementsprechend dürfte man erwarten, daß noch weitere Eigenschaften der Tonerde in ähnlicher Weise sich kundtun. So z. B. ist damit zu rechnen, daß der elektrische Widerstand und die Durchschlagsfestigkeit der Tonerde ebenfalls recht hohe Beträge aufweisen dürften.

Die Elektroleitfähigkeit des Korunds ist mehrfach von verschiedenen Autoren bestimmt worden.

Nach E. Diepschlag und F. Wulfesting[1] beträgt nach wiederholtem Ausglühen — wodurch der Widerstand höher und konstant wird — der spezifische Widerstand des Korunds bei verschiedenen Temperaturen in runden Zahlen (im Original sind die Zahlen viel genauer angegeben, was aber nicht der reellen Genauigkeit und der physikalischen Definiertheit des Materials entspricht), ausgedrückt in Ohm cm:

1100°	1250°	1400°	1550°
$13,3 \cdot 10^4$	$58 \cdot 10^3$	$12 \cdot 10^3$	$4 \cdot 10^3$

Nach den Messungen von E. Podszus[2] an lang und hoch geglühten Stäbchen aus Al_2O_3 (deren Porositätsgrad aber nicht angegeben ist) entnehmen wir folgende Werte für den spezifischen Widerstand:

1600°	1725°	1810°	1875°
$8,1 \cdot 10^4$	$4,5 \cdot 10^4$	$2,9 \cdot 10^4$	$2,2 \cdot 10^4$

Es stellte sich hierbei noch heraus, daß die Leitfähigkeit des Oxyds unter anderem von der Atmosphäre abhängt, in der das Oxyd sich befindet.

Bei weniger lang geglühten Stäbchen sinkt der spezifische Widerstand ohne weiteres auf die Hälfte des Betrages. Im allgemeinen ist der Widerstand der Oxyde im Vakuum größer als z. B. im Stickstoff.

Diese Werte betragen fast das 10fache der Werte von Diepschlag und Wulfesting, wobei allerdings die Neigung der logarithmischen Widerstandskurve gegen die Temperaturachse bei Podszus merklich geringer als bei den Kurven anderer Autoren ist. Dementsprechend

[1] Diepschlag, E., u. F. Wulfesting: Electric conductivity of magnesia and some other refractory materials. Iron steel ind. **1929**, 24.

[2] Podszus, E.: Leitfähigkeit hochisolierender Oxyde und Nitride bei sehr hohen Temperaturen. Ztschr. f. Elektrochem. **39**, 75—81 (1933).

schneiden sich die beiden Kurven bei tieferen Temperaturen. Erheblich höhere Werte des spezifischen Widerstandes der Tonerde in Form von keramisch verarbeitetem „Sinterkorund" gibt H. GERDIEN[1] nach Messungen der PTR[2] an. Die dort angegebenen Werte sind nebenstehende. Die logarithmische Widerstandskurve verläuft auch hier linear fallend mit der steigenden Temperatur, ihre Neigung ist aber ganz beträchtlich größer als bei anderen Autoren.

Temperatur °C	spez. Widerstand in Ohm
300	$1{,}2 \cdot 10^{13}$
400	$1{,}6 \cdot 10^{12}$
500	$1{,}3 \cdot 10^{11}$
600	$1{,}9 \cdot 10^{10}$
700	$2{,}5 \cdot 10^{9}$
800	$3{,}5 \cdot 10^{8}$

Einen recht guten Anschluß an diese Meßergebnisse bilden die Werte, welche von F. STAPELFELDT (unveröffentlicht) an Stäbchen aus reiner Sintertonerde (Raumgewicht 3,8) gewonnen wurden. Danach ist der spezifische elektrische Widerstand der Sintertonerde bei verschiedenen Temperaturen folgender:

830° . . . . . . 10^8 Ohm cm
950° . . . . . . 10^7 „
1100° . . . . . . 10^6 „

Die logarithmische Widerstandstemperaturkurve bildet fast eine kontinuierliche Fortsetzung der Kurve von PTR, und zwar ohne Änderung der Neigung.

Während die hier angeführten Zahlen für Temperaturen bis 1100° C am höchsten von allen bisher sonst mitgeteilten liegen, folgt aus der starken Neigung der Kurve, daß ihre Fortsetzung über 1500° C niedrigere Zahlen ergibt, als die Meßergebnisse von DIEPSCHLAG und WULFESTING und erst recht von PODSZUS betragen. Dieser Widerspruch kann sich nur durch die Unterschiede im Untersuchungsmaterial erklären, da die Elektroleitfähigkeit von der geringsten Beimengung sehr stark abhängig ist.

Hier haben wir einen geradezu typischen Fall der Angabe der Meßergebnisse mit übertriebener Genauigkeit an ungenügend definiertem Material. Man findet einige Dezimalen hinter dem Komma angegeben, während die Abweichungen der Werte bei verschiedenen Autoren mehrere Größenordnungen betragen.

H. RÖGENER[3] untersuchte die elektrische Leitfähigkeit der Sintertonerde im Bereiche zwischen 800° und 1150° C durch die Messung der durch einen massiven Zylinder aus Al_2O_3 hindurchgehenden Stromstärke bei bekannter angelegten Gleichspannung. Die Messungen wurden an normalem, d. h. nicht für die Elektrozwecke besonders gereinigtem Sintertonerdematerial angeführt, aus welchem die meisten Geräte aus

[1] GERDIEN, H.: Ztschr. f. Elektrochem. **39**, 13—20 (1933), spez. S. 16.

[2] Arch. f. techn. Messen **1**, **96** (1931).

[3] RÖGENER, H.: Über den Gleichstromwiderstand keramischer Werkstoffe. Ztschr. f. Elektrochem. **46**, 25—27 (1941).

Sintertonerde bestehen, die z. B. für chemische Zwecke Verwendung finden. Nach diesen Messungen sind die Werte für den spezifischen Widerstand der Stäbchen aus Sintertonerde bei 700 bis 800° C etwa denjenigen von DIEPSCHLAG und WULFESTING gleich, doch ist ihr Abfall bei höheren Temperaturen erheblich stärker als bei diesen Autoren, der Temperaturkoeffizient ist etwa demjenigen gleich, wie wir ihn bei GERDIEN gesehen haben. Die Ergebnisse sind in der Abb. 39 graphisch dargestellt.

Aus den zahlreichen widersprechenden Meßergebnissen an Materialien, die weder analytisch streng definiert sind noch unter bestimmten physikalischen Bedingungen den Messungen unterworfen waren, erscheinen die Werte von E. PODSZUS am sichersten. Allerdings geht der scheinbare Widerstand der pulverförmigen hochgereinigten Tonerde noch über diese Werte hinaus, wie die Anwendung des gesinterten Isolierpulvers in den Kathodenteilen der Radioröhren beweist. Hierauf soll an entsprechender Stelle weiter unten eingegangen werden (vgl. S. 132). Die Isolierfähigkeit der Nichtleiter ist, wie hier noch bemerkt werden muß, im kompakten Zustande größer als im Zustande eines zusammengepreßten Pulvers. Sozusagen die gleichen Verhältnisse — mit negativem Vorzeichen — haben wir bei den Leitern: dort leitet der kompakte Körper besser als der pulverförmige. Bei hochisolierenden Stoffen scheint die Erhöhung der Leitfähigkeit mit dem Dispersitätsgrad damit zusammenzuhängen, daß feine Pulver eine höhere Adsorption gegenüber allen Fremdstoffen aufweisen als kompakte Körper. Die Anlagerung von Verunreinigungen aller Art bedingt aber immer eine Störung der Oberflächeneigenschaften, die mit leichterer Ionisation verknüpft ist. Zuweilen werden auch direkt ionisierbare und gut leitfähige Adsorption angelagert, und die Leitfähigkeit des pulverförmigen Materials wächst ins Unermeßliche, z. B. gegenüber dem Einkristall.

An künstlichen Einkristallen von Korund fanden H. v. WARTENBERG und E. PROPHET[1] folgende Zahlen für spezifischen elektrischen Widerstand:

1225°	$7{,}7 \cdot 10^6$	1425°	$1 \cdot 10^5$
1325°	$2 \cdot 10^6$	1525°	$2 \cdot 10^5$

Die Kurve zeigt eine Neigung wie die von PTR und von STAPELFELDT, nur sind die Werte um etwa 1½ Größenordnungen höher. — Der Rubin weist nach den Autoren einen ausgesprochen geringeren Widerstand als weißer Saphir auf.

Elektrische Durchschlagsfestigkeit der Sintertonerde beträgt nach Angaben von H. GERDIEN:

bei 24° C: 46 kV an 3,1-mm-Platten unter Öl,
bei 520° C: 20 kV: Überschlag durch die Luft.

[1] WARTENBERG, H. v., u. E. PROPHET: Ztschr. f. Elektrochem. 38, 849—850 (1932).

Die Dielektrizitätskonstante der Tonerde in Pulverform ist in einer sorgfältigen Untersuchung von O. GLEMSER[1] nach der Immersionsmethode von H. STARKE bestimmt worden. Die Methode besteht darin, daß man das Pulver in ein Flüssigkeitsgemisch einbringt, dessen Dielektrizitätskonstante durch die Änderung der Zusammensetzung so lange verändert wird, bis die Zugabe oder die Entfernung des Pulvers keine Änderung der Meßergebnisse hervorruft. Dann hat das Pulver und das Flüssigkeitsgemisch die gleiche Dielektrizitätskonstante, die bei der Flüssigkeit leicht gemessen werden kann. Die Methode entspricht der Schwebemethode bei der Bestimmung der spezifischen Gewichte pulverförmiger Substanzen. Aus den Messungen folgt, daß die γ-Tonerde die Dielektrizitätskonstante 10,0 bis 13,1, der α-Korund diejenige von 12,3 besitzt. Der höchste Wert für die γ-Tonerde dürfte der Wahrheit am nächsten liegen.

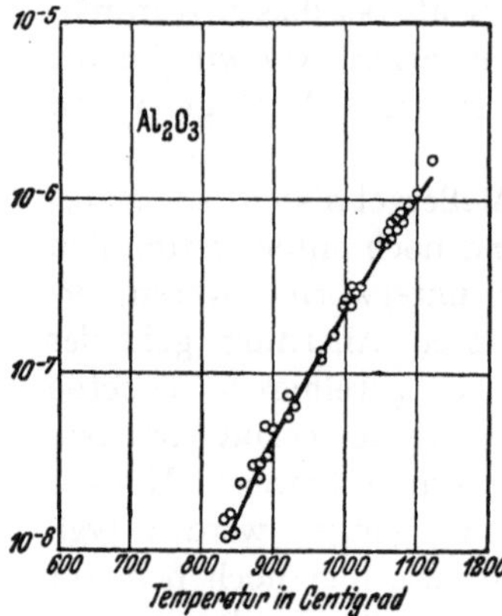

Abb. 39. Elektrische Leitfähigkeit der Sintertonerde in Abhängigkeit von der Temperatur nach RÖGENER.

Die Ermittlung der Dielektrizitätskonstante an Korund-Einkristall ergab den gleichen Wert 12,3. Die polykristalline Sintertonerde weist leicht schwankende Werte auf, die 11,5 bis 12,0 ergeben. Die Verringerung des Zahlenwertes ist einfach durch die Anwesenheit der Lufteinschlüsse erklärbar, die — wie wir oben gesehen haben — etwa 1 bis 2 Vol.-%, zuweilen aber auch mehr ausmachen kann.

Die Messung der dielektrischen Verluste der Platten aus Sintertonerde ergab bei nicht zu hoher Frequenz von einigen hundert bis tausend Hertz einen relativ hohen Wert von $\mathrm{tg}\varphi = 0{,}18$ (nach Messungen von F. STAPELFELDT).

Der Vollständigkeit halber sollen noch die magnetischen Eigenschaften der Tonerde erwähnt werden. Nach den Messungen von K. E. ZIEMENS[2] ist sowohl die α- als auch die γ-Modifikation der Tonerde diamagnetisch. Die Größe der Suszeptibilität ist sehr gering und beträgt bei der α-Form $= -0{,}30 \cdot 10^{-6}$, bei der γ-Form $= -0{,}28 \cdot 10^{-6}$, unterscheiden sich also praktisch kaum voneinander.

Nach dieser Betrachtung der elektrischen und magnetischen Eigenschaften der Tonerde gehen wir zur kurzen Schilderung ihres optischen Verhaltens.

Die reine α- und γ-Tonerde ist vollkommen farblos und durchsichtig, sobald man einen Einzelkristall ohne Spalten und Risse ansieht.

[1] GLEMSER, O.: Über die Dielektrizitätskonstante einiger Oxyde, Hydroxyde und Oxydhydrate. Ztschr. f. Elektrochem. **45**, 865—870 (1941).

[2] ZIEMENS, K. E.: Chem. Zbl. **1940**, II, 2994.

F. SKAUPY und H. HOPPE[1] fanden, daß der Saphireinkristall bis etwa 1230° C keine merkliche Strahlung emittiert und absorbiert, also im Sichtbaren völlig durchlässig ist. Sobald es sich jedoch um ein polykristallines zusammengesintertes Material handelt, dann hört die Durchsichtigkeit auf.

Offenbar wird ein Teil des Lichtes an den Grenzflächen zwischen den Einzelkristalliten z. T. reflektiert und z. T. absorbiert. Dementsprechend muß das polykristalline Material, z. B. ein gebrannter Scherben der Sintertonerde, gegenüber dem Einkristall eine mehr oder weniger deutliche Lichtemission bei hoher Temperatur aufweisen. Natürlich muß demnach die Intensität der Strahlungsemission in einer gewissen Abhängigkeit von der Anzahl der Korngrenzen pro Volumeneinheit, also von der Korngröße des polykristallinen Materials, stehen, und zwar in der Art, daß die Emission mit der Abnahme der Korngröße zunimmt.

F. SKAUPY und G. LIEBMANN fanden in der Tat[2] diese Art der Emissionsabhängigkeit von der Korngröße. Bei Unterschreitung einer gewissen Korngröße jedoch fällt das Emissionsvermögen wieder. Das ist für die Tonerde in der Nähe von etwa 1 bis 2 μ mittlerer Korngröße der Fall.

Wie SKAUPY bemerkt, kann dieser Umstand eine wichtige Rolle zur Verminderung der Strahlungsverluste der elektroleitfähig gemachten hocherhitzten oxydischen Heizleiter spielen, wobei die Selektivität der Strahlung erhöht würde.

Bemerkenswert ist, daß die Sintertonerde zwei deutliche Absorptionsmaxima zeigt, und zwar im infraroten Gebiet bei etwa 1 μ und 5 μ Wellenlänge. — Das Gesamtstrahlungsvermögen des gesinterten Al_2O_3 beträgt — je nach der Temperatur, mit der es ansteigt — über 0,1. Interessant ist, daß der mit Cr_2O_3 gefärbte Rubin, der bei gewöhnlicher Temperatur (für Rot) völlig durchlässig ist, bei hoher Temperatur selbst in Einkristallform fast wie schwarzer Körper emittiert. Sein Emissionsvermögen beträgt bereits bei 1100° C etwa 0,8. Das hängt mit der allgemein bekannten Erscheinung zusammen, daß die Körper bei der Temperaturerhöhung „schwärzer" werden.

Die γ-Tonerde ist als reguläre Kristallform natürlich einfachbrechend. Das Brechungsvermögen beträgt für die gelbe D-Linie 1,70.

Die α-Tonerde als hexagonale Kristallform ist doppelbrechend. Der Brechungsindex des außerordentlichen Strahles n_ε beträgt 1,761. Der Index n_ω des ordentlichen Strahles hat den Wert 1,769. Demnach ist die Doppelbrechung des Korunds negativ und besitzt den Wert —0,008.

[1] SKAUPY, F., u. H. HOPPE: Ztschr. f. techn. Physik **13**, 226—228 (1932).

[2] SKAUPY, F., u. G. LIEBMANN: Die Temperaturstrahlung von nichtmetallischen Körpern, insbesondere Oxyden. Ztschr. f. Elektrochem. **36**, 784—786 (1930).

e) Schmelzdiagramme einiger binärer Al_2O_3-Systeme.

Nach der Beschreibung der physikalischen Eigenschaften der reinen Tonerde gehen wir zur Betrachtung ihres physikalisch-chemischen Verhaltens über, da die Zustands- und namentlich die Schmelzdiagramme eine wesentliche Rolle gerade in der Keramik dieses Stoffes spielen.

Durch Zusätze fremder Stoffe wird bekanntlich in der größten Mehrzahl aller Fälle die Schmelztemperatur des Grundstoffes erniedrigt.

Nach der Gleichung von VAN'T HOFF beträgt die molare Schmelzpunktserniedrigung ε für verdünnte Lösungen eines jeden Stoffes vom Schmelzpunkt T abs. $\varepsilon = RT^2/100\,\mathrm{W}$, wobei R die Gaskonstante (in kgcal) und W die molare Schmelzwärme (ebenfalls in kgcal) ist. Die abs. Schmelztemperatur der Tonerde ist $2050 + 273 = 2323^0$ K. Die Schmelzwärme W der Tonerde beträgt nach thermodynamischen Überlegungen von L. TEREBESI[1] 6 kgcal/Mol. Dementsprechend haben wir bei Zusatz von 1 Mol irgendeines im flüssigen Al_2O_3 löslichen Fremdstoffes (der damit keine Mischkristalle bildet) auf 100 Mole Al_2O_3 die von der Natur des fremden Zusatzes unabhängige und konstante Schmelzpunktserniedrigung von 18^0 C zu erwarten. Die experimentell gefundenen Erniedrigungen sind erheblich geringer. Außerdem sind sie bei weitem nicht von der Natur der in Al_2O_3 gelösten Stoffe unabhängig und variieren verhältnismäßig stark. Im Mittel betragen sie 3 bis 6^0 C pro Mol-% des Fremdstoffes. Ob man es hier mit assoziierten Molekülkomplexen der gelösten Substanzen zu tun hat, oder ob hier ganz andere, uns unbekannte Faktoren maßgebend sind, kann man bisher nicht mit Bestimmtheit sagen.

M. P. WOLAROWITSCH und A. A. LEONTJEWA[2] haben versucht, die wahren Molekulargewichte von B_2O_3 und SiO_2 in Schmelzen zu ermitteln. Sie fanden, daß die Komplexe in flüssigem Zustand sehr groß sind. In zusammengesetzten SiO_2-haltigen Schmelzen sind z. B. Komplexe bis $(SiO_2)_{40}$ anzunehmen. Analog sind bei B_2O_3 in flüssigen Borosilicaten Komplexe bis $(B_2O_3)_{20}$ vorhanden. Beim Übergang der flüssigen Phase in den festen Zustand vergrößern sich nach diesen Autoren die Komplexe noch um eine ganze Größenordnung.

Nach diesen Beobachtungen ist es nun verständlich, daß die Schmelzpunktsdepressionen bei der Tonerde erheblich niedriger ausfallen, als es der Formel von VAN'T HOFF entspricht. Allerdings ist es noch nicht sicher, daß der obige Grund immer allein maßgebend ist.

Eine bemerkenswerte Beobachtung betr. die gegenseitige Löslichkeit von Oxyden im *festen* Zustand machte L. PASSERINI[3]. Bei den regulär kristallisierenden Oxyden der zweiwertigen Metalle *Mg*, *Ca*, *Cd*,

[1] TEREBESI, L.: Helv. chim. Acta **17**, 804—819 (1934).

[2] WOLAROWITSCH, M. P., u. A. A. LEONTJEWA: Journ. russ. phys. chem. Ges. **10**, 439—441 (1937).

[3] PASSERINI, L.: Gazz. chim. ital. **62**, 85—101 (1932).

Co, Ni beobachtet man eine vollständige gegenseitige Löslichkeit, wenn die Radien der Kationen sich nicht mehr als um etwa 12% voneinander unterscheiden. Steigt die Differenz bis etwa 29%, dann beobachtet man nur eine teilweise Löslichkeit. Überschreitet die Differenz 30%, dann verschwindet die Löslichkeit im festen Zustande ganz. Die gleichen Verhältnisse gelten auch für die Oxyde der dreiwertigen Metalle *Al, Cr, Fe.*

Danach ist zu erwarten, daß die Oxyde Al_2O_3/Cr_2O_3 eine lückenlose Mischkristallreihe bilden. Desgleichen ist es auch der Fall im System Cr_2O_3/Fe_2O_3, während die Oxyde Al_2O_3/Fe_2O_3 nicht in jedem Verhältnis mischbar sein sollen, was auch in der Tat zu beobachten ist.

Bei der Betrachtung der Einzelschmelzdiagramme wollen wir mit den Alkalimetalloxyden beginnen. Es ist merkwürdig genug, daß hierüber eigentlich recht wenig bekannt ist, obwohl ja die Herstellung der Tonerde über Alkalialuminat erfolgt.

Im Verfolg seiner Untersuchungen über Schmelzdiagramme hochfeuerfester Oxyde hat H. v. WARTENBERG mit seinen Mitarbeitern auch verschiedene Tonerdesysteme erforscht. Systeme mit Alkalien konnten wegen der Flüchtigkeit der letzteren nicht ohne weiteres untersucht werden.

Nach C. MATIGNON[1] besitzt die Verbindung $Na_2O \cdot Al_2O_3$ den Schmelzpunkt 1650° C. Bei höherem Gehalt an Na_2O zerfällt das System bei hoher Temperatur in freies verdampfendes Alkali und obiges Natriumaluminat. — Nach früheren Arbeiten über das System Al_2O_3/Na_2O, namentlich nach den Untersuchungen von J. D'ANS und J. LÖFFLER[2], reagiert die feinverteilte Tonerde mit wasserfreiem Natriumhydroxyd bereits bei etwa 600° C unter Bildung von Natrium-meta-Aluminat, $Na \cdot AlO_2$. Das Orthoaluminat entsteht dabei nicht. Der Reaktionsverlauf bleibt unabhängig von dem Überschuß an $NaOH$ oder an Al_2O_3 der gleiche.

Aus den oben erwähnten Untersuchungen über die Nichtexistenz des β-Korunds haben wir gesehen, daß man tonerdereiche Alkaliverbindungen der ungefähren Zusammensetzung $Na_2O \cdot 12Al_2O_3$ und noch $Na_2O \cdot 6Al_2O_3$ annehmen kann. Diese Verbindungen scheinen verhältnismäßig hoch zu schmelzen und treten selbst in rasch abgekühlten elektrogeschmolzenen Korundpräparaten auf, die aus alkalihaltigem Ausgangsmaterial stammen. Das Alkali ist hier ins Innere des Kornes eingebaut und kann nicht ohne weiteres durch intensives Waschen mit Säure entfernt werden. Alle diese Angaben sind aber eher qualitativer Art und erlauben nicht, das Zustands- und Schmelzdiagramm z. B. des Systems Na_2O/Al_2O_3 aufzustellen.

Bemerkenswerterweise konnte von H. WARTENBERG und H. J.

[1] MATIGNON, C.: Compt. rend. **177**, 1290 (1923).

[2] D'ANS, J., u. J. LÖFFLER: Ber. Dtsch. Chem. Ges. **63**, 1446—1455 (1930).

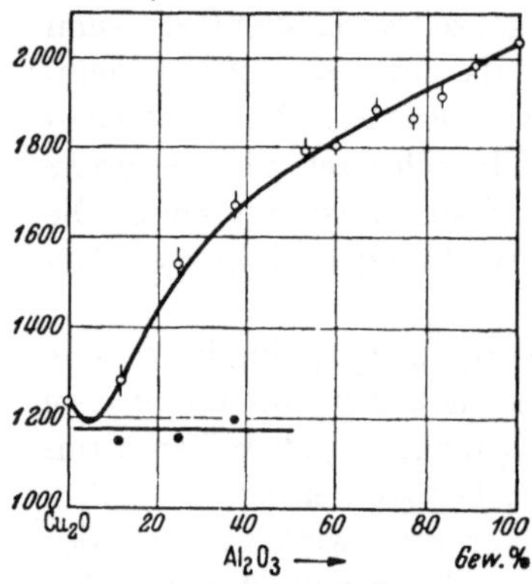

Abb. 40. Schmelzdiagramm Al_2O_3/Cu_2O.

REUSCH[1] das System Cu_2O/Al_2O_3 untersucht werden. Aus dem hier wiedergegebenen Diagramm (Abb. 40) ersieht man einen einfachen Verlauf der Schmelzkurve des Systems mit dem eutektischen Punkt von rund 1160° C bei einer Zusammensetzung von rund 5% Al_2O_3 und 95% Cu_2O.

Andere Systeme der Alkalien mit der Tonerde sind vom keramischen Standpunkte nicht wichtig und sollen hier unerwähnt bleiben.

In der Reihe der Systeme der Erdalkalien mit der Tonerde soll die ausführlichere Besprechung von BeO/Al_2O_3 und MgO/Al_2O_3 später erfolgen, hier soll als Beispiel nur das System CaO/Al_2O_3 behandelt werden.

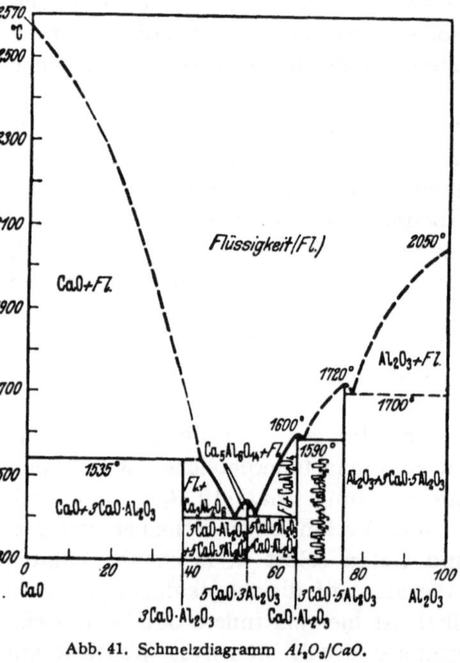

Abb. 41. Schmelzdiagramm Al_2O_3/CaO.

Nach den Untersuchungen von E. S. SHEPHERD, G. A. RANKIN und F. E. WRIGHT[2] bildet die Tonerde mit Kalk mehrere definierte Verbindungen, die bei hohen Temperaturen beständig sind und kongruent schmelzen. Das sind:

$5CaO \cdot 3Al_2O_3$, $CaO \cdot Al_2O_3$ und $3CaO \cdot 5Al_2O_3$.

Die (korrigierten) Schmelzpunkte dieser Verbindungen sind: 1382°, 1592°, 1700° C. Dazwischen befinden sich 4 eutektische Punkte, die zusammen mit den erwähnten Schmelzpunkten dem ganzen Schmelzdiagramm ein treppenartiges Aussehen verleihen (Abb. 41).

Nach den neueren Untersuchungen, namentlich russischer Autoren, gibt es noch eine Verbindung $CaO \cdot 6Al_2O_3$, deren Analoga mit SrO und

[1] WARTENBERG, H., u. H. J. REUSCH: Ztschr. f. anorg. u. allg. Ch. **207**, 1—20 (1932).

[2] SHEPHERD, E. S., G. A. RANKIN u. F. E. WRIGHT: Ztschr. f. anorg. u. allg. Ch. **68**, 385ff. (1910).

BaO ebenfalls bekannt geworden sind (vgl. oben S. 79). Diese Verbindungen, ebenso wie die alkaliarmen Aluminate, gaben den Anlaß zur Annahme der „β-Modifikation" der Tonerde. Die Verbindung $CaO \cdot Al_2O_3$ gehört nicht zur Klasse der Spinelle und kristallisiert monoklin oder triklin. Sie wird bereits von Wasser und noch leichter von Säuren angegriffen und zersetzt.

Die Abb. 42 gibt die Schar der Schmelzdiagramme mit *CaO*, *SrO*, *BaO* wieder. Darin sind allerdings nicht alle Verbindungen, die z. B. mit *CaO* bekannt geworden sind, zum Ausdruck gekommen.

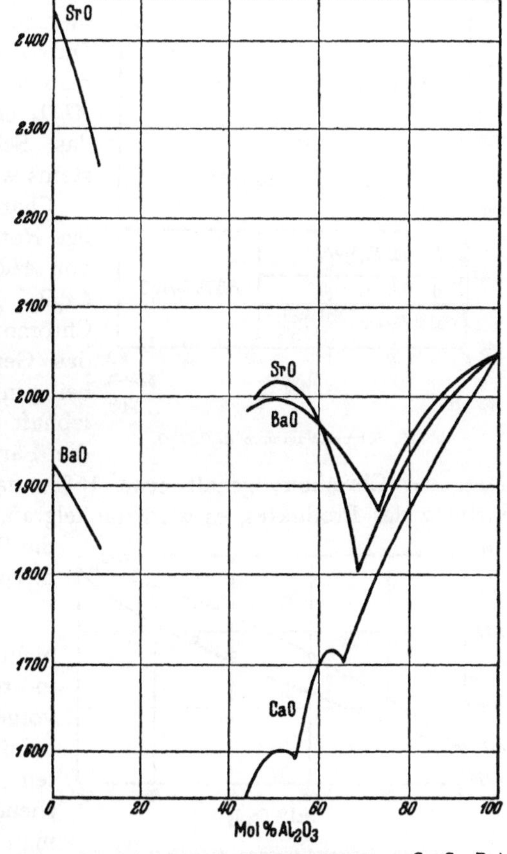

Abb. 42. Schmelzdiagramme $Al_2O_3/Me^{II}O$. (Me^{II} = *Ca*, *Sr*, *Ba*.)

Sehr interessant und wichtig ist u. a. das Diagramm FeO/Al_2O_3, welches von A. B. McIntosh, J. R. Rait und R. Hay[1] untersucht worden ist. Danach bildet das Eisen(II)-Oxyd bereits mit 5% Al_2O_3 ein schon bei 1320° C schmelzendes Eutektikum. Hieraus ist ersichtlich, daß die Eisen(II)-Oxyd-Schlacke auf die Tiegel und sonstige Schmelzgefäße aus Sintertonerde eine stark zerstörende Wirkung haben muß, was auch in der Tat mit manchen experimentellen Befunden im Einklang ist (Abb. 43).

Die spinellartigen Verbindungen der zweiwertigen Metalloxyde mit der Tonerde sollen später im Kapitel über Spinell behandelt werden.

Von den Oxyden der dreiwertigen Elemente haben nur wenige ein Interesse vom Standpunkte der keramischen Verarbeitung der Tonerde.

In erster Linie muß man des Chromoxyds gedenken. Das System Al_2O_3/Cr_2O_3 ist mehrfach untersucht worden. Nach den Arbeiten von

[1] McIntosh, A. B., J. R. Rait u. R. Hay: Journ. Amer. Ceram. Soc. **17**, 119, Abb. **192** (Suppl. to phase-rule Diagrams).

E. W. BUNTING[1] bilden die beiden isomorphen Oxyde eine ununterbrochene Reihe von Mischkristallen. Das Schmelzdiagramm weist keine Maxima oder Minima der Schmelzkurve auf. Nach Maßgabe der Konzentrationszunahme von Cr_2O_3 wächst der Schmelzpunkt von 2050° C bis zum Endwert des reinen Chrom(III)-Oxyds 2275° C, den man allerdings nur in ausgesprochen oxydierender Atmosphäre erreicht. Durch die Zugabe von Cr_2O_3 kann man also die Feuerfestigkeit von Al_2O_3 erhöhen. Die Abb. 44 gibt das Schmelzdiagramm des Systems wieder.

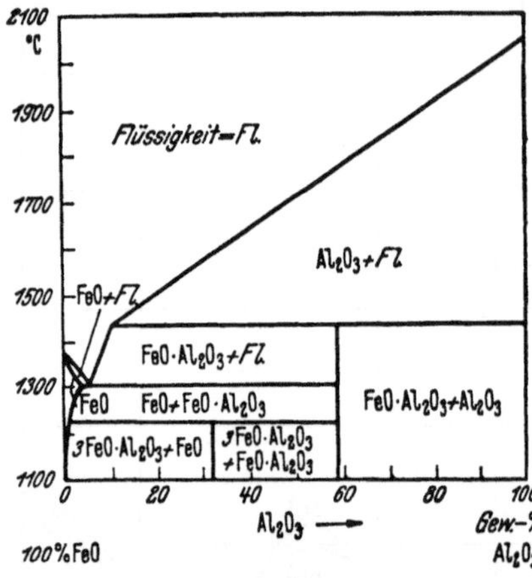

Abb. 43. Schmelzdiagramm Al_2O_3/FeO.

Charakteristisch ist die auffällige Rotfärbung der Mischkristalle von Al_2O_3 mit dem an sich grünen Cr_2O_3. Es genügt schon 0,25% Chromoxydzusatz zu Al_2O_3, um das Gemisch nach dem Glühen bei genügend hoher Temperatur lebhaft rosa zu färben. Bei 1% ist die Färbung intensiv rot. Übersteigt der Chromoxydgehalt etwa 15%, dann verliert sich die rote Färbung des Produktes, es wird dunkelgrau. Ebenfalls ins Graue geht die Färbung über, wenn die Erhitzung des Gemisches

$$Al_2O_3/Cr_2O_3$$

nicht in oxydierender, sondern in reduzierender Atmosphäre vorgenommen wird. Aber auch beim einfachen Erhitzen des roten „Sinterrubins" — entsprechend der Sintertonerde kann man vom polykristallinen Sinterrubin sprechen, da es sich hierbei tatsächlich um echte synthetische Mikrokriställchen des zusammengesinterten Rubins handelt — auf etwa 300 bis 400° C verliert sich die Rotfärbung und gibt einer schiefergrauen Platz. Hier handelt es sich um den normalen Fall der Farbvertiefung einer gefärbten Substanz beim Erwärmen (vgl. Schwefel, ZnO usw.).

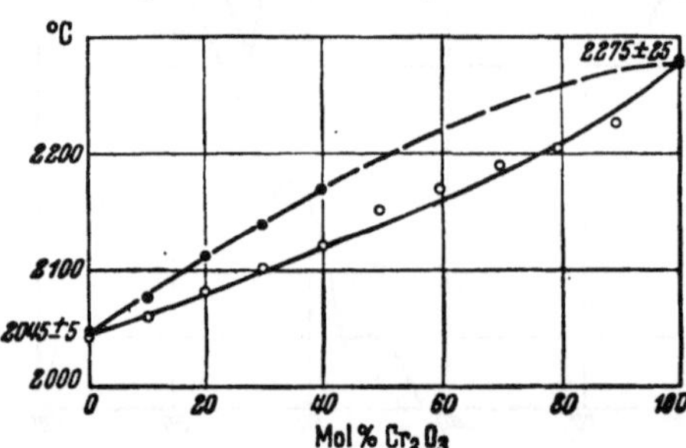

Abb. 44. Schmelzdiagramm Al_2O_3/Cr_2O_3.

In keramischer Hinsicht hat die Bildung der Mischkristalle mit Cr_2O_3 die Bedeutung, daß sie — wie oft in ähnlichen Fällen — ein feineres Gefüge herbeiführt. Außerdem aber — ebenfalls in Analogie mit anderen,

[1] BUNTING, E. W.: Journ. res. Bur. stand. 6, 947—949 (1931).

speziell metallischen Systemen — wird durch die Bildung der Mischkristalle die Härte des härteren Bestandteils noch erhöht. Die Erklärung findet sich in dem Umstand, daß ja die Parameter der beiden Mischkristallbildner nicht gleich sind und der Einbau des Partners ins Wirtsgitter eine gewisse Verspannung und Verfestigung des Gitters herbeiführen kann. Weiter unten kommen wir auf die Anwendungen dieses Falles ausführlich zu sprechen.

Eine Analogie zum Schmelzdiagramm Al_2O_3/Cr_2O_3 bildet das System Al_2O_3/Ga_2O_3. Dieses letztere bildet ebenso keine Verbindungen und Eutektika, sondern ergibt eine stetig verlaufende Schmelzkurve. Vom Schmelzpunkt der Tonerde 2050° C bis zum Schmelzpunkt des Galliumoxyds 1740° C fällt die Schmelzkurve anfangs schnell und dann langsamer, um dann von 30% bis 0% Al_2O_3 fast der Abszissenachse parallel zu verlaufen.

Es sei hier noch das von WARTENBERG und REUSCH untersuchte System Al_2O_3/La_2O_3 erwähnt, dessen Schmelzdiagramm in Abb. 45 wiedergegeben ist.

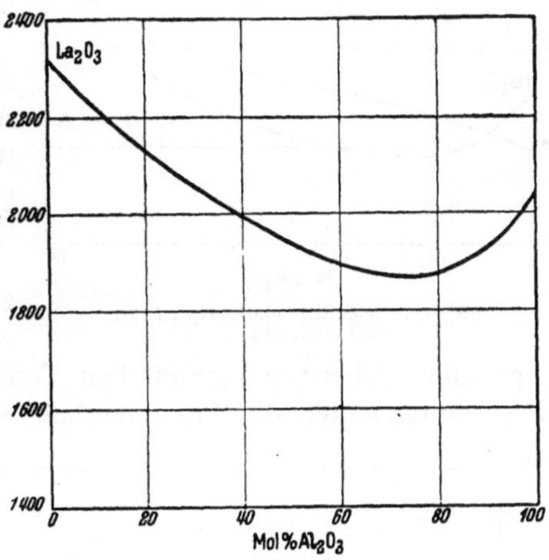

Abb. 45. Schmelzdiagramm Al_2O_3/La_2O_3.

Bezüglich des Systems

Al_2O_3/B_2O_3

sei erwähnt, daß nach W. GUERTLER[1] die Tonerde in geschmolzenem Boroxyd bei 1350 bis 1450° C unlöslich ist.

Mit Eisenoxyd bildet die Tonerde eine unvollständige Mischkristallreihe. Infolge der Instabilität Fe_2O_3 bei hoher Temperatur ist das System nicht vollständig erforschbar. — Dagegen ist das System Al_2O_3 mit Fe_3O_4 von H. v. WARTENBERG und H. J. REUSCH[2] untersucht worden. Eigentlich kann man hier nicht mehr vom binären System sprechen, da die Verbindung Fe_3O_4 selbst als eine binäre Verbindung (Spinelltyp) $FeO \cdot Fe_2O_3$ aufgefaßt werden muß. Hierbei ist seine Zusammensetzung bei hoher Temperatur merklich schwankend und hängt vom Sauerstoffpartialdruck ab. — Im großen und ganzen verläuft die Schmelzlinie des Systems in einer einfachen Weise ohne Maxima und Minima, beginnend vom Schmelzpunkt von Fe_3O_4 etwas unterhalb 1600° C in einer schwach gebogenen horizontal liegenden S-Kurve bis zum Schmelzpunkt von Al_2O_3 bei einem geringen Anstieg im Gebiet von 30 bis 70 Mol-% Tonerde.

[1] GUERTLER, W.: Ztschr. anorg. u. allg. Ch. 40, 226 (1904).
[2] WARTENBERG, H. v., u. H. J. REUSCH: Zit. S. 106.

Die Abb. 46 veranschaulicht das Diagramm sowie das System Al_2O_3/Mn_3O_4. Man muß allerdings hier bemerken, daß der von den Autoren gefundene Verlauf der Kurve sicherlich nicht dem Gleichgewicht des Systems entspricht. Die angewandte Methodik des schnellen Zusammenschmelzens der aus betreffenden Mischungen geformten Stäbchen in einer heißen Kohlenwasserstoff - Sauerstoff-Flamme erlaubt den Gemischen nicht, die Gleichgewichtszustände aller in Frage kommenden Reaktionen zu erreichen. So z. B. muß man erwarten, daß sich neben Magnetit auch Ferro-Aluminat-Spinell $FeO \cdot Al_2O_3$ bildet, der auf den Schmelzpunkt des Systems einen deprimierenden Einfluß ausüben dürfte.

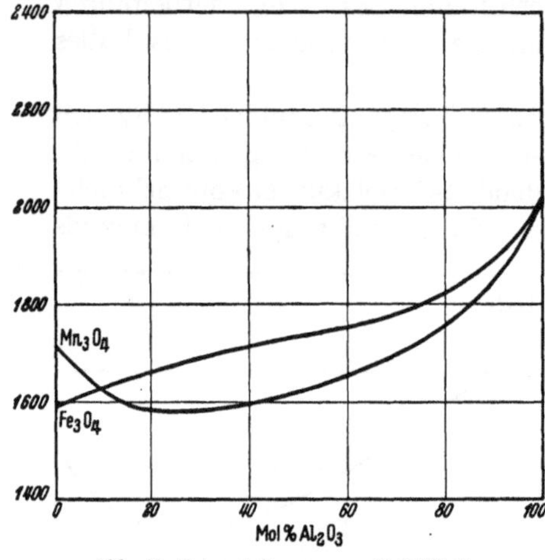

Abb. 46. Schmelzdiagramme Al_2O_3/Fe_3O_4 und Al_2O_3/Mn_3O_4.

Eine überaus hohe Wichtigkeit kommt dem System Al_2O_3/SiO_2 zu, das ja die Grundlage aller bisherigen keramischen Tonerde-Silicat-Massen bildet. Darüber unterrichtet die fundamentale Arbeit von N. L. BOWEN und J. W. GREIG[1]. Aus dem von diesen Autoren entworfenen Schmelzdiagramm (Abb. 47) ist zu sehen, daß der bei 1710° C liegende Schmelzpunkt von SiO_2 zunächst bei Zusatz von steigenden Mengen von Al_2O_3 bis etwa 1550° C sinkt. Hier haben wir ein typisches Eutektikum mit etwa 6 Gew.-% Tonerde. Bei weiterer Steigerung des Al_2O_3-Gehaltes im System erfolgt zunächst eine schnelle, dann immer langsamere Erhöhung der Schmelztemperatur des betreffenden Gemisches. Die Schmelzkurve weist in ihrem weiteren Verlauf keine Maxima oder Minima auf. Ein Knick bei etwa 57% Al_2O_3-Gehalt, entsprechend der Temperatur von 1800° C, weist auf ein „verdecktes Maximum" hin, das

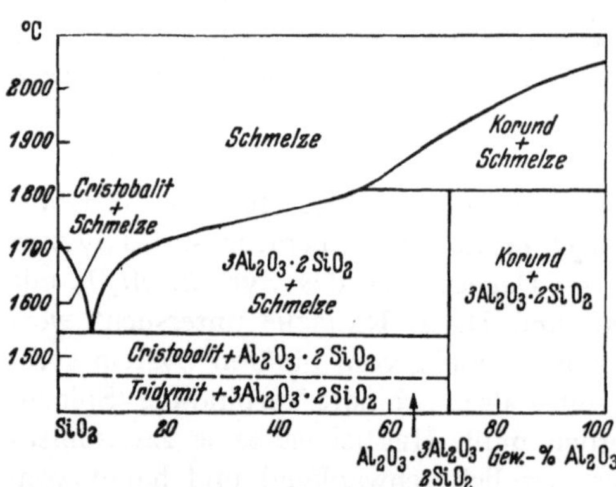

Abb. 47. Schmelzdiagramm des Systems Al_2O_3/SiO_2 nach BOWEN u. GREIG.

[1] BOWEN, N. L., u. J. W. GREIG: The System: Al_2O_3/SiO_2. Journ. Amer. Ceram. Soc. 7, 238—254 (1924).

aber in Wirklichkeit nicht vorhanden ist. Wohl alle bisher untersuchten binären Systeme von SiO_2 einerseits und von Al_2O_3 andererseits unterscheiden sich darin grundsätzlich vom System SiO_2/Al_2O_3 selbst. So z. B. haben wir im System SiO_2/CaO drei Minima und zwei Maxima der Schmelzkurve, entsprechend den 3 eutektischen Punkten zwischen den 4 Stoffen bzw. Verbindungen: 1. SiO_2 selbst, 2. $CaO \cdot SiO_2$ (erstes Schmelzpunktsmaximum), 3. $2CaO \cdot SiO_2$ (zweites Schmelzpunktsmaximum), 4. CaO.

Im System Al_2O_3/MgO hat man, wie weiter unten ausführlicher gezeigt wird, neben 2 eutektischen Punkten zwischen Al_2O_3 und Spinell ($MgO \cdot Al_2O_3$) einerseits und dann zwischen Spinell und MgO andererseits ein Maximum entsprechend dem Spinell.

Nichts Derartiges weist das Schmelzdiagramm des Systems SiO_2/Al_2O_3 auf. Die längst bekannte Verbindung $Al_2O_3 \cdot SiO_2$, die in 3 Modifikationen: Sillimanit, Andalusit, Cyanit vorkommt, ist z. B. im Schmelzdiagramm durch kein noch so schwach angedeutetes Maximum angedeutet. Mit anderen Worten: Diese Verbindung ist, entgegen den früheren Ansichten, im fraglichen Temperaturbereich nicht existenzfähig. Sie ergibt eine Schmelze, die nicht dieser Verbindung entspricht, sondern aus einem Gemisch, wohl wahrscheinlich von SiO_2 und Al_2O_3, besteht. Die röntgenographische Untersuchung des flüssigen Systems bei hoher Temperatur dürfte hier eine endgültige Lösung dieser interessanten Frage erbringen.

Nur der Mullit der Zusammensetzung $3Al_2O_3 \cdot 2SiO_2$, entsprechend dem verdeckten Maximum des Diagramms von Bowen und Greig, ist nach diesen Autoren mit der Schmelze im Gleichgewicht, allerdings auch nicht beim „Schmelzpunkt" des Mullits selbst, da er inkongruent, d. h. unter Zerfall schmilzt. Nicht der Sillimanit, wie man früher annahm, sondern der Mullit bildet sich beim genügend starken Erhitzen aus verschiedenen Tonerde enthaltenden Silicaten, und seine dem Sillimanit auffällig ähnlichen Nadeln bilden den charakteristischen Bestandteil aller keramischen Erzeugnisse auf der Basis des Tones — vom Schamottestein bis zum Porzellan. Die chemische Analyse dieser Nadeln ergibt allerdings keine streng stöchiometrischen Zahlenverhältnisse. Außerdem schwanken diese Zahlen je nach dem Ausgangsmaterial. W. Vernadsky[1] hat z. B. derartigen Gebilden die Formel $11Al_2O_3 \cdot 8SiO_2$ zugeschrieben. Die Analysen von Bowen und Greig zeigen auch durchweg mehr Kieselsäure, als es der Mullitformel entspricht.

Merkwürdigerweise sind optische und selbst röntgenographische Unterschiede zwischen dem Sillimanit und Mullit so gering, daß man sie nur mit großen Schwierigkeiten überhaupt fassen kann. Daher war z. B. W. Eitel[2] zur Ansicht gelangt, daß Mullit gegenüber dem Sillimanit nur den überschüssigen Anteil von Al_2O_3 in fester Lösung enthält und

[1] Vernadsky, W.: Trans. Amer. Ceram. Soc. **24**, **13** (1924/25).

[2] Eitel, W.: Physikalische Chemie der Silicate. 2. Aufl. S. **376**ff. Leipzig **1941**.

sonst dieselbe innere Struktur wie dieser besitzt. Eine weitere Untersuchung des Problems führte W. H. TAYLOR und Mitarbeiter dann zu der Auffassung, daß es sich bei diesen beiden Verbindungen eigentlich mehr um eine teilweise Substitution von SiO_4-Gruppen durch AlO_4-Gruppen ohne Wahrung konstanter und multipler Proportionen handelt[1]. Diese Ansicht dürfte der Wirklichkeit wohl am nächsten kommen. Kristall- und strukturchemisch bildet der Sillimanit ein System von parallel verlaufenden Doppelketten von (SiO_4) und (AlO_4)-Tetraedern, die durch (AlO_6)-Oktaeder miteinander quer verbunden sind. Hierbei braucht das Verhältnis der Anzahl von den (SiO_4)- und (AlO_4)-Tetraedern nicht stöchiometrisch ganzzahlig und nicht einmal konstant zu sein, was ja ohne weiteres einzusehen ist.

Diese Erscheinung steht durchaus nicht etwa vereinzelt da. Im Gegenteil, die analogen Fälle bilden geradezu die Regel nicht nur im Reiche von komplizierter gebauten Silicaten, sondern auch im besser studierten Gebiete der Metallegierungen. Nach N. KURNAKOW[2] muß der Begriff der chemischen Verbindung überhaupt erweitert und im Sinne der Ansicht von BERTHOLLET gedeutet werden.

Um z. B. zum Mullit zurückzukehren, sei hier angeführt, daß dem Mullit- bzw. Sillimanitgitter verschiedene „Mullite" entsprechen, die nicht nur Überschuß an SiO_2, sondern auch Überschuß an Al_2O_3 aufweisen, verglichen mit der Idealformel $3Al_2O_3 \cdot 2SiO_2$. Die Auffassung über die teilweise Substitution von Si durch Al steht mit dieser Tatsache völlig im Einklang. Somit kann man dem Mullit vom Standpunkte der physikalischen Chemie die Bedeutung einer wie aus dem Schmelzfluß erstarrten festen Phase zuerkennen, die eigentlich durch keinerlei distektischen oder singulären Punkt des Schmelzdiagramms ausgezeichnet zu sein braucht. Daher ist er auch im Gebiet der betreffenden Temperatur keine definierte Verbindung. Das spiegelt sich in der Tat sowohl im Schmelzdiagramm des Systems SiO_2/Al_2O_3 als auch im ganzen Übersichtsbild der kristallchemischen Struktur der Reihe Sillimanit-Mullit wider.

Somit ist der Mullit keine chemische Verbindung, die bei hoher Temperatur „allein existenzfähig ist", wie es BOWEN und GREIG annahmen. Nicht genug damit, daß er bei 1810° C inkongruent schmilzt, wobei sich α-Korund ausscheidet. Wie V. ŠKOLA[3] gezeigt hat, zersetzt sich der Mullit unter dem Einfluß der Alkalidämpfe im Glashafen bereits bei 1500° C unter Bildung von α-Korund und einer kieselsäurereichen

[1] Zusammenfassende Darstellung findet sich bei W. EITEL: Ber. Dtsch. Keram. Ges. 18, 2—11 (1937).

[2] KURNAKOW, N.: Einführung in die physiko-chemische Analyse (russ.). Leningrad 1928.

[3] ŠKOLA, V.: Zerfall der Mullitphase. Keram. Rdsch. 45, 188—190, 200—202, 212—215 (1937).

Schmelze. Ähnlich zu werten ist auch das Verhalten von Mullit (und Sillimanit) gegenüber der Einwirkung von reduzierenden Stoffen bei hohen Temperaturen. So z. B. erfolgt unter dem Einfluß von Kohlenwasserstoffen bereits bei etwa 1600° C ein Abbau von Mullit in dem Sinne, daß SiO_2 zu *Si* reduziert und verdampft wird. Es bleibt ein Skelett von α-Korund übrig. — Es ist daher kaum zuviel gesagt, wenn man die Meinung äußert, daß das System SiO_2/Al_2O_3 bei hohen Temperaturen eigentlich nur zwei stabile Komponenten aufweist: die Cristobalitform der Kieselsäure einerseits und die α-Korundform der Tonerde andererseits, ohne jede durch konstante und multiple Proportionen gekennzeichnete, chemische Verbindung zwischen den beiden. Diese Ansicht entspricht durchaus dem Verlauf verschiedenster Eigenschaften des Systems, das zur Grundlage von keramischen Erzeugnissen dient.

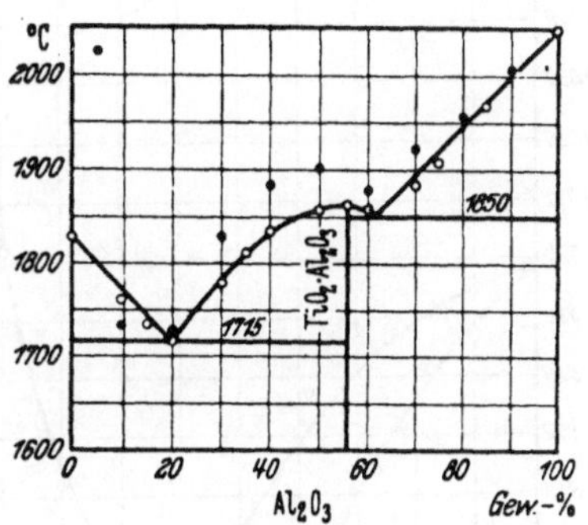

Abb. 48. Schmelzdiagramm des Systems Al_2O_3/TiO_2.

Eine nicht geringe praktische Bedeutung kommt dem Diagramm Al_2O_3/TiO_2 zu. Bekanntlich enthalten sehr viele natürliche Tonerdesilicate, insbesondere z. B. Tone, nicht unwesentliche Mengen Titandioxyd. Die quantitative analytische Erfassung des Titandioxyds geschieht oft genug nicht gesondert, sondern zusammen mit der Tonerde. Dementsprechend fällt der Al_2O_3-Gehalt der feuerfesten Tone und dem entsprechend ihre angenommene Feuerfestigkeit zu hoch aus. Das Titandioxyd ist aber keineswegs der Tonerde in der Feuerfestigkeit äquivalent. Sein Zusatz zur freien Tonerde übt eine ausgesprochen schmelzpunktserniedrigende Wirkung aus. Das Schmelzdiagramm des Stoffpaares Al_2O_3/TiO_2 ist u. a. von E. N. BUNTING sowie von H. v. WARTENBERG und H. REUSCH[1] ermittelt worden.

Das Diagramm von BUNTING ist auf Abb. 48 mit Einschluß der Daten von H. v. WARTENBERG dargestellt. Danach befindet sich ein scharf ausgeprägtes Eutektikum bei etwa 17 Mol-% Al_2O_3; der Schmelzpunkt des Eutektikums liegt knapp oberhalb 1700° C. Bei der Zusammensetzung $1 Al_2O_3 : 1 TiO_2$ begegnen wir einem Schmelzpunktmaximum von rund 1900° C. Bei weiterem Zusatz von Al_2O_3 erfolgt eine Schmelzpunktserniedrigung bis zum zweiten eutektischen Punkt bei etwas über 1850° C. Die Zusammensetzung des zweiten Al_2O_3-reichen Eutektikums entspricht etwa 60 Mol-% Al_2O_3 und 40 Mol-% TiO_2.

Infolge des verhältnismäßig tief liegenden eutektischen Punktes der TiO_2-reichen Zusammensetzung führt der TiO_2-Gehalt in der keramisch

[1] WARTENBERG, H. v., u. H. J. REUSCH: Ztschr. f. anorg. u. allg. Ch. **207**, 1—20 (1932).

verarbeiteten Tonerde zur Ausbildung von grobkörnigem Gefüge geringer mechanischer Festigkeit des Scherbens. — Die Verunreinigung der Tonerde mit Titandioxyd ist somit für die Herstellung der Erzeugnisse aus Sintertonerde noch viel gefährlicher als z. B. mit Kieselsäure (vgl. Abb. 60, S. 125).

Die Schmelzdiagramme der Tonerde mit ZrO_2, CeO_2 usw. werden an entsprechenden Stellen bei der Abhandlung der betreffenden Erden erörtert.

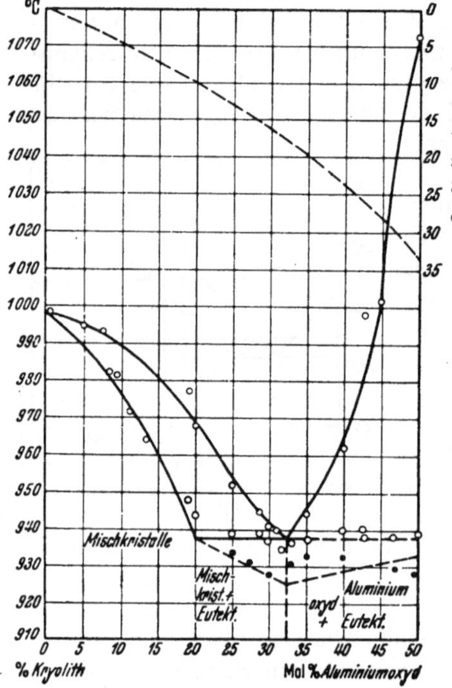

Abb. 49. Schmelzdiagramm des Systems Al_2O_3/Na_3AlF_6 nach LORENZ, JABS u. EITEL.

Erwähnenswert ist hier, daß die Schmelzkurven von ThO_2, CeO_2, ZrO_2 und BeO bei geringen Al_2O_3-Zusätzen eine starke Schmelzpunktserniedrigung aufweisen, wobei die Linien fast parallel verlaufen. Somit sind die molaren Schmelzpunktserniedrigungen dieser Stoffe fast gleich. Das ist deswegen plausibel, weil ihre Schmelzpunkte kaum verschieden sind und infolgedessen nach der Formel von VAN'T HOFF einen ähnlichen Verlauf der Schmelzlinien erfordern.

Es seien hier nur noch zwei weitere wichtige Systeme angeführt, die nicht mehr mit oxydischen Stoffen gebildet werden, jedoch bei der Herstellung von Al aus Al_2O_3 sowie bei der Verwendung von Sintertonerde bei hohen Temperaturen in Gegenwart von Kohle eine große Bedeutung haben.

Das sind die Systeme Al_2O_3/Kryolith und Al_2O_3/C. Bekanntlich wird das metallische Aluminium durch die elektrolytische Zersetzung von Al_2O_3 im Schmelzfluß gewonnen. Als Lösungsmittel dient der Kryolith, Na_3AlF_6. Nach LORENZ, JABS und EITEL[1] wird der bei 995° C liegende Schmelzpunkt von Kryolith durch die Aufnahme von etwa 33 Mol-% Al_2O_3 auf 937° C heruntergedrückt. Hier befindet sich das eutektische Gemenge. Oberhalb dieser Al_2O_3-Konzentration steigt der Schmelzpunkt des Systems sehr schnell an. Verbindungen zwischen der Tonerde und dem Kryolith gibt es im betrachteten Temperaturgebiet nicht (Abb. 49).

[1] LORENZ, JABS u. EITEL: Ztschr. f. anorg. u. allg. Ch. **83**, 39—50 (1913).

P. PASCAL[1] konnte bei etwas abweichenden Zahlenwerten die vorstehenden Ergebnisse im großen und ganzen bestätigen. Nach E. ZINTL und W. MORAWIETZ[2] vermag der Kryolith bis etwa 11% Al_2O_3 in feste Lösung aufzunehmen. In der festen Lösung sind die F-Ionen des Kryoliths teilweise durch O-Ionen des Korunds ersetzt, so daß Komplexe wie $Al_3 \cdot AlO_6$ entstehen. Die verhältnismäßig tiefe eutektische Temperatur des Systems macht es verständlich, daß der geschmolzene Kryolith eine der stärkst zerstörend wirkenden Schmelzen auf den Scherben der Sintertonerde sein muß.

Das System Al_2O_3/C ist von E. BAUR und R. BRUNNER[3] untersucht worden. Bei hohen Temperaturen treten zwischen den beiden Stoffen verschiedene chemische Reaktionen auf, die zur Bildung von metallischem Aluminium einerseits und zur Entstehung des Aluminiumcarbids Al_4C_3 andererseits führen.

Das Al-Metall scheint bei hohen Temperaturen in flüssigem Al_2O_3 sich etwas aufzulösen. Hierbei sinkt die Schmelztemperatur von 2050° auf 2016° C herunter. Hier, entsprechend 12 Gew.-% Al-Metall, liegt eutektischer Punkt des Systems Al_2O_3/Al. Weitere Aufnahme des Al-Metalls bedingt ein schnelles Anwachsen der Schmelztemperatur bis zum Maximum von etwa 2050° C. Dieser Schmelztemperatur entspricht ein Gehalt von etwa 15 Gew.-% Al in der Schmelze. Die Autoren nehmen hier das Vorhandensein einer chemischen Verbindung der Zusammensetzung $2Al \cdot 3Al_2O_3$ an. Bei weiterer Al-Aufnahme findet ein fast linear abfallender Verlauf der Schmelzkurve des Systems bis über 25 Gew.-% des Metalls statt. Bei der Abkühlung der Schmelze scheidet sich das Metall frei aus, sobald seine Gewichtskonzentration 20% überschritten hat.

Das System Al_2O_3/Al_4C_3 besitzt ein Eutektikum bei knapp oberhalb 2000° C entsprechend einem Gehalt von etwa 13% Al_4C_3 der Schmelze. Es scheint, daß auf der Seite des Carbides — vom eutektischen Gemisch aus — eine Verbindung von Oxyd mit Carbid besteht, die man z. B. mit Siloxicon oder mit Ceroxydcarbid ($2CeO_2 \cdot CeC_2$) vergleichen könnte. Bei der thermischen Reduktion von Al_2O_3 mit Kohle tritt bereits knapp unterhalb 2000° C eine ternäre Schmelze wechselnder Zusammensetzung unter Bildung von Al-Metall und Al_4C_3 auf. Diese ternäre Schmelze stellt nach E. BAUR das prinzipielle Hindernis bei der Reduktion von Al_2O_3 zu Al-Metall durch Kohle. Dieser Umstand ist aber für die Verwendung der Sintertonerdegeräte in Gegenwart von Kohle recht günstig, da der Angriff nur gering und erst oberhalb 1900° C gefährlich ist.

---

[1] PASCAL, P.: Ztschr. f. Elektrochem. **19**, 610—613 (1913).

[2] ZINTL, E., u. W. MORAWIETZ: Über die Mischkristalle des Kryoliths mit Tonerde. Ztschr. f. anorg. u. allg. Ch. **240**, 145—149 (1939).

[3] BAUR, E., u. R. BRUNNER: Ztschr. f. Elektrochem. **40**, 154—158 (1934).

In diesem Zusammenhang sei erwähnt, daß die Bildungswärme von Al_4C_3 aus den Elementen nach W. A. ROTH und Mitarbeitern[1] nur 50 ± 3 kgcal beträgt, also bedeutend geringer ist, als die früheren Zahlen besagten. Das erklärt auch die geringe Neigung von Al_2O_3 zur Bildung von Aluminiumcarbid.

Die Schmelzdiagramme mit den Oxyden der V., VI. und VII. Gruppe des Periodischen Systems sind bisher entweder gar nicht untersucht worden oder ermangeln eines keramischen Interesses. Nur das Diagramm mit P_2O_5 dürfte eine gewisse Bedeutung besitzen. Leider sind zuverlässige Angaben über dieses Diagramm kaum vorhanden. Sicher ist nur, daß im System eine stabile Verbindung $AlPO_4$ auftritt, die einen bisher nicht sicher bekannten, aber über der „Weißglut" liegenden Schmelzpunkt besitzt. Dieser Umstand erklärt die Nichtangreifbarkeit der Geräte aus Sintertonerde sowohl durch Phosphorsäure als auch sogar durch schmelzendes Phosphorpentoxyd.

Ternäre und noch kompliziertere Systeme unter Beteiligung der Tonerde sind vielfach untersucht worden, da sie u. a. ein hohes technisches Interesse besitzen. Es sei z. B. an Zemente, an Gläser, an verschiedene metallurgische Schlacken usw. erinnert. Hierbei spielt jedoch die Tonerde nicht die Hauptrolle, weshalb die Besprechung dieser Systeme hier unterbleiben darf. Es sei nur erwähnt, daß Eutektika in ternären Systemen bereits bei recht tiefen Temperaturen auftreten, z. B. im System $Al_2O_3/SiO_2/CaO$ in der Nähe von 1250° C.

f) Gefügeaufbau des Sintertonerdescherbens.

Die Schmelzdiagramme mit Al_2O_3 als der einen Komponente bestimmen das physikalisch-chemische Verhalten der Gefäße und Geräte wie sonstiger Apparateteile aus Sintertonerde gegenüber den Einwirkungen verschiedener Stoffe.

Bevor wir jedoch darauf eingehen, soll hier noch vorher über den Aufbau des Scherbens der Sintertonerde etwas gesagt werden.

Ist das Brennen des passend geformten Stückes über die mindestens erforderliche in der Nähe von 1800° C liegende Sintertemperatur der Tonerde lange genug fortgesetzt worden, entsteht ein überaus fester, dichter und harter Scherben der Sintertonerde, dessen mechanische und physikalische Eigenschaften wir bereits oben kennengelernt haben. Er besteht aus zusammengesinterten Kristalliten des α-Korunds, wobei die Kräfte, die die Einzelkristallite miteinander verbinden, von der gleichen Art und auch von ungefähr der gleichen Größe sind wie die Kräfte, die den einheitlichen Kristall zusammenhalten. Die Abb. 50 stellt die Mikroaufnahme eines Dünnschliffes der Sintertonerde in 350facher Vergrößerung im polarisierten Licht unter Verwendung eines Kompensationsplätt-

[1] ROTH, W. A., u. Mitarbeiter: Ztschr. f. Elektrochem. **46**, 42—46 (1940).

chens zur besseren Erkennung der Einzelkristallite und der Korngrenzen dar (vgl. auch Abb. 31, S. 87). Die mittlere Größe der Kristallite beträgt hier im Mittel 15 bis 18 μ im Durchmesser. Man sieht, daß zwischen den Einzelkristalliten keine Poren, Zwischenräume, Kanäle usw. vorhanden sind. Nur innerhalb der Kriställchen selbst finden sich winzige Gaseinschlüsse, deren mittlerer Durchmesser 1 bis 2 μ ist. Die Gaseinschlüsse erklären das geringere Raumgewicht der Sintertonerde — etwa 3,85 gegenüber 3,90 der Tonerde. Demnach ist der Scherben im

Abb. 50. Mikroaufnahme eines Dünnschliffs der Sintertonerde zwischen gekreuzten Nikols. Vergr. 350×.

normalen Sinne des Wortes für Flüssigkeiten und Gase undurchlässig, also dicht, da die besagten Gaseinschlüsse, also „Poren", allseitig geschlossen sind.

Wie können nun die Gaseinschlüsse ins Innere der Kristallite hineingewandert sein? Man darf sich die Sache wohl so vorstellen, daß die zwischen den Einzelkörnchen des getrockneten Formlings verbliebene Luft beim Brennprozeß nicht restlos entweicht, sondern bis zum Beginn der Sinterkristallisation der Tonerde daran festhaftet. Da die Formstücke naturgemäß an der Außenoberfläche zuerst die höchste Temperatur und somit Verdichtung und Versinterung des Scherbens erfahren, kann die im Innern eingeschlossene Luft erst recht nicht nach außen entweichen. Die wachsenden Kriställchen verschlingen manchen ihrer Nachbarn, sobald die Amplituden der thermischen Schwingungen der Gitterbestandteile die Größenordnung der Kornabstände erreicht haben. Die winzigen Luftbläschen werden dabei vom so gebildeten Korundkriställchen umwachsen und sehen sich nun in ihr Inneres versetzt. Es ist bemerkenswert, daß an den Korngrenzen selbst kaum Einschlüsse zu sehen sind.

Das ist besonders gut durch eine andere Art der Sichtbarmachung der Korngrenzen zu erkennen. Poliert man nämlich eine vorgeschliffene Oberfläche der Sintertonerde (was mit feinem Diamantpulver, aber auch mit Borcarbid und sogar mit Siliciumcarbid leicht zu bewerkstelligen ist) und ätzt sie in geeigneter Weise, ähnlich dem metallographischen Ätzen einer polierten Metalloberfläche, dann beobachtet man folgendes (Abb. 51):

Während die polierte Oberfläche bei geeigneter mikroskopischer Beobachtung mit dem Opakilluminator (in diesem Falle im Hellfeld) kein Gefügebild ergibt und nur die beim Schleifen herausgerissenen Kristalle als dunkle Flecken erkennen läßt, zeigt diese Fläche nach der Ätzung z. B. mit $KHSO_4$ oder mit $NaOH$ oder dergleichen bei Temperaturen von etwa 400 bis 500° C innerhalb 2 bis 4 Minuten ein deutliches Netzwerk, das die Umgrenzungen der Einzelkristallite des Scherbens im gegebenen Schnitt bildet. Die Abb. 52 veranschaulicht einen derartigen geätzten Schliff, der vollkommen analog einem Metallschliffbild ist.

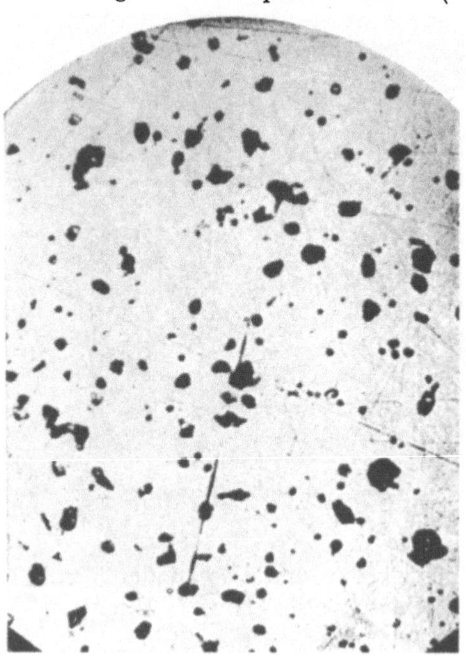

Abb. 51. Polierter Anschliff der Sintertonerde. Auffallendes Hellfeldlicht. Vergr. 340×.

Außer der Möglichkeit, den geätzten Schliff im auffallenden Licht des Opak-Illuminators zu untersuchen, kann man nach H. Mahl[1] auch mit durchfallendem Licht arbeiten. Hierzu wird vom Anschliff eine plastische Kopie aus einen durchsichtigem Film hergestellt, wofür sich z. B. Kollodiumlösung sehr gut eignet. Man gießt auf die zu untersuchende Stelle eine verdünnte Kollodiumlösung in möglichst gleichmäßiger Verteilung, läßt das Lösungsmittel langsam verdunsten und zieht dann den gebildeten Film von der Unterlage ab. In vollkommener Formtreue (die sich sogar für elektronenoptische Zwecke eignet) prägen sich im Film alle Unebenheiten der Oberfläche aus und können im durchfallenden Licht bequem untersucht werden. Die Abb. 53 stellt die mikrophotographische Aufnahme eines derartigen Kollodiumabzuges vom geätzten Anschliff der Sintertonerde im durchfallenden Licht dar.

[1] Mahl, H.: Metallwirtsch., Metallwissensch. **19**, 488—491 (1940).

Es ist nicht sicher, ob die Korngrenzlinien erhaben oder vertieft sind. Aus den elektronenmikroskopischen Aufnahmen derartiger Korngrenzlinien an Metallschliffen ist bekannt geworden, daß sie in Wirklichkeit meist erhaben sind. Bei den Oxyden dürfte man vielleicht eher das Gegenteil erwarten und annehmen, daß diese Linien tatsächlich die schwächsten Stellen gegenüber der korrodierenden Einwirkung der Ätzmittel darstellen. Das wäre dadurch erklärbar, daß die Grenzlinien zwischen zwei Kristallen Gitterbestandteile darstellen, die unter den widerstreitenden Krafteinwirkungen seitens beider im allgemeinen ungleichnamigen Kristallflächen stehen. Daher ist es nicht zu verwundern, daß diese Stellen weniger stabil als die im Innern der Kristallite liegenden Partikelchen sind. Beim Metall liegen die Verhältnisse insofern anders, als dort die Kornzwischensubstanz, die nicht metallischer Natur ist, die Hauptrolle bei der Ausbildung des Ätznetzwerkes spielt.

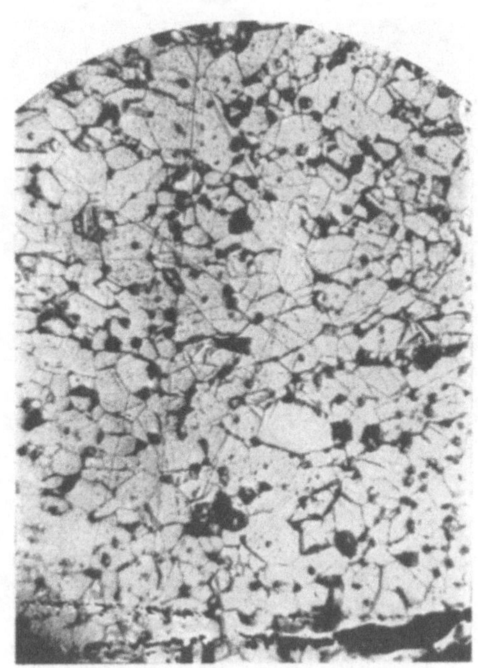

Abb. 52. Polierter geätzter Anschliff der Sintertonerde. Auffallendes Hellfeldlicht. Vergr. 340×.

Die Ätzlinien am Schliff der Sintertonerde oder auch einer anderen Sintererde erlauben nun, in bequemer Weise die Korngrößenbestimmung an betreffender Probe durchzuführen. Nun darf man nicht vergessen, daß die mittlere Korngröße sich nicht aus dem Mittel desjenigen Durchmessers ergibt, wie man ihn direkt am Schliff ausgemessen hat, weil ja der Schnitt dieses Schliffes doch nicht durch die Mitte der (im allgemeinen rundlichen) Körner, also nicht am gesuchten größten Durchmesser, sondern wahllos und statistisch zufällig an verschiedensten Stellen hindurchgeht. Den gesuchten wahren Durchmesser D kann man aus der gemessenen mittleren Korngröße d folgendermaßen berechnen. Stellt man sich die Kristallite in erster Annäherung als Kugeln vor, was nach den ziemlich gleichen Abmessungen der Korndurchschnitte in verschiedenen Richtungen begründet ist, dann ist der gemessene mittlere Wert ein statistisches Mittel aller Kugel- (bzw. Kreis-) Schnitte vom unteren Pol ($d = 0$) über den Äquator ($d = D$) bis zum oberen Pol (wieder $d = 0$).

Der Mittelwert d ist somit gleich dem Verhältnis des Inhalts des Kreises mit dem Durchmesser D zum Durchmesser selbst, d. h.:

$$d = \frac{\pi}{4} \cdot D$$

oder $D = \frac{4}{\pi} \cdot d$. Zahlenmäßig ausgedrückt erhalten wir

$$D = 1{,}275\, d.$$

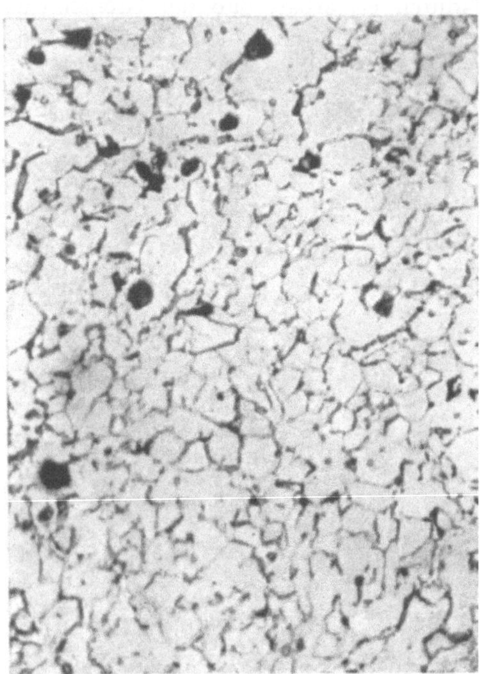

Abb. 53. Mikroaufnahme des Kollodiumabzugs eines geätzten Anschliffs der Sintertonerde im durchfallenden Licht. Vergr. 340×.

Das heißt: der wahre Durchmesser ist um 27,5% größer als der gemessene[1].

Nun gibt es noch eine weitere Methode zur Sichtbarmachung der Korngrenzen des gebrannten Sintertonerde- (und auch anderer Sintererde-) Scherbens. Die frische Brennhaut der unbehandelten Oberfläche eines gebrannten Stückes ist nämlich mit Kristallen übersät, die ähnlich den Schuppen eines Fisches aneinandergereiht sind. Am besten kann man diese Kristalle dadurch deutlich sichtbar machen, daß man mit geeignetem Opakilluminator arbeitet und vorteilhafterweise polarisiertes auffallendes Licht benutzt. Die Stellung des drehbaren Polarisators soll so gewählt werden, daß die Intensität des von der Oberfläche reflektierten Lichtes am stärksten ist. Dann schaltet man den Analysator des Polarisationsmikroskops in paralleler Orientierung der Polarisationsebene zum Polarisator ein. Die Kristallgrenzen treten dann mit allem gewünschten Kontrast auf. Die Abb. 54 veranschaulicht die Brennhaut einer ebenen unbehandelten Fläche an einem gebrannten Stück aus Sintertonerde.

Diese Methoden sind nun der alten klassischen Methode der Untersuchung eines Dünnschliffes im durchfallenden (polarisierten) Licht unterlegen. Erst die letztere Methode gestattet die Bestimmung der Orientierung der Kristallite auf Grund ihrer charakteristischen Polari-

[1] Vgl. K. Agte, H. Schönborn u. L. Schröter: Über die Bestimmung der Korngröße von Wolframpulvern. Ztschr. f. techn. Physik **6**, **293—296** (**1925**).

sationswirkungen. Und gerade bei der Sintertonerde sind diese Erscheinungen besonders aufschlußreich.

Wie wir oben gesehen haben, besteht die technische α-Tonerde aus feinen blättchenförmigen Kriställchen. Infolgedessen tritt bei irgend-

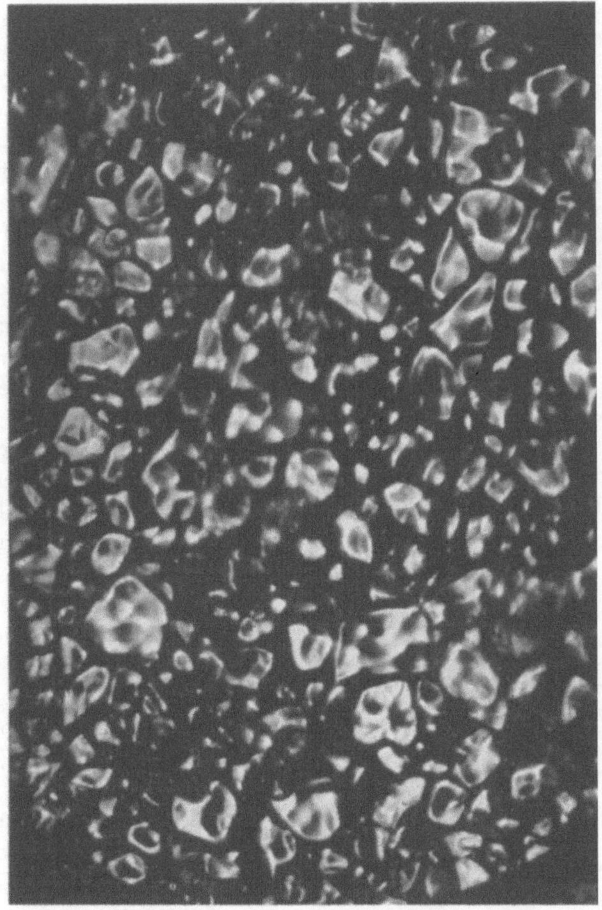

Abb. 54. Brennhautkristallite der Sintertonerde im polarisierten Licht. // Nikols. Vergr. 500×.

welcher Fließbewegung einer großen Anzahl solcher Blättchen eine bevorzugte gemeinsame Orientierung auf. So z. B. müssen sich diese Blättchen beim Prozeß des Gießens des Tonerdeschlickers in poröse Gipsformen an den Wänden der Form parallel zur Wand legen, so daß die c-Achsen der Kristalle senkrecht zu dieser Wand zu stehen kommen. Beim Strangziehprozeß haben wir einen ganz ähnlichen Effekt der geordneten Fließbewegung der Blättchen durch den Ziehkanal. Beim

Trocknen und Brennen der Formlinge besteht natürlich kein Anlaß, daß die einmal eingenommene Lage der Kriställchen sich ändere.

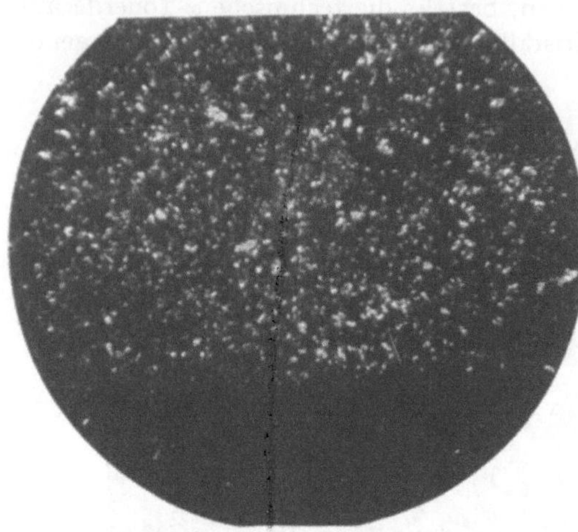

Abb. 55. Dünnschliff eines stranggezogenen Stabes aus Sintertonerde im Polarisationsmikroskop. + Nikols. Parallelstellung der Stabachse. Vergr. 65×.

Nach der Vergrößerung der Kristallite durch die Sammelkristallisation infolge des Brennens bei erforderlicher hoher Temperatur müssen also die Dünnschliffe des Scherbens entsprechende gemeinsame Orientierung der Gefügebestandteile aufzeigen. Das ist auch in der Tat der Fall. Die Abb. 55 zeigt z. B. den Dünnschliff eines stranggezogenen dünnen Stabes aus Sintertonerde in der Parallelstellung der Stabachse zu einer der Richtungen der gekreuzten Nikols, wobei nur geringe Anzahl der aufleuchtenden Kristallite zu erkennen ist, und die Abb. 56 denselben Dünnschliff in 45°-Stellung, wobei die gemeinsame Aufhellung auf eine entsprechende gemeinsame Orientierung der Kristallite hinweist. Es ist natürlich, daß diese Erscheinung einige Besonderheiten der Eigenschaften, insbesondere bezüglich der Festigkeit, mit sich bringt, die in gewissem Sinne anisotrop wird. So z. B. bricht eine in der Gipsform gegossene runde Platte aus Sintertonerde beim Schlag oft nicht diametral durch, sondern es bilden sich Risse parallel zum äußeren Rand der Platte usw. Es ist wichtig, dieses Verhalten entsprechend geformter Gegenstände zu kennen und auszunutzen. Hier haben wir eine gewisse Analogie mit den z. B. auf der Drehscheibe hergestellten Tiegeln aus Schup-

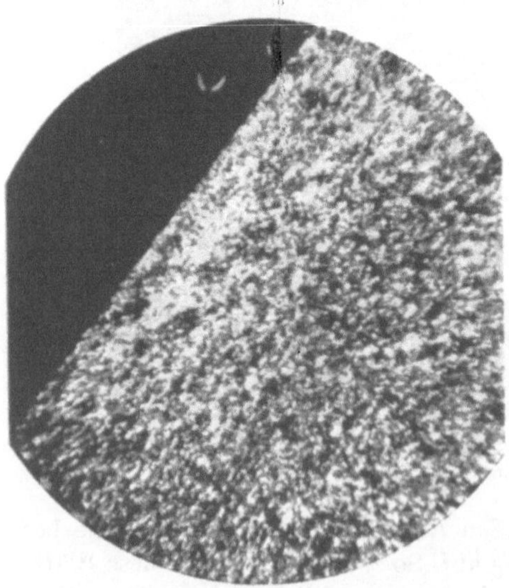

Abb. 56. Dünnschliff eines stranggezogenen Stabes aus Sintertonerde im Polarisationsmikroskop. + Nikols. Diagonalstellung der Stabachse. Vergr. 65×.

pen-Graphit-Masse, bei der die Schuppen in der Tiegelwand sich parallel zu derselben legen[1]. Diese eigentümliche Erscheinung könnte man als sekundäre Anisotropie bezeichnen.

Einen interessanten Orientierungseffekt der peripheren Kristallite sieht man an der Zylinderoberfläche des stranggezogenen Stabes, der senkrecht zur Stabachse geschnitten ist.

Zwischen gekreuzten Nikols mit Kompensationsplättchen Rot *I* (das diagonal in den Quadranten *I*/*III* verläuft) erscheinen die dem Querschnittsrand benachbarten negativ doppelbrechenden Korundkristalle in den Quadranten *I*—*III* gelb (Subtraktionsstellung), in den

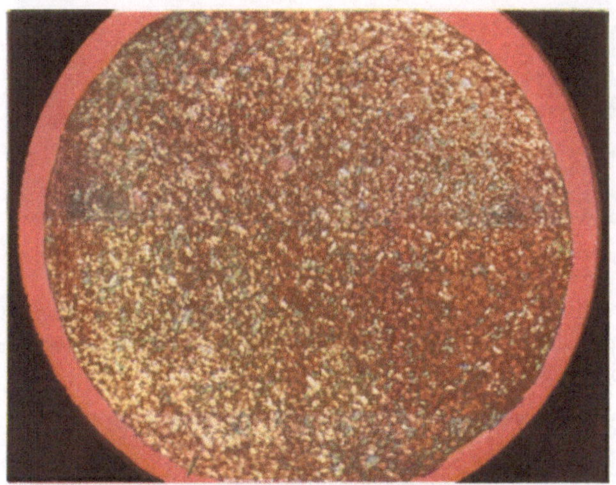

Abb. 57. Mikrophotographische Farbaufnahme eines Dünnschliffes aus Sintertonerde geschnitten senkrecht zur Stabachse. + Nikols; Rot *I*. Vergr. 40×.

Quadranten *II*—*IV* blau (Additionsstellung), und zwar völlig unabhängig von der Drehung des Präparates auf dem Mikroskoptisch, wie es aus der photographischen Farbenabbildung 57 deutlich zu sehen ist. Offenbar lagern sich die Korundkristalle so, daß die *c*-Achse senkrecht zur Stabachse und entlang der Peripherie des Zylinderquerschnitts sich stellen. Die peripheren Kristallschuppen stellen sich also radial und nicht tangential. Im Innern des Stabquerschnittes erkennt man keine bevorzugte Kristallorientierung.

Durch die Verformungsprozesse können verschiedene Stellen des Scherbens scharf abgegrenzte Verschiedenheiten der Kristallitorientierung zeigen. Die photographische Farbenabbildung 58 zeigt eine derartige Grenze, an der zwei gemeinsam orientierte Kristallitgruppen an-

[1] Vgl. E. Ryschkewitsch: Über die Rekristallisation der Tonerde. Ber. Dtsch. Keram. Ges. **20**, **477—484** (1939).

einanderstoßen. Das Farbenspiel läßt die Verschiedenheit zweier gemeinsam orientierten Stellen deutlich erkennen.

Abb. 58. Mikrophotographische Farbaufnahme eines Dünnschliffes aus Sintertonerde mit 2 verschieden gemeinsam orientierten Kristallitgebieten. + Nikols; Rot *I*. Vergr. 75×.

Durch fehlerhafte Arbeit kann eine derartige gemeinsame Orientierung mosaikartig auftreten, wie es z. B. aus der photographischen Farbenabbildung 59 zu ersehen ist.

Abb. 59. Mikrophotographische Farbaufnahme eines Dünnschliffes aus Sintertonerde mit mosaikartiger Kristallitorientierung. + Nikols; Rot *I*. Vergr. 120×.

Geringfügige Mengen von Zusätzen vermögen das Gefüge der Tonerde erheblich zu beeinflussen. Wir haben bereits oben gesehen, daß der sog. „β-Korund“ nur aus verschiedenen Alkali- oder Erdalkaliverbindungen mit Tonerde besteht, wobei der Gehalt der basischen Bestandteile nur gering ist. Es genügt nur etwa 1% CaO, um jeden 9. Kristalliten als „β-Korund“ in Form von Kalk-Tonerde-Verbindung auftreten zu lassen. Interessanterweise scheinen diese alkalihaltigen Kristallite sich nicht in der überschüssigen Menge der reinen Tonerde gleichmäßig aufzulösen, sondern sie bleiben zwischen den α-Korundkristallen für sich bestehen. Die mechanische Festigkeit des Ganzen wird natürlich durch diesen Zusatz beeinträchtigt.

Einen noch auffälligeren Einfluß auf das Gefüge der Tonerde hat das Titandioxyd. Schon der Zusatz von etwa 0,2 bis 0,3% genügt, um den

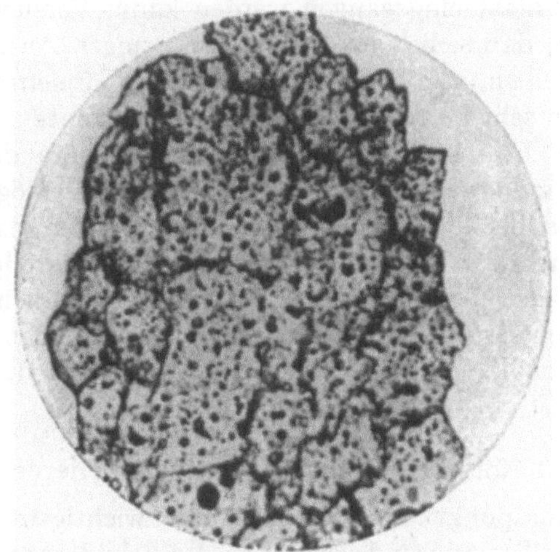

Abb. 60. Dünnschliff der Sintertonerde +0,2% TiO_2. Vergr. 50×.

damit versetzten Scherben, bei normaler Brenntemperatur gebrannt, geradezu unkenntlich zu machen. Die Festigkeit des Materials sinkt auf einen Bruchteil derjenigen des reinen Materials, und die Kristallite wachsen zu gewaltigen Riesenkristallen an, deren Lufteinschlüsse größer sind als die normalen Abmessungen der Kristallite der Sintertonerde ohne den TiO_2-Zusatz. Die Abb. 60 zeigt die Mikroaufnahme eines derartigen Al_2O_3-Scherbens mit 0,2% TiO_2 in 50facher Vergrößerung. Ähnlich, wenn auch nicht so stark ausgeprägt, ist die Wirkung von SiO_2 auf das Gefüge der Sintertonerde. Derartige Zusätze und Verunreinigungen sind also schädlich.

Es ist für die meisten Zwecke erwünscht, nicht das Grobkorn-, sondern das Feinkorngefüge zu erhalten. Man muß also trotz der hohen Arbeitstemperatur des Brennprozesses dafür sorgen, daß die Korundkristalle nicht oder möglichst wenig wachsen. Bei Metallen kann man dies zuweilen dadurch erreichen, daß man ihnen geringe Mengen feinverteilten Fremdstoffes, z. B. Oxydes, beimischt, das mit dem Metall nicht reagieren darf. Hierdurch werden die Einzelkristalle voneinander getrennt und können nicht zusammenwachsen. In dieser Weise verfuhr man z. B. bei metallischem Wolfram, das in metallkeramischer Art zu feinen Drähten für Glühlampen verformt wird. Als Zusatz dient hier ThO_2 in geringen Mengen. Da die Oxyde bei hohen Temperaturen ein hohes Lösungsvermögen gegeneinander haben, so kann man nicht ohne weiteres in der Weise vorgehen, daß man etwa dem einen Oxyd, dessen Kornwachstum verhindert werden soll, irgendein anderes möglichst feuerfestes Oxyd beimischt. Die gewünschte Wirkung würde nicht eintreten. Durch besondere Maßnahmen ist die Aufgabe jedoch lösbar, worauf hier aber nicht eingegangen werden kann. Versuche haben andererseits gezeigt, daß selbst aus dem feinstkörnigen Ausgangsmaterial einer möglichst reinen, von den „Mineralisatoren" freien Tonerde beim Brennen doch ein sehr grobkörniger Scherben entsteht.

Versuche, die Einschlußbildung durch Evakuieren des Scherbens während des Brennvorgangs zu verhindern, wobei es möglich war, bei 0,05-mm-*Hg*-Säule bis über 1900° C zu arbeiten, zeigten, daß auf diesem Wege das Ziel nicht zu erreichen ist. Offenbar beträgt der Druck der an der Tonerde adsorbierten Gase selbst bei dieser hohen Temperatur nur einen geringen Bruchteil der genannten Größe von 0,05 mm. Hier müssen also viel radikalere Methoden angewandt werden, wenn sie Erfolg haben sollen.

g) Chemische Eigenschaften der Tonerde.

Die vom Standpunkt der Oxydkeramik wichtigsten chemischen Eigenschaften der Tonerde sind vorhin bei der Schilderung der Schmelzdiagramme zu einem gewissen Teil erwähnt worden.

Die überaus hohen Kräfte zwischen dem *Al*- und dem *O*-Atom in der Verbindung Al_2O_3 finden u. a. in dem hohen Schmelzpunkt, in der sehr erheblichen mechanischen Festigkeit usw. der Tonerde ihren Ausdruck.

Rein chemisch gesprochen gehört das Al_2O_3 zu den stabilsten bekannten Oxyden. Es wird — zumal in Form von hochgesintertem Scherben oder von geschmolzenen Körnern, die zu α-Korund erstarrt sind — selbst von den aggressivsten Chemikalien nur schwer angegriffen. So z. B. wird die hochgesinterte α-Tonerde, wie man es schon aus der analytischen Praxis kennt, von den starken Mineralsäuren hoher Konzentration und bei erhöhter Temperatur kaum aufgelöst. Nur die Schwefelsäure und natürlich die schmelzenden sauren Sulfate vermögen die Tonerde verhältnismäßig leicht in Lösung zu bringen, wobei sich wasserlösliches Aluminiumsulfat bzw. seine Doppelsulfatverbindung bildet.

Die Phosphorsäure und die Phosphate wirken auf den Scherben der Sintertonerde selbst bei ziemlich hohen Temperaturen, z. B. bei 1000° C, kaum ein Interessanterweise bleibt auch die freie Flußsäure fast ohne jede Einwirkung, so daß man die Geräte aus der Sintertonerde mit gutem Erfolg für die Arbeiten mit Flußsäure benutzen kann.

Alkalifluoride und — naturgemäß — Hydrogenfluoride wirken auf die Tonerde stark ein, wobei sich lösliche oder verhältnismäßig leicht schmelzbare Doppelfluoride bilden. Dementsprechend kann man die Sintertonerde nicht als Bauwerkstoff für Arbeiten mit Fluoriden bei hohen Temperaturen benutzen. Bekanntlich ist z. B. der geschmolzene Kryolith eines der besten Lösungsmittel für das Aluminiumoxyd, was seine Verwendung bei der *Al*-Elektrolyse begründet.

Andere Halogenide, wie z. B. Chloride der Alkali- und Erdalkalimetalle, wirken, zumal in wasserfreier Form, auf die Tonerde selbst in geschmolzenem Zustande nicht ein.

Da die Tonerde mit Silicaten verhältnismäßig schwer schmelzbare Systeme bildet, ist auch die Einwirkung der Silicate auf das Al_2O_3 im allgemeinen nur gering, selbst wenn es sich um hohe Einwirkungstemperaturen über 1000° C handelt. Die freie Kieselsäure in verschiedenen Formen ist auch bis über 1000° C ohne merkliche in die Tiefe dringende Wirkung auf den Scherben der Sintertonerde.

Einen stärkeren auflösenden Einfluß als die sauren Medien besitzen die alkalischen. Die Alkalien wirken auf die Tonerde bereits in wäßriger Lösung unter der Bildung von wasserlöslichen Aluminaten ein. In schmelzflüssigem Zustand verläuft die Reaktion

$$2NaOH + Al_2O_3 = 2NaAlO_2 + H_2O$$

unter der Bildung von Metaaluminat der einbasischen Aluminiumsäure. Auch die Erdalkalien geben die entsprechenden Salze. Komplizierte Verbindungen der Alkali- und Erdalkalialuminate mit der Tonerde gaben, wie oben angeführt, Veranlassung, vom β-Korund zu sprechen.

Da die Tonerde als das Aluminiumsäureanhydrid aufgefaßt werden kann, so folgt, daß sie nicht nur Carbonate, sondern u. U. auch andere Salze, insbesondere der Alkalien und der Erdalkalien, namentlich bei hohen Temperaturen, zersetzen kann. Dementsprechend greifen nicht nur die Alkali- und Erdalkalicarbonate, sondern auch die Alkalisilicate sowie -sulfate die Tonerde bei hohen Temperaturen an.

Über die Einwirkungen der reduzierenden Stoffe, insbesondere des Kohlenstoffs, war schon oben die Rede. Der freie Wasserstoff bleibt bis über 1500° C ohne jede Wirkung auf das Aluminiumoxyd. Interessanterweise verhält sich *SiC* dem α-Korund gegenüber bis 1900° C völlig indifferent, so daß diese beiden Stoffe im gegenseitigen Kontakt — natürlich bei Ausschluß des freien oder frei werdenden Sauerstoffs — sehr hohen Temperaturen ohne gegenseitige Beeinflussung ausgesetzt werden können.

Metalle, einschließlich der reaktionsfähigsten Alkalimetalle, vermögen der Tonerde ihren Sauerstoff im allgemeinen nicht zu entziehen, was bereits in erster Annäherung aus der überaus hohen Bildungswärme des Aluminiumoxyds folgt.

Dementsprechend findet sich kaum ein zweites keramisches Material für die Ausführung von *C*-freien Metallschmelzen aller Art wie die Sintertonerde. Aber auch Phosphide, Sulfide, Arsenide u. a. sauerstoffaffine Verbindungen der Metalle bleiben dem Korund gegenüber, selbst bei hohen Temperaturen, meist völlig indifferent. Zahlreiche wichtige Untersuchungen, insbesondere aus der Schule von W. Biltz, aus dem Kaiser Wilhelm-Institut für Metallforschung in Stuttgart sowie Kaiser Wilhelm-Institut für Eisenforschung in Düsseldorf verdanken dieser günstigen Eigenschaft der Sintertonerde ihre Ausführbarkeit. Es ist zu hoffen, daß diese Eigenschaft bald auch im großtechnischen Maßstabe zur verdienten Geltung kommen wird. Man kann z. B. hierbei an die Auskleidung der Hochfrequenz- und Induktionsöfen mit reinem Korund denken, was bisher merkwürdigerweise nur vereinzelt und in kleinen Dimensionen probiert worden ist.

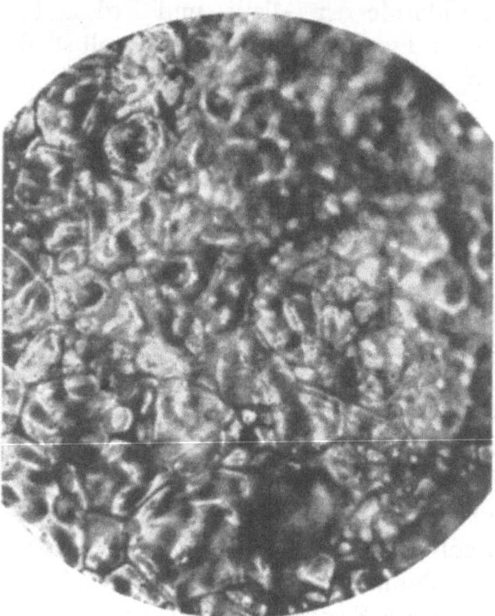

Abb. 61. Stark geätzte Oberfläche der Sintertonerde. Vergr. 300 ×.

Die hohe chemische Beständigkeit des α-Korunds, insbesondere in Form des oberflächenarmen Scherbens der Sintertonerde, wird diesem neuen keramischen Werkstoff auch in der chemischen Industrie noch viele bisher kaum geahnte Anwendungen eröffnen. Einige bisherige Errungenschaften sowie verschiedene Ausblicke sind in einem nachfolgenden Abschnitt geschildert.

Die chemische Einwirkung verschiedener Stoffe in flüssiger Form auf die Sintertonerde setzt anscheinend in erster Linie an den Korngrenzen der Korundkristalle an. Diese Stellen sind demnach chemisch am wenigsten widerstandsfähig. Verschiedene Lösungs- und Ätzmittel fressen sich dementsprechend zunächst ins Innere zwischen den Kristalliten ein. Von dort aus kann dann u. U. eine weitere Korrosion z. T. unter merklicher Zerstörung des Kristallitenverbandes stattfinden. Es hat sich bei den diesbezüglichen Versuchen herausgestellt, daß eine möglichst glatte Oberfläche des Scherbens der korrodierenden Wirkung aggressiver Substanzen erheblich besser widersteht als eine rauhe. Da gleiche gilt bekanntlich auch für den rein mechanischen Verschleiß. Eine auf Hochglanz polierte Oberfläche erfüllt somit nicht nur eine rein ästhetische Anforderung, sie ist auch technisch in jeder Beziehung schöner als eine matte Oberfläche.

Die nähere Erforschung des Korrosionswiderstandes keramischer Werkstoffe auf der Einstoffbasis gegenüber der auflösenden Einwirkung feuerflüssiger Schmelzen zeigt, daß die Isotherme der Angriffsgeschwindigkeit (bezogen auf die ursprüngliche Fläche) nicht immer konstant ist, wie man im einfachsten Fall erwarten sollte, sondern mit der Zeit anwächst.

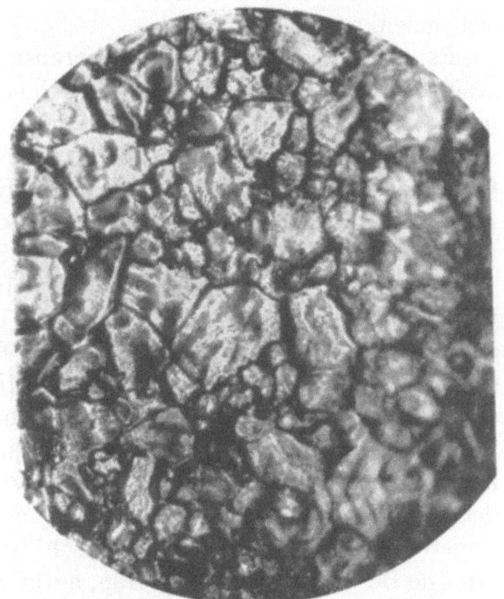

Abb. 62. Stark geätzte Oberfläche der Sintertonerde. Vergr. 300×.

Eine Erklärung für diesen Anstieg der Reaktionsgeschwindigkeit kann man zwanglos aus dem Umstand ableiten, daß die Oberfläche des angegriffenen Materials mit der Zeit wächst. Unter dem Mikroskop kann man direkt sehen, daß die Korngrenzen zwischen den Korundkristalliten immer mehr und mehr vertieft werden und außerdem, daß die Kornoberfläche angeätzt und wie pockennarbig wird (Abb. 61 und 62). Der Angriff schreitet somit mehr und mehr in die Tiefe fort. Die Abtragung des Werkstoffs erfolgt nicht nur einfach durch eine Art „chemisches Abhobeln" der glatten Oberfläche, die somit auch weiter glatt bleibt, sondern vielfach durch die Ätzung und Herauslösung der Kristallite. In solchen Fällen kann man keine chemische Politur, ähnlich derjenigen an Metallen, erreichen.

Zum Schluß sei noch vermerkt, daß der Wasserdampf bei hohen Temperaturen und höheren Drucken sowohl auf die Sintertonerde als auch auf andere Sintererden stark auflösend einwirkt. Bekanntlich vollziehen sich viele pneumatolytische Prozesse an der Erdoberfläche infolge dieser Eigenschaft der Wasserdämpfe. Auch die Tonerde bleibt davon nicht verschont. Bei hohen Temperaturen lösen sich ja chemisch ähnlich gebaute Stoffe vielfach ineinander auf. Diese Regel bleibt also nicht nur auf die gegenseitige Löslichkeit von etwa SiO_2 und Al_2O_3 beschränkt, sondern erstreckt sich auch auf das Wasserstoffoxyd.

h) Anwendungen der Erzeugnisse aus Sintertonerde für chemische und thermische Zwecke.

Die ersten Anwendungen der Geräte aus der Tonerde bestanden begreiflicherweise in der Ausnutzung ihrer Feuerfestigkeit und chemischen Beständigkeit gegenüber verschiedenen chemischen Stoffen. Meistens waren die beiden Einflüsse auf einmal vorhanden, und zwar dann, wenn es sich um das Schmelzen von Schlacken, Oxyden, Metallen usw. bei hohen Temperaturen handelte. Die Qualitäten der Schmelztiegel aus reiner Tonerde haben zuerst die Aufmerksamkeit der Verbraucher auf sich gelenkt.

Es hat sich dabei recht bald herausgestellt, daß die besonders dicht gesinterte Varietät der Tonerde, welche in den keramischen Erzeugnissen vorlag, eine besonders hohe chemische Beständigkeit gegenüber verschiedenen Stoffen verbürgte, da die Auflösungserscheinungen an der Grenzfläche vor sich gehen, von deren Entwicklung sie abhängig sind. Die geringe Entwicklung dieser Grenzfläche bei gut gesinterten Erzeugnissen erklärt also ihre besonders hohe Stabilität.

Das ist z. B. bei den alkalischen Schmelzen der Fall, insbesondere von Soda, Borax, aber auch von $NaOH$ und sogar von Na_2O_2 sowie bei den entsprechenden Kaliverbindungen. Die Bildung von relativ leicht schmelzbaren Aluminaten, z. B. von $NaAlO_2$, ist hier die treibende Kraft des chemischen Angriffs alkalischer Schmelzen auf den Scherben der Sintertonerde. Die genannten Stoffe kann man jedoch stundenlang in den Tiegeln aus Tonerde bei Rotglut schmelzen, ohne ein Durchfressen der Gefäße befürchten zu müssen. Dementsprechend kann man in den Tonerdetiegeln entsprechende Aufschlüsse sogar für quantitative analytische Bestimmungen ausführen, natürlich mit Ausnahme der Tonerdebestimmung selbst. Die gute Temperaturwechselbeständigkeit, die Gewichtskonstanz usw. ermöglicht den Tiegeln aus Tonerde vielfach, an Stelle von Edelmetalltiegeln Verwendung zu finden[1]. So z. B. bei der bekannten Eschka-Methode der S-Bestimmung in den Kohlen muß die Probe stundenlang (bisher im Platintiegel) über dem Bunsenbrenner erhitzt werden. Die Probe besteht aus 1 Teil feingepulverter zu untersuchender Kohle, 2 Teilen innig damit vermischter calcinierter Magnesia und 1 Teil kaustischer Soda. Beim Umrühren an der Luft geht hierbei der Schwefel in Sulfat über. Durch Kohle wird jedoch der Pt-Tiegel bekanntlich stark angegriffen. Die Sintertonerdetiegel können in derartigen Fällen mit vollem Erfolg benutzt werden.

Die Einwirkung des Kohlenstoffs auf die Sintertonerde selbst bei erheblich höheren Temperaturen als bei der Eschka-Probe ist zu vernachlässigen. Das ergibt sich schon aus der Betrachtung des Systems Al_2O_3/C, worüber oben die Rede gewesen ist (vgl. S. 115). Praktisch ist

[1] Vgl. E. Ryschkewitsch: Chem.-Ztg. **64**, 285—287 (1940).

es ohne weiteres möglich, z. B. Einsatztiegel aus Sintertonerde in Kohlerohren elektrischer Kurzschlußöfen (sog. Tammann-Öfen) ohne jede Aufkohlungsgefahr des Inhalts bis über 1800° C zu benutzen. Das ist z. B. für Metallschmelzen verschiedenster Art, einschließlich empfindlicher, leicht zur Carbidbildung neigender Metalle von Wichtigkeit. — Hierbei ist es gerade in den Tiegeln aus der so schwer reduzierbaren Sintertonerde möglich, die reaktionsfähigsten, stark reduzierend wirkenden Metalle selbst bei hohen Temperaturen, ohne jegliche Gefahr der Verunreinigung durch das Gefäßmaterial, zu schmelzen. Der gasdichte Scherben des Gefäßes erlaubt hierbei z. B. im Hochvakuum oder in beliebiger Gasatmosphäre zu arbeiten. Auf diese Weise war es z. B. A. SIEVERTS und H. MORITZ[1] möglich, in den Gefäßen aus der Sintertonerde das Manganmetall durch Vakuumdestillation in spektralreinem Zustande zu erhalten. — Alle Teile des Apparates, mit denen das erhitzte Metall in Berührung kommen konnte, bestanden aus Sintertonerde.

Zum wirklich sauberen Schmelzen von *Al*-Metall und seinen Legierungen — einschließlich mit *Mg* usw. — gibt es wohl kaum ein besseres Gefäßmaterial als die Sintertonerde, da ja *Al* keine niedrigere Oxydationsstufe als *Al* (*III*) aufweist (von der merkwürdigen Verbindung $Al_4C_3O_3$ soll hier abgesehen werden[2]) und infolgedessen das Oxyd nicht reduziert. Auch die Alkali- (vielleicht mit Ausnahme von *Li*) und Erdalkalimetalle können ohne Gefahr der Verunreinigung in den Sintertonerdetiegeln geschmolzen werden. Das gleiche gilt natürlich bei *Si*, *Sn*, *Th*, aber auch *Fe* und erst recht *Co* und *Ni*, *Bi* und *Sb*. Die stark reduzierend wirkenden Elemente *S*, *P*, *As* sowie ihre Verbindungen und Legierungen mit anderen Elementen wirken ebenfalls nicht ein, selbst bei Anwendung hoher Temperaturen um 1000° C und mehr. Dieser Umstand ermöglichte W. BILTZ und seinen Mitarbeitern, zahlreiche wichtige Arbeiten über Sulfide, Phosphide, Arsenide usw. von verschiedensten Metallen experimentell mit Erfolg auszuführen[3]. Es liegt auf der Hand, daß hierfür weder die keramischen Gefäße auf der Silicatbasis und noch viel weniger *Pt*- usw. oder auch Kohletiegel geeignet sind. Die Silicatmaterialien würden *Si* und Silicide, die Kohle Carbide, die Edelmetalle dagegen Legierungen bilden. All das ist bei der Sintertonerde natürlich nicht zu befürchten.

Um so merkwürdiger erscheint demnach der Befund von H. v. WARTENBERG und H. MOEHL[4], wonach *W*-Metall bei hohen Temperaturen auf

[1] SIEVERTS, A., u. H. MORITZ: Ztschr. f. physik. Ch., Abt. A **180**, 249—263 (1937).

[2] Vgl. E. BAUR und R. BRUNNER: Zit. S. 115.

[3] BILTZ, W., u. Mitarbeiter: Vgl. verschiedene Arbeiten des genannten Forschers über die Verwandtschaftslehre in den neueren Bänden der Ztschr. f. anorg. u. allg. Chem.

[4] WARTENBERG, H. v., u. H. MOEHL: Die Reduktion von Tonerde usw. durch *W* bei hohen Temperaturen. Ztschr. f. physik. Ch. **128**, 439—444 (1927).

verschiedene Oxyde wie MgO, ZrO_2, ThO_2 und auch Al_2O_3 reduzierend einwirken soll. Die Versuchsanordnung wurde anläßlich der Bestimmung der Schmelzpunkte der Oxyde in der Weise getroffen, daß ein freihängendes Stäbchen aus dem betreffenden Oxyd mit der um dasselbe gewickelten W-Wendel hocherhitzt wurde. Hierbei konnten die Autoren die Verflüchtigung der Oxyde oberhalb 2000° C sowie die Reaktion mit W unter WO_2-Bildung beobachten. Als Endergebnis dieser Reaktionsfolge erscheint der Transport von W aus der heißen zur kalten Zone, da ja WO_2 verhältnismäßig flüchtig ist.

Nun scheinen die Verhältnisse in Wirklichkeit doch etwas anders zu liegen, so daß es sich hier nicht um die Oxydation von W durch Aluminiumoxyd handelt. Das ergab sich aus dem Studium des Verhaltens des aus Al_2O_3 bestehenden Isolierpulvers der W-Heizkathoden in den Radioröhren bei recht hohen Temperaturen. Diese Heizkathoden stellen nämlich sozusagen „Mikro-Elektroöfchen" mit Widerstandsheizung dar, wie sie die Abb. 63 bei dreifacher Vergrößerung veranschaulicht. Es

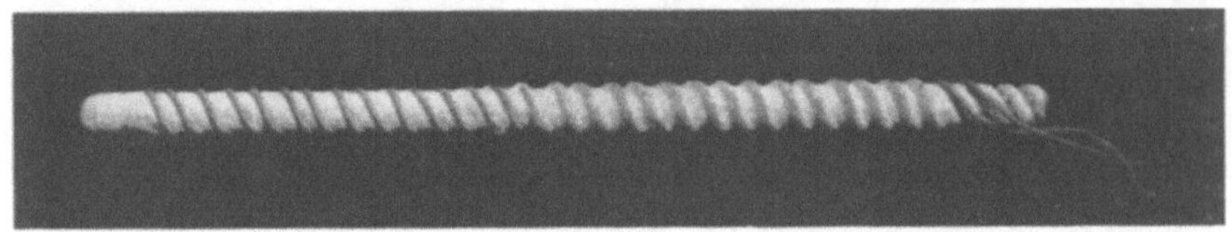

Abb. 63. Heizkathode in der Radioröhre mit dem Isolierträger aus Sintertonerde. Vergr. ca. 3×

besteht aus einem doppeltgewendelten Wolframdraht von wenigen μ im Durchmesser, der auf einem meist aus der Sintertonerde bestehenden Stäbchen, dem „Heizkathodenträger", aufgewickelt ist, wie es aus der Abb. 64, die eine 15fache Vergrößerung der Heizkathode darstellt, näher zu sehen ist. Dieser Heizkathodenträger hat die Aufgabe, bei recht hoher Temperatur des Heizdrahtes dem Ganzen sowohl mechanische Festigkeit als auch die nötige Isolation zu bieten, damit zwischen den Einzelwindungen des Heizdrahtes kein Kurzschluß stattfinden kann. Die ganze Anordnung mitsamt dem Heizdraht wird nun schließlich mit feinem Tonerdepulver sehr hoher Reinheit überzogen, das die Außenisolation gegen das darübergeschobene Nickelröhrchen mit der die Thermoelektronen emittierenden Schicht bildet. Diese Schicht wird also sekundär erhitzt und zur Aussendung der Elektronen angeregt.

Die ganze Kathodenröhre wird in einem Automaten mit Hg-Dampfpumpe hoch evakuiert, was fabrikationsmäßig etwa ½ Minute dauert, wonach die Röhre beim ersten Anheizen und „Formieren" der Kathode recht hoch erhitzt wird. Man kann die maximale Temperatur der Heizwendel vielleicht bis auf 1800° C schätzen.

Nun zeigt sich in manchen Fällen, daß nach der Inbetriebnahme der Röhre die Heizkathode ihren Widerstand erhöht, wodurch ihre Leistung (bei konstant angelegter Spannung) fällt. Eine nähere Untersuchung zeigt, daß hierbei der W-Heizdraht viel dünner geworden ist und daß eine Ablagerung von W von den heißesten nach den benachbarten kälteren Stellen erfolgt. Das Ganze sieht dann genau so aus, als ob das metallische Wolfram das Al_2O_3 reduziert, sich selbst etwa zu WO_2 verwandelt und an den kälteren Stellen sich wieder zurückgebildet hätte, vollkommen in Übereinstimmung mit dem Bild, das H. v. WARTENBERG und H. MOEHL gezeichnet hatten. Diese Erscheinung kommt jedoch, wie gesagt, nur in einigen unliebsamen Fällen vor und bildet nicht die Regel. Sie kann also nicht in der Reduzierbarkeit von Al_2O_3 durch W liegen.

In der Tat hat die nähere Prüfung dieser für die Industrie der Radioröhren wichtigen Zusammenhänge gezeigt, daß der „Abbau" der W-Heizdrähte unterbleibt, wenn die Röhre anstatt ½ Minute etwa 5 Minuten

Abb. 64. Heizkathode in der Radioröhre mit dem Isolierträger aus Sintertonerde. Vergr. ca. 15×.

lang unter besonders starkem Anheizen der Kathode an der Hochvakuumpumpe angeschlossen ist. Ihre normal behandelten Schwestern zeigen aber bald die oben beschriebene Abnahme der Leistung und den Abbau des Heizdrahtes. Wäre die chemische Reaktion zwischen Al_2O_3 und W am Abbau des Heizdrahtes schuld, dann würde sich das besonders kräftige Anheizen bei lang andauerndem Evakuieren gerade in der Richtung der verstärkten Leistungsverminderung auswirken. Außerdem zeigt sich noch, daß die unliebsame Erscheinung unterbleibt, wenn bei normaler Evakuierungsdauer die Kathodenträger aus nicht sehr dicht gebrannter, sondern ganz schwach poröser Sintertonerde hergestellt sind.

Nun ist die Erklärung des Phänomens gegeben: Der an und zwischen den Kristalliten der Tonerde okkludierte Sauerstoff kann bei kurzer Evakuierungszeit nicht restlos abgepumpt werden und wird während der ersten Betriebszeit der Röhre aus dem Innern des Scherbens langsam nach außen, d. h. an die Nachbarschaft von W nachgeliefert. Nicht der an Al_2O_3 gebundene, sondern der freie Sauerstoff ist also an der Zerstörung der Kathode schuld. Es kann sein, daß die Beobachtungen von WARTENBERG und MOEHL im Endeffekt auf ähnlichen Prozessen beruhen und die Reduzierbarkeit der Tonerde durch metallisches Wolfram vorgetäuscht haben.

Wie oben bemerkt, wird das Heizelement der Kathode gegen das äußere Nickelröhrchen durch aufgespritztes oder auch kataphoretisch niedergeschlagenes reinstes Aluminiumoxydpulver isoliert. Die Schichtdicke der Isolierschicht beträgt bei den modernen sehr kleinen Röhren nur wenige hundertstel Millimeter. Hierbei soll der Isolationswert des Überzuges bei 1500 bis 1600° C bis zu 100 Megohm betragen! — Diese außerordentlich hohe Anforderung kann nur durch eine ganz besonders sorgfältige Reinigung der Tonerde erreicht werden. Dabei muß die Tonerde in einer sehr feinen Verteilung vorliegen, die das Anbringen der erwähnten dünnen Schicht in großer Gleichmäßigkeit verbürgt. Wie wir aber oben gesehen hatten, widerspricht die Anforderung der feinen Verteilung der Anforderung der möglichst geringen Leitfähigkeit.

Diese Beständigkeit der Sintertonerde gegenüber den hocherhitzten Metallen befähigt heute den Konstrukteur von Elektroöfen, mit Wolfram- oder Molybdänheizelementen, die auf den Trägern aus der Sintertonerde direkt gewickelt sind, in der Schutzgasatmosphäre, z. B. im Formiergas ($3N_2 : 1H_2$), Ammoniakgas oder auch im reinen Wasserstoff ohne Schwierigkeiten bis 1900° C hinaufzugehen. Selbst bei längerer Betriebsdauer derartiger Öfen beobachtet man keine merkliche Einwirkung des Wolframs auf die damit in Berührung befindliche Tonerde. Das einzige, was nach einigen hundert Stunden der Hocherhitzung auffällt, ist eine starke Zunahme des Kristallitkornes der Tonerde, die infolgedessen fast glasig-durchsichtig wird. Dasselbe beobachtet man auch bei anderen keramischen Werkstoffen aus reinen Oxyden — z. B. aus Spinell $MgO \cdot Al_2O_3$. — Infolge der hohen Beständigkeit der Sintertonerde gegenüber den reduzierenden Einflüssen ist es u. a. möglich, daraus recht interessante Konstruktionen für die elektrische Widerstandsheizung bei recht hohen Temperaturen zu verwirklichen. So z. B. kann man Sintertonerderohre dünner Wandstärke mit Graphitgrieß (sog. „Kryptolfüllung") ausfüllen, der den Heizwiderstand bildet. Als Stromzuführungen können massive Graphitstäbe verwendet werden. Die geeignet dimensionierten Querschnitte und Längen ermöglichen die Anwendung von üblichen Spannungen an den Elektroden. Außerdem kann man natürlich die Einzelheizelemente in verschiedenster Weise schalten und sich den bestehenden Stromverhältnissen anpassen. In Muffelöfen z. B. können derartige Heizelemente bequem bis 1600° C Ofentemperatur für hunderte Brennstunden verwendet werden. Das Abbrennen des Kryptols erfolgt recht langsam. Die Nachfüllung ist sehr bequem ausführbar. Eine andere Art der Elektroheizung auf dieser Grundlage besteht in der Anwendung von massiven Kohlestäben in den Sintertonerderöhrchen oder auch von Wolfram- und Molybdänheizwicklungen, die in den Schutzumhüllungen untergebracht sind. Zur Vermeidung der Oxydation der Innenwicklungen muß man für einen guten dichten Verschluß der beiden Enden unter Aufrechterhaltung des Stromdurchganges sorgen, was am sichersten unter Zuhilfenahme eines schwachen Stromes Schutzgas durch die keramischen Rohre erfolgen kann. Derartige Elektroheizung dürfte recht bald sich weite Anwendungsgebiete erobern. Vgl. Abb. 28.

Die silicathaltigen keramischen Massen würden dabei durch Metalle und auch durch Wasserstoff, von der Kohle gar nicht zu sprechen, bis *Si* bzw. *SiO*, das verdampft, reduziert.

Dementsprechend ist ihre Verwendung z. B. in den Apparaten zur Kondensation von höheren Kohlenwasserstoffen, etwa aus Methan usw., gar nicht möglich. Die wirkliche Durchführbarkeit derartiger Reaktionen bei hohen Temperaturen ist eben an die Anwendung der dichten Sintertonerde geknüpft, welche selbst unter der Einwirkung der stark reduzierenden Stoffe unverändert bleibt. So z. B. ist es aus Versuchen bekannt, daß Silicatmassen bei etwa 1600° C unter der Einwirkung des Methans völlig entsiliciert werden. Zunächst wird SiO_2 zu *Si* reduziert, das dann allmählich — vermutlich nach der Reaktion $Si + SiO_2 = 2SiO$ — verdampft (W. BILTZ, E. ZINTL). Es bleibt nur das Skelett von Tonerde zurück, welches nicht merklich angegriffen wird. Für die Ausführung der Reaktionen der Kohlenwasserstoffe bei hohen Temperaturen sind daher Apparate und Gefäße aus SiO_2-freier Sintertonerde erforderlich, die natürlich gasdicht sein müssen. Die Gasdichtigkeit des Scherbens ist nicht allein deswegen erforderlich, weil sonst Verluste der gasförmigen Reaktionsteilnehmer mit entsprechender Senkung der Ausbeute auftreten würden. Außerdem würde der wegen der Nebenreaktionen auftretende freie Kohlenstoff in den Poren sich niederschlagen und die Gefäßwände sprengen.

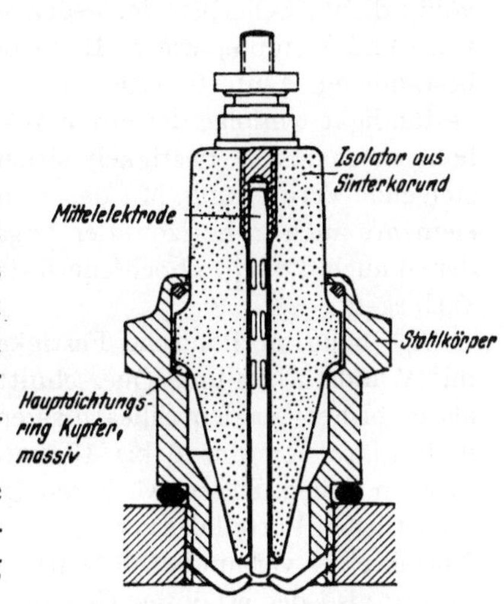

Abb. 65. Zündkerze mit Isolierstein aus Sinterkorund (Sintertonerde). Schnitt.

Die hohe chemische Beständigkeit der Sintertonerde bei hohen Temperaturen wird in Verbindung mit der guten Wärmeleitfähigkeit und zugleich Elektroisolierfähigkeit für die Herstellung von besonders warmfesten Zündkerzen für die Innenverbrennungsmotore in großem Maßstab angewandt. Hierbei kann aus Festigkeits- und aus chemischen Gründen sowie infolge der besseren Isolierfähigkeit, als es bei Silicatmassen möglich ist, die Form des eigentlichen Isolators der Zündkerze, die in beiliegender Abb. 65 im Schnitt dargestellt ist, schmäler und länger als bisher gewohnt ausgebildet werden. Dadurch gewinnt man an Wirksamkeit der Zündung, die Wärmeableitung nach außen wird geringer. Für Hochleistungsmotoren, insbesondere bei hoher Kompression und bei hohen Tourenzahlen, wie z. B. in den Luftfahrzeugen, in den Motorrädern, hat sich der Isolierstein aus der Tonerde hervorragend bewährt und sich dem bisher verwendeten Steatit- und Sillimanitstein als erheblich überlegen gezeigt.

Eine weitere wichtige Verwendung der Sintertonerde, die auf der chemischen Beständigkeit, insbesondere gegen reduzierende Stoffe bei hohen Temperaturen, beruht, sehen wir in den Schutzrohren für Thermoelemente, insbesondere für wertvolle Platinmetall-Thermopaare. Der völlig dichte Scherben der gegen verschiedenste, auch recht aggressive Gase und Dämpfe, wie z. B. in den Glasöfen, in den Kokereien usw. beständigen Sintertonerde, die ausgezeichnete Temperaturwechselbeständigkeit infolge der guten Wärmeleitung und schließlich eine recht hohe mechanische Festigkeit sichern den Pyrometerrohren eine immer steigende Verbreitung. Mit der Sintertonerde ist es möglich, die Thermoelemente auch in horizontaler Lage bei Temperaturen anzuwenden, bei denen auch die sog. „hochfeuerfesten" Silicatmassen erweichen und sich verbiegen.

Die hohe mechanische Festigkeit der Sintertonerde erlaubt hierbei mit Wandstärken und Querschnitten auszukommen, die geringer sind, als es bisher bei den Silicatmassen üblich und erforderlich war. Pyrometerrohre von nur 8 bis 10 mm Außendurchmesser genügen in den meisten Fällen. Die schwächeren Querschnitte haben nicht nur den wirtschaftlichen Vorteil des geringeren Preises, sondern auch den technischen Vorteil einer verminderten Wärmeableitung durch das Schutzrohr nach außen, also der erhöhten Gewähr für die Richtigkeit der Temperaturmessungen. Viele Fälle sind in der Praxis möglich und auch vorgekommen, bei denen die Wärmeableitung durch große Querschnitte der Schutzrohre gänzlich falsche Meßergebnisse herbeiführten.

Der Vorteil der Sintertonerde vor den Silicatmassen ergibt sich nicht nur beim Gebrauch im Gebiete der hohen Temperaturen, sondern auch in dem Gebiet, in welchem an sich z. B. das Porzellan durchaus brauchbar ist, z. B. bis 1200° C. Aber auch bei dieser Temperatur ist es nicht mehr möglich, Porzellanrohre horizontal einzubauen, da sie recht bald sich verbiegen. Ebenso versagt das Porzellan bei dieser Temperatur unter dem Einfluß von Alkalidämpfen, z. B. in den Glasöfen usw.

Einen besonderen Wert besitzt jedoch die Sintertonerde als Gefäßmaterial in all den Fällen, wo es sich um die Einwirkung des Kohlenstoffs oder von CO, H_2, Kohlenwasserstoffen bei hohen Temperaturen handelt. Wir haben ja oben gesehen, daß das Aluminiumoxyd gegen die reduzierende Einwirkung aller dieser Stoffe bis zu den höchsten praktisch anwendbaren Temperaturen so gut wie völlig resistent ist. Sogar das fein verteilte, also in reaktionsfähiger Form vorliegende α-Aluminiumoxyd beginnt nach den Untersuchungen von O. MEYER[1] erst bei 1560° C zu reagieren. Nach W. D. TREADWELL erreicht der Dampfdruck der gasförmigen Teilnehmer der Reaktion $Al_2O_3 + 3C = 3CO + 2Al$ 1 at erst bei 2250° C. Hieraus ist ersichtlich, mit welchen Schwierigkeiten die Gewinnung von Al auf dem elektrothermischen Wege durch Reduktion mit Kohle verknüpft ist. Da nun der Angriff auf die Tonerde durch irgendwelche Stoffe nach Maßgabe der Oberflächenentwicklung der Reaktionsteilnehmer erfolgt, so ist es klar, daß die Einwirkung des elementaren Kohlenstoffs auf die dichte Sintertonerde selbst bei recht hohen Temperaturen nur verhältnismäßig unbedeutend ist. Er wird erst oberhalb 1800° C empfindlich.

Ist die Ausführung einer Reaktion beabsichtigt, bei der Kohlenstoff oder Kohlenwasserstoffe bei hoher Temperatur auftreten, dann gibt es hierfür kaum ein besseres Apparatematerial als die Sintertonerde. Von derartigen Reaktionen sei z. B. die Gewinnung von Acetylen aus Methan genannt, die nach der Gleichung

$$2CH_4 = C_2H_2 + 3H_2$$

bei Temperaturen oberhalb 1550 bis 1600° C mit hoher Geschwindigkeit verläuft. Nach K. PETERS und K. MEYER[2] beträgt die Ausbeute an Acetylen beim Erhitzen des schnellströmenden Methans am Wolframdraht, der auf 3000° C gebracht ist, innerhalb 10^{-4} sec 66,5%. Die Bedeutung dieser Kondensationsreaktion erhellt daraus, daß das auf diesem Wege gewonnene Acetylen keine Phosphor-, Schwefel- und andere Verunreinigungen enthält, die aus dem technischen Calciumcarbid unvermeidlich sind. Bekanntlich ist aber das Acetylen die Stammsubstanz für zahlreiche meist auf dem Wege der katalytischen Reaktionen gewinnbaren technisch wichtigen Produkte geworden. Die Katalysatoren sind nun gerade gegen derartige Phosphor-, Schwefel- und andere Verbindungen, die dem Carbid-Acetylen beigemengt sind, oft sehr empfindlich und werden dadurch „vergiftet". Dementsprechend ist es von großer Bedeutung, das Ausgangsmaterial C_2H_2 frei von diesen Beimengungen zu erhalten, was durch die Kondensation von Methan möglich ist. Das Methan kommt insbesondere als recht billiges und reines Naturprodukt als Erd- und Grubengas in Frage.

Die Ausführung der Reaktion erfolgt[3] z. B. in der Weise, daß das Methan unter vermindertem Druck bei einer Temperatur von etwa 1600° C im Regenerativofen schnell durchgeleitet wird. Der Ofen ist mit Platten in regelmäßiger Anordnung gefüllt, die aus Sintertonerde

[1] MEYER, O.: Über den Verlauf der Reaktionen zwischen Graphit und Oxyden sowie zwischen Schwermetallcarbiden und Oxyden. Arch. f. Eisenhüttenwes. **4**, 193—198 (1930).

[2] PETERS, K., u. K. MEYER: Die thermische Bildung von Acetylen aus Methan. Brennstoff-Chem. **10**, 324—329 (1929).

[3] Franz. Pat. 790851 der Ruhrchemie A.G.

bestehen. Sie bilden sowohl das eigentliche Regenerativsystem als auch die Gefäßwände für die Reaktion der Acetylenbildung. Anstatt Platten kann man auch RASCHIG-Ringe aus dem gleichen Material verwenden, was herstellungstechnische Vorteile bietet. Es ist recht wichtig, daß die Innenauskleidung und Füllung des Reaktionsraumes aus reiner SiO_2-freier Tonerde besteht. Sonst wird SiO_2 zu Si reduziert, es entstehen Poren und Löcher, in denen sich der Kohlenstoff (herstammend aus den Nebenreaktionen) abscheidet und die keramische Zustellung sprengt. Dementsprechend ist es auch erforderlich, daß die Ausstattung aus Sintertonerde wirklich dicht und von vornherein porenfrei ausgeführt ist. Daß hierbei z. B. Schamottezustellung völlig unmöglich wäre, zeigt schon der Befund von E. BOWEN und A. T. GREEN[1], wonach die Zerstörung der Schamotte durch Kohlenwasserstoffe, insbesondere durch Methan, bereits bei 800 bis 900° C zu gefährlichen Mauersprüngen führt.

Neben der hohen Stabilität gegen reduzierende Einwirkungen des Kohlenstoffes, des Wasserstoffes, der freien Metalle besitzt die Sintertonerde eine hohe Resistenz auch gegen verschiedene andere chemisch aggressive Stoffe. Sie können alkalischer oder saurer Natur sein, es können Schlacken, Mineralien, Glasflüsse usw. sein — der Angriff aller dieser Flüssigkeiten und Schmelzen bleibt immer relativ recht gering.

Am besten erhält man eine Vorstellung über die Möglichkeiten, die dadurch z. B. in der chemischen Laboratoriumspraxis erwachsen, aus folgendem konkreten Beispiel[2]:

Ein Al_2O_3-Tiegel von 37 mm Höhe, 28 mm oberem und 16 mm unterem Durchmesser war voll mit Ätznatron beschickt, das darin über der freien Bunsenflamme rund ½ Stunde lang bei etwa 400° C im ruhigen Schmelzen gehalten wurde. Nach dem Ausgießen der Schmelze und der Reinigung des Tiegels betrug der Gewichtsverlust des Tiegels 24 mg. Der gleiche Tiegel wurde dann mit Flußsäure unter Zusatz einiger Tropfen konz. Schwefelsäure gefüllt und auf einer Asbestplatte über dem Bunsenbrenner ¾ Stunde lang knapp unter der Kochtemperatur der Flüssigkeit gehalten, so daß fast der ganze Inhalt verdampft war. Nach dieser Operation betrug die weitere Gewichtsabnahme des Tiegels 1 mg. Die Innenwand des Tiegels sah nach dieser Behandlung unangegriffen und glatt aus. Der Tiegel wurde nun mit Soda und Kalisalpeter gefüllt und das Salzgemisch bei 700° C über einem Teclubrenner ¾ Stunde lang im Schmelzfluß gehalten. Die hierauf bestimmte weitere Gewichtsabnahme des Tiegels betrug 50 mg. Nun fand eine Füllung des Tiegels schließlich mit Kaliumbisulfat statt, das darin bei 600° C ½ Stunde lang über dem Teclubrenner geschmolzen wurde. Erst danach konnte man eine sehr geringe Aufrauhung der Innenwand des

[1] BOWEN, E., u. A. T. GREEN: Trans. Brit. Ceram. Soc. **37**, 75ff. (1938); **38**, 418ff. (1939).

[2] RYSCHKEWITSCH, E.: Chem.-Ztg. **64**, 285—287 (1940).

Tiegels erkennen. Der Gewichtsverlust nach dieser Operation betrug 0,5 g. Bedenkt man, daß gerade die letzte Arbeit ohne weiteres im Porzellantiegel ausgeführt werden kann, dann ist zu erkennen, daß in vielen schwierigen Fällen der Laboratoriumspraxis ein erfolgreiches Arbeiten mit keramischen Geräten möglich ist, das bislang nur in Platingefäßen ausführbar schien.

Infolge der Beständigkeit der Sintertonerde sowohl gegen Metalle als auch gegen ihre Oxyde, Silicate, Salze und andere Verbindungen war es unter Benutzung dieses Gefäßmaterials möglich geworden, Gleichgewichte z. B. von Metallen und ihren Oxyden bei hohen Temperaturen zu untersuchen.

W. KRINGS und H. SCHACKMANN[1] fanden beim System *Fe, Mn/FeO, MnO,* daß die Verteilung der Stoffkonzentrationen in der Metall- und der Oxydphase durch die Formulierung des idealen Massenwirkungsgesetzes ausgedrückt werden kann:

$$\frac{(Mn)\,[FeO]}{(Fe)\,[MnO]} = \text{const.}$$

Den Zahlenwert der Konstante bei 1550 bis 1560° C fanden die Autoren zu $0{,}0032 \pm 0{,}0005$. Das Zeichen () gilt für die Metall-, [] für die Schlacken-Oxyd-Phase.

Wichtige Arbeiten über die Gleichgewichte im Schmelzfluß wurden von F. KÖRBER und OELSEN[2] ausgeführt, die an verschiedenen Systemen, in denen Metalle und ihre Oxyde bzw. Metallsalze beteiligt waren, die Gültigkeit des idealen Massenwirkungsgesetzes nachgewiesen haben. In den experimentellen Arbeiten wurden wiederum meistens die verschlackungsfesten Tiegel aus Sintertonerde benutzt.

Ja, es gibt auch Fälle, bei denen die praktisch unangreifbaren Sintertonerdetiegel gegenüber den rein oxydischen Schmelzen, wie z. B. Glas, gewisse Vorzüge im Vergleich mit den *Pt*-Tiegeln aufweisen. So konnten W. DÜSING und A. ZINCKE[3] erst in den Tonerdetiegeln die Einflüsse der Alterung des Glases auf die Durchlässigkeit im Ultraviolett klar erforschen. Bei verschiedenen früheren experimentellen Arbeiten über denselben Gegenstand waren diese Einflüsse deswegen nicht festzustellen, weil die Glasproben in Platintiegeln geschmolzen wurden. Hierbei geht aber Platin bereits in derartigen Mengen in kolloidale Lösung ins Glas, daß die Ultraviolettdurchlässigkeit schon dadurch allein entscheidend beeinflußt wird. Es ist wohl anzunehmen, daß bei der Herstellung von optischen Gläsern mit streng definierten Eigen-

[1] KRINGS, W., u H. SCHACKMANN: Über Gleichgewichte zwischen Metallen und Schlacken im Schmelzfluß. Ztschr. f. anorg. u. allg. Ch. **202**, 99—112 (1931); **206**, 337—355 (1932).

[2] KÖRBER, F., u. OELSEN: Mitt. d. Kaiser Wilhelm-Inst. f. Eisenforsch. Düsseldoıf **14**, 119—136 (1932).

[3] DÜSING, W., u. A. ZINCKE: Glastechn. Ber. **16**, 287—292 (1938).

schaften die besten Ergebnisse von dem Gebrauch reiner Sintertonerdegefäße erwartet werden dürfen. Fand doch z. B. V. ŠKOLA[1], daß selbst der Mullit ($3 Al_2O_3 \cdot 2 SiO_2$) unter dem Einfluß der Alkalien im Glas schon bei 1400° C unter Abgabe von SiO_2 zerfällt. Es bildet sich hierbei das Skelett des Korunds, der gegen die auflösende Wirkung des geschmolzenen Glases sehr widerstandsfähig ist. Doch stehen einer Anwendung der großen Gefäße aus reinem Korund noch erhebliche technische und wirtschaftliche Hindernisse im Wege.

Sehr hoch kieselsäurehaltige Gläser, z. B. Boratgläser mit etwa 85% SiO_2, kann man nicht mehr in den Al_2O_3-Tiegeln mit Erfolg schmelzen und läutern. Die hierbei erforderlichen Temperaturen erreichen fast 1900° C. Erst bei dieser Temperatur ist die Viscosität des Glases gering genug, um die Gaseinschlüsse in technisch brauchbarer Zeit an die Oberfläche gelangen zu lassen. Diese Temperatur liegt aber bereits wesentlich oberhalb des eutektischen Punktes des Systems Al_2O_3/SiO_2. Dementsprechend ist der Angriff der Glasschmelze auf die Al_2O_3-Gefäßwand so stark, daß von der praktischen Anwendbarkeit dieses Tiegelmaterials für sehr hoch SiO_2-haltige Gläser keine Rede mehr sein kann.

In vielen sonstigen Fällen, bei denen es sich um die Schlackenschmelzen handelt, bewähren sich jedoch die Tonerdetiegel. So konnte z. B. F. HARTMANN[2] erst durch die Anwendung der Sintertonerdetiegel systematische eingehende Untersuchungen quantitativer Art über die Bedeutung siderurgischer Schlacken auf den Verlauf der betreffenden metallurgischen Prozesse im Siemens-Martin- und im Thomas-Verfahren anstellen und zahlreiche Fragen, darunter über die Bedeutung der Viscosität der Schlacken, klären. Der Angriff der schlackenartigen feuerflüssigen Schmelzen auf das Gefäßmaterial ergab sich, wie die Arbeiten von F. HARTMANN[3], K. ENDELL[4] u. a. zeigten, in erster Linie als Funktion der Viscosität der Schmelze und weniger als Funktion ihrer chemischen Zusammensetzung.

Dadurch wurden einige früher geäußerste Ansichten über die ausschlaggebende Rolle der chemischen Zusammensetzung der Schlacken für den Angriff auf feuerfeste Steine und der Gefäße überholt.

H. SALMANG[5] glaubte nämlich eine bestimmte „pyrochemische Reihe der Oxyde" analog der elektrochemischen Reihe der Metalle aufstellen zu können. Danach soll jedem Oxyd eine bestimmte auflösende Wirkung zukommen. Hierbei wirken die Alkali- und Erdalkalioxyde als Basen, während höherwertige Oxyde bei hohen Temperaturen als

[1] ŠKOLA, V.: Zerfall der Mullitphase. Keram. Rdsch. **45**, 188ff. (1937).
[2] HARTMANN, F.: Ztschr. f. Elektrochem. **43**, 518—524 (1937).
[3] HARTMANN, F.: Ber. Dtsch. Keram. Ges. **19**, 367—382 (1938).
[4] ENDELL, K.: Ber. Dtsch. Keram. Ges. **19**, 491—513 (1938).
[5] SALMANG, H.: Ztschr. f. angew. Ch. **1931**, 908—912.

Säuren funktionieren. Die stärkste Base der ganzen Reihe soll CaO sein. ZnO erscheint demgegenüber als amphoter. Al_2O_3 wirkt wie eine ausgesprochene Säure. Die Alkalien sollen wegen ihrer Nichtionisation geringere Einwirkungen als Erdalkalien besitzen. O. BARTSCH[1] konnte demgegenüber nachweisen, daß der Angriff der Alkalien in Glasschmelzen auf Wannensteine größer als der von CaO ist. Andererseits ergab sich die aggressive Wirkung von PbO erheblich geringer, als nach Ansicht von SALMANG erwartet werden könnte.

Bei dieser Gelegenheit sei noch eingeflochten, daß die Sintertonerdetiegel gegen Phosphorsäure, selbst gegen geschmolzenes Phosphorpentoxyd, sich recht widerstandsfähig erwiesen haben, von den Phosphaten gar nicht erst zu sprechen. Das ist deswegen von Interesse, weil bekanntlich weder das Quarzgut noch silicatische Massen gegen die Phosphorsäure beständig sind.

Bei all den Reaktionen feuerflüssiger Schmelzen auf das Gefäß- oder Steinmaterial handelt es sich um die Vorgänge an der Phasengrenze zwischen dem festen und flüssigen Körper. Dementsprechend ist der kinetische Verlauf der Reaktion von der Entwicklung der Phasengrenze, praktisch also von der Porosität des Gefäßmaterials abhängig. Je glatter die Wand, je dichter der Scherben, um so schwächer der Angriff und um so geringer die Auflösung. Es hat sich in der Tat herausgestellt, daß die Dichtigkeit des Scherbens eine größere Rolle für den Korrosionswiderstand spielt als seine chemische Zusammensetzung. So fanden z. B. H. SALMANG und N. PLANZ[2], daß der chemische Charakter des einmal aus MgO und das andere Mal aus Al_2O_3 bestehenden Tiegels eine geringere Rolle für den Auflösungswiderstand spielt als der mehr oder weniger dichte Scherben. Der Angriff erfolgt danach hauptsächlich durch das Auswaschen an der Oberfläche. Hier haben wir also die Fortsetzung bis zum anderen Extrem und Analogie zur Bedeutung der Viscosität vor der chemischen Zusammensetzung des korrodierenden feuerflüssigen Materials.

Unter den verschiedenen Methoden, die Widerstandsfähigkeit feuerfester Materialien gegen Schlacken zu prüfen, verdient die von O. BARTSCH vorgeschlagene Arbeitsweise eine besondere Beachtung[3]. Es wird empfohlen, ein Stäbchen aus dem zu prüfenden Material in die Glasschmelze einzutauchen, die in einem mit Silitstäben beheizten Elektroofen auf etwa 1400° C erhitzt wird. Das Maß der Angreifbarkeit ergibt sich aus der Querschnittsabnahme nach Ablauf der Versuchszeit. Diese Methode erlaubt, mit recht kleinen Prüfkörpern auszukommen, und ist infolgedessen gerade für keramische Werkstoffe aus reinen Oxy-

[1] BARTSCH, O.: Glastechn. Ber. **11**, **460**ff. (**1933**).

[2] SALMANG, H., u. N. PLANZ: Arch. f. Eisenhüttenwes. **6**, **341—345** (**1933**).

[3] BARTSCH, O.: Der Glasangriff auf feuerfeste Baustoffe und seine Prüfung. Ber. Dtsch. Keram. Ges. **15**, **281—317** (**1934**).

den ganz besonders geeignet. Der grundsätzliche Vorteil dieser Arbeitsweise vor der nach DIN 1069 A vorgeschriebenen Prüfung besteht darin, daß nach BARTSCH das Prüfstäbchen in die bis zur bestimmten Temperatur vorerhitzte Schlacke eingetaucht und infolgedessen bei definierter Temperatur geprüft wird.

Nach der Normtiegelmethode verfährt man dagegen so, daß der Tiegel mit der darin befindlichen Schlacke zusammen erhitzt wird. Dadurch erfolgt der Angriff des feuerfesten Materials bereits während der Erhitzung selbst.

Eine andere, insbesondere zur Prüfung ganzer Steine geeignete Prüfmethode besteht nach dem Vorschlag von J. SCHAEFER darin, daß ganze feuerfeste Steine in einem besonderen Ofen der Einwirkung geschmolzener Schlacke ausgesetzt werden.

Natürlich spielt die chemische Zusammensetzung des feuerfesten Materials nicht etwa eine ganz untergeordnete Rolle. Es wird immer ein gewisser Unterschied im Widerstand verschiedener Materialien gegenüber verschiedenen Schmelzen bestehen. Dementsprechend muß der Experimentierende seine Tiegel und Geräte je nach seinen speziellen Anforderungen auswählen. In den zahlreichsten Fällen der Praxis kann er jedoch mit aller Aussicht auf den Erfolg auf die Sintertonerdetiegel zurückgreifen.

i) Mechanische Anwendungen der Sintertonerde.

Oben wurden bereits Angaben über die mechanische Festigkeit der Sintertonerde gemacht. Im allgemeinen kann man sagen, daß die Sintertonerde eine außerordentlich hohe mechanische Festigkeit aufweist, die erst bei recht hoher Temperatur starke Einbuße erleidet. Bei Temperaturen um etwa 1000° C dürften die Festigkeitseigenschaften der Sintertonerde besser als bei irgendeinem sonstigen bisher bekannten technischen Werkstoff bei gleicher Temperatur sein.

Diese Erkenntnisse gehören zu den jüngsten auf dem ganzen Gebiet der Oxydkeramik. Dementsprechend kann man noch nicht sehr viel Anwendungen dieser Erkenntnisse erwarten. Die hohe Härte des Korunds ist seit langer Zeit bekannt und wird auch seit verhältnismäßig langer Zeit für keramisch und mit Kunststoff gebundene Schleifscheiben, in denen Korundkörner als Schleifmittel eingebettet sind, verwandt. Da es sich hierbei nicht eigentlich um Erzeugnisse des Korunds selbst handelt, gehört die Besprechung der Schleifscheiben nicht hierher.

Aber einer der ersten Vorschläge, Erzeugnisse aus reiner Tonerde herzustellen, bezog sich auf die Anwendung der hohen Härte des Korunds. Das D.R.P. 284808 von AEG aus dem Jahre 1913 hat die Herstellung von Werkzeugen, namentlich von Ziehsteinen für Drahtziehen zum Gegenstand. Die in der Patentschrift beschriebene Arbeitsmethode sowie die geschilderten Eigenschaften des danach erhaltenen Erzeugnisses lassen keinen Zweifel zu, daß es sich um wirklich vollkommen durchgesinterte Erzeugnisse aus dem Einstoffsystem Sintertonerde gehandelt hat. Die dort vorgeschlagene Methode des zweistufigen Brennens wird in der Keramik oft befolgt, wenn das gargebrannte Material schwierig zu bearbeiten ist, aber eine hohe Maßhaltigkeit verlangt. Die Bearbeitung geschieht dann in halbgebranntem Zustand, worauf erst der Garbrand erfolgt. Die Ziehsteine müssen im Ziehkanal eine sehr hohe Maßhaltigkeit aufweisen, die bis etwa 5 μ geht. Der Ziehkanal muß sehr glatt und meist kreisrund sein. Da die Härte des Rubins höher als die des farblosen Saphirs ist, wird die Herstellung der Ziehsteine aus „Sinterrubin", also aus der Sintertonerde mit Cr_2O_3 im Mischkristall, vorgezogen. Der Ziehkanal muß nach dem Fertigbrand am besten mit Diamant geschliffen und poliert werden. Die Form der Ziehsteine aus Sinterrubin entspricht durchaus derselben aus Hartmetall. Als Schmiermittel kommt Talg, konsistente Fette, teilweise kolloidaler Graphit und dergleichen in Frage. Bei der Zieharbeit kommt es auf die richtige Schmierung, auf das Finden der günstigsten Ziehgeschwindigkeit, auf die beste Form des Kanals im Ziehstein usw. an.

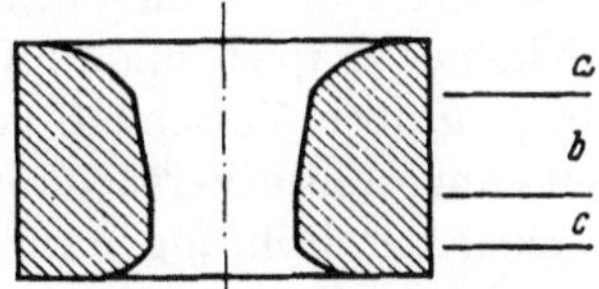

Abb. 66. Schnitt durch die Ziehdüse aus Sinterrubin.

Der Schnitt einer Ziehdüse ist in der Abb. 66 dargestellt. Im trompetenförmig ausgebildeten Teil *a* befindet sich der Vorrat an Schmiermittel. Im Teil *b* erfolgt das eigentliche „Herunterziehen" des dickeren Drahtes auf das erforderliche kleinere Kaliber. Der halbe Öffnungswinkel des konischen Teils beträgt normalerweise etwa 7°. Die eigentliche Kalibrierung erfolgt im zylindrischen Teil *c*. Die Länge des Teils *b* beträgt etwa das Doppelte der Länge des Teiles *c*. Bei *d* schließlich hat man eine nach außen abgerundete Form des Kanalaustritts. Diese Abrundung begünstigt die Haltbarkeit des Kalibrierteils *c* am unteren Ende, weil dadurch das Ausbröckeln des spröden Werkstoffes verhindert wird.

Während der Zieharbeit erleiden die Ziehsteine einen gewaltigen Druck von innen nach außen. Der Ziehstein erhitzt sich so hoch, daß er nicht mit der Hand angefaßt werden kann. Daher wird er mit einer Metallfassung, meist aus Messing, fest umschlossen. Nur durch eine vollkommen glatte polierte Oberfläche des Ziehkanals ist das „Fressen" des Metalls im Ziehstein zu vermeiden. Einige Versuche mit Sinterrubinziehsteinen ergaben bereits recht günstige Resultate, und zwar sowohl an Kupfer wie Bronze und Eisen. Die Leistung der Düsen, was die Kilometerzahl des gezogenen Drahtes und die Ausweitung der Düsen anbelangt, hat in manchen Fällen die Leistung von Hartmetalldüsen überschritten. Allerdings muß für betriebsmäßige Einführung dieser Ziehsteine in der Industrie noch manche weitere Arbeit geleistet werden. Die keramischen Düsen haben für große Stangenkaliber ein erhöhtes Interesse, weil große Stücke aus Hartmetall besonders schwierig herzustellen und daher sehr teuer sind. Ist der keramische Ziehstein über das Toleranzmaß ausgeweitet, dann kann er, wie jeder andere Ziehstein, für das nächstweitere Kaliber nachgeschliffen werden, so daß die Steinkosten pro Kilometer gezogenen Draht sehr niedrig gehalten werden können.

Außer für die eigentliche Drahtzieherei kommen die Düsen aus der Sintertonerde bzw. aus Sinterrubin noch für manche andere Zwecke in Frage. So z. B. kann es von Vorteil sein, bei der Herstellung von umhüllten Schweißdrähten den Ziehkanal aus Sinterrubin zu verwenden, außerdem kommt die Verwendung solcher Ziehdüsen bei der Herstellung von mehradrigen Telephonkabeln in Frage. Die Einzeladern der Kabel müssen gut voneinander isoliert sein, was meist durch die Papierumwicklung der Drähte geschieht. Die Wicklung muß genau kalibriert sein, da davon die Kapazität der Kabel abhängt. Das aufzuwickelnde Papier muß infolgedessen scharf geführt werden, was mit einem großen Verschleiß von Führungsdüsen verbunden ist. Einige bereits angestellte Versuche in dieser Richtung ergaben eine gute Brauchbarkeit der Führungen aus Sinterrubin.

Eine weitere ähnliche Anwendung der Buchsen aus keramischem Hartmaterial kommt für die Führungsbuchsen an den Drehautomaten in Frage. Den automatischen Drehbänken wird das notwendige Material in Form von langen Metallstangen, die in exakter Weise geführt werden müssen, aufgegeben. Die bisher benutzten Führungsbuchsen aus Stahl halten je nach dem Automatenmaterial und sonstiger Beanspruchung 20 bis 50 Arbeitsstunden. Für dieselbe Arbeitsleistung halten die Führungsbuchsen aus Sinterrubin etwa das 10- bis 20fache oder noch mehr. Hierbei besitzen sie den großen Vorteil, daß sie nicht „fressen" und infolgedessen ein schnelles Arbeiten ermöglichen.

Man kann sich noch viele derartige Anwendungsbeispiele und -gebiete hinzudenken, in denen die Sintertonerde als Gleit- und Reibungsteil bei irgendwelchen Maschinen funktioniert. Bekanntlich ist der Reibungskoeffizient am größten, wenn die beiden Flächen aus dem gleichen oder ähnlichen Werkstoff bestehen. Daher nimmt man für Stahlwellen Bronze- und Rotgußlager, in der letzten Zeit mit besonderem Erfolg Lager aus Kunststoffen usw. Für Gleit- und Führungsflächen und -bahnen aller Art dürfte sich die kaum verschleißbare Sintertonerde in Verbindung mit Stahlteilen wohl recht günstig zeigen.

Am interessantesten ist aber die Verwendung der Sintertonerde und insbesondere des Sinterrubins als Werkstoff zur Herstellung von spanabhebenden Werkzeugen, also Drehmeißeln. Bekanntlich spielt hierbei gerade die Härte des Werkstoffes eine besondere Rolle. So z. B. ist das „Hartmetall", also mit *Co* gebundenes *WC*, *TiC*, ausgezeichnet für die Verwendung als Werkzeugmaterial brauchbar, in den meisten Fällen ist der Diamant den Hartmetallen noch weit überlegen. Die Härte von *WC* ist etwa gleich derjenigen von Korund. Die Härte von Diamant ist, wie wir oben gesehen hatten, weit höher.

Es spielen natürlich auch andere mechanische und Festigkeitseigenschaften der Werkstoffe für die Herstellung von Werkzeugen eine Rolle, so z. B. die Biegefestigkeit, die Kerbzähigkeit, der Elastizitätsmodul usw., doch ist der Einfluß aller dieser Größen nicht eindeutig bestimmbar, so daß man auf Grund der Kenntnis der Festigkeitsgrößen noch nicht allzu viel über die Eignung des Werkstoffes für den Werkzeugbau aussagen kann.

Vor allem kommt es aber hierbei nicht nur auf das Werkzeugmaterial allein, sondern in hohem Maße auch auf den zu bearbeitenden Werkstoff an. Interessanterweise zeigt sich immer wieder der Diamant als bei weitem allen übrigen Werkzeugmaterialien überlegen. — Ob es sich um die faserigen Kunststoffe oder um die harte, bröckelige Kunstkohle, ob es sich um Glas oder um Leichtmetall, um Stahl oder verleimtes Holz handelt — immer kann der Diamant als geeignetes Werkzeug zur spanabhebenden Bearbeitung herangezogen werden. Die ganz überragende Härte des Diamanten sowie die Kohäsion, also die Höhe der intrakristallinen Kräfte, ist hier offenbar von ausschlaggebender Bedeutung.

Die hohe Härte des Korunds namentlich in Form des Sinterrubins läßt demgemäß erwarten, daß er sich für die spanabhebende Bearbeitung von verschiedenartigen Werkstoffen ebenfalls recht gut eignen müßte.

Infolge der geringen Zähigkeit keramischer Materialien kämen in erster Linie Anwendungsgebiete in Frage, bei denen die Festigkeit des zu bearbeitenden Materials nicht sehr hoch ist, wie bei Kunststoffen, Leichtmetallegierungen, Holz usw. Das haben bereits die ersten Orientierungsversuche bestätigt. Die Ausdehnung der Versuche auf Kupferlegierungen, dann auf Gußeisen und selbst auf Stahl hoher Festigkeit zeigte jedoch, daß der Sinterrubin sich nicht nur auf Kunststoffe und Leichtmetalle zu beschränken braucht.

Die größte grundsätzliche Schwierigkeit, der man zunächst bei jedem Versuch, mit dem keramischen Drehmeißel zu arbeiten, begegnet, besteht darin, daß man an das Werkzeug wie an einen gewohnten metallischen Werkstoff herangeht. Schon beim Schleifen des keramischen Werkzeuges muß man jedoch Rücksichten besonderer Art walten lassen, die in der hohen Sprödigkeit und der geringen thermischen Leitfähigkeit des Materials begründet sind. Demgemäß müssen die Schleifmaschinen ohne Erschütterung und ohne „Schlag" laufen. Die *SiC*-Schleifscheiben sind mit sog. weicher Bindung zu wählen. Die Schleifgeschwindigkeiten dürfen nicht sehr hoch sein. 7 bis 10 m/sec erwies sich in den bisherigen Versuchsfällen als voll ausreichend. Oft kann man mit noch geringeren Geschwindigkeiten noch besser fahren. Beim Schleifen ist es vorteilhaft, für eine gute und gleichmäßige Kühlung des Werkzeuges zu sorgen. Bei sehr geringen Schleifgeschwindigkeiten verzichtet man ganz auf die Anwendung des Kühlmittels, da hierdurch die Gefahr des Abschreckens und der Rißbildung vermindert wird (Abb. 67).

Bei den keramischen Werkzeugen erweist sich ein möglichst gutes Läppen der die Schneidkante bildenden Fasenflächen von entscheidender Bedeutung für die Schneidleistung des Werkzeuges. Das Läppen kann entweder mit feinkörnigem *SiC* oder — noch besser — mit Diamant vorgenommen werden. Auch hier sind ganz geringe Geschwindigkeiten und nur schwacher Anpreßdruck an die Schleifscheibe zu wählen.

Abb. 67. Schneidwerkzeuge aus Sinterrubin in verschiedener Weise in „Stahlhaltern" gefaßt.

Die Winkel der Schneidwerkzeuge sind von größter Bedeutung für die Standzeit des Werkzeugs und für die Güte der Oberfläche des zu bearbeitenden Werkstoffes. Zu spitzer Keilwinkel des Meißels führt zum evtl. Abbrechen der Schneide infolge der zu geringen Biegefestigkeit und Zähigkeit des keramischen Materials. Es ist möglich, mit dem Winkel bis etwa 70° herunterzugehen. Dieser Winkel richtet sich nicht nur nach dem Werkzeugmaterial, sondern auch noch nach dem zu bearbeitenden Werkstoff, nach der abzunehmenden Spantiefe, nach der Arbeitsgeschwindigkeit usw. Er ist also in einem jeden Fall nach Möglichkeit mit Sorgfalt zu bestimmen. Die zur Abtrennung des Spanes erforderliche Arbeit ist in einem hohen Maße von den Arbeitswinkeln des Werkzeuges abhängig, und es ist schon manches Mal durch anscheinend sehr geringfügige Änderung der Winkel eine geradezu verblüffende Wirkung bezüglich der Arbeit der Werkzeuge, der erzielten Oberflächengüte usw. eingetreten. Im allgemeinen kann man für die Gestaltung der Meißelwinkel folgenden Satz aufstellen: man trachtet, dem Werkzeug von vornherein solche Winkel zu geben, wie sie sich bei der Abnutzung des Meißels von selbst bilden. Dem Verschleiß sind nämlich am ehesten solche Stellen unterworfen, die sich am meisten schleifen, also den meisten Widerstand bieten. Man beseitigt sie infolgedessen möglichst von vornherein.

Die beste Schneidwirkung erzielt man mit den polierten Fasen der Schneidkante. Hierbei bietet die Span- und die Freifläche des Werkzeuges den geringsten Reibungswiderstand am Arbeitsstück, der ablaufende Span gleitet über den Meißel hinweg, ohne auf ihn stark einzupressen, ohne an der Arbeitskante die gefürchtete „Aufbauschneide" zu bilden. Die Aufbauschneide wird durch ausgerissene und an der meist beanspruchten Stelle der Schneidkante des Werkzeugs abgelagerte Teilchen des zu schneidenden Metalls gebildet.

Eine weitere wichtige Frage bei der Bearbeitung der Werkstoffe mit keramischen Werkzeugen betrifft die Halterung des Werkzeugs. Während die Stahl- bzw. die Hartmetallplättchen auf einen Stahlschaft stabil aufgelötet werden können, erwies sich bisher das Löten der keramischen Schneiden am Stahlschaft als unmöglich. Der Grund hierfür liegt in der Nichtbenetzung keramischer Materialien mit flüssigem Metall.

Infolgedessen muß man zu anderen Befestigungsmitteln greifen. Eine sehr sichere Verankerung des keramischen Schneidplättchens erreicht man durch die Anwendung des Metallspritzverfahrens oder aber durch die Anwendung des Sintermetalls. Es gibt auch Vorschläge, in solchen Fällen die Verbindung mit geeignetem Email herzustellen.

Einer der großen Vorteile der Verwendung keramischer Schneidwerkzeuge besteht darin, daß ihre Festigkeitsabnahme erst bei recht hoher Temperatur sich bemerkbar macht. Es macht hierbei also nicht sehr viel aus, daß die geringe Wärmeleitfähigkeit des oxydkeramischen Werkstoffes zu einer verhältnismäßig erheblichen Temperatursteigerung führen kann. Dementsprechend ist es möglich, damit sehr hohe Arbeitsgeschwindigkeiten zu erreichen.

Ist z. B. bei der Verwendung der Werkzeugstähle am Leichtmetall die Schnittgeschwindigkeit von 10 bis 20 m/min als normal zu bezeichnen, so zeigt der Versuch mit Sinterrubin, daß man bis zu mehreren Hundert m/min gehen kann! Derartig hohe Schnittgeschwindigkeiten bringen u. a. eine ausgezeichnet glatte Oberfläche des Arbeitsstückes zustande. Selbst bei der Abhebung eines starken Spanes und mit einem verhältnismäßig hohen Vorschub von einigen Zehntel Millimetern ergibt sich eine glatte glänzende Oberfläche am bearbeiteten Leichtmetall (z. B. an Duralumin oder Silumin).

Es gibt bisher kaum Betriebsmaschinen, die eine derart hohe Arbeitsgeschwindigkeit zu erreichen gestatten. Vielleicht wird eine weitere Erhöhung der Wirtschaftlichkeit der spanabhebenden Werkstoffbearbeitung in einer weiteren Steigerung der Arbeitsgeschwindigkeiten bestehen, die sich durch keramische Werkzeuge erzielen lassen. So war es vor nicht so langer Zeit bei der Einführung der Werkzeuge aus Hartmetall, die eine erheblich höhere Arbeitsgeschwindigkeit zuließen und sogar erforderten, als es vordem mit den Stahlwerkzeugen der Fall war.

Zu den oben erwähnten Voraussetzungen bezüglich der Anwendung der keramischen Werkzeuge muß hier noch als eine weitere wesentliche

Voraussetzung der erschütterungsfreie Lauf der Arbeitsmaschine erwähnt werden. Das ist durch die verhältnismäßig hohe Sprödigkeit des keramischen Werkstoffs bedingt.

In bisherigen Versuchen sind verschiedenste Materialien mit keramischen Drehmeißeln bearbeitet worden: Papierwalzen, mit Kohle gefülltes Vulkanfiber, Kunstkohlen verschiedensten Härtegrades, mit Textilgewebe durchflochtenes Kunstharz verschiedenster Art und Sorten, gepreßtes Holz, verschiedene Leichtmetallegierungen, Bronze und auch Stahl. Es macht den Eindruck, daß die Anwendung von Kühlmitteln und sog. „Schneidflüssigkeiten" auch bei der Verwendung der keramischen Werkzeuge die anzuwendenden Kräfte vermindert, die Standzeit des Werkzeuges erhöht und die Qualität der erzielten

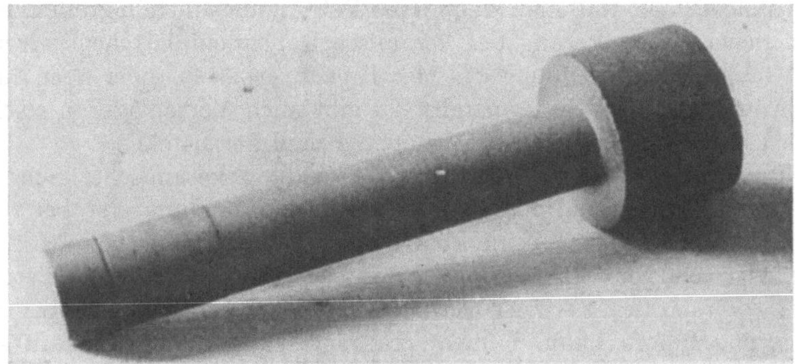

Abb. 68. Mit Drehwerkzeug aus Sinterrubin abgedrehtes Stück aus mit Kohle gefülltem Vulkanfiber Spantiefe 10 mm, Vorschub 0,3 mm, 1800 U/min.

Oberfläche verbessert. Besonders ist es bei der Bearbeitung von Metallen der Fall, während die Kunststoffe auch ohne diese Hilfsmittel sich gut bearbeiten lassen (Abb. 68). Allerdings ist hier noch viel Arbeit zu leisten, da es sich bisher nur um die ersten orientierenden Versuche gehandelt hat.

Über die Vorgänge bei der Zerspanung (mit Metallwerkzeugen), über die Eigenschaften der Werkzeug- und der zu bearbeitenden Materialien findet man aufschlußreiche Angaben in einschlägigen Arbeiten, z. B. bei H. SCHALLBROCH[1].

Über einige erste Versuche mit keramischen Werkzeugen hat W. OSENBERG[2] berichtet; doch handelt es sich hierbei um die allerersten Vorversuche, die in der Folgezeit z. T. überholt worden sind.

Neben dieser vielversprechenden Anwendung der Sintertonerde seien noch einige andere weitere mögliche Anwendungen für den Werkzeug-

[1] SCHALLBROCH, H.: Die Zerspanbarkeit als Teil der Werkstoffprüfung. Maschinenbau. Der Betrieb **15**, 605—610 (1936). — Vgl. auch W. DAWIHL: Ztschr. f. techn. Physik **21**, 336—345 (1940).

[2] OSENBERG, W.: Maschinenbau. Der Betrieb **17**, 127—130 (1938).

und Maschinenbau genannt. Wie schon erwähnt, kommt die Bewehrung der Endmaße mit Sintertonerde und Sinterrubin in verschiedensten Formen in Frage. Der Vorteil der keramischen Werkstoffe besteht nicht nur in ihrer hohen Härte und infolgedessen in der großen mechanischen Verschleißfestigkeit gegen die Abnutzung der Arbeitsflächen im Gebrauch, sondern gleichzeitig in ihrer hohen chemischen Korrosionsfestigkeit und Nichtoxydierbarkeit. Für die polierten Flächen der Endmasse aus Sintertonerde spielt es fast keine Rolle, ob sie mit Säure oder mit Lauge in Berührung kommen, ob sie trokken oder naß angewandt werden. Die Endmasse aus Stahl und sogar aus Hartmetall sind allen diesen chemischen Einwirkungen gegenüber viel empfindlicher. Die Voraussetzung der richtigen Verwendung besteht in einer festen und wirklich definierten Verankerung des eigentlichen keramischen Teiles des Werkzeuges im Metallhalter. — Die Abb. 69 veranschaulicht ein Lochendmaß, dessen arbeitender zylindrischer Hauptteil aus Sinterrubin, in den Stahlhalter passend eingeklemmt, besteht.

Abb. 69. Lochendmaß aus Sinterrubin, gefaßt im Stahlhalter.

Erwartungsgemäß hat es sich u. a. herausgestellt, daß Sinterrubin sich zum Abziehen von Schleifscheiben, selbst von solchen aus *SiC*, eignet. Bekanntlich werden dazu u. a. Diamantabziehwerkzeuge benutzt. Die überragende Härte des Diamantes erlaubt es, damit sozusagen spanabhebend gegen Korund, Siliciumcarbid usw. einzuwirken.

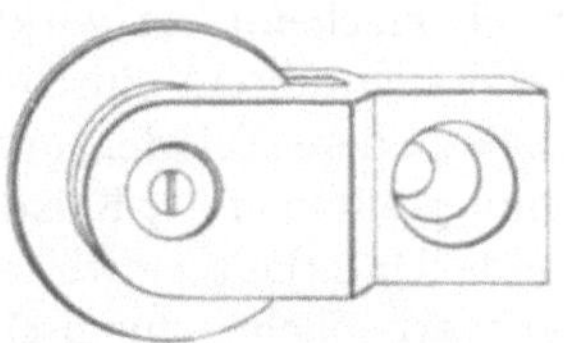

Abb. 70. Abziehrädchen aus Sinterrubin für Schleifscheiben.

Das Abziehrad aus Sinterrubin kann natürlich nicht das Schleifkorn selbst abschleifen. Seine Wirkung besteht darin, das Bindemittel zwischen den Schleifkörnern anzugreifen, dadurch das Schleifkorn bloßzulegen und mit frischen Bruchflächen und -kanten zu versehen. Die Schleifscheibe wird somit wieder griffig und schleiffähig. Einen passenden Apparat, der das Abziehrädchen aus Sinterrubin enthält, zeigt die Abb. 70. Er besteht im wesentlichen aus einer kugelgelagerten, etwa 70 mm im Durchmesser betragenden massiven Scheibe aus Sinterrubin von etwa 5 mm Stärke. Sie wird gegen die schnell rotierende Schleifscheibe so angedrückt, daß die Stirnflächen beider Scheiben in Berührung kommen. Die Abziehscheibe wird gleichmäßig hin und her über die ganze Breite der Stirnfläche (zylindrische Mantelfläche) der Schleifscheibe geführt, wodurch diese Fläche gleichmäßig „abgezogen" wird. Hierbei ist nicht nur die Härte des Sinterrubins, sondern im wesentlichen auch der Kornverband im Körper maßgebend. Die Abziehscheiben müssen infolgedessen sehr gut durchgesintert sein. Wir haben ja oben gesehen, daß die interkristallinen Kräfte zwischen den Einzelkristalliten im Scherben nur bei passender Hochtemperatursinterung die maximalen Bindekräfte, wie sie innerhalb eines Kristalls herrschen, erreichen können.

Neben den Abziehrädchen gibt es noch zahlreiche andere Formen von Schleifwerkzeugen aus Sintertonerde und dem Sinterrubin, wie konische Wetzscheiben zum Schärfen von Reibahlen, wie Schleif- und Abziehsteine verschiedensten Rauhigkeitsgrades, die man z. B. an Stelle der sog. „Arkansas-Steine" (natürlicher feinkörniger Sandstein, den man in Arkansas, Vereinigte Staaten von Amerika, findet) verwendet usw.

Es ist hier noch eine weitere wichtige Verwendung der Härte der Sintertonerde zu erwähnen, die in der letzten Zeit in der Industrie der künstlichen Textilfasern, insbesondere der Kunstseide, für Fadenführer Eingang gefunden hat.

Bei dem Spinnvorgang des Viscosefadens wird die zähe Flüssigkeit durch eine sehr fein gelochte Spinndüse aus Edelmetall in verdünnte Schwefelsäure gedrückt, in der die Ausfällung und Koagulation des Kunstseidenfadens erfolgt. Der aus vielen sehr dünnen Einzelfäden bestehende verzwirnte Seidenfaden wird nun in der Spinnmaschine über Fadenführer kontinuierlich weitergeleitet. Der Fadenführer hat die Aufgabe, den sich bildenden Faden in regelmäßiger Weise in der Maschine zu halten und weiterzuleiten. Wenn die Kunstseide auch sehr weich erscheint, so wirkt doch der stets an ein und derselben Stelle des Fadenführers einschneidende Seidenstrang sehr stark ein. Das ist insbesondere bei der mit TiO_2 mattierten Seide der Fall, wobei die feinverteilten TiO_2-Kriställchen des Fadens stark sägend auf die führende Unterlage einwirken. Neben der hohen Härte ist hier noch eine sehr erhebliche chemische Beständigkeit des Werkstoffs erforderlich. Wird doch die alkalische Viscose in die saure Lösung eingepreßt. Metall und Hartmetall schließen sich schon aus chemischen Gründen aus. Bis vor kurzer Zeit wurden Fadenführer hauptsächlich aus Glas und Porzellan verwendet. Ihre Haltbarkeit beträgt jedoch normalerweise nur 2 bis 3 Arbeitstage. Nach Ablauf dieser Zeit ist der Fadenführer so stark an der beanspruchten Stelle eingesägt, daß er nicht mehr dienen kann. Der Einführung der Fadenführer aus Sintertonerde stand anfänglich die Schwierigkeit im Wege, daß es nicht sofort gelang, die erforderliche sehr glatte Oberfläche mit Sicherheit im großen zu reproduzieren. Die Einzelfasern des Seidenfadens sind nämlich so dünn (nur wenige μ im Durchmesser), daß auch die geringste Unebenheit des Fadenführers zum „Flusen" des Fadens führen kann, wodurch der Strang unbrauchbar wird.

Im Laufe der vertrauensvollen Zusammenarbeit zwischen dem Hersteller der Sintertonerdefadenführer einerseits und dem Kunstseidenhersteller andererseits ist es bald gelungen, wirklich allen gerechten Anforderungen entsprechende Fadenführer aus Sintertonerde zustande zu bringen. Derartige Fadenführer halten gut ein Jahr und müssen nur von Zeit zu Zeit geputzt werden. — Der Gewinn besteht nicht allein darin, daß der haltbarere Fadenführer relativ noch billiger als der billige Glasfadenführer ist, sondern in der Hauptsache darin, daß das öftere Auswechseln der Fadenführer wegfällt. Dadurch werden dem Betrieb viele Arbeitsstunden erspart (Abb. 71).

Die Verwendbarkeit der Sintertonerde als Werkzeugmaterial ist natürlich nicht allein durch die hohe Härte derselben bedingt, sondern durch gleichzeitige Anwesenheit anderer günstiger Festigkeitseigen-

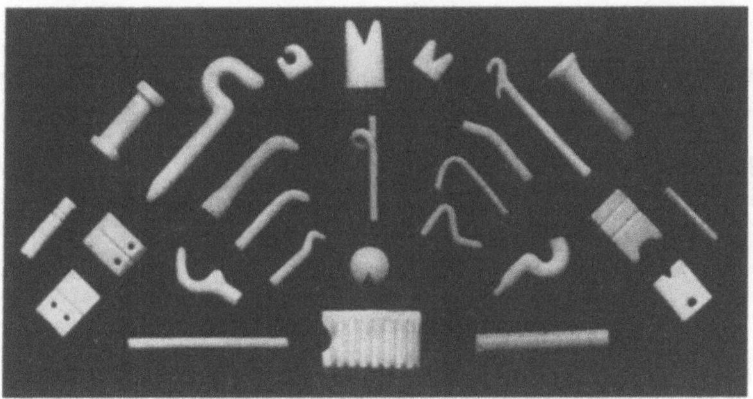

Abb. 71. Fadenführer verschiedener Form aus Sintertonerde.

schaften, wie hoher Druckfestigkeit, sehr bedeutender Biegefestigkeit usw. Würde das härteste Material, wie der Diamant, anderer Festigkeitseigenschaften ermangeln, dann könnte es trotz seiner Härte kein technisch brauchbares Werkzeug abgeben. So scheint z. B. das Siliciumcarbid, trotz seiner überragenden Härte, nicht als Material für spanabhebende Werkzeuge geeignet zu sein. Seine Sprödigkeit, geringe Biegefestigkeit und anscheinend auch keine hohe Druckfestigkeit machen das mit fremden Bindemitteln gebundene *SiC*-Korn wohl für Schleifscheiben, nicht aber für kompakte Werkzeuge geeignet.

Andererseits muß hier noch einer Einschränkung gedacht werden. Manchmal sehen zwei an sich verschiedenartige Beanspruchungen äußerlich recht ähnlich aus. So z. B. möchte man glauben, daß der Verschleiß der Ziehdüsen aus Sintertonerde sehr viel Ähnlichkeit mit dem Verschleiß der Sandstrahldüsen haben müßte. Infolgedessen dürfte sich dieser Werkstoff nicht nur für die Ziehdüsen, sondern in gleich guter Weise auch für die Sandstrahldüsen eignen. Die Erfahrung scheint jedoch zu lehren, daß die Sintertonerde sich für die Herstellung von wirklich haltbaren und wirtschaftlich günstigen Sandstrahldüsen nicht eignet. Möglicherweise findet man durch intensives Studium dieser interessanten technischen Frage doch noch eine positive Lösung. Man darf ja nicht außer acht lassen, daß die Anwendung der keramischen Werkstoffe für Werkzeuge und mechanisch beanspruchte Geräte das allerjüngste Kind der Keramik ist.

Die großen Entwicklungsmöglichkeiten sind aber sicher. Das ist insbesondere überall dort der Fall, wo die hohe mechanische Festigkeit unter der erschwerenden Bedingung der Einwirkung hoher Temperatur verlangt werden muß, also z. B. bei den Wärmekraftmaschinen[1].

Auf diesem noch kaum mit keramischen Werkstoffen beschrittenen Gebiete dürften noch sehr interessante Möglichkeiten sich befinden. Sie erstrecken sich nicht nur auf die Tonerde allein, sondern vielleicht auch auf andere Sintererden.

Außer allen bereits erwähnten günstigen physikalischen und chemischen Eigenschaften besitzt die Sintertonerde noch den Vorteil vor den Metallen hoher Festigkeit, daß sie viel leichter ist.

Jedenfalls erscheint die Bereicherung der Technik mit diesem keramischen Werkstoff von noch nicht voll abzusehender Bedeutung.

2. Spinell.

a) Vorkommen, Kristallstruktur, Innenaufbau.

Der Spinell, $MgO \cdot Al_2O_3$, ist ein Vertreter einer ganzen Familie analog zusammengesetzter, ähnlich kristallisierender und manche anderen gemeinsamen Merkmale besitzenden Stoffe.

Die eigentlichen Spinelle besitzen die allgemeine Formel $Me^{II}O \cdot Me^{III}{}_2O_3$. Demnach kann es auch innere Spinelle geben, falls ein Metall sowohl in zwei- als auch in dreiwertiger Stufe vorkommen kann, wie z. B. *Fe*. Der „Hammerschlag“ oder das „Eisenzunder“ Fe_3O_4 ist ein derartiger Spinell, $FeO \cdot Fe_2O_3$ also das Ferroferrit. Sowohl Me^{II} als auch Me^{III} kann im Spinell ganz oder teilweise durch andere Metalle ersetzt werden, und so kennt man sowohl reine Spinelle, wie Magnesium-Aluminat oder Zink-Chromit, als auch Magnesia-Ferro-Chromit-Aluminat usw. Derartige gemischte Spinelle stellen zumeist wahre feste Lösungen miteinander dar, da sie alle im gleichen kubischen Kristallsystem kristallisieren, und zwar meist in der höchst symmetrischen hexakis-oktaedrischen Klasse.

Das ist auch beim Magnesia-Aluminat oder einfach „dem Spinell“ der Fall. Er kommt in der Natur frei vor, und zwar nicht nur farblos, sondern auch rot (Rubinspinell), manchmal blau und grün. Diese Fär-

[1] Vgl. A. Schütte: Der heutige Stand des Gasturbinenbaues. Ztschr. VDI **84**, 609 u. ff. (1940).

bungen sind durch geringe (beim grünen Spinell durch bedeutende) Beimengungen von färbenden Oxyden, z. B. Fe_2O_3, Cr_2O_3, CoO usw., hervorgerufen. Schöne durchsichtige Varietäten solcher lebhaft (meist rot) gefärbten Kristalle werden als Schmucksteine verwendet und geschätzt. Nach der Methode von VERNEUIL kann man auch große durchsichtige, verschieden gefärbte Einkristalle nach dem Aufwachsverfahren herstellen, ähnlich den künstlichen Rubinen und Saphiren. So wird der künstliche Aquamarin, der künstliche Alexandrit u. a. hergestellt. Die Gewichtszusammensetzung des Spinells entspricht 71,8% Al_2O_3 und 28,2% MgO.

Die röntgenographische Bestimmung der Kristallstruktur, der Gitterkonstante usw. des Spinells[1] ergibt, daß der Spinell ein flächenzentriertes Gitter mit den Elementarabmessungen 8,06 Å besitzt. Das Gitterelement besteht aus 8 Molekülen. Die Abb. 72 veranschaulicht die Anordnung der Atome und die Struktur des Magnesia-Tonerde-Spinells.

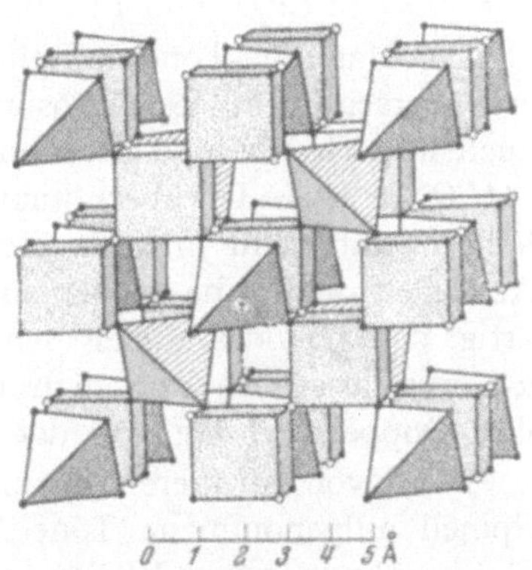

Abb. 72. Kristallstruktur von $MgO \cdot Al_2O_3$-Spinell.

Die aus den röntgenographischen Messungen berechnete Dichte des Spinells beträgt 3,588. Die direkte pyknometrische Bestimmung des synthetischen Spinells ergibt 3,581, also in einer sehr guten Übereinstimmung mit der Berechnung.

Nach den Untersuchungen von W. JANDER (s. weiter unten) leitet der Spinell den elektrischen Strom als ein ausgesprochener Ionenleiter. Dementsprechend muß sein Gitter aus $Mg^{\cdot\cdot}$, $Al^{\cdot\cdot\cdot}$ und O''-Ionen aufgebaut sein. Da das $Al^{\cdot\cdot\cdot}$-Ion den Radius 0,57 Å, $Mg^{\cdot\cdot}$-Ion $r = 0{,}78$ Å und O''-Ion $r = 1{,}32$ Å besitzt, so besteht das Spinellgitter eigentlich aus O-Ionen, zwischen denen die kleineren $Mg^{\cdot\cdot}$- und $Al^{\cdot\cdot\cdot}$-Ionen eingelagert sind. Hierdurch ist die Möglichkeit einer gewissen Verschiebung, Vertauschung und sonstiger Fehlordnung der Kationen im Spinellgitter gegeben, ohne das ganze Gerüst des Kristalls zu gefährden. Das ist der Grund, warum der Spinell nicht nur einen teilweisen Ersatz des einen zweiwertigen Metalles durch ein anderes zweiwertiges oder eines dreiwertigen durch ein anderes ebenfalls dreiwertiges verträgt, sondern auch einen teilweisen Austausch zwischen Mg^{II} und Al^{III} aushält. Dementsprechend ist dem Spinell ein gewisses Lösungsvermögen gegenüber dem $Me^{II}O$ oder noch öfter gegenüber dem $Me_2^{III}O_3$ eigen, wenn nämlich das Sesquioxyd in kubischer Modifikation vorkommt, wie es bei γ-Fe_2O_3 und γ-Al_2O_3 der Fall ist.

[1] HAUPTMANN, H., u. J. NOVÁK: Gitterkonstanten von einigen Verbindungen vom Spinelltyp. Ztschr. f. physik. Ch. Teil B **15**, 365—372 (1932).

Während der Magnesia-Tonerde-Spinell die Tonerde im Überschuß in feste Lösung aufzunehmen vermag, kann er mit Periklas keine Lösungen bilden. Dagegen kann nach L. J. TROSTEL[1] der grüne Magnesia-Chromit-Spinell den Periklas auflösen. Setzt man dem Chromspinell 10 bis 20% MgO zu und brennt die Proben bis 1500° C, dann erweist die röntgenographische Analyse des Brennproduktes die Bildung einer festen Lösung bis etwa 9% MgO im Spinell, wobei das ursprüngliche Spinellgitter aufgeweitet wird. Auf diese Weise kann das Verhältnis von MgO zu Cr_2O_3 von 1 : 1 bis zu 1,5 : 1 gesteigert werden.

Der Magnesia-Tonerde-Spinell dagegen vermag, wie bemerkt, Tonerdeüberschuß in feste Lösung aufzunehmen. Diese Aufnahme hat auch ihre Grenze und geht nur bis zum molekularen Verhältnis $MgO : Al_2O_3 = 1 : 4$. Darüber hinaus zugesetzte Tonerde scheint sich bei hoher Temperatur im Spinell zwar aufzulösen, scheidet sich aber beim Abkühlen der Probe wieder aus. Die Ausscheidung erfolgt in porphyrartig der polykristallinen feinkörnigen Spinellmatrix eingesprengten α-Korundkristallen, die man im Polarisationsmikroskop leicht durch ihre Doppelbrechung von der Spinellgrundmasse unterscheiden kann.

Es ist von vornherein anzunehmen, daß die in der festen Lösung im Spinell aufgenommene Tonerde aus der γ-Modifikation besteht. Die Untersuchungen von W. BILTZ und A. LEMKE[2] zeigten in der Tat, daß die Raumbeanspruchung der Tonerde in der festen Lösung sowie die Molrefraktion recht genau auf die γ-Modifikation paßt. Bei der Aufnahme der γ-Tonerde in das Spinellgitter wächst die Gitterkonstante der festen Lösung entsprechend der Tonerdekonzentration in kontinuierlicher Weise. Der MgO-Überschuß übt dagegen keinen Einfluß auf die Dimensionen des Elementarwürfels aus, weil es eben keine Mischkristalle zwischen Periklas und Spinell gibt[3].

Man kann sich die Entstehung der festen Lösung der Tonerde im Spinell rein molekular in folgender Weise vorstellen. Im Spinell kommen auf 3 Metallatome 4 Sauerstoffatome, in der γ-Tonerde kommen auf 2 Metallatome 3 Sauerstoffatome. Stellt man sich mit E. J. W. VERWEY[4] vor, daß im Spinellgitter statistisch so viel kleine Metallionen fehlen, daß aus $3(MgO \cdot Al_2O_3)$ — unter der Beibehaltung der Anzahl der raumbestimmenden Sauerstoffionen — $4(Al_2O_3)$ entstehen könnte, dann ersieht man, daß die γ-Tonerde gleichsam wie durch Ersatz von $Mg^{\cdot\cdot}$ durch $Al^{\cdot\cdot\cdot}$ entsteht, wobei $^1/_9$ der Kationenstellen des Spinellgitters un-

[1] TROSTEL, L. J.: Absorption of magnesia by chromite spinel. Journ. Amer. Ceram. Soc. **22**, 46—50 (1939).

[2] BILTZ, W., u. A. LEMKE: Über γ-Tonerde und Spinell. Ztschr. f. anorg. u. allg. Ch. **186**, 373—386 (1930).

[3] CLARK, G. L., HOWE, E. E., u. A. E. BADGER: Journ. Amer. Ceram. Soc. **17**, 7—8 (1934).

[4] VERWEY, E. J. W.: Ztschr. f. Krystallogr. A **91**, 65—69 (1935).

besetzt bleibt. Dementsprechend kann man sich mit G. HÄGG[1] das Bild machen, daß die γ-Tonerde geradezu das Endglied der isomorphen Mischungsreihe Spinell-Tonerde mit wachsendem Al_2O_3-Gehalt darstellt.

Die Kinetik der Spinellbildung ist der Gegenstand zahlreicher Untersuchungen geworden. Sie ist auch in der Tat geradezu ein Modell- und Musterbeispiel einfach verlaufender Festreaktionen ohne Beteiligung von flüssigen oder gasförmigen Phasen.

Die Arbeiten von J. A. HEDVALL, G. F. HÜTTIG, W. JANDER, C. WAGNER u. a. haben im wesentlichen zu folgendem Bild der Spinellentstehung aus den Komponenten MgO und Al_2O_3 geführt.

Zunächst führen die beiden Komponenten bei steigender Temperatur wachsende thermische Schwingungen der Gitterbauteile aus. Ist die Amplitude dieser Schwingungen endlich so groß geworden, daß ein MgO-Teilchen das benachbarte Al_2O_3-Teilchen berührt, dann findet zunächst an den sich berührenden Oberflächen eine Art Gitterverschiebungen statt. Allmählich bildet sich an dieser Stelle eine Art Adsorptionsdeckschicht (Bedeckungsperiode), die dann die Form einer dünnen Folie, eines Films von Spinell zwischen den MgO- und Al_2O_3-Körnchen annimmt. Nun wandert der leichter bewegliche Ion in diese Folie hinein und lagert sich allmählich in steigender Schichtdicke ab (Reaktionshaut). Diese Rolle übernimmt in unserem Falle das kleinere dreiwertige $Al^{\cdot\cdot\cdot}$-Ion. Die Sauerstoffionen bleiben während des ganzen Vorgangs im wesentlichen an ihren Plätzen, das $Mg^{\cdot\cdot}$-Ion wandert zwar anscheinend auch, aber jedenfalls viel weniger intensiv als das $Al^{\cdot\cdot\cdot}$-Ion.

Die röntgenographische Untersuchung der Zwischenzustände bei der Spinellbildung zusammen mit der Verfolgung der katalytischen Wirksamkeit der Präparate (z. B. an der CO_2-Bildung aus $CO + O_2$, am Zerfall von N_2O, an der Adsorption von Wasserdampf und der Farbstoffe) zeigt, daß das Maximum der Wirksamkeit, der Adsorptionsfähigkeit usw. bei einer ziemlich gut definierten Temperatur feststellbar ist.

Bereits bei 400 bis 500° C findet der Beginn der Bedeckungsperiode statt. Die Einordnung der zunächst hochdispersen neuen Phase $MgO \cdot Al_2O_3$ in geregeltes Kristallgitter findet bei etwa 1000° C statt.

In ähnlicher Weise wie Magnesia-Tonerde-Spinell bilden sich auch andere Spinelle, wie z. B. $ZnO \cdot Al_2O_3$, $MgO \cdot Fe_2O_3$, $MgO \cdot Cr_2O_3$, $CuO \cdot Fe_2O_3$ usw. — $CuO \cdot Fe_2O_3$ hat eine besondere Ähnlichkeit mit $MgO \cdot Al_2O_3$ insofern, als es erhebliche Mengen Fe_2O_3 in feste Lösung aufzunehmen imstande ist, ähnlich der Lösung von Al_2O_3 im Magnesiaspinell. Es dürfte sich hierbei auch um die Auflösung des kubischen Eisenoxyds handeln. Es gibt auch andere Ferrite mit festen Lösungen von γ-Fe_2O_3, was zu stöchiometrisch unbestimmten Verbindungen führt. In der

[1] HÄGG, G.: Nature, London **135**, 874 (1935).

neueren Zeit ist es bekannt geworden, daß selbst FeO und Fe_2O_3 in der stöchiometrisch streng richtigen Form kaum darstellbar sind.

J. A. HEDVALL und L. LEFFLER[1] untersuchten die Geschwindigkeit der Spinellbildung aus CoO mit Co_2O_3 und Al_2O_3 und fanden, daß bei der Temperatur der Umwandlung der γ-Tonerde in die α-Form, also bei etwa 1000° C, die Bildungsgeschwindigkeit höher war als bei noch höherer Temperatur, bei der die Tonerde bereits in der α-Form vorliegt.

Die besondere Aktivität fester Stoffe gerade im Übergangspunkt (HEDVALL-Effekt) wird von G. HÜTTIG in treffender Weise durch den Vergleich mit der falsch zugeknöpften Weste versinnbildlicht. Sie kann nur dann wieder richtig zugeknöpft werden, wenn zunächst sämtliche Knöpfe gelöst werden. In diesem losen Zustande der Umorientierung der Atome aus dem einen Gitter in ein anderes sind die Atome naturgemäß am aktivsten und zur Bildung von stabilen Verbindungen am besten befähigt.

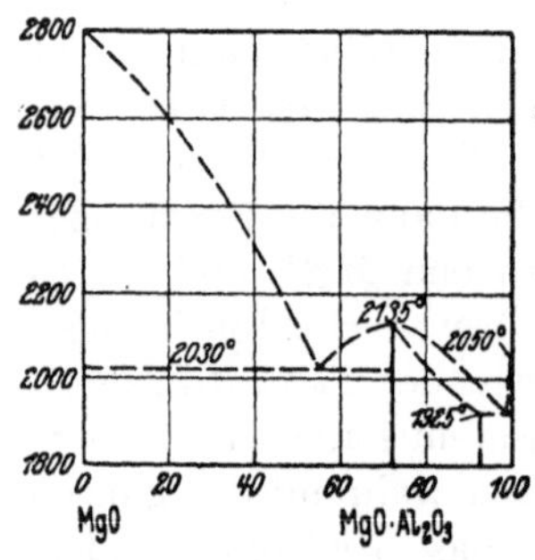

Abb. 73. Schmelzdiagramm Al_2O_3/MgO.

Hierbei spielt interessanterweise auch die Gasphase eine erhebliche Rolle. Sie äußert sich bei der Kobaltspinellbildung besonders deutlich. In der N_2-Atmosphäre z. B. bildet sich $CoO \cdot Al_2O_3$ bedeutend schneller als in O_2. Ähnliche Beeinflussung der Prozesse bei festen Körpern einschließlich Rekristallisation des Einstoffsystems durch die Gasphase findet sich auch anderwärts. So z. B. ist die stark rekristallisierend und sammelkristallisierend wirkende Atmosphäre von HCl auf manche oxydische Stoffe bekannt. Desgleichen übt auch der Dampf von Alkalichlorid eine merkliche Wirkung auf Kristallisationsvorgänge bei hohen Temperaturen aus. Ob die Vorstellung genügt, daß die Wirkung von HCl darauf beruhe, daß HCl spurenweise das Chlorid bildet, das sich wieder zersetzt usw., steht noch nicht fest.

Der Spinell entspricht im Zweistoffsystem MgO/Al_2O_3 nach den Untersuchungen von E. B. SHEPHERD und G. A. RANKIN[2] dem einzigen distektischen Punkt von 2135° C. Dementsprechend schmilzt der Spinell ohne Zersetzung in die Komponenten wie eine einheitliche Verbindung.

Die Abb. 73 veranschaulicht das Schmelzdiagramm des Systems. Man sieht, daß zwischen dem Spinell einerseits und dem MgO sowie

[1] HEDVALL, J. A., u. L. LEFFLER: Über den Einfluß von Übergangszuständen auf die Bildungsgeschwindigkeit des Kobaltspinells aus festen Oxyden. Ztschr. f. anorg. u. allg. Ch. **234**, 235—238 (1937).

[2] SHEPHERD, E. B., u. G. A. RANKIN: Amer. Journ. Science **28**, 395 (1909) und G. A. RANKIN u. H. E. MERWIN: Ztschr. f. anorg. u. allg. Ch. **96**, 291—316 (1916).

dem Al_2O_3 andererseits je ein Eutektikum sich befindet, das erste mit der Zusammensetzung 55 Gew.-% Al_2O_3 und 2030° C als Schmelzpunkt, das zweite mit der Zusammensetzung 97 Gew.-% Al_2O_3 und 1925° C als Schmelztemperatur.

b) Physikalische Eigenschaften und Festigkeit des Spinells.

Der hohe Schmelzpunkt des Spinells, der bei 2135° C liegt, verleiht ihm die Eigenschaft eines Materials mit einer noch höheren Feuerfestigkeit als die Tonerde.

Die spezifische Wärme des Spinells beträgt bei gewöhnlicher Temperatur 0,194 und steigt mit der Temperatur, wie fast bei allen Stoffen, an.

Der thermische Ausdehnungskoeffizient wurde von R. RIEKE und K. BLICKE[1] im Bereich von 25 bis 800° C im Mittel zu $6{,}7 \cdot 10^{-6}$ pro Grad gefunden. Er wächst ungefähr proportional der Temperatur.

Das Wärmeleitvermögen des Spinells ist kaum gemessen worden. Es ist jedenfalls auffällig gering und gehört wohl zu den kleinsten unter allen einfach gebauten oxydischen Stoffen. Das dürfte mit dem verhältnismäßig lockeren Bau des Spinellgitters zusammenhängen.

Das elektrische Leitvermögen wurde von verschiedenen Autoren untersucht und, wie in diesem Falle beinahe unvermeidlich, ganz verschieden gefunden.

W. JANDER und W. STAMM[2] finden im Bereich von 900 bis 1060° C folgende Zahlen für die spezifische Elektroleitfähigkeit K in reziproken Ohm:

Temp.	900°	940°	975°	1030°	1059°
$K \cdot 10^6$	1,19	1,78	2,38	3,75	5,32

Nach diesen Autoren erfolgt die Elektroleitung im Spinell durch Ionenbeweglichkeit, wobei natürlich dem kleinen $Al^{\cdots}$-Ion hier, wie auch bei der Spinellbildung aus den Oxydkomponenten, die Hauptrolle zufällt. Die freie Tonerde selbst ist aber vermutlich ein Elektronenleiter. MgO und insbesondere ZnO sind es mit ziemlicher Sicherheit.

Nach den Untersuchungen von H. RÖGENER[3], die er an kleinen Zylindern von 0,8 cm² Querschnitt und 1 cm Länge, die an platinierten Stirnflächen Zuführungen aus Platin besaßen, ausführte, ergab sich die Elektroleitfähigkeit des Spinells durch die direkte Messung der Stromstärke bei bekannter angelegter Gleichspannung in folgender durch das Diagramm Abb. 74 wiedergegebenen Weise. Daraus ersieht man, daß die Elektroleitfähigkeit des Spinells sich nicht allzusehr von derjenigen der Sintertonerde unterscheidet. Sie ist aber jedenfalls merklich größer

[1] RIEKE, R., u. K. BLICKE: Ber. Dtsch. Keram. Ges. **12**, 181 (1931).

[2] JANDER, W., u. W. STAMM: Ztschr. f. anorg. u. allg. Ch. **199**, 165—182 (1931).

[3] RÖGENER, H.: Über den Gleichstromwiderstand keramischer Werkstoffe. Ztschr. f. Elektrochem. **46**, 25—27 (1940).

als die letztere, insbesondere bei tiefen Temperaturen, die Ionenbeweglichkeit im Spinell ist also leichter als in der Tonerde.

Der Spinell gehört zur Klasse der paramagnetischen Stoffe. Seine spezifische magnetische Suszeptibilität beträgt $+ 0{,}62 \cdot 10^{-6}$ cgs-Einheiten. — Die Lichtbrechung ist nicht besonders hoch, der Brechungskoeffizient für die *Na*-Linie beträgt 1,723. — Die Dispersion ist nur gering.

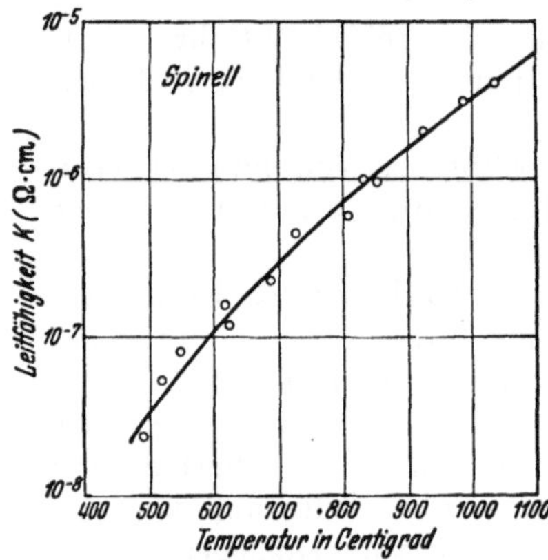

Abb. 74. Elektroleitfähigkeit des Sinterspinells in Abhängigkeit von der Temperatur.

Interessant ist, daß das Emissionsvermögen für Lichtstrahlung bei verschiedenen Spinellen erheblich größer als das ihrer Komponenten ist. So z. B. konnte K. Hild[1] die Bildung des Zinkspinells im festen Zustande dadurch bequem verfolgen, daß er die Strahlungsemission parallel mit der röntgenographischen und mikroskopischen Untersuchung der Präparate gemessen hat. Durch die erhebliche Vergrößerung der Strahlungsemission konnte er den Beginn der Zinkaluminatbildung bereits bei 975° C feststellen. Erst bei 1100° C findet eine merkliche Beschleunigung des Vorganges statt, die insbesondere um etwa 1400° C ausgeprägt ist. Er findet, daß auch der Magnesia-Aluminat-Spinell eine bedeutend höhere Emission als die Komponenten hat[2].

Die Härte des Spinells ist nach der Mohsschen Skala = 8. Die Prüfung der Härte an geschliffener und polierter Oberfläche des Sinterspinells mit dem Zeißschen Mikrohärteprüfer nach Hanemann ergibt die Mikrohärte über 1000 Vickers. Es ist besonders interessant, daß die Härte des Spinells gerade bei der genauen stöchiometrischen Zusammensetzung $MgO : Al_2O_3 = 1 : 1$ das Maximum der benachbarten Gemische erreicht. Der Zusatz des Al_2O_3 setzt die Härte herunter. Dieser Umstand spricht übrigens wiederum dafür, daß im Spinell nicht der α-Korund, sondern die γ-Form der Tonerde in feste Lösung aufgenommen wird.

Neben der hohen Widerstandsfähigkeit der freien Spinelloberfläche, die man gemeinhin als Härte bezeichnet, besitzt der Spinell auch sonst recht beachtliche Festigkeitseigenschaften. Über die Druckfestigkeit des Spinells, die an kleinen Würfeln ermittelt werden konnte[3], ist man

[1] Hild, K.: Ztschr. f. physik. Ch. Abt. A **161**, 305—314 (1932).

[2] Hild, K.: Die Gesamtstrahlung einiger Oxyde und Oxydgemische. Mitt. Kaiser Wilhelm-Inst. f. Eisenforsch. **14**, 59—70 (1932).

[3] Ryschkewitsch, E.: Ber. Dtsch. Keram. Ges. **22**, 54—65 (1941).

heute bis zu recht hohen Temperaturen unterrichtet. Die Zahlenwerte sind folgende:

Temperatur °C	Druckfestigkeit in kg/cm²
20	19000
500	14000
800	12000
1100	6000
1200	5000
1400	1500
1500	600

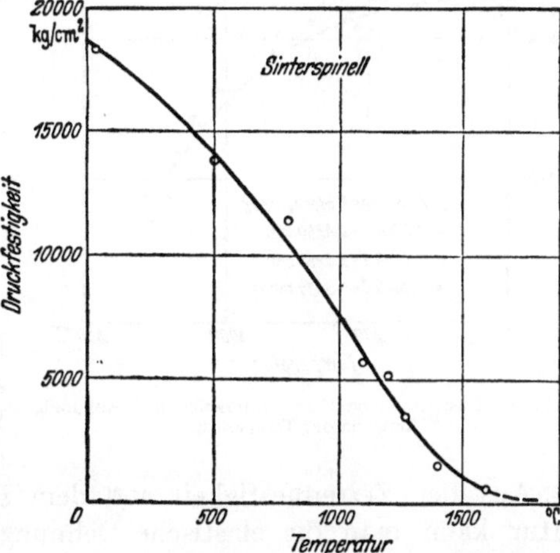

Abb. 75. Druckfestigkeit des Sinterspinells in Abhängigkeit von der Temperatur.

Das Diagramm Abb. 75 gibt den Verlauf der Druckfestigkeit mit der Temperatur in anschaulicher Weise wieder. Die Druckfeuerbeständigkeit unter der Last von 2 kg/cm² gibt eigentlich den Temperaturpunkt *Te* an, bei dem man die Druckfestigkeit = 2 kg/cm² ansetzen darf. Dieser Temperaturpunkt liegt bei Sinterspinell erst bei 2000° C!

Auch die Zerreißfestigkeit konnte an massiven dünnen Stäben aus Sinterspinell bis zu hohen Temperaturen ermittelt werden[1]. Die erhaltenen Zahlenwerte sind folgende:

Temperatur °C	Zerreißfestigkeit in kg/cm²
20	1350
550	960
900	760
1160	430
1300	80

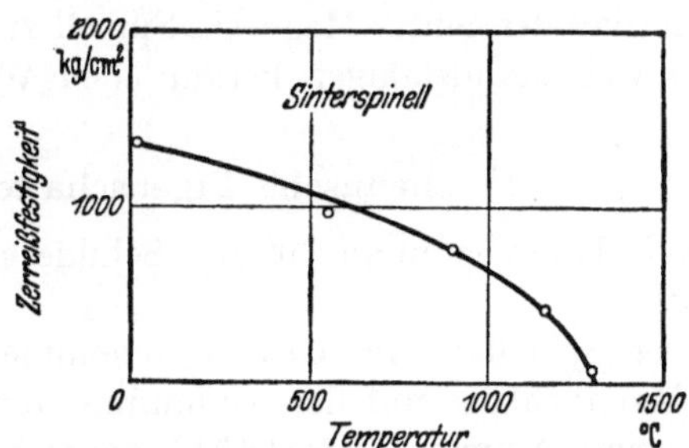

Abb. 76. Zerreißfestigkeit des Sinterspinells in Abhängigkeit von der Temperatur.

Das Diagramm Abb. 76 veranschaulicht den Gang der Zerreißfestigkeit mit der Temperatur in übersichtlicher Weise. Danach erfolgt ein ganz allmähliches Absinken der Festigkeit mit der Temperaturzunahme, und zwar in der Weise, daß anfänglich der Abfall geringer, bei hoher Temperatur aber größer wird.

Sehr wichtige Festigkeitsgröße stellt der Elastizitätsmodul dar. Er ist ebenfalls bis zu recht hohen Temperaturen ermittelt worden[2]. Die

[1] Ryschkewitsch, E.: Ber. Dtsch. Keram. Ges. **22**, 363—371 (1941).

[2] Ryschkewitsch, E.: Elastizitätsmodul einiger keramischer Werkstoffe auf der Einstoffbasis. Ber. Dtsch. Keram. Ges. **23**, 243—260 (1942).

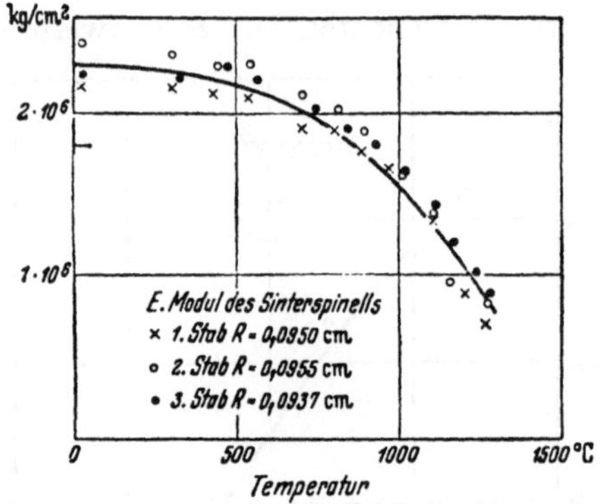

Abb. 77. Elastizitätsmodul des Sinterspinells in Abhängigkeit von der Temperatur.

erhaltenen Zahlen für Sinterspinell sind folgende:

Temperatur °C	E-Modul in kg/cm²
Zimmertemp.	$2{,}3 \cdot 10^6$
250	$2{,}25 \cdot 10^6$
500	$2{,}18 \cdot 10^6$
750	$2{,}0 \cdot 10^6$
1000	$1{,}6 \cdot 10^6$
1250	$0{,}9 \cdot 10^6$

Das Diagramm Abb. 77 veranschaulicht den Gang dieser Festigkeitsgröße mit der Temperatur.

Aus der Zerreißfestigkeit und dem E-Modul bei gleicher Temperatur kann man die elastische Dehnung im Moment des Zerreißens direkt berechnen. Aus den angeführten Zahlen ergibt sie sich zu 0,06% der ursprünglichen Prüfkörperlänge. Je geringer diese Dehnung ist, um so geringer ist auch ceteris paribus der Widerstand des betreffenden Werkstoffes gegen Bruchbeanspruchung, um so größer also seine Sprödigkeit. Vergleicht man den Spinell z. B. mit der Sintertonerde, dann ergibt sich, daß der erstere etwas spröder als die letztere ist.

Alles in allem kann man auf Grund der vorstehenden Angaben sagen, daß der Sinter-Magnesia-Spinell zu den recht festen und mechanisch widerstandsfähigen keramischen Werkstoffen gehört.

c) Chemische Eigenschaften des Spinells.

Wir kommen nunmehr zur Schilderung seiner chemischen Eigenschaften.

Der Spinell ist im Grunde genommen eine salzartige Verbindung der Magnesiabase mit der Aluminiumsäure und könnte als das Magnesium-meta-Aluminat: $Mg \cdot (AlO_2)_2$ angesehen werden. Die löslichen Salze der Meta-Aluminiumsäure sind z. B. das Natrium- und Kaliumaluminat $Na(K)AlO_2$.

Der Spinell ist nicht nur im Wasser unlöslich, sondern auch in starken Säuren in der Hitze bei feiner Verteilung sehr schwer angreifbar.

Der hochgesinterte Scherben von Spinell mit entsprechend geringer Oberflächenentwicklung ist naturgemäß noch widerstandsfähiger gegen verschiedene angreifende Substanzen. Manche Salze, Schlacken und Oxyde basischer Natur, die den Scherben der Sintertonerde empfindlich angreifen, bleiben beim Sinterspinell ohne Einwirkung, wie z. B $BaCl_2$, PbO-Schmelzen usw.

Nach H. ZUR STRASSEN[1] ist unter allen Aluminaten der Formel $Me^{II}O \cdot Al_2O_3$ der MgO-Al_2O_3-Spinell das beständigste. Jedoch schmelzen auch andere Aluminate, wie z. B. $CaO \cdot Al_2O_3$ (das nicht zum Spinelltyp gehört), unzersetzt.

Bei der Erhitzung von Cordierit, der bekanntlich auch eine beträchtliche Stabilität besitzt, bildet sich als die noch stabilere Phase der Spinell. Die Stabilität der Spinelle wird noch dadurch illustriert, daß z. B. Ti^{III} am bequemsten in Form von Magnesia-Titanit-Spinell $MgO \cdot Ti_2O_3$ erhältlich ist[2]. Er wird durch die Einwirkung von Mg-Metall auf TiO_2 oder von MgO auf die Mischung von $Ti + TiO_2$ in reduzierender Atmosphäre bei hoher Temperatur erhalten. Dieser Spinell ist für die Darstellung von Ti^{III}-Salzen von Wichtigkeit. Er ist u. a. deswegen noch besonders interessant, weil er einen Isolator darstellt, der in reduzierender Atmosphäre Halbleiter mit Elektronenstromleitung wird. Die Änderung der Elektroleitfähigkeit zwischen 0 und 400° C umfaßt einige Größenordnungen. H. NELDEL[3] schlägt vor, ihn in der Hochfrequenztechnik anzuwenden.

In diesem Zusammenhang verdient noch ein merkwürdiger Spinell Erwähnung, den zuerst V. M. GOLDSCHMIDT als solchen erkannte, nämlich Mg_2TiO_4, also Magnesiumorthotitanat. Schreibt man die Formel dieses Titanats $MgO \cdot (Mg \cdot Ti)O_3$, dann erkennt man sofort den Zusammenhang mit den Sesquioxydspinellen, da ja die Anzahl der Valenzen der eingeklammerten Atome $(Mg \cdot Ti)$ gleich denjenigen von $Me_2{}^{III}$ ist. Da nun das Spinellgitter in erster Linie, wie wir oben gesehen haben, durch die Anordnung der O-Ionen (bzw. Atomen) gekennzeichnet ist, in deren Lücken die kleinen Metallionen eingesetzt sind, versteht man ohne weiteres, wie ein Orthotitanat einem Metaaluminat äquivalent sein kann.

Beim näheren Zusehen erkennt man jedoch, daß verschiedene Spinelle verschieden gebaut sind. Das ersieht man z. B. daraus, daß sie den elektrischen Strom in verschiedener Weise leiten. Wie oben bereits bemerkt, leitet z. B. der Magnesia-Tonerde-Spinell wie ein Ionenleiter, während die Chromspinelle Elektronenleiter sind. Desgleichen ist Ferro-Ferri-Spinell $(FeO \cdot Fe_2O_3)$ ein Elektronenleiter, während andererseits der Cobalto-Cobalti-Spinell $(CoO \cdot Co_2O_3)$ einen Ionenleiter darstellt usw.[4].

Der chemische Charakter des Sinterspinells ist gegenüber demjenigen der Sintertonerde dadurch charakterisiert, daß er erheblich basischer als die letztere ist. Infolgedessen ist zu erwarten, daß er gegen

[1] STRASSEN, H. ZUR: Ztschr. f. Elektrochem. **41**, 476—478 (1935).

[2] Franz. Pat. 820035 der Titan-Gesellschaft.

[3] NELDEL, H.: Ein regelbarer Hochohmwiderstand ohne gleitenden Stromabnehmer. Ztschr. f. techn. Physik **18**, 464—466 (1937).

[4] VERWEY, E. J. W., u. J. H. DE BOER: Rec. trav. chim. Pays-Bas **55**, 531 bis 540 (1936).

basische Stoffe, Schlacken und Salze noch widerstandsfähiger sein dürfte als die Sintertonerde. Das ist jedoch nicht immer der Fall.

Durch Ätzalkalien, durch geschmolzene Alkalicarbonate und -phosphate wird er nur wenig angegriffen. Man kann z. B. Soda-Pottasche-Schmelze im Sinterspinelltiegel zum Zweck der Aufschlußreaktionen bequem ohne starken Angriff der Tiegelwand ausführen.

Während die $BaCl_2$-Schmelze bei etwa 1350° C (die in der Technik der Schnellstahlhärtung eine wichtige Rolle spielt) den Scherben der Sintertonerde in einer eigentümlichen Weise angreift, indem sie entlang der Korngrenzen ins Innere einzuwandern scheint, ist sie gegen den Scherben von Sinterspinell in wochenlangem Erhitzen wirkungslos.

Ja selbst das Bleioxyd (PbO, Bleiglätte), welches bekanntlich eine überaus starke auflösende Wirkung auf Silicate, aber auch auf die Tonerde, ausübt, kann im Tiegel aus Sinterspinell stundenlang bei Temperaturen oberhalb 900° ohne jeden merklichen Angriff auf die Tiegelwand geschmolzen werden. Die Sintertonerde wird von der PbO-Schmelze angegriffen und aufgelöst.

Dementsprechend eignet sich der Sinterspinell für alle die Fälle ganz besonders, in denen basische Schlacken geschmolzen werden müssen, der Zement gebrannt wird usw. Hierbei verhält sich der Spinell durchaus einheitlich, d. h. die Reagentien lösen nicht etwa den einen Bestandteil, z. B. Al_2O_3 oder MgO aus dem Verband mit der anderen Oxydkomponente heraus, sondern das ganze Molekül reagiert — wenn überhaupt — als ein solches.

Nur bei sehr hohen Temperaturen, speziell bei der Einwirkung der Kohle, bemerkt man eine spezifische Wirkung auf MgO des Spinells. Die Magnesia kann anscheinend z. T. allein für sich verdampfen, sobald der Spinell längere Zeit mit Kohle einer Temperatur von etwa 2000° C ausgesetzt wird. Im H_2-Strom dagegen erfolgt eine derartige Verdampfung auch bei tage- und wochenlangem Erhitzen bis in die Nähe von 2000° C nicht. Das einzige, was hierbei auffällt, ist eine starke Sammelkristallisation des Sinterspinells. Das Produkt sieht dann wie verglast aus. Der Sinterspinell besteht nunmehr aus bis über 1 mm Durchmesser großen Kristallen, wodurch der Scherben sehr stark durchscheinend, ja fast durchsichtig wird.

d) Herstellung und Verwendung des Sinterspinells.

Die Herstellung des Spinells erfolgt in der Weise, daß die reinen Ausgangsmaterialien calcinierte Magnesia und calcinierte Tonerde im molekularen Verhältnis $MgO : Al_2O_3 = 1 : 1$, d. h. 40 Gewichtsteile Magnesia und 102 Gewichtsteile Tonerde verwandt werden.

Das Material wird trocken innig gemischt, darauf unter Zusatz von etwas Wasser brikettiert und im Hochtemperaturofen auf etwa 1800° C erhitzt. Hierbei vollzieht sich eine restlose Umwandlung des Ausgangsmaterials zu Spinell. Er ist aber in diesem rohen Zustande für die keramische Weiterverarbeitung nicht brauchbar. Vor allen Dingen muß das Material feinst vermahlen werden. Dazu dient eine eiserne, mit Stahlkugeln gefüllte Kugelmühle, die (naß oder auch trocken) in genau der gleichen Weise wie oben bei der Tonerde beschrieben das Mahlgut zerkleinert. — Diese Zerkleinerungsarbeit geschieht leichter als bei der Tonerde, da sich der Spinell wegen seiner geringeren Härte und Elastizitätsfestigkeit leichter vermahlt als der Korund.

Das Vermahlen wird zweckmäßigerweise so lange fortgesetzt, bis das Mahlgut ein Maximalkorn von etwa 5 bis 7 μ Durchmesser besitzt. — Das Mahlprodukt ist nun mit metallischem Eisen und seinen Oxydationsprodukten stark verunreinigt und muß davon befreit werden. Das geschieht in genau der gleichen Weise wie auch bei der chemischen Reinigung des ebenso gemahlenen Korunds. Da auch der Spinell praktisch unlöslich in heißen Säuren ist, wird das Gut mit kochender Salzsäure behandelt und darauf mehrfach gewaschen, bis ein blendend weißes Pulver resultiert.

Die Methoden der keramischen Verformung des Spinells sind genau die gleichen wie auch bei der Tonerde. Der eine Unterschied verdient hier erwähnt zu werden. Das ist das Fehlen der ausgesprochenen Fließ- und Ziehtextur bei den Formlingen aus Spinell — im Gegensatz zu den Formlingen aus der Tonerde (falls man bei der letzteren keine Sondermaßnahmen gegen die Ausbildung dieser Textur ergreift). — Das erklärt sich einfach daraus, daß die Bruchstücke der Spinellkriställchen, aus denen das Ausgangsmaterial besteht, keine ausgesprochene Faser- oder Blättchenform besitzen, sondern nach allen drei Dimensionsrichtungen in etwa gleicher Art und Weise ausgebildet sind. Infolgedessen besteht bei der Verformung des Materials durch Gießen des Schlickers, durch Strangpressen der plastischen Masse, durch Trockenpressen des Pulvers keine gemeinsam bevorzugte Orientierung der Kristallite, wie es bei den blättchenförmigen Kriställchen der Tonerde der Fall ist. Die Formlinge werden getrocknet und im Hochtemperaturofen bis etwa 1900° C gebrannt. Der Brennvorgang bezüglich der Schwindung und der Festigkeitszunahme in Abhängigkeit von der Brenntemperatur besitzt die größte Ähnlichkeit mit dem Vorgang bei der Tonerde.

Das Diagramm (Abb. 14) veranschaulicht den Gang des E-Moduls und der linearen Schwindung als Funktion der Brenntemperatur. Bemerkenswerterweise stimmt nicht nur der allgemeine Verlauf dieser Kurven mit denjenigen für die Sintertonerde überein, sondern auch die Absolutwerte der fraglichen Temperaturen für den Übergang von der Frittung zur Sinterung sowie für das Ende der Sinterperiode.

Auch darin äußert der Spinell seinen einheitlichen stofflichen Charakter, ohne jede Andeutung irgendwelcher inneren Umwandlungen, Zersetzungserscheinungen usw.

Wie die Dünnschliffe des Scherbens aus dem Sinterspinell ausweisen, enthält er — ebenso wie die Sintertonerde u. a. Sintererden — noch geschlossene, meist innerhalb der Kristallite befindliche Poren in Form von Lufteinschlüssen. Ihr Ursprung ist natürlich der gleiche wie auch bei der Sintertonerde, worüber oben ausführlich die Rede war.

Der Scherben des Sinterspinells ist also gasdicht im üblichen Sinne des Wortes. Er erlaubt, im Vakuum bis über 1800° C zu arbeiten.

Bemerkenswert ist noch die blendend weiße Farbe einwandfreier Erzeugnisse aus Sinterspinell. Darin übertrifft er alle anderen keramischen Erzeugnisse, und selbst die weißesten Porzellansorten, wie Meißen und Sèvres, können darin mit ihm nicht wetteifern.

Eine besondere Erwähnung verdient die Verwendung des Sinterspinells als Werkstoff für Pyrometerschutzrohre. Die hohe thermische und chemische Widerstandsfähigkeit des Spinells sowie der gasdichte Scherben des Werkstoffs verbürgen einen guten Schutz des Thermopaares gegen äußere Einflüsse, und die sehr geringe Wärmeleitung bedeutet eine um so geringere Fehlerquelle bei der Temperatureinstellung und -ablesung. — Allerdings ist gerade aus diesem Grunde Vorsicht mit dem Temperaturwechsel der Sinterspinellgeräte geboten. Der örtliche Wechsel kann aber auch bei Sinterspinell sehr beträchtlich sein, so daß ein allmählich sich ausgebildetes Temperaturgefälle von 200 bis 300° C/cm dem Spinell nichts schadet. Der zeitliche Temperaturwechsel ist bekanntlich für alle keramischen Werkstoffe erheblich gefahrvoller als der örtliche, und zwar um so mehr, je geringer die Wärmeleitfähigkeit (bei gleichen übrigen Bedingungen) ist.

3. Magnesia.

a) Vorkommen, Gewinnung, Kristallbau.

Das Magnesiumoxyd oder die Magnesia MgO (Bittererde) kommt in der Natur in Form von Periklasmischkristallen mit FeO in vulkanischen Gesteinen, allerdings in geringen, technisch nicht verwertbaren Mengen, vor. Die technische Quelle der Magnesia, speziell für Zwecke der feuerfesten Industrie, bildet der Magnesit, $MgCO_3$, der an verschiedenen Stellen, wie in der Steiermark, auf den Ägäischen Inseln (Euböa u. a.), im Ural, in der Mandschurei, an verschiedenen Stellen in USA. usw., sich zuweilen in sehr großen Mengen und in verhältnismäßig reinem Zustande vorfindet.

Eine andere Quelle, die speziell in den Alpen große Gebirgsstöcke bildet und ungezählte Millionen Tonnen Rohstoff liefern kann, ist der Dolomit, das Doppelsalz der Carbonate von Magnesium und Calcium.

Eine recht ausgiebige und speziell in Deutschland wichtige Quelle besteht — in Staßfurt — aus mächtigen Lagern von komplexen aus dem Meerwasser abgelagerten Magnesium-Kalium-Salzen, die bei der Aufarbeitung auf reine Kalisalze als Nebenprodukt Magnesia liefern. Hauptsächlich kommt hier der Karnallit ($MgCl_2 \cdot KCl \cdot 6H_2O$) in Frage, der das Rohmaterial für die elektrolytische *Mg*-Gewinnung bildet.

Verschiedene Silicate der Magnesia, wie Olivin, Serpentin, Talk und Speckstein, Asbest usw., die ungeheuren Mengen im Meerwasser gelöster *Mg*-Salze usw. sind noch zu erwähnen, wenn sie auch für die Gewinnung von *Mg*-Verbindungen kaum eine Rolle spielen. Die sehr starke Verbreitung von *Mg* an der Erdoberfläche erkennt man daraus, daß dieses Element an der vierten Stelle der reichhaltigst vertretenen Grundstoffe steht, und zwar nach Sauerstoff, Silicium und Aluminium.

Für die Herstellung von *MgO* für keramische — hauptsächlich feuerfeste — Zwecke kommen nicht allzu viele Arten von Naturvorkommen in Frage. In erster Linie ist hier des Magnesits $MgCO_3$ zu gedenken.

Er braucht nur calciniert und das Calcinat evtl. gesintert zu werden, um das gewünschte Produkt, *MgO*, zu liefern. Die Dissoziation von Bitterspat beginnt bereits bei 200° C merklich zu werden. Nach G. Hüttig und W. Nestler[1] entstehen bei der Zersetzung von $MgCO_3$ eine Reihe von intermediären Verbindungen, wie: $3MgO \cdot 4MgCO_3$; $3MgO \times 1MgCO_3$; $2MgO \cdot 1MgCO_3$ (bei 510° C). Bei 620° C erreicht die Dampftension von CO_2 den Atmosphärendruck, so daß bei dieser Temperatur die Zersetzung von Magnesiumcarbonat vollständig ist. Hierbei entsteht der Periklas. Zunächst bildet er sich in Form von allerfeinsten Kriställchen, die aber beim fortschreitenden Glühen bei höherer Temperatur immer mehr und mehr wachsen. Interessante Beobachtungen über die Rolle von Mineralisatoren auf das Wachstum der Periklaskristalle haben T. Noda und Oka[2] gemacht. Danach bleiben die ohne Zusätze gefällten *MgO*-Kristalle beim Erhitzen bis 1000° C amikroskopisch klein. Unter dem „mineralisierenden" Einfluß eines geringen *NaCl*-Zusatzes erreichen die Kriställchen bei der gleichen Erhitzung bis 1 μ im Durchmesser. Bei 1200° C sind reine *MgO*-Kristalle nur 1 bis 2 μ groß, die mit *NaCl* versetzten erreichen 3 bis 4 μ. Einen etwas geringeren Einfluß übt der Zusatz von *KCl* aus; in der nachfolgenden Reihenfolge der Verbindungen wird er immer geringer: $CaCl_2$, $FeCl_3$, $AlCl_3$. Hier ist also nicht die Flüchtigkeit des betreffenden Salzes und auch nicht die Dissoziierbarkeit oder seine hydrolytische Spaltbarkeit, sondern ein anderer noch nicht bekannter Einfluß von Bedeutung. *NaF* z. B. hat ebenfalls eine kristallisationsfördernde Wirkung auf das Wachstum der Periklaskristalle, während CaF_2 sie nicht merklich be-

[1] Hüttig, G., u. W. Nestler: Die Kinetik des thermischen Zerfalls von Magnesit und die hierbei intermediär auftretenden Verbindungen. Ber. Dtsch. Keram. Ges. **67**, 1378—1387 (1934).

[2] Noda, T., u. Oka: Journ. Soc. Chem. Ind. Jap. **41**, 74 B (1938) suppl.

sitzt. Ähnlich mineralisierende Wirkung hat $NaCl$ auf CaO, $CaCl_2$ auf SiO_2 usw. Die kleinen Kriställchen sind gegen die Feuchtigkeit und die Kohlensäure der Atmosphäre noch stark empfindlich und bilden Hydrat und Carbonat. Die hochgeglühte und noch mehr die geschmolzene Magnesia dagegen ist fast luftbeständig, hydratisiert und carbonisiert nicht. Das reine Magnesiumoxyd wird aus gefälltem Magnesiumcarbonat hergestellt.

Beim Calcinieren und Sintern von Magnesit verbleiben natürlich die nicht flüchtigen Bestandteile von Magnesit im Sinterprodukt.

Da beim Calcinieren des Magnesits mehr als die Hälfte des ursprünglichen Gewichtes als Kohlensäure verflüchtigt wird (rund 52,5 Gew.-%), so reichern sich die nichtflüchtigen Verunreinigungen im Calcinat rund auf das Doppelte an. Hatte also der Magnesit ursprünglich 1% SiO_2, 0,5% Al_2O_3 usw., dann besitzt der „Sintermagnesit", wie man das technische Sinterprodukt des Magnesits nennt, nunmehr rund 2% SiO_2, 1% Al_2O_3 usw.

Das Sintern des Magnesits geschieht in rotierenden Flammöfen größeren Formats, die ähnlich wie die Zementöfen gebaut sind. Die Sintertemperaturen erreichen 1600 und 1700° C. Mit der Höhe der Sintertemperatur gewinnt das Produkt an mechanischer Festigkeit und an chemischer Beständigkeit gegen Hydratation und Carbonisation. — Zuweilen wird die Magnesia auch geschmolzen. Infolge des sehr hoch liegenden Schmelzpunktes des Magnesiumoxyds muß der Schmelzprozeß im Kohlelichtbogen vorgenommen werden. Das geschieht so, daß auf eine starke massive Kohlenplatte, die den Boden eines mit hochfeuerfestem Mauerwerk ausgefütterten Schachtes bildet, calcinierte oder gesinterte Magnesia in geringer Menge gebracht wird. Die Platte bildet die eine Zuführung des Starkstromes. Die andere Stromzuführung bildet eine bewegliche starke Kohlenelektrode, die durch Berührung der Platte einen Lichtbogen zündet. In seiner unmittelbaren Nähe schmilzt MgO zusammen. Die flüssige sowie auch die noch sehr heiße, feste Magnesia leitet den Strom genügend stark. Die Kohleelektrode wird von der unteren Platte allmählich entfernt, und gleichzeitig wird in den Bereich des brennenden Lichtbogens immer mehr frisches Material aufgegeben, das allmählich einen ganzen Block bildet. Nach diesem Blockschmelzverfahren kann man auf einmal einige hundert kg MgO unter nur geringen Verdampfungsverlusten schmelzen.

Die geschmolzene Magnesia besitzt im allgemeinen einen etwas höheren Reinheitsgrad als die gesinterte, da ein Teil der Verunreinigungen, z. B. SiO_2, hierbei stark verdampft. Die Blöcke geschmolzener Magnesia werden zerschlagen, gebrochen und zur Weiterverarbeitung bis zur gewünschten Korngröße gemahlen.

Da der reine Magnesit nur verhältnismäßig selten zur Verfügung steht, der Dolomit dagegen ein weitverbreitetes gebirgsbildendes Gestein darstellt, hat es nicht an Versuchen gefehlt, Magnesia aus Dolomit zu gewinnen. Ein Weg besteht z. B. darin, daß man den gemahlenen Dolomit in wäßriger Suspension mit Kohlensäure unter Druck sättigt. Dabei bildet sich das lösliche Calciumdoppelcarbonat leichter als das analoge Magnesiumbicarbonat, wodurch die Trennung beider Komponenten möglich wird. Ein anderes Verfahren besteht darin, daß man den Dolomit calciniert und das gewonnene Produkt $MgO + CaO$ mit $MgCl_2$ und $CaCl_2$ (zuweilen auch mit NH_4Cl) behandelt, wobei sich folgende Reaktion abspielt:

$$MgO + CaO + MgCl_2 + CaCl_2 = 2MgO + 2CaCl_2.$$

Das unlösliche MgO kann dann bequem vom hygroskopischen leicht löslichen $CaCl_2$ abgetrennt werden.

Der auf Kalisalze verarbeitete Karnallit liefert in Endlaugen $MgCl_2$-Lösung; das Magnesiumchlorid liefert bei der thermischen Spaltung in Gegenwart von Wasserdampf Magnesia und Salzsäure. Diese Magnesia ist ziemlich rein und erreicht bis über 96% MgO-Gehalt.

In der UdSSR. hat man in Siwasch, einer Bucht am Asowschen Meer, eine neue Magnesiaquelle entdeckt, die nach A. A. Alentjew[1] folgendermaßen aufgearbeitet wird:

Im Sommer unter dem Einfluß der tropisch brennenden Sonne findet eine natürliche Konzentration der „Mutterlauge" im Meerwasser der Bucht, das zwischen besondere an der Küste errichtete Dämme eingeleitet wird, bis 24° Bé statt. Dabei besteht die Hauptmenge der gelösten Salze aus Magnesiaverbindungen. Die eingeengte Lauge wird durch Kalkmilch behandelt, wobei das Rohmagnesiahydrat ausgefällt wird. Der Niederschlag wird abgetrennt, getrocknet und gebrannt. Diese recht einfache Methode ergibt eine Magnesia mit 87% MgO-Gehalt, mit 6% CaO, 4% SiO_2 und geringen Mengen Tonerde und Eisenoxyd usw. Für die Zwecke der feuerfesten Industrie soll diese Magnesia recht gut geeignet sein.

Das Magnesiumoxyd kristallisiert nur in der Periklasform mit kubischem flächenzentriertem Gitter vom Steinsalztypus[2]. Die Bestimmung der Gitterkonstante ergab $a = 4{,}20$ Å als Mittel vieler Messungen verschiedener Autoren. Die Elementarzelle enthält 4 Moleküle MgO.

Seinen Namen hat der Periklas von der vollkommenen Spaltbarkeit nach der Würfelebene erhalten. In Schliffen kann man diese Spaltrisse an verschiedensten Magnesiapräparaten erkennen. Die mikrophotographische Abb. 78 veranschaulicht es in deutlicher Weise.

Irgendeine Umwandlung der Magnesia unter dem gewöhnlichen Druck ist im gesamten Intervall bis zum Schmelzpunkt nicht bekannt.

[1] Alentjew, A. A.: Siwasch als eine neue Quelle zur Gewinnung der Magnesia. Ukrain. Inst. der feuer- und säurefesten Materialien **44**, 70—77 (1938).

[2] Vgl. E. Schiebold: Ztschr. f. Krystallogr. **56**, 430ff. (1921).

Es gibt allerdings eine interessante Erscheinung des Auftretens des Magnesiumoxyds in hexagonaler Form. Das scheint dann der Fall zu sein, wenn das metallische Magnesium, das in hexagonalem Gitter kristallisiert, mit einer sehr dünnen Oxydschicht überzogen wird. Dann zwingt die Metallunterlage dem hauchdünnen Oxydüberzug gewissermaßen seine Kristallstruktur auf. Sie verschwindet allerdings und gibt der normalen Platz, sobald die Schichtdicke des Überzuges größer wird. Dann vermag eben das Oxyd seine eigene Form auch nach außen zu dokumentieren. Diese Erscheinung ist nicht nur auf System *Mg*/*MgO* beschränkt, sondern auch an anderen Paaren, wie z. B. *Zn*/*ZnO*, sogar *Al* auf *Pt* beobachtet worden[1].

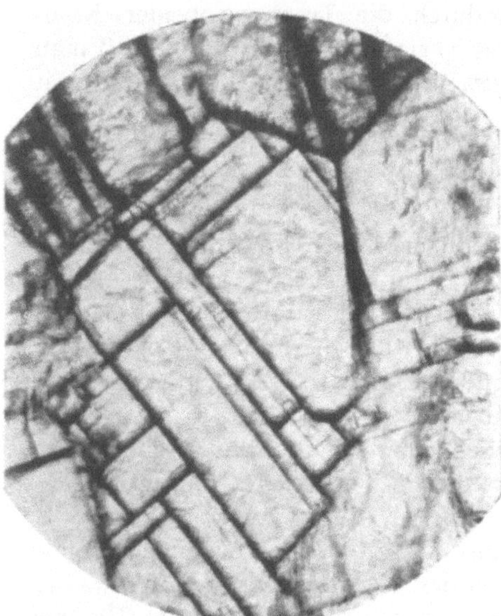

Abb. 78. Dünnschliff der Sintermagnesia (Periklas). Vergr. 200×.

Es handelt sich hier also nicht um das Auftreten einer selbständigen Modifikation, sondern nur um eine Verzerrung des Kristallgitters durch offenbar sehr stark, aber nicht tief wirkende Oberflächenkräfte.

MgO bildet Ionengitter, gleicht also auch darin dem Steinsalzprototyp.

b) Physikalische Eigenschaften der Magnesia.

Aus der röntgenographischen Bestimmung der Gitterkonstante von Periklas errechnet sich sein spezifisches Gewicht zu 3,570*. Direkte experimentelle Bestimmung der Dichte des reinen Magnesiumoxyds ergibt die Zahl 3,570, also in völliger Übereinstimmung mit den röntgenographischen Daten. Die Bestimmung an sehr reinen einheitlichen Kristallen ergab den noch etwas höheren Wert 3,576, der aber auch in einer recht guten Übereinstimmung mit den erwähnten Zahlen steht. Manche Verunreinigungen, insbesondere z. B. die Tonerde, erhöhen etwas das spezifische Gewicht, andere dagegen, wie z. B. der Zusatz der Kieselsäure, wodurch sich — bei hoher Temperatur — das Orthosilicat Forsterit bildet, erniedrigen dasselbe. Es kann demnach natür-

[1] Vgl. G. I. Finch u. A. G. Quarell: Nature, London **131**, 877 (1933); Proc. Royal Soc. London, Ser. A **141**, 398—414 (1933).

* Vgl. W. Biltz: Raumchemie fester Stoffe S. 50. Leipzig **1934**.

lich auch der Fall eintreten, daß verschiedenartige Verunreinigungen bzw. Zusätze die Änderungen des spezifischen Gewichtes gerade ausgleichen.

Aus dem spezifischen Gewicht von Periklas folgt sein Molvolumen = 11,2. Diese Zahl ist, verglichen mit dem Molvolumen anderer hochfeuerfester Oxyde, die für keramische Verwendung in Frage kommen, sehr gering. So ist z. B. das Molvolumen des α-Korunds 26, des Spinells 40 usw. Bedenkt man jedoch, daß die Raumerfüllung der Oxyde hauptsächlich durch den Sauerstoffanteil bedingt ist, dann sieht man sofort, daß sie um so größer ausfällt, je mehr Sauerstoffatome die betreffende Verbindung aufweist, obwohl die eigentliche Packungsdichte vielleicht auch ganz anders ist. Reduziert man die Molgewichte der betreffenden Oxyde auf je 1 Atom Sauerstoff, wie z. B. bei Korund 102/3 = 34 (entsprechend der Formel Al_2O_3), für den Spinell entsprechend $\frac{142}{4} = 35$, und ermittelt man die so „reduzierten" Molvolumina, dann bekommt man der wahren Raumerfüllung näherliegende Zahlen. Man erhält als „reduziertes" Molvolumen des α-Korunds die Zahl $\frac{34}{3{,}9} = 8{,}7$, für den Spinell $\frac{35}{3{,}58} = 9{,}8$, für MgO $\frac{40}{3{,}57} = 11{,}2$ usw. Diese Zahlen ergeben die anschauliche Reihenfolge der reduzierten Molvolumina, die auch der Reihenfolge der Härte, der Druckfestigkeit usw. der entsprechenden Oxyde entspricht. Die nichtreduzierten Molvolumina haben umgekehrte Reihenfolge. Der Periklas hat die Härte 5½ nach der MOHSschen Skala, also zwischen dem Apatit und Orthoklas. Die Festigkeitszahlen für Erzeugnisse aus Sintermagnesia bzw. Periklas sind im allgemeinen nicht sehr hoch, verglichen mit den analogen Werten für andere Sintererden. Das rührt in der Hauptsache daher, daß die keramische Fertigung aus Sintermagnesia sich hauptsächlich auf die Erzeugung von stark porösen grobkeramischen Erzeugnissen beschränkt.

Die Bestimmung des Elastizitätsmoduls an einheitlichen Periklaskristallen ergab eine unbedeutende Richtungsabhängigkeit dieser Größe von der kristallographischen Orientierung. Nach der (110)-Richtung ist der Elastizitätsmodul um einige Prozent höher als nach der (100)-Richtung. Dasselbe ist auch beim Diamanten bekannt, bei dem das Maximum der molekularen Festigkeit in der (111)-Ebene vorliegt. Bemerkenswert ist, daß der E-Modul von Periklas im Bereich von der Zimmertemperatur bis etwa 500° C von der Temperatur fast unabhängig ist. Nach M. A. DURAND[1] beträgt der E-Modul von Periklas im Bereich von 80 bis 560° abs. $8{,}75 \cdot 10^5$ kg/cm². Die innere mechanische Festigkeit des Magnesiumoxyds ist also relativ unbedeutend. Die Bestimmung des E-Moduls an porösen grobkeramischen Stäben aus Sintermagnesia ergibt stark schwankende Werte je nach der Porosität, Korn-

[1] DURAND, M. A.: Physical Review **50**, 453—454 (1936).

größe, Brennsinterung usw. — Im allgemeinen kann man bei grobkeramischen porösen *MgO*-Erzeugnissen mit der Zahl von etwa 10^5 kg/cm^2 rechnen, also etwa ein Zehntel von Hartporzellan normaler Zusammensetzung.

Der überaus hohe Schmelzpunkt des Magnesiumoxyds verleiht ihm eine große Bedeutung als hochfeuerfester keramischer Baustoff. Nach O. W. KANOLT[1] liegt der Schmelzpunkt von Periklas bei 2800 ± 13^0 C. Die Bestimmung erfolgte im Schmelztiegel aus reinem Graphit in einem elektrischen Widerstandsofen mit Kohlewiderstand als Heizelement nach ARSEM. Die Versuche wurden in der Atmosphäre von CO/H_2 ausgeführt, wobei allerdings infolge der *Mg*-Dampfbildung empfindliche Verluste an *MgO* zu verzeichnen waren. Das geschmolzene *MgO*-Produkt war farblos, ziemlich durchsichtig und kompakt kristallin. Es wurde ganz reines Ausgangsmaterial verwendet, das nur wenige Hundertstel Prozent nichtflüchtiger Verunreinigungen enthielt.

Nach den Untersuchungen von O. RUFF und P. SCHMIDT[2] befindet sich der Siedepunkt von *MgO* nahe an seinem Schmelzpunkt. Nach diesen Autoren soll *MgO* bereits bei 2950^0 C den Dampfdruck einer Atmosphäre, also den normalen Siedepunkt erreichen. Diese Angabe steht allerdings nicht ganz in Übereinstimmung mit technischen Befunden bezüglich des Schmelzens von *MgO* im elektrischen Lichtbogenofen. Nach den erwähnten Angaben sollte man erwarten, daß das *MgO*-Schmelzgut im Lichtbogen zu einem sehr großen Teil verdampfen würde, was aber in Wirklichkeit nicht der Fall ist. Der Verdampfungsverlust beim Schmelzen der Magnesiablöcke erreicht bei richtiger Arbeitsweise kaum 10% der angewandten Menge. Er ist zudem, wie weiter unten ausgeführt wird, noch bei weitem nicht allein auf die Verdampfung infolge des hohen Dampfdruckes bei der Schmelzprozedur zurückzuführen, sondern noch auf die chemische Zwischenreaktion der Magnesia mit der Kohle.

Der thermische Ausdehnungskoeffizient der Magnesia ist recht hoch und gehört überhaupt zu den größten, die unter den oxydkeramischen Werkstoffen zu verzeichnen sind. J. B. AUSTIN[3] hat an einheitlichen Periklaskristallen interferometrisch mit größter Genauigkeit die Ausdehnung bestimmt. Danach beträgt der mittlere Ausdehnungskoeffizient (also die gesamte relative Dehnung) bis zur nebenstehenden Temperatur:

Temperatur	$\alpha \cdot 10^{-6}$
bis 50	6,7
100	9,1
200	10,9
300	11,6
400	12,1
500	12,6
600	13,0
700	13,2
800	13,5
900	13,7
1000	13,8

[1] KANOLT, O. W.: Ztschr. f. anorg. u. allg. Ch. **85**, 1—19 (1914).

[2] RUFF, O., u. P. SCHMIDT: Ztschr. f. anorg. u. allg. Ch. **117**, 190ff. (1921).

[3] AUSTIN, J. B.: The thermal expansion of some refractory. Journ. Amer. Ceram. Soc. **14**, 795—810 (1931).

Begreiflicherweise ist namentlich am isotropen Material zu erwarten, daß die an den Einzelkristallen gefundenen Werte mit denjenigen übereinstimmen, die an gesinterten polykristallinen Körpern gewonnen werden. Wie die Messungen von A. KANZ[1] zeigen, ist diese Erwartung tatsächlich erfüllt. Die vom genannten Autor am polykristallinen Material erhaltenen Werte sind nebenstehende:

Temperatur °C	$\alpha \cdot 10^{-6}$
bis 100	11,7
200	11,8
300	12,1
400	12,6
500	12,8
600	12,9
700	13,4
800	13,6
900	14,0
1000	14,2

Weitere Messungen an gesinterten Körpern aus Magnesia ziemlich hoher Reinheit haben H. EBERT und C. THINGWALDT in einem besonderen Ofen, der mit NERNST-Stäben beheizt war, bis 1800° C durchgeführt[2]. Sie haben die nebenstehenden Zahlen erhalten:

Temperatur °C	Ausdehnung in mm/m	Ausdehnungskoeffizient 10^{-6}
bis 300	3,60	12,0
500	6,30	12,6
700	9,30	13,2
900	12,35	13,7
1100	15,50	14,1
1300	18,85	14,5
1500	22,60	15,0
1700	26,55	15,6
1800	28,75	16,0

Die Zahlen befinden sich in einer sehr guten Übereinstimmung mit den oben angeführten. — Man sieht, daß der stetige Anstieg des Ausdehnungskoeffizienten ohne jeden plötzlichen Sprung bis 1800° C geht. Man sieht auch keine Halte- oder Umkehrerscheinungen. Es ist auch äußerst unwahrscheinlich, daß oberhalb der Temperatur von 1800° C irgendeine Unstetigkeit auftritt, die für eine Modifikationsänderung sprechen könnte. Diese Ergebnisse sprechen auch dafür, daß die Magnesia nur in der Form von Periklas allein kristallisiert.

Temperatur °C	Spezifische Wärme
100	0,23
300	0,25
500	0,26
700	0,27
1100	0,28
1300	0,29
1500	0,29
1800	0,29

Die spezifische Wärme der Magnesia wurde von A. MAGNUS[3] bestimmt. Danach sind die Werte für verschiedene Temperaturen nebenstehend angegeben:

Bemerkenswert und unerwartet ist die Konstanz der spezifischen Wärme von 1300 bis 1800° C. Nach G. WILKES[4] ist die Temperaturabhängigkeit der spezifischen Wärme der Magnesia durch folgende Zahlen charakterisiert:

30° C bis 100° C 0,2335
30° C ,, 900° C 0,2765
30° C ,, 1700° C 0,2945

[1] KANZ, A.: Mitt. Forsch.-Inst. Verein. Stahl-Werke AG, Dortmund **2**, 80ff. (1930—1932).

[2] EBERT, H., u. C. THINGWALDT: Physikal. Ztschr. **37**, 471—474 (1936).

[3] MAGNUS, A.: Physikal. Ztschr. **14**, 9ff. (1913).

[4] WILKES, G.: Journ. Amer. Ceram. Soc. **15**, 72—77 (1932).

Die Wärmeleitfähigkeit der Magnesia ist ziemlich hoch. A. EUCKEN hat die Werte für Periklas bestimmt[1]. Nach seinen Messungen sind die Werte für verschiedene Temperaturen folgende:

Temperatur °C	Wärmeleitfähigkeit in gcal/cm/sec
0	0,1
300	0,048
500	0,032
700	0,023
900	0,017
1000	0,014

Die Wärmeleitfähigkeit nimmt also erwartungsgemäß auch bei Periklas mit steigender Temperatur stetig ab — in ähnlicher Weise, wie wir es auch bei dem Korund oben gesehen hatten. Die Wärmeleitfähigkeit verschiedener Erzeugnisse aus Magnesia und „Magnesit" schwankt in ziemlich weiten Grenzen je nach den Beimengungen des Materials, nach der Porosität der Erzeugnisse usw. Darüber existiert eine verhältnismäßig reichhaltige Literatur, namentlich über Magnesitsteine, die in einem sehr großen Umfang in der metallurgischen Industrie verwendet werden[2].

Die Bildungswärme der Magnesia aus den Elementen beträgt 145,8 kgcal pro Mol, gehört also zu sehr hohen Werten, und zwar unter der Berücksichtigung der Wertigkeit der Verbindung und der „Reduktion" auf 1 O-Atom in derselben. Die freie Bildungsenergie für die Raumtemperatur berechnen W. D. TREADWELL und J. HARTNAGEL[3] zu 138,7 kgcal; die geeignet geleitete Verbrennung von Mg zu MgO vermag also — ähnlich wie beim Kohlenstoff — fast die gesamte Bildungswärme in nützliche Arbeit umzusetzen. Allerdings besteht in diesem Falle kein praktisches Interesse für ein derartiges Verbrennungselement, da ja Mg-Metall durch die Elektrolyse von Mg-Salzen gewonnen werden muß, während die Natur uns den (fast) freien Kohlenstoff direkt liefert.

Aus der hohen Verbrennungsenergie folgt, daß MgO eine außerordentlich feste, stabile Verbindung sein muß. Das ist auch in der Tat bei der Raumtemperatur der Fall. Nicht so dagegen bei sehr hohen Temperaturen. Nach TREADWELL und HARTNAGEL beträgt nämlich die Verbrennungsenergie von Mg bei 2400° abs. nur noch etwa 61 kgcal. Bei hohen Temperaturen muß also die Magnesia verhältnismäßig leicht reduzierbar sein, was auch in der Tat der Fall ist. Bei der Temperatur von etwa 1900° C ist danach der Dampfdruck der gasförmigen Reaktionsprodukte der Reaktion $MgO + C = Mg + CO$ gleich einer Atmosphäre. Diese Reaktion täuscht nämlich die Flüchtigkeit der Magnesia bei hoher Temperatur vor. Diese Flüchtigkeit tritt nur in Gegenwart des Kohlen-

[1] EUCKEN, A.: Die Wärmeleitfähigkeit keramischer feuerfester Stoffe. Forschungsheft **353.** Berlin: VDI-Verlag 1932.

[2] Vgl. z. B. H. LASCH: Untersuchungen über die Wärmeleitfähigkeit von Magnesitsteinen. Tonind.-Ztg. **65**, 421—422, 433—434 (1941).

[3] TREADWELL, W. D., u. J. HARTNAGEL: Helv. chim. Acta **17**, 1372—1384 (1934).

stoffs auf, aber nicht in neutraler und in oxydierender Atmosphäre, ja nicht einmal in Gegenwart trockenen Wasserstoffs bis über 2000° C.

Die hohe chemische Stabilität der Magnesia, zumal bei der gewöhnlichen Temperatur, läßt auch eine hohe elektrische Widerstandsfähigkeit des Materials erwarten. Das ist auch wirklich der Fall. Die elektrische Leitfähigkeit von MgO ist von verschiedenen Autoren bestimmt worden. Wie stets bei guten Isolatoren, hat sie sich auch bei der Magnesia als sehr empfindlich gegen Verunreinigungen, Vorbehandlung des Prüfobjektes usw. gezeigt. Einigermaßen reproduzierbare Werte erhält man nach den Untersuchungen von E. DIEPSCHLAG und F. WULFESTING[1] nur nach vorhergehendem Glühen des Materials bei hohen Temperaturen. Die von diesen Forschern so erhaltenen Zahlen für den spezifischen elektrischen Widerstand geformter gesinterter Magnesiakörper waren für verschiedene Temperaturen nebenstehende:

Temperatur °C	Spez. Widerstand $10^3\,\Omega$
950	120
1000	95
1100	62
1200	30
1300	9
1400	3
1500	1,5

Nach BISCHOWSKY[2] ist der spezifische elektrische Widerstand von Erzeugnissen aus 99,2%iger Magnesia mit 0,4% $Al_2O_3+Fe_2O_3$ und 0,4% SiO_2 bei verschiedenen Temperaturen nebenstehender:

Temperatur °C	Spez. Widerstand $10^6\,\Omega$
530	1040
600	150
700	21,5
800	5,5

Diese Zahlen ergeben eine ziemlich glatte Fortsetzung der Werte von DIEPSCHLAG und WULFESTING.

Nach den Untersuchungen von G. SIMON[3] jedoch ist der spezifische elektrische Widerstand der Magnesia noch erheblich höher. Nach seinen Messungen sind die Werte folgende:

Temperatur °C	Spez. Widerstand $10^4\,\Omega$
1400	500
1500	120
1600	13
1700	1,2

Offenbar handelt es sich hier um ein erheblich reineres Material als bei den oben genannten Autoren.

Die einheitlichen reinen Periklaskristalle gehören in der Tat mit zu den besten Isolatoren, wie die Messungen von E. G. ROCHOW[4] gezeigt hatten. Danach beträgt der spezifische elektrische Widerstand von Periklas bei 700° C rund $2{,}3\cdot10^9$ Ohm·cm.

Es existieren allerdings auch Angaben, wonach das polykristalline Magnesiumoxyd einen höheren spezifischen Widerstand besitzt als das

[1] DIEPSCHLAG, E., u. F. WULFESTING: Stahl u. Eisen **49**, 1087 (1929).

[2] BISCHOWSKY: Keramische Massen aus reinem Magnesiumoxyd. Tonind.-Ztg. **55**, 1419 (1931).

[3] SIMON, G.: Dissert. Freiberg **1930**. Ref. im Sprechsaal **64**, 834 (1931).

[4] ROCHOW, E. G.: Electrical conductivity of quartz, periclase and corundum at small field intensity. Journ. appl. Physics **9**, 664—669 (1938).

monokristalline[1]. Das sei hier nur der Übersicht halber angeführt. Eine allgemeine Überlegung und experimentelle Prüfung zeigt jedoch, daß das polykristalline Isoliermaterial einen besseren Leiter als das monokristalline darstellt, während bei guten Leitern (Metallen) diese Beziehung, wie bereits oben erwähnt (S. 101), umgekehrt ist.

Die Meßergebnisse zeigen jedenfalls, daß die reine Sintermagnesia mit zu den besten Isolatoren selbst bei hohen Temperaturen gehört. Dementsprechend ist es auch begreiflich, daß sie — insbesondere in der ersten Zeit — als Kathodenträger in den Radioröhren eine ausgiebige Verwendung fand. Ihre verhältnismäßig leichte Verformbarkeit (infolge der Hydratation) kam dieser Verwendung zustatten. In der Folgezeit ist jedoch die Sintermagnesia durch die Sintertonerde ersetzt worden. Die höhere mechanische Festigkeit und chemische Beständigkeit der letzteren bei gleich guter oder sogar noch besserer Isolierfähigkeit war dafür ausschlaggebend.

Die Dielektrizitätskonstante ε der Sintermagnesia beträgt rund 8. — Das reine *MgO* ist diamagnetisch. Das ist infolge seines symmetrischen Kristallbaues und der Abwesenheit der Dipolmomente zu erwarten. Die molare Suszeptibilität beträgt $-8{,}1 \cdot 10^{-6}$.

Die zuweilen aus der Schmelze beim Abkühlen eines größeren Blockes im elektrischen Ofen entstehenden Periklaskristalle sind ausgezeichnet durchsichtig und wasserklar.

Die Durchlässigkeit der Magnesiakristalle für langwelliges sowie für kurzwelliges Licht ist recht hoch, so daß für manche optische Sonderzwecke Periklas ein geradezu ideales Material ist.

c) Einige Schmelzdiagramme binärer *MgO*-Systeme.

Für die keramische Herstellung sowie Verwendung von Sintermagnesia ist die Kenntnis ihres Verhaltens gegenüber anderen Stoffen bei hohen Temperaturen von Wichtigkeit, was man in bester Weise durch die Betrachtung der Schmelzdiagramme der betreffenden binären Systeme unter der Beteiligung von *MgO* als der einen Komponente übersehen kann. Die Schmelzdiagramme von *MgO* mit Alkalien sind nicht näher erforscht, schon aus dem Grunde, weil die letzteren bei hohen Temperaturen flüchtig sind, sobald sie keine chemische Verbindung mit der betreffenden Komponente bilden, was auch bei *MgO* der Fall ist. — Jedenfalls steht es fest, daß Natriumoxyd mit *MgO* bis 800° C keine Verbindung bildet. Das hochgesinterte oder geschmolzene *MgO* wird durch Ätznatronschmelze nicht merklich angegriffen, nur feinverteiltes *MgO*-Pulver zeigt eine Spur des Angriffs.

Nach den Untersuchungen von H. v. WARTENBERG und E. PROPHET[2]

[1] ROUSSEAU, E.: Chimie et Industrie **31**, 755—758 (1934).

[2] WARTENBERG, H. v., u. E. PROPHET: Schmelzdiagramme höchstfeuerfester Oxyde Teil V. Ztschr. f. anorg. u. allg. Ch. **208**, 369—379 (1932).

bilden die Erdalkalioxyde mit der Magnesia weder Verbindungen noch Mischkristalle. Ihre Schmelzdiagramme sind durch das Auftreten von eutektischen Mischungen charakterisiert. Die Eutektika sind recht scharf ausgeprägt. Aus der Abb. 79 ersieht man den Verlauf der Schmelzkurven von MgO einerseits mit CaO, SrO, BaO und BeO andererseits. Die drei Linienzüge verlaufen in völlig analoger Weise und sozusagen parallel zueinander. Sie schneiden sich nicht.

Der eutektische Punkt des MgO/BaO-Gemisches liegt am tiefsten, und zwar bereits unterhalb 1500° C. Demgemäß sind Ba-Verbindungen in mit Magnesia zugestellten Hochtemperaturöfen nur mit besonderen Vorsichtsmaßregeln über diese Temperatur hinaus zu erhitzen. Das Schmelzdiagramm des Systems MgO/BeO bildet ein weniger scharf ausgeprägtes Schmelzpunktsminimum als die drei oben erwähnten Systeme. Mit BeO geht der tiefste Punkt knapp unterhalb von 1700° C hinab. Auch hierbei muß man — z. B. beim Brennen von Sinterberyllerde — besondere Maßnahmen treffen, wie weiter unten bei der Besprechung der Beryllerde ausgeführt wird.

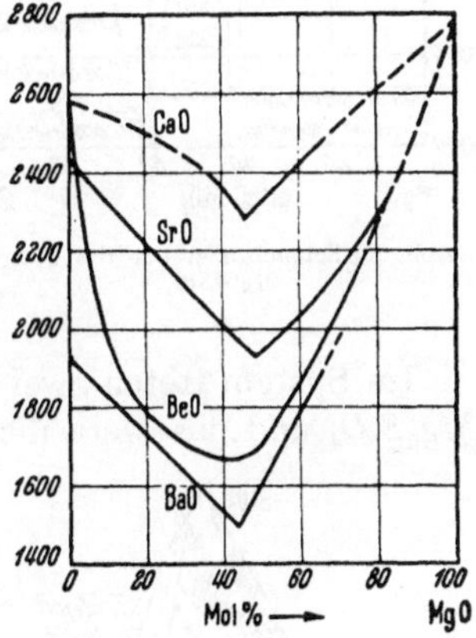

Abb. 79. Schmelzdiagramme der Systeme MgO/CaO; SrO; BaO; BeO.

Isomorphe Mischkristalle mit MgO bilden die Oxyde FeO, CoO, NiO, die bekanntlich Magnesia auch in komplizierter gebauten zahlreichen Mineralien vertreten können. Die Schmelzdiagramme komplizierter Verbindungen, z. B. der Silicate Forsterit-Fayalit, sind völlig analog den Schmelzdiagrammen der Oxyde MgO/FeO selbst aufgebaut.

Die stetige Änderung der Eigenschaften des Systems MgO/FeO in Abhängigkeit von der Zusammensetzung wurde u. a. am Brechungsexponent für Na-Licht in voller Übereinstimmung mit den Isomorphieerscheinungen gefunden.

Das interessante und wichtige System MgO/Al_2O_3 ist schon früher im Kapitel über Spinell besprochen worden. An dieser Stelle sei noch das System MgO/La_2O_3 erwähnt. Das La_2O_3 bildet einen nicht sauren und nicht spinellerzeugenden Bestandteil. Dieses System wurde von H. v. Wartenberg und K. Eckhardt[1] untersucht. Es tritt ein flaches, aber recht deutliches Schmelzpunktsmaximum bei 2080° C auf, das einer molaren Zusammensetzung 1 MgO : 1 La_2O_3 entspricht.

Ähnlich wie beim Spinell ($MgO \cdot Al_2O_3$) treten links und rechts vom distektischen Punkt von ($MgO \cdot La_2O_3$) die beiden Eutektika auf. Das eine mit etwa 42 Mol.-% MgO entspricht der Temperatur 1970° C, und

[1] Wartenberg, H. v., u. K. Eckhardt: Ztschr. f. anorg. u. allg. Ch. **232**, 179—187 (1927).

das andere, scharf ausgeprägte, mit etwa 80 Mol.-% *MgO* der Temperatur von 2000° C.

Das System MgO/SiO_2 ist vom keramischen Standpunkt recht interessant. Gehören doch die hochfeuerfesten Forsterit-(Olivin-)Erzeugnisse, dann Steatiterzeugnisse diesem System an.

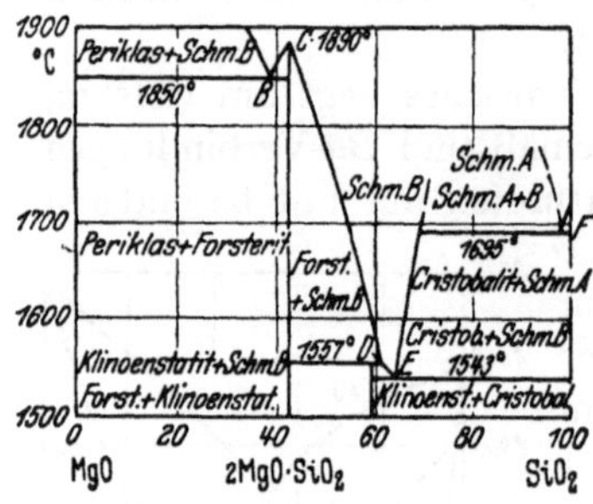

Abb. 80. Schmelzdiagramm des Systems MgO/SiO_2.

Dieses System ist mehrfach untersucht worden. Die grundlegenden Arbeiten stammen von N. L. Bowen, O. Andersen und J. W. Greig. Über Talk und Steatit haben W. Büssem und C. Schusterius[1] wichtige Erkenntnisse zutage gefördert. Die Verwendung von Forsterit (Olivin) als hochfeuerfestes keramisches Material verdanken wir hauptsächlich den Arbeiten von V. M. Goldschmidt, die im wesentlichen in zahlreichen Patentschriften niedergelegt sind.

Im System treten zwei Verbindungen auf: das Orthosilicat Forsterit Mg_2SiO_4 und das Metasilicat Enstatit (Steatit, Talk) $MgSiO_3$.

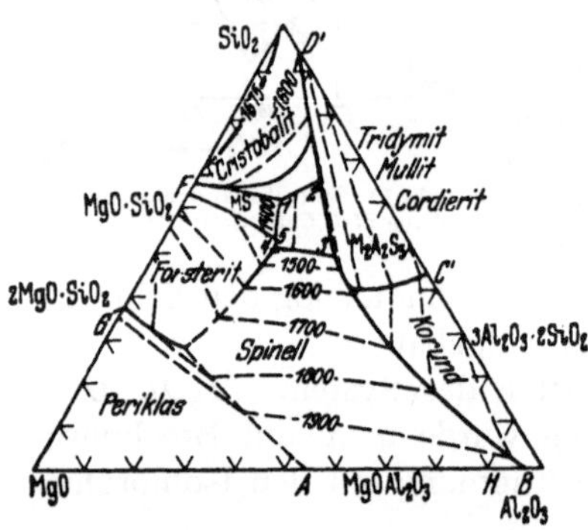

Abb. 81. Schmelzdiagramm des Dreistoffsystems $MgO/Al_2O_3/SiO_2$.

Während der Forsterit kongruent bei nahe 1900° C schmilzt, zerfällt der Enstatit beim starken Erhitzen und bildet eine Schmelze mit Glasanteil, die bei etwa 1700° C erstarrt.

Sehr tief, bei 1543° C schmelzendes Eutektikum liegt zwischen dem Klinoenstatit und Forsterit entsprechend etwa 65 Gew.-% SiO_2 und 35 Gew.-% *MgO*. Das Eutektikum zwischen dem Forsterit und Periklas schmilzt bei 1850° C und entspricht einer Zusammensetzung von etwa 62 Gew.-% *MgO* und 38 Gew.-% SiO_2. — Mit anderen Worten ist es für die Feuerfestigkeit der Magnesiumsilicatmassen nach diesem Schmelzdiagramm wichtig, daß die Kieselsäure vollständig mit *MgO* abgesättigt ist; ein Überschuß an *MgO* übt keinen schädigenden Einfluß aus, wohl aber der Überschuß an SiO_2. Die Abb. 80 gibt das Schmelzdiagramm des Systems MgO/SiO_2 nach H. v. Wartenberg und E. Prophet wieder.

Die Schmelzdiagramme der Systeme MgO/ZrO_2, MgO/CeO_2 usw. werden weiter unten anläßlich der Besprechung der betreffenden Erden

[1] Büssem, W., u. C. Schusterius: Wissensch. Veröffentl. des Siemens-Konz. **17**, 64—94 (1938).

angeführt. Diese Diagramme sind außerordentlich einfach gebaut im Vergleich mit den Dreistoffsystemen, wie z. B. dem wichtigen System $MgO/Al_2O_3/SiO_2$, dessen Diagramm hier anschauungshalber wiedergegeben ist (Abb. 81).

d) Chemische Eigenschaften der Magnesia.

Die chemischen Eigenschaften der Magnesia und ihrer Sinterprodukte sind charakterisiert durch die Stellung des Magnesiums im Periodischen System der Elemente. Es ist ein schwach ausgesprochenes Erdalkalimetall. Sein Oxyd ist also schwach basisch.

Dementsprechend ist die reine Sintermagnesia gegen die basischen Stoffe, Alkalien, Alkalicarbonat usw. unempfindlich und davon nicht angreifbar. Selbst die bekanntlich sehr stark zerstörend und auflösend wirkende Schmelze von Bleioxyd übt auf MgO bei stundenlanger Operationsdauer keinen merklichen Einfluß aus. Diesem Umstand verdankt die Magnesia die Verwendung als Material für Kupellen in der dokimastischen Feuerprobe auf Edelmetalle. Hierbei wird die Probe mit metallischem Blei oxydierend bei etwa 1000 bis 1200° C im Muffelofen auf der porösen dickwandigen Magnesiakupelle behandelt. Das Edelmetall geht zunächst in die Pb-Metallösung. Unter dem oxydierenden Einfluß des zirkulierenden Luftsauerstoffs wird jedoch das Blei zu Bleiglätte oxydiert, die sofort als Schmelze vom porösen Körper der Kupelle aufgesaugt wird. Dieser Prozeß dauert so lange, bis das unoxydierbare Edelmetallkorn frei auf der Kupellenoberfläche übrigbleibt. Für diesen Treibprozeß eignen sich am besten hochgesinterte Sorten von möglichst reiner Magnesia.

Während sich nun die Magnesia gegen die alkalischen Stoffe überaus resistent erweist, ist sie gegen saure Reagenzien naturgemäß ziemlich empfindlich. Von allen Mineralsäuren wird sie stark angegriffen und liefert — mit Ausnahme der Phosphor- und Kieselsäure, in gewissem Umfang auch der Flußsäure — wasserlösliche Salze, was zur Zerstörung führt. Dementsprechend kann man Magnesiasteine und sonstige keramische Erzeugnisse nicht mit diesen Säuren in Kontakt bringen, ohne die Gegenstände zu gefährden.

Mit Kieselsäure und Silicaten bildet die Magnesia Verbindungen, die wir oben bei der Besprechung des Diagramms MgO/SiO_2 kennengelernt haben. Mit reichlichen Mengen Kieselsäure werden verhältnismäßig tief schmelzende Verbindungen und Eutektica gebildet, so daß die Magnesia bei hohen Temperaturen von Silicaten aller Art ferngehalten werden muß.

Sehr wichtig und interessant ist das Verhalten des Magnesiumoxyds zum Kohlenstoff. Bei hohen Temperaturen verflüchtigt sich bekanntlich die Magnesia namentlich in Gegenwart von Kohle, und zwar mit merklicher Geschwindigkeit bereits bei etwa 1800° C. Zu der Zeit, als man die hohen Temperaturen noch allein durch die Elektroheizung von Kohlewiderständen erzeugte, beobachtete man das lebhafte Verdampfen der Magnesia, die durch die Wiederkondensation an der Luft schwere weiße Rauchschwaden bildete. Als aber durch die Schaffung des Hochtemperaturofens nach dem Prinzip der Oberflächenverbrennung bis 2000° C eine bequeme Arbeitsweise in oxydierender und neutraler Atmosphäre vorhanden war, da war es leicht festzustellen, daß die vermeintliche Flüchtigkeit der Magnesia (mit der die Hochtemperaturöfen und die Kontaktkörper im Verbrennungsraum zugestellt waren) nur auftrat, wenn die Ofenatmosphäre eine ausgesprochen reduzierende war, also bei starkem Überschuß von CO. Bei verbrennungstechnisch „neutraler" Atmosphäre — also ohne CO und ohne O_2-Überschuß in den Abgasen — und auch bei oxydierender Atmosphäre, also beim Überschuß an O_2, war von der Flüchtigkeit der Magnesia selbst über 2000° C nichts zu bemerken.

Der wahre Sachverhalt liegt hier so, daß MgO durch C bzw. CO bei hoher Temperatur verhältnismäßig leicht reduziert werden kann, wobei sich Mg-Dampf bildet. Der Dampf gelangt außerhalb der Reaktionszone an die Luft und verbrennt mit der Rauchbildung zu MgO. E. KINDER beschreibt übermikroskopische Aufnahmen an MgO-Rauch[1]. Diese Reaktionsfolge täuscht also die Erscheinung der Flüchtigkeit vor. Hier haben wir eine gewisse Ähnlichkeit der Magnesia mit ZnO. Sie ist darin begründet, daß bei der leichten Reduzierbarkeit beider Oxyde die Elemente nicht ohne weiteres stabile Carbide liefern. W. D. TREADWELL und J. HARTNAGEL[2] haben versucht, im Lichtbogen die Reaktion $MgO + C = CO + Mg$ auszuführen. Es stellte sich dabei heraus, daß nur etwa ⅓ des Mg-Dampfes der Rückoxydation entgeht. Nach P. F. ANTIPIN und A. F. ALABYSCHEW[3] erhält man eine bedeutend bessere Ausbeute, wenn man die Reduktion von MgO mit Silicoaluminium (70% Si, 25% Al, 5% Fe) bei rund 1250° C vornimmt. Die Ausbeute an Mg beträgt dann etwa 70%. — Der trockene Wasserstoff reagiert mit MgO selbst bei 2500° C nicht. Mit Chlor reagiert MgO nach der Gleichung:

$$2MgO + 2Cl_2 = 2MgCl_2 + O_2.$$

In Gegenwart der Kohle beginnt die Chlorierung der Magnesia zu $MgCl_2$ bereits bei 200° C.

Infolge der Abnahme der Bildungsenergie des MgO aus den Elementen mit der Temperatur erfolgt die Reduktion von MgO zu Mg-Metall bei hoher Temperatur leichter als bei tiefer. Nun verlaufen aber die Bildungsenergien der meisten Oxyde in Abhängigkeit von der

[1] KINDER, E.: Ztschr. f. techn. Phys. **22**, 21—22 (1941).
[2] TREADWELL, W. D., u. J. HARTNAGEL: Zit. S. 172.
[3] ANTIPIN, P. F., u. A. F. ALABYSCHEW: Leichtmetalle, russ. **1**, 18—23 (1932).

Temperatur in derselben Weise. Dementsprechend ist es kaum zu befürchten, daß *MgO* durch eine Metallschmelze selbst bei hoher Temperatur reduziert wird. Das ist nur in extremen Fällen möglich, und zwar bei *Si*, *Al*, seltenen Erdmetallen, ferner bei *Ti*. Aber bei *Zr*, *Th* usw. ist es sogar umgekehrt, und diese Metalle werden aus ihren Oxyden durch metallisches *Mg* in Freiheit gesetzt. Eisenmetall, Zink, Blei und natürlich erst recht Zinn, Kupfer, Nickel usw. können in Magnesiageräten ohne jede Spur einer Reduktion bis zu den höchsten Temperaturen erschmolzen werden.

Nach den Untersuchungen von A. SCHNEIDER und E. HESSE[1] beträgt die Reaktionswärme der Reduktion von *MgO* mit *Si* im Bereich zwischen 1200 und 1300° C —122 kgcal. Der Reaktionsmechanismus ist wahrscheinlich folgendermaßen zu formulieren:

$$4\,MgO + Si = 2\,MgO \cdot SiO_2 + 2\,Mg.$$

Röntgenographische Untersuchungen des Reaktionsproduktes erwiesen in der Tat die Bildung des Orthosilicats.

Das metallische Aluminium müßte, seiner viel höheren Verbrennungswärme entsprechend, das *MgO* reduzieren. Das ist aber praktisch wohl erst bei recht hohen Temperaturen, die wesentlich über dem Schmelzpunkt von *Al* liegen, der Fall. Normalerweise, d. h. bei nicht zu starker Überhitzung des *Al*-Metalls und seiner Legierungen, ist die Reaktion des Metallbades mit dem Magnesiagefäß nicht zu befürchten.

Eine interessante Untersuchung über die Reduzierbarkeit der geschmolzenen granulierten Magnesia (die sich also nicht in keramisch verarbeiteter Form mit geringer Berührungsoberfläche befand) mit verschiedenen Metallen, wie *Mn*, *Cr*, *Fe*, *Ni* hat L. NAVIAS[2] angestellt. Als Reaktionsmaß wurde die Verfärbung des Ausgangsmaterials betrachtet. Hiernach besitzt *Ni* bzw. *NiO* die geringste Reaktionsfähigkeit mit Magnesia, dann kommen *Fe* und *Cr*, am stärksten wirken aber *Mn* und seine Oxyde. Das letztere hängt wohl damit zusammen, daß die Oxyde des *Mn* als Säurebildner anzusehen sind, so daß schließlich *Mg*-Manganit oder -Manganat entsteht.

Interessanterweise reagieren *Fe* und *Ni* in der Wasserstoffatmosphäre nicht mit *MgO*, *Cr* reagiert nur sehr schwach, *Mn* deutlicher. Es handelt sich aber immer nur um verhältnismäßig geringfügige Änderungen an der Oberfläche der *MgO*-Körnchen.

[1] SCHNEIDER, A., u. E. HESSE: Gleichgewichtsmessungen zur thermischen Reduktion von Magnesiumoxyd mit Silicium. Ztschr. f. Elektrochem. **46**, 279—84 (1940).

[2] NAVIAS, L.: Soldid reactions at 1000 and 1200° between *MgO* or *BeO* and *Ni*, *Fe*, *Cr* and their oxides. Journ. Amer. Ceram. Soc. **19**, 1—7 (1936).

e) Grobkeramische Erzeugnisse aus Sintermagnesia.

Die Sintermagnesia (meist fälschlicherweise „Sintermagnesit" genannt) wird in der Hauptsache für hochfeuerfeste Steine, Stampfmassen, Ofenzustellungen usw., namentlich in den metallurgischen Öfen, verwendet.

Man geht von Naturmagnesit aus, der möglichst weit gesintert wird. Man ist naturgemäß dabei bestrebt, mit der geringsten Sintertemperatur auszukommen. Um das zu erreichen, muß man der Magnesia passende Zuschläge zusetzen, die einerseits die Brenntemperatur der Steine in den Bereich des technisch beherrschten Gebietes, also möglichst nicht über 1500° C, hinunterdrücken, andererseits aber möglichst hohe Verwendungstemperaturen der Erzeugnisse zulassen.

In der ersten Zeit der Herstellung von Magnesitsteinen war die Forderung nach der Möglichkeit der leichten technischen Herstellung wichtiger als die Forderung nach ihrer möglichsten Güte und Feuerfestigkeit. Demgemäß fragte man nicht allzuviel nach den Schmelzdiagrammen usw., die noch nicht einmal bekannt waren, sondern war bestrebt, wirksame und billige Sinterungsmittel („Mineraliastoren") der Magnesia zuzusetzen.

Man wußte recht bald, daß der Kalk ein unangenehmer — da zu reaktionsfähiger — Bestandteil der Magnesiasteine war. Daher mußte die Sintermagnesia davon befreit werden. Das geschieht in der Weise, daß die Sintermagnesia gemaukt wird. Der gebrannte Kalk wird gelöscht, während die Magnesia ganz wenig hydratisiert und durch die Wasserbehandlung nur von einem großen Teil des Kalkes befreit wird.

Als das einfachste und billigste Sintermittel kommt bis heute das Eisenoxyd zur Verwendung. Das Schmelzdiagramm des Systems FeO/MgO zeigt, daß durch einen 10%igen Zusatz von FeO möglich ist, den Erstarrungspunkt des Gemisches um einige Hundert Grad unter den Schmelzpunkt von MgO herabzudrücken. Da man aber außerdem noch, und zwar in überwiegendem Maße, mit Eisen(III)Oxyd zu tun hat, das Ferro- und Magnesiaferrite bildet, so wird die Wirkung des Eisenoxydzusatzes noch weiter verstärkt. Je nachdem, wieviel und welche weiteren Zusätze bzw. Verunreinigungen die Magnesia enthält, kommt man dann in der Tat mit etwa 1400 bis 1500° C als Sinter- und Brenntemperaturen der Steine aus.

Über die Bildung von verschiedenen Verbindungen in der Sintermagnesia und über ihre Rolle im Sintervorgang selbst unterrichten die eingehenden Untersuchungen von K. Konopicky[1] (z. T. mit H. Kassel). Danach wird die Sinterung nicht so sehr durch SiO_2 und Mg-Silicate, auch nicht durch Dolomit, als vielmehr durch den Magnesit selbst her-

[1] Konopicky, K. (z. T. mit H. Kassel): Ber. Dtsch. Keram. Ges. **17**, 465—483 (1936); **18**, 97—106, 419—427 (1 937).

vorgerufen. Die Grundmasse des sinterungsfähigen Magnesits besteht aus einem isomorphen Gemisch von *Mg*- und *Fe*(II)Carbonaten. Ein nicht sinterfähiges Material kann — wie wir oben gesehen haben — durch Zusatz entsprechender Flußmittel sinterfähig gemacht werden. Dazu gehört nach den Untersuchungen von KONOPICKY vor allem das Eisen(III)Oxyd, und zwar am besten in Form von Calciumferrit, möglichst ohne Kieselsäure. Derartig zusammengesetzte Massen sintern bereits bei 1300 bis 1400° C. Hierbei löst die Magnesia bei hoher Temperatur viel Magnesiumferrit ($MgO \cdot Fe_2O_3$), das dunkelbraun gefärbt ist und schon in sehr geringer Konzentration den Magnesiaerzeugnissen die charakteristische Braunfärbung verleiht. Beim Abkühlen scheidet sich das Ferrit innerhalb der Periklaskristalle in Form von dendritischen Gebilden z. T. wieder aus, die bekannte moosartige Kolonien im Kristallinnern darstellen.

Die Kieselsäure verhindert die günstige Wirkung des Calciumferrits, da beim Mengenverhältnis $CaO : SiO_2 = 1 : 1$ das Calciumferrit sich nicht mehr zu bilden vermag. Die analytische und polarisationsmikroskopische Untersuchung der zahlreichen petrographischen Bestandteile der Sintermagnesia erfordert z. T. besondere Methoden, die von KONOPICKY ausgearbeitet und erfolgreich angewandt worden sind.

Die längst vermutete Bildung des Magnesia-Ferrit-Spinells ($MgO \cdot Fe_2O_3$) in eisenoxydhaltigen Sintermagnesiaerzeugnissen haben zum ersten Male O. KRAUSE und W. KSINSIK[1] wirklich nachgewiesen, und zwar auf röntgenographischem Wege. In diesem Falle ist der Nachweis recht eindeutig möglich, da die Gitterkonstanten der Spinelle alle um etwa 8 Å liegen, während sie beim Periklas nur etwa 4 Å beträgt. Die sinterungsfördernde Wirkung von Eisenoxyd wurde durch G. MALQUORI und V. CIRILLI[2] durch die Bestimmung der Porositätsabnahme unter dem Einfluß der Zusätze einwandfrei erwiesen. Bereits 5% Fe_2O_3 üben eine starke sinterungsfördernde Wirkung aus, desgleichen das Gemisch $CaO + Fe_2O_3$. Wir sahen soeben, daß nach den Untersuchungen von KONOPICKY das Calciumferrit einen besonders günstigen Einfluß hat, was mit den Befunden der italienischen Autoren völlig übereinstimmt.

Auch nach diesen Forschern ist der Zusatz von Kieselsäure schädlich. Gemische von $SiO_2 + CaO + Fe_2O_3$ zeigen dagegen günstige Wirkung. Der Zusatz von Tonerde übt eine ebenfalls positive Wirkung aus, die Mischung $CaO + Al_2O_3$ eine etwas stärkere. Wichtig ist dabei eine gleichmäßige feine Verteilung des Zusatzes.

Im Grunde genommen sind diese Befunde aus den Schmelz- und Zustandsdiagrammen der *MgO*-Systeme direkt ableitbar. Allerdings sind die Verhältnisse in der Praxis oft genug durch die von der Natur

[1] KRAUSE, O., u. W. KSINSIK: Feuerfest **7**, 177—179 (1932).

[2] MALQUORI, G., u. V. CIRILLI: Ric. sci. progr. techn. econ. nation. **10**, 905 bis 914 (1939).

aus vorhandenen Verunreinigungen kompliziert und unübersichtlich. Deswegen ist es auch nicht statthaft, irgendwelche Zusätze, die für das eine bestimmte Magnesitrohmaterial sich als fördernd oder als schädlich zeigten, auch für alle anderen in der gleichen Weise anzusprechen.

Neben der Forderung nach einer möglichst hohen Feuerfestigkeit und einem geringen Nachschwinden spielt auch die Forderung nach einem möglichst geringen Schlackenangriff auf das feuerfeste Magnesiafutter eine wesentliche Rolle. Dieser Angriff wächst bekanntlich mit der Porosität, also mit der Durchlässigkeit des Steines für die flüssige Schlacke. Die möglichste Korrosionsfestigkeit des Steines kann man also bei gegebenem Baumaterial durch das möglichst dichte, kompakte Zusammenbacken der Gefügebestandteile erreichen. Da bei jedem grobkeramischen Material das körnige Gefüge leere Räume zwischen den massiven Körnern enthält, muß man danach trachten, die Zusammensetzung und Zusammenlagerung der Körner so auszusuchen und auszugestalten, daß der Anteil dieser Leerstellen im Stein ein Minimum wird.

Besteht also ein grobkeramisches Erzeugnis aus zusammengesinterten Körnern einer bestimmten Größe, dann muß man die Zwischenräume mit einem kleineren Korn ausfüllen. Da aber auch das kleinere Korn Zwischenräume besitzt, müssen sie mit noch feinerem Korn zugesetzt werden usw., bis praktisch die technische Grenze erreicht ist.

α) Granulometrie.

Derartige Überlegungen im Verein mit praktischer Erfahrung haben in der Grobkeramik, in der Zementindustrie usw. zur Aufstellung von verschiedenen, den gedachten Zweck mehr oder weniger erfolgreich erreichenden Formeln geführt, die angeben, in welchem (Gewichts- oder Raum-) Verhältnis die durch Siebe bestimmten Korngrößen des Materials zueinander stehen sollen. Die wohl älteste und bekannteste graphische Funktion dieser Art ist die FULLER-Kurve, die unter der Voraussetzung der Kugelgestalt der zusammengeschütteten Teilchen aufgestellt worden ist.

Da diese Voraussetzung nicht überall erfüllt ist, weil die Einzelteilchen auch tafelig, länglich oder unregelmäßig kantig ausgebildet sein können, so ergibt sich ohne weiteres die Notwendigkeit, diese Kurve für das jeweilig gegebene Material umzugestalten bzw. eine ganz neue Kurve aufzustellen. Das ist von großer Wichtigkeit, und die Frage nach der richtigen granulometrischen Zusammensetzung des körnigen Materials gehört zu den bedeutendsten bei der rationellen Arbeitsweise mit jeglichem Sinterprodukt, das möglichst dicht sein soll, darunter z. B. auch mit den Erzeugnissen der Metallkeramik.

Es sollen die hier obwaltenden Verhältnisse in anschaulicher und elementarer Weise etwas näher beleuchtet werden.

Denken wir uns eine massive Kugel vom Durchmesser D, die in einen so großen hohlen Würfel eingesetzt ist, daß sie alle seine 6 Seiten „gerade berührt. Dann ist der freie, von der Kugel nicht ausgefüllte „Poren“-Raum im Würfel prozentual

$$= \frac{100\left(D^3 - \frac{\pi}{6} D^3\right)}{D^3} = 100\,(1 - \pi/6)$$
$$= 47{,}7\ \%\,.$$

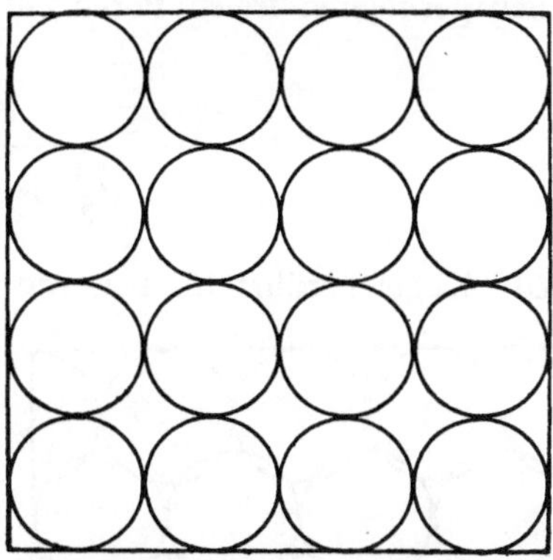

Abb. 82. Einfache Kugelpackung.

Sind nun im Würfel mehrere Kugeln in sog. einfacher Kugelpackung untergebracht, wie die Abb. 82 darstellt, wobei auf die Länge der Würfelkante nunmehr x Kugeln kommen (in der Zeichnung $x = 4$), dann haben im Würfel x^3 Kugeln Platz, deren Einzelvolumen $\pi/6 \cdot (D/x)^3$ und deren Gesamtvolumen wiederum $\pi/6 \cdot D^3$ ist. Mit anderen Worten: der leere Porenraum zwischen den gleichgroßen Kugeln bei der einfachen Kugelpackung bleibt von der Größe der Kugeln unabhängig. Es ist leicht einzusehen, daß dieser Schluß über die Gleichheit des freien Raumanteils sich nicht nur auf die Kugelform der Teilchen allein beschränkt, sondern bei verschieden geformten Teilchen gültig bleibt, sobald sie nur geometrisch untereinander gleich sind.

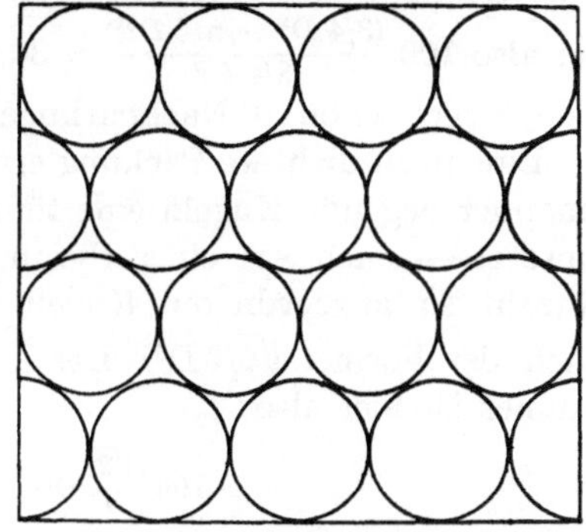

Abb. 83. Einfach versetzte Kugelpackung.

Bei der betrachteten einfachen Kugelpackung berührt jede Kugel 6 Nachbarkugeln. Nun kann man aber die gleiche Anzahl x^3 (in unserem Falle $= 64$) Kugeln in verschiedener Weise zusammenlegen, wobei sie enger, d. h. in kleinerem Raum, gepackt werden.

So z. B. ergibt sich eine etwas engere als die obige einfache Kugelpackung, entsprechend der Abb. 83. Hier sind die Kugeln in einer Richtung versetzt gelagert, so daß die Kugeln jeder folgenden Schicht in die Zwischenräume zwischen je zwei benachbarte Kugeln vorhergehender Schicht hineinpassen. Es entsteht eine einfache hexagonale Packung in parallelen, in sich nicht versetzten Schichten. Offenbar benötigt die gleiche Anzahl x^3-Kugeln zu ihrer Unterbringung jetzt einen geringeren Raum als früher. Eine einfache geometrische Überlegung zeigt, daß dieser Raum in der Tat nicht mehr D^3, sondern nur $\frac{\sqrt{3}}{2} \cdot D^3$ ist. Da aber der von den Kugeln selbst eingenommene Raum natürlich unverändert $= {}^1/_6 \pi \cdot D^3$ geblieben ist, so haben wir in unserem jetzigen Falle einen geringeren freien Porenraum, und zwar prozentual

$$\frac{100\left(\frac{\sqrt{3}}{2} D^3 - \pi/6\, D^3\right)}{\frac{\sqrt{3}}{2} D^3} = 39{,}5\,\%.$$

Jede Kugel berührt hierbei, wie aus der Zeichnung ohne weiteres ersichtlich, nicht mehr 6, sondern bereits 8 Nachbarkugeln. Das ist auch der äußere Ausdruck der dichteren Packung.

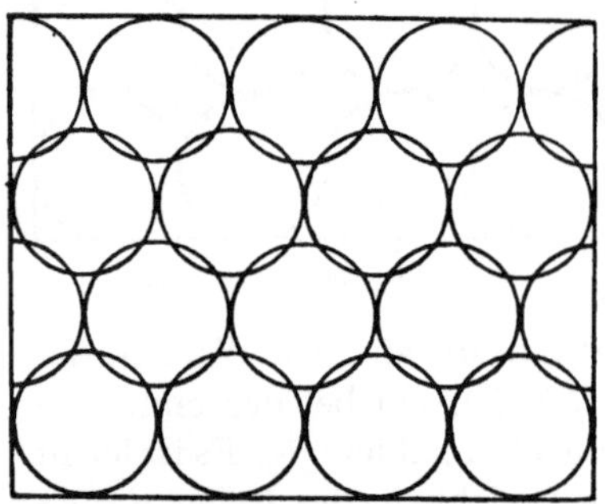
Abb. 84. Doppelt versetzte Kugelpackung.

Nun kann man aber dieselben Kugeln in zwei Dimensionen versetzt anordnen, wie es die Abb. 84 darstellt. Die Rechnung ergibt, daß zum Unterbringen der so angeordneten Kugeln nunmehr der Raum

$$D \sqrt{3}/2\, D \sqrt{3}/2\, D = 3/4\, D^3$$

benötigt wird. Der prozentuale Anteil des leeren Porenraumes ist hierbei also $100 \frac{(3/4\, D^3 - \pi/6\, D^3)}{3/4\, D^3} = 30{,}5\,\%$. Bei dieser Packung berührt eine jede Kugel schon 10 Nachbarkugeln.

Eine noch dichtere Packung erreicht man, wenn man auf je 4 nebeneinander liegende Kugeln eine fünfte Kugel in die gebildete Vertiefung einsetzt — nach Art einer Pyramide. Der zur Aufnahme der gleichen Anzahl so angeordneter Kugeln erforderliche Raum errechnet sich nach der Formel $\sqrt{2}/2\, D^3$. Der prozentuale Anteil des freien Porenraumes ist hier also:

$$\frac{100\left(\frac{\sqrt{2}}{2} D^3 - \pi/6\, D^3\right)}{\sqrt{2}/2\, D^3} = 26\,\%.$$

Bei dieser Packung berührt jede Kugel, wie leicht einzusehen ist, 12 Nachbarkugeln. Im Grunde genommen kann man auf dieselbe Weise die gleiche Packung in einer etwas abweichenden Form ausführen, und zwar in hexagonaler Anordnung (die man auch als tetraedrisch ansprechen kann, je nach der Stellung der Anordnungsachsen). Auch hierbei wird jede Kugel von je 12 Nachbarkugeln berührt. Die Dichtigkeit der Packung und somit auch der Anteil des leeren Porenraumes sind dieselben wie bei der pyramidalen Anordnung. Die Abb. 85 veranschaulicht diese hexagonal dichteste Kugelpackung.

Nun kann man die Zwischenräume, die noch bei der dichtesten Kugelpackung leer bleiben, mit kleineren Kugeln immer mehr und mehr ausfüllen. Es würde zu ermüdend sein, hier die betreffenden Rechnungen weiter anzuführen, mit den obigen ist der Weg klar. Es ist möglich, mit zwei verschiedenen, unter sich gleichen Körnungen, wovon die eine mehrfach (z. B. 10mal) kleiner als die andere ist, bis etwa 7% Porenvolumen $(0{,}26)^2$, mit 3 verschiedenen Körnungen in gleicher Weise abgestuft auf unter 3% Porenraum $(0{,}26)^3$ zu kommen, usw.

In der Praxis stellt sich einer derartigen Kornabstufung eine Reihe von technischen Schwierigkeiten entgegen.

Abb. 85. Dichteste Kugelpackung.

Vor allem liefert keine Mahlanlage ganz gleichmäßiges Korn, dementsprechend würde ein sehr beträchtlicher, sogar der Hauptanteil des Mahlproduktes in den Abfall gelangen.

Die Erfüllung der Forderung nach dem möglichst geringen Porenvolumen des aus Einzelkörnern bestehenden Produktes wird jedoch durch eine Reihe von Umständen erleichtert, die in der Praxis fast immer vertreten sind. In erster Linie hat man ja nie Einzelkörner als wirkliche Kugeln vor sich, sondern als Gebilde mit unregelmäßig ausgebildeter Außenform, die im allgemeinen eine engere Packung als die Kugeln erlauben.

Dementsprechend kann man mit einer Kornabstufung arbeiten, die keine starken Sprünge der Korngröße verlangt. Eine ganze Reihe von Forschern hat sich mit der praktischen Lösung der Frage nach der zweckmäßigsten Abstufungsreihe beschäftigt und die Kurve aufzustellen versucht, die den Zusammenhang zwischen der erforderlichen Korngröße und der entsprechenden Kornmenge (meist in Gewicht ausgedrückt) direkt abzulesen gestattet.

Wohl der erste, der diese Zusammenhänge in klarer Weise erkannte und in einer berühmt gewordenen „FULLER-Kurve" ausdrückte, war W. B. FULLER, der mit S. E. THOMPSON die „Gesetze der Kornzusammensetzung" angab[1].

Die Kurve wurde experimentell an Beton und anderen Baumaterialien gefunden, welche zur Erlangung der besten Tragfähigkeit die dichteste Packung verlangen. Die FULLER-Kurve (Ordinate-Gewichtsanteil, Abszisse-Korngröße) ist in der Abb. 86 abgebildet worden und

[1] FULLER, W. B., and S. E. THOMPSON: Laws of proportioning concrete. Trans. Amer. Soc. Civ. Engin. **59**, 67ff. (1907).

stellt eine Parabel zwischen dem 2. und 3. Grad dar, die in eine Gerade ausläuft. Die experimentelle Prüfung dieser Rechenüberlegungen u. a. an Magnesitsteinen aus gesintertem und aus geschmolzenem Magnesiumoxyd ergab, daß die Übereinstimmung zwischen den berechneten und wirklich erreichten Werten eine ziemlich gute ist. Das ist nicht zu verwundern, weil die Voraussetzungen der Anwendbarkeit der Rechnung bei der Magnesia weitgehend erfüllt sind. Die durch die Mahlung erzielten Teilchen der Magnesia nähern sich der Kugelgestalt.

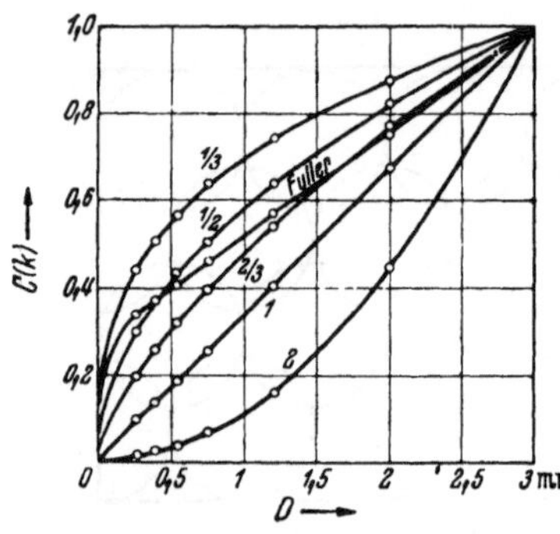

Abb. 86. FULLER-Kurve in der Schar von Parabeln verschiedenen Grades.

Auf diese Weise erreicht man durch sorgfältige granulometrische Zusammenstellung der Körnung ein Raumgewicht der Magnesiasteine bis 3,1. Unter der Zugrundelegung des spez. Gewichtes von Periklas = 3,57 errechnet sich hieraus eine Gesamtporosität von etwa 13%, was als recht wenig bezeichnet werden kann. Da aber das wahre spezifische Gewicht des Rohmaterials der Magnesiasteine (durch Verunreinigungen) oft noch weniger als 3,57 beträgt, ist die wahre Gesamtporosität dabei noch geringer und kann bis 10% erreichen.

Die praktische Erfahrung hat gezeigt, daß man Magnesiasteine mit dem Raumgewicht bis 3,0 und 3,1 aus einem geschmolzenen, etwa 96% MgO-haltigen Material nach folgender granulometrischer Zusammensetzung erhalten kann:

1. Korn: 4 bis 2 mm Durchmesser 1 Gewichtsteil,
2. Korn: 2 bis 1 mm Durchmesser 1 Gewichtsteil,
3. Korn: 1 bis 0,5 mm Durchmesser 1 Gewichtsteil,
4. Korn: 0,5 bis 0,2 mm Durchmesser 1 Gewichtsteil,
5. Korn: 0,2 bis 0 mm Durchmesser 1 Gewichtsteil.

Diese Zusammensetzung ist dadurch besonders ausgezeichnet, daß sie ein gleichmäßiges Ergebnis auch bei der Weglassung des jeweils gröbsten Kornanteils liefert. Für Normalsteine und Ofensteine verwendet man Korn 1 bis 5, für kleinere Steine begnügt man sich — ohne das Rezept sonst zu ändern — mit Korn 2 bis 5, für noch kleinere Geräte mit Korn 3 bis 5 usw. Es leuchtet auf Grund der obigen Überlegungen ein, daß die Raumausfüllung hierbei ziemlich konstant bleibt.

Die Kurve, welche den Zusammenhang der Korngröße und des ihr entsprechenden Gewichtsanteils darstellt, ergibt hier eine Parabel 2. Grades.

V. ŠKOLA[1] gibt eine andere für zahlreiche lose Massen gültige Kurve

[1] ŠKOLA, V.: Über die Korngröße keramischer Massen. Sprechsaal **64**, **337** (1931).

an. Danach sind die Korngrößen und die dazugehörigen Gewichtsanteile nebenstehende:

Korngröße mm Durchmesser	Gewichtsanteil %
4 bis 2	43
2 bis 1	11
1 bis 0,5	11
0,5 bis 0,2	11
0,2 bis 0,12	9
0,12 bis 0,06	7
0,06 bis 0	8

In der Arbeit von E. H. WHITE und S. F. WALTON[1] werden die Zusammenhänge zwischen der günstigsten Größe und der Anzahl der Füllkugeln in folgender Tabelle angegeben:

Radius der Kugeln. . . .	1	0,414	0,225	0,177	0,116	Feinstaub
Anzahl der Kugeln. . . .	1	1	2	8	8	sehr viel
Volumen der Füllkugeln .	4,19	0,3	0,095	0,18	0,053	0,62
Gewicht der Kugeln . . .	100	7,1	2,27	4,30	1,26	14,8
Verbleibender Hohlraum .	26%	20,7%	19%	15,8%	14,9%	3,9%

Über diese Frage haben ferner R. RIEKE und J. GIETH[2], A. H. M. ANDREASEN und K. ANDERSEN[3] und andere Forscher Untersuchungen angestellt, worauf hier nur hingewiesen sei.

Im allgemeinen wird die Funktion zwischen der Korngröße (als Abszisse) und dem dazugehörigen Gewichtsanteil (als Ordinate) in Form einer Parabel nahe 2. Grades dargestellt, wozu übrigens auch die FULLER-Kurve gehört. Wird die Korngröße im logarithmischen Maße aufgetragen, dann ergibt sich aus der Parabel eine Gerade.

Vergleicht man die Mahlkurve, wie wir sie beim Erreichen des Mahlgleichgewichtes gesehen haben, mit der granulometrischen Kurve, dann ergibt sich — bei nicht zu fein getriebener Mahlfeinheit — eine weitgehende Ähnlichkeit zwischen den beiden. Es liegt dann in der Hand des Betriebes, die Vermahlung so auszuführen, daß das betreffende Material praktisch ohne Siebverarbeitung direkt die erforderliche granulometrische Zusammensetzung einer möglichst dichten kompakten Mischung zeigt. — Ein jedes Material erfordert dabei natürlich eine besondere Studie und u. U. eine besondere Mahlanlage: Kugelmühle, Horizontalmahlgang, Walzenstuhl einfach oder mehrstufig usw.

β) Magnesiasteine.

Eine ganz besonders große Bedeutung bei der Herstellung von Magnesiasteinen erlangt die richtige granulometrische Zusammensetzung des Materials bei dem Bestreben, die Steine nur durch die Pressung und ohne Brennen fertigzustellen. Insbesondere bei hochwertigen, an bindenden Verunreinigungen armen Magnesiasorten von hoher Feuerfestigkeit ist auffällig, daß ein ungenügender, d. h. bei nicht sehr hoher

[1] WHITE, E. H., u. S. F. WALTON: Particle packing and particle shape. Journ. Amer. Ceram. Soc. **20**, 155—166 (1937).

[2] RIEKE, R., u. J. GIETH: Ber. Dtsch. Keram. Ges. **11**, 394—406 (1930).

[3] ANDREASEN, A. H. M., u. K. ANDERSEN: Kolloid-Ztschr. **50**, 217—228 (1930).

Temperatur ausgeführter Brand Erzeugnisse liefert, deren Kanten- und Abriebfestigkeit geringer ist als bei ungebrannten, schwach hydratisierten Steinen. Infolgedessen ist man speziell in den Vereinigten Staaten auf den Gedanken gekommen, auf das Brennen der Magnesiasteine überhaupt zu verzichten und diese Prozedur dem eigentlichen Gebrauch der Steine im betreffenden Ofen selbst zu überlassen. Der Grund zur Abnahme der Festigkeit von ungenügend — z. B. bei 1200 bis 1400° C — gebrannten Magnesiasteinen hohen MgO-Gehalts liegt in der Dehydratisierung der Kornoberflächen, ohne daß die Körner eine Versinterung erfahren haben. Offenbar ist hier die hydraulische Bindung stärker als die „Frittung" im Sinne der Ausführungen der Seite 28 ff.

Das in den Vereinigten Staaten von Nordamerika eingeführte und von dort auch in Europa bekannt gewordene Verfahren zur Herstellung ungebrannter Steine wird mit dem Namen „Ritex"-Verfahren bezeichnet. Nach diesem Verfahren werden nicht nur die Magnesiasteine allein, sondern auch Chrom-Magnesiasteine usw. hergestellt, bei denen eine Hydratisierung und demgemäß eine entsprechende Abbindung und Verfestigung eintritt.

Über die Herstellung der „Ritex"-Steine unterrichtet u. a. die Arbeit von R. P. HEUER[1]. Das erste Erfordernis der Steinherstellung nach diesem Verfahren besteht in der sorgfältigen granulometrischen Zusammensetzung des Rohmaterials. Auf Grund der Erfahrung an gegebenem Material wird die „theoretische" granulometrische Zusammensetzung der Masse berichtigt. Die so zusammengesetzte Masse wird unter nur geringem Zusatz von Wasser in besonderen Stahlformen unter hohem Preßdruck (einige Hundert bis über 1000 kg/cm^2) zusammengepreßt. Die Preßkörper sind scharfkantig, mit ebenen Flächen und gleich nach dem Auspressen aus der Matrize recht fest. Nach dem Einbau der Steine in die Öfen erleiden sie den sozusagen natürlichen Brennvorgang. Hierbei ist ihre Schwindung dank der guten Ausfüllung der Leerräume zwischen den Körnchen und dank der hohen Pressung der Masse nur recht gering und erreicht nur etwa 0,5 bis 1% linear.

Es ist selbstverständlich, daß die ungebrannten Magnesiasteine erhebliche wirtschaftliche Vorteile vor den gebrannten haben, da ja der Brennprozeß einen recht bedeutenden Anteil an den Herstellungskosten ausmacht. Allerdings wirkt dem Fortfall des Brennens die richtige granulometrische Zusammensetzung des Materials und die teure Preßverformung entgegen. Es ist jedoch festzustellen, daß die Verwendung der ungebrannten Magnesiasteine einen immer größeren Platz der Gesamtverwendung einnimmt. Wie oben bemerkt, beschränkt sich die Herstellung der Ritexsteine nicht nur auf die reine Magnesia allein,

[1] HEUER, R. P.: Refractories. Trans. Amer. Inst. min. metallurg. Engrs. **106**, 278—281 (1933).

sondern erstreckt sich auch auf Chrom-Magnesia. Es sei hierbei z. B. auf das USA.-Patent 2087107 (R. P. HEUER) hingewiesen, wonach die granulometrische Zusammensetzung des Chrom-Magnesia-Materials folgendermaßen beschrieben wird: 65 bis 75 Teile grobkörniges Chromerz (Siebrest mit 20 Maschen pro Zoll, also entsprechend dem kleinsten Korn von etwa 0,7 mm Durchmesser) wird mit 35 bis 25 Teilen feinkörnigen Magnesiamaterials (Siebdurchgang durch 50 Maschen/Zoll, also mit max. Korn von rund 0,3 mm Durchmesser) vermischt, mit einem passenden Bindemittel in geringer Menge gebunden und unter hohem Druck gepreßt. Derartige Steine sollen sich u. a. durch eine besonders hohe Unempfindlichkeit gegen Temperaturwechsel auszeichnen und insbesondere für metallurgische Öfen eignen.

Hierbei ist auch ihre mechanische Festigkeit recht hoch. Die Kaltdruckfestigkeit guter Ritexsteine kann wesentlich über 1000 kg/cm² steigen.

Allerdings gibt es einen vielleicht noch einfacheren Weg zur Herstellung von mechanisch sehr festen Magnesiasteinen. Er besteht darin, daß die elektrisch geschmolzene Magnesia direkt in Form von Steinen vergossen wird. Die Beherrschung von sehr hohen Temperaturen, wie sie beim Ausgießen von Mullitsteinen (Corhartsteine), von Korund- und Siemensitsteinen, von Calciumcarbid usw. bereits gegeben ist, läßt die Hoffnung als berechtigt erscheinen, daß es bald möglich sein wird, auch Magnesiasteine direkt aus der Schmelze im Lichtbogenofen zu gießen. Hierdurch würden zahlreiche Operationen an geschmolzener Magnesia, die nach bisherigen Methoden keramisch verarbeitet wird, in Fortfall kommen: das Zerkleinern, Mahlen, Verformen, Brennen. Wie die eigenen Versuche des Verfassers (unveröffentlicht) gezeigt haben, sind gegossene Magnesiasteine gegen den Temperaturwechsel relativ unempfindlich. Zylinder von 50 mm Durchmesser und 50 mm Höhe zeigen unter der Last von 2 kg/cm² bis 2000° C gar keine merkliche Druckerweichung. Dementsprechend dürften derartige Steine für den Siemensofenherd, für Gewölbe von Elektroöfen und für alle die Fälle mit besonderem Vorteil verwendbar sein, bei denen die hohe Feuerfestigkeit mit mechanischer Widerstandsfähigkeit verlangt wird.

Außer für die Herstellung von feuerfesten Steinen kommt die Verwendung der Magnesia als grobkeramisches Baumaterial noch in Form von Stampfmassen — ebenfalls für metallurgische Öfen — in Frage. So z. B. empfiehlt W. ROHN[1] geschmolzene Magnesia von einem möglichst hohen MgO-Gehalt und ohne fremde Zusätze als Stampfmasse zur Auskleidung von Hochfrequenzöfen, deren Arbeitstemperaturen bis über 2000° C betragen können. In der Tat ist bei dieser Temperatur jede Beimengung zur Magnesia nur schädlich, da die eutektischen Ge-

[1] ROHN, W.: D.R.P. 638708.

mische zwischen Periklas einerseits und seinen an sich auch hochschmelzenden Verbindungen, wie Forsterit, Spinell usw., andererseits meist unterhalb 2000° C schmelzen und infolgedessen die Ofenauskleidung gefährden würden.

Aber auch hier gibt es Sonderfälle. Wie die eigenen Untersuchungen gezeigt haben[1], ist es für besonders hoch beanspruchte Magnesiateile vorteilhaft, der Magnesia Zirkonerde (ZrO_2) zuzusetzen und Steine aus dieser Mischung möglichst hoch zu brennen. Dann beobachtet man die Steigerung des Druckerweichungsbeginns der Magnesiasteine unter den sonst gleichbleibenden Verarbeitungs- und Zusammensetzungsbedingungen — von etwa 1550 auf über 1800° C.

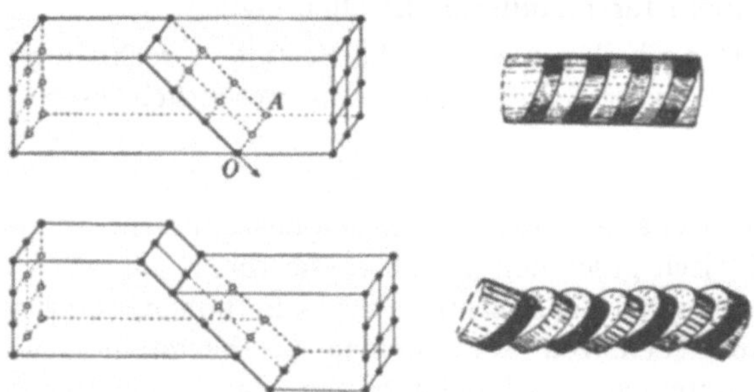

Abb. 87. Gleitdeformation beim Ziehen von Zinkeinkristall.

Diese Erscheinung kann durch folgende Auffassung plausibel gemacht werden:

Die plastischen Deformationserscheinungen feuerfester Baumaterialien, insbesondere der Schamotte, z. B. bei hoher Temperatur unter der Einwirkung äußerer Kräfte, beruhen, wie allgemein angenommen wird, auf der allmählichen Erweichung glasartiger Bestandteile. Der Beginn und der Gang der Druckerweichung spricht dafür.

Wie man aber aus verschiedenen Fällen weiß, vermögen definierte Kristalle noch weit unter ihrem Schmelzpunkt bleibende Deformationen zu erleiden. So z. B. ist es möglich, Steinsalzkristalle bei gewöhnlicher Temperatur unter lang einwirkenden Kraftbelastungen zu biegen; es ist möglich, Stäbe aus reiner Kohle bereits bei 2200° C, also weit unterhalb ihrem Schmelzpunkt, zu verbiegen; so ist es möglich, plastische Deformationen einseitig eingespannter Stäbe aus hochfeuerfesten Sintererden bereits bei 1200° C sehr deutlich zu erzielen, usw. In all diesen Fällen kann nicht vom Schmelzen des Glasanteils der betreffenden Körper die Rede sein. Diese Formänderungen erfolgen infolge der Gleitung der Kristallbauteile an bevorzugten Ebenen, u. U. infolge der

[1] Vgl. E. RYSCHKEWITSCH: Einstoffsysteme als Grundlage der wissenschaftlichen keramischen Forschung. Ber. Dtsch. Keram. Ges. **16**, 111—117 (1935).

Zwillingsbildung der umklappenden Kristallitelemente usw. Darauf beruhen verschiedene Kaltverformungsprozesse bei den Metallen, wie Drahtziehen, Blechewalzen, aber auch Schmieden usw. Bei einigen Metallen, wie z. B. bei Zink, ist diese Erscheinung mit besonderer Deutlichkeit klargestellt worden. Das Ziehen von Zinkeinkristall z. B. kann durch Abb. 87 veranschaulicht werden.

Eine ganz analoge Erscheinung dürfte auch der Druckerweichung des homogenen oxydischen Materials zugrundeliegen. Auch hier dürften die Translationsbewegungen z. B. bei Periklas mit seiner vollkommenen Spaltbarkeit nach dem Würfel entlang der Hexaederfläche wohl mit besonderer Leichtigkeit stattfinden können, ohne den Kristallverband zu zerstören. Hierbei bleiben die Kristallelemente selbst nach wie vor starr und fest. Nicht das allmähliche Flüssigwerden mit seinem beginnenden Zusammensturz der Ordnung der Feinbauteile der Kristalle, also auch nicht die allmähliche wirkliche Erweichung der mitbeteiligten glasigen Stoffe (die hier gar nicht vorhanden sind), sondern die Gleitung usw. entlang der Kristallebenen, ist die Ursache der plastischen Verformung der Magnesiasteine weit unterhalb ihrer Schmelztemperatur (Abb. 88).

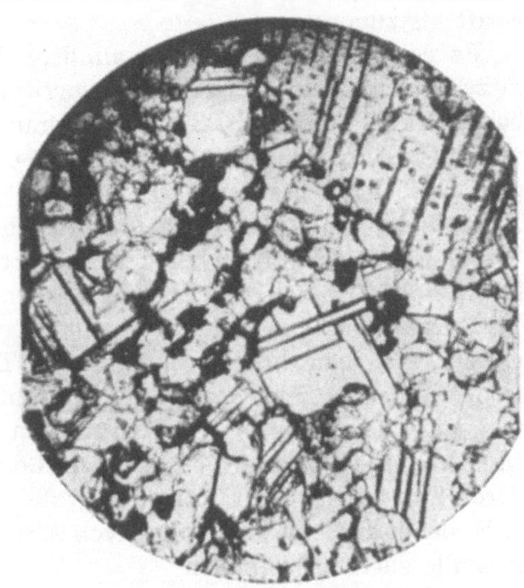

Abb. 88. Dünnschliff eines Sintermagnesiasteines hoher Qualität. Vergr. 50×.

Demnach ist es auch nicht weiter verwunderlich, daß Einflüsse, die zum Kristallwachstum beitragen, auch die Deformierbarkeit, also die Druckerweichung, begünstigen. Dementsprechend beobachtet man gerade bei Magnesiasteinen oft genug, daß ihr Nachbrennen nicht zur Erhöhung der Temperatur des Erweichungsbeginns, sondern genau umgekehrt zu ihrer Erniedrigung führen kann. Bei den Schamottesteinen ist bekanntlich das Nachbrennen mit der Erhöhung des Erweichungsbeginns verknüpft. Das ist aber allein schon durch die vermehrte Mullitbildung erklärbar.

Die Deformierbarkeit oxydischer Einstoffsysteme wird uns also vom „keramographischen“ Standpunkte aus verständlich. Die weitere Anwendung dieses Standpunktes kann uns auch die Verfestigung eines Systems durch die Zusätze verständlich machen. Bekanntlich ist es möglich, die Festigkeit einer Legierung durch die „Ausscheidungshärtung" ganz erheblich zu steigern. So z. B. steigt die Festigkeit des Duralumins (96% *Al*, 3,5% *Cu*, 0,5% *Mg* und Spuren *Mn*) eine gewisse Zeit nach dem Vergießen des Metalls um das Mehrfache des ursprünglichen Betrages an. Die Erklärung dieser sonderbaren Erscheinung der Selbsthärtung besteht darin, daß die Ausscheidung mikroskopischer und amikroskopischer Teilchen fremder Legierungsbestandteile an den Gleitebenen der Metall-(*Al*-)Kristalle die Deformationsmöglichkeit blockiert, wodurch die Legierung eine Versteifung und Verfestigung erfährt. Zur Herbeiführung der Verformung braucht man nunmehr eine größere Kraft als zuvor.

Es erscheint möglich, eine ähnliche Wirkung durch passende Zusätze an den Periklaskristallen hervorzurufen. Die ausgezeichnete Spaltbarkeit der Periklaskristalle läßt vermuten, daß die Würfelebenen bevorzugte Gleitebenen sind. Scheidet sich ein nur teilweise im Magnesiumoxyd löslicher Zusatz wieder aus, was unter geeigneter thermischer Behandlung in feinster Verteilung geschehen kann, dann werden die Gleitebenen blockiert, und die Deformierbarkeit des Werkstoffes — in unserem Falle also der Magnesiasteine — erschwert. Sie sind „verfestigt".

Durch einen passenden Zusatz von etwa 2,5 Mol.-% ZrO_2 zu Magnesia kann man diese Wirkung in der Tat herbeiführen. Im Polarisationsmikroskop sieht man an Dünnschliffen das Vorhandensein von winzigen doppelbrechenden Kriställchen an den Korngrenzen der Periklaskristalle. Bekanntlich ist das Lösungsvermögen von MgO anderen Substanzen gegenüber nicht groß. Das ist auch der Grund, warum z. B. dendritische Ausbildungen von $MgO \cdot Fe_2O_3$ innerhalb der Periklaskristalle zustande kommen.

Auch andere, dem MgO in geringer Konzentration beigemengte Stoffe, wie z. B. SiO_2, was zur Forsteritbildung führt, lösen sich nicht im Perklas auf, sondern bilden meistens eine Art Brücken und Zwischenlagen zwischen den Körnern.

Der Dünnschliff eines Scherbens aus etwa 97%iger geschmolzener und dann weiter grobkeramisch verarbeiteter, bei etwa 1650° C gesinterter Magnesia zwischen den gekreuzten Nikols erscheint nicht ganz dunkel. Würde der Scherben aus Periklaskristallen mit darin aufgelösten Verunreinigungen bestehen, dann hätte man ein vollständig dunkles Gesichtsfeld im Mikroskop. In Wirklichkeit sieht man aber, daß zwischen den dunkel bleibenden Periklaskörnern eine „Zwischensubstanz" (die offenbar aus Forsterit besteht) als hell aufleuchtende Masse sich befindet, ohne sich im Periklas aufzulösen.

Eine Erklärung für die geringe Neigung von MgO, Fremdstoffe aufzulösen, könnte man vielleicht darin suchen, daß Magnesia ein geringes Molekularvolumen, also eine recht dichte Packung der Gitterelemente aufweist. Darin unterscheidet sich Magnesia recht stark vom Spinell, dessen Gitterkonstante doppelt so groß (volumenmäßig also achtmal so groß) wie bei *MgO* ist. Dementsprechend ist auch das Lösungsvermögen von Spinell, wie wir oben gesehen hatten, ziemlich beträchtlich.

Möglicherweise beruht die Wirkung mancher Zusätze, die man zur Verbesserung der Qualität der Magnesiasteine vornimmt, auf gleichen Phänomenen der „Legierungsbildung". Von diesem Standpunkte aus könnte man systematische Untersuchungen anstellen mit experimentell nachprüfbaren Ergebnissen, um einen logischen und wissenschaftlichen Unterbau für die bisher rein empirisch betriebenen und nicht immer glücklichen Maßnahmen zu schaffen. Erst dann wird man die Gründe und auch die richtigen Rezepte für die Wirkung von Calciumferrit, von Eisenoxyd, von Chromit, von Chromoxyd u. a. Zusätzen für das gegebene Ausgangsmaterial mit Sicherheit finden.

In der inhaltsreichen Arbeit: „Über die Verfestigung und Entspannung, Erweichung und Umkristallisation keramischer Erzeugnisse in Abhängigkeit von Gefüge, Temperatur, Zeit und Verformung" hat K. Endell[1] ähnliche wie soeben angeführte Gedankengänge geäußert, wenn sie auch von einem anderen Standpunkt und auch in anderer Art der Zusammenhänge ausgesprochen sind.

γ) Physikalische und mechanische Eigenschaften der Magnesiasteine.

Auf Grund der soeben skizzierten Vorstellungen kann man noch weiter gehen und eine thermisch-mechanische Vergütung der keramischen Werkstoffe in ähnlicher Weise wie bei den Metallen herbeizuführen suchen. Auch hier gelten die sinngemäß übertragenen Grundlagen der Metallographie, die nach einer Art „Korrespondenzprinzip" zur Keramographie führen. — Unter der Vergütung der Metalle versteht man im allgemeinen eine Verbesserung der technologischen Eigenschaften, wie z. B. Erhöhung der Zerreißfestigkeit, Streckgrenze, Kerbzähigkeit usw. Sie wird oft dadurch erzielt, daß die Metallkristalle einer zwangsläufigen Deformation und zuweilen noch zusätzlich (gleichzeitig oder nachträglich) einer thermischen Behandlung unterworfen werden. Die gestreckten, gedehnten bzw. gepreßten Kristalle speichern gewissermaßen einen Teil der in sie hineingesteckten Arbeit auf und äußern diese Speicherung bei späterer Beanspruchung durch einen erhöhten Widerstand gegen die Verformung. Das ist einfach als die innerkristalline potentielle Energie aufzufassen. Etwas Ähnliches ist natürlich auch bei den keramischen Werkstoffen, wenn auch sicherlich in einem weit geringeren Grade als bei Metallen, denkbar und auch tatsächlich feststellbar.

Nach Bestimmungen von K. Endell an Hartporzellan, welches unter Torsionsspannung einer wiederholten Erhitzung unterworfen

[1] Endell, K.: Ber. Dtsch. Keram. Ges. **13**, **97—123** (**1932**).

worden war, ist eine Erhöhung des Druckerweichungsbeginns, d. h. eine Erhöhung der mechanischen Festigkeit der das Porzellan aufbauenden Elemente, bemerkbar. Die Druckerweichung kann also nicht nur durch die Temperaturwirkung allein, sondern in einem gewissen Maße auch durch die Verformungseinwirkung beeinflußt werden. Eine ähnliche Erscheinung kann man nun auch bei keramischen Einstoffsystemen erwarten. Wenn z. B. bei der Dauerbeanspruchung der Stäbe aus der Sintertonerde auf Zug eine gewisse, wenn auch kaum merkliche Dehnung auftritt, die bei 1000° C nur wenige Hundertstel oder Zehntel Prozent beträgt, so deutet das auf die Aufnahmefähigkeit der Kristalle für die angewandte Energie hin[1]. Dementsprechend müßte der Stab nach derartiger Beanspruchung eine höhere Zerreißfestigkeit aufweisen als ohne derartige Behandlung. Das wäre eine richtige thermische Vergütung keramischer Werkstoffe, völlig analog den metallischen.

Die Einführung der keramographischen Denkweise dürfte nicht nur in derartig gelagerten Fällen zu mancherlei Verbesserungen der Qualität der Erzeugnisse und zur Systematisierung der bisher noch nicht ganz geklärten Begriffe und der Arbeitsmethoden führen. Von ihr ist außerdem synthetischer Aufbau zu erwarten. Gewisse Ansätze hierfür sind bereits vorhanden. Sie sind aber noch zu spärlich und sporadisch. Bei ihrer Beachtung kann man aber bereits heute zu klaren Fortschritten gelangen.

Dazu gehört z. B. die Temperaturwechselbeständigkeit keramischer Materialien. Der Begriff ist bisher noch nicht ganz eindeutig definiert, die damit gemeinte Größe zahlenmäßig nicht ausdrückbar. Es ist allgemein üblich, von der „Empfindlichkeit" oder von der „Beständigkeit" des keramischen Werkstoffes gegenüber dem schroffen Temperaturwechsel zu sprechen. Als willkürliches — durchaus nicht streng quantitatives — Maß der Beständigkeit wird die Anzahl von in vereinbarter und vorgeschriebener (DIN 1068) Weise auszuführenden Abschreckungen des Prüfkörpers von der hohen Temperatur (950° C) bis zur Zimmertemperatur in fließendem Wasser oder heftig strömender Luft angesehen, die der betreffende Prüfkörper ohne zu reißen oder ohne zu zerfallen aushält. Die Abschreckung erhitzter Steine mit fließendem oder auch mit ruhendem kaltem Wasser kommt in der Praxis kaum vor (mit Ausnahme z. B. der Rast der Hochöfen, wobei ziemlich poröse hochfeuerfeste Steine Verwendung finden), so daß die erwähnte Prüfung etwas übertrieben erscheint. Außerdem zeigt sich doch, daß die Widerstandsreihe gegen die Abschreckung mit Wasser nicht immer gleichlautend mit der Reihe einer anderen Abschreckungsart, z. B. mit strömender Luft, die der Praxis mehr entspricht, ist. Nach W. STEGER[2]

[1] Vorausgesetzt, daß hierbei keine inneren Risse entstehen, sonst tritt eine Schwächung ein.

[2] STEGER, W.: Zur Bestimmung des Widerstandes keramischer Erzeugnisse gegen schroffen Temperaturwechsel. Chem. Fabrik **11**, 508—512 (1938).

ist es richtiger und auch für die Untersuchung feinkeramischer Massen passender, nicht die Abkühlung erhitzter Proben, sondern umgekehrt eine schnelle Erhitzung kalter (bei gewöhnlicher Zimmertemperatur befindlichen) vorzunehmen. Zu diesem Zweck steht in einem Ofen ein Eisentiegel, in dem sich geschmolzenes Metallbad (*Sn*/*Pb*-Legierung mit 70% *Sn*) befindet. Der zu untersuchende Werkstoff in Form eines Zylinders von 25 mm Höhe und 25 mm Durchmesser wird schnell ins Bad eingesetzt. Zeigt der Probekörper nach der Herausnahme aus dem Metallbad und nach der allmählichen Abkühlung keine Risse (worauf bei feinkeramischen Erzeugnissen in üblicher Weise mit Eosinlösung unter Druck geprüft wird), dann wird das Bad auf eine höhere Temperatur erhitzt und die Prüfung wiederholt, bis der Prüfkörper reißt.

Es ist unmöglich, allgemeingültige Daten über die Widerstandsfähigkeit gegen den Temperaturwechsel der Magnesiasteine anzuführen. Die Verhältnisse ändern sich hier je nach den Ausgangsmaterialien, nach den Herstellungsbedingungen usw. in der stärksten Weise. Hierzu einige Beispiele:

Nach K. Endell[1] ergeben verschiedene Magnesiasteine, die sämtlich die übliche Porosität zwischen 18 und 24%, einen Erweichungsbeginn unter 1 kg/cm² bei 1550 bis 1650° C haben, sowie eine ziemlich gleiche, geringe, bleibende Längenänderung nach der 4stündigen Erhitzung bis 1550° C besitzen, je nach der Herkunft des Rohmaterials und je nach der Herstellung folgende Abschreckungszahlen (in fließendem Wasser nach DIN 1068):

A. Eisenreicher österreichischer Magnesiastein	1,5
B. Eisenarmer österreichischer Magnesiastein	1,5
C. Ziemlich reiner Magnesiastein aus russischem Magnesit	3,5
D. Überwiegend aus geschmolzener Magnesia hergestellter Stein	12
E. Österreichischer Magnesiastein großer Unempfindlichkeit	über 30

F. H. Norton[2] hat eine physikalisch begründete Deutung dem Ausdruck der Temperaturwechselbeständigkeit zu geben versucht. Sie verdient eine besondere Beachtung und soll hier kurz wiedergegeben werden.

Danach ist die Temperaturwechselbeständigkeit S eines gegebenen Werkstoffes abhängig vom thermischen Ausdehnungskoeffizienten β, der Temperaturleitfähigkeit a und der maximalen „Verbiegungsfähigkeit“ φ. Die Gleichung der Funktion lautet:

$$S = \text{const}\,\frac{\alpha}{\beta}\cdot\varphi .$$

Diese Beziehung kann durch folgende Überlegung gewonnen werden: Denken wir uns eine planparallele Platte aus einem homogenen kera-

[1] Endell, K.: Gegen Temperaturänderungen unempfindliche Magnesitsteine. Stahl u. Eisen **52**, 759—763 (1932).

[2] Norton, F. H.: Journ. Amer. Ceram. Soc. **8**, 29—39 (1925).

mischen Material, deren eine Fläche die Temperatur T hat. Im Abstand dx von der Oberfläche soll die Platte die Temperatur $T + dT$ besitzen. Innerhalb der isothermischen (parallelen) Flächen selbst besteht natürlich keine Kraftkomponente, die eine Veranlassung zum Reißen des Materials geben könnte.

Betrachten wir nun die senkrecht zu unserer Platte in ihrer Symmetrieachse gelegene Linie ab, so wird sie durch keinerlei Temperaturgradienten entlang der Plattendicke ihre Lage innerhalb der Platte ändern. Anders dagegen die Linie $a_1 b_1$ im Abstand C von der Linie ab. Die Linie $a_1 b_1$ ist der Linie ab nur dann parallel, wenn die Temperaturen in den Ebenen aa_1 und bb_1 gleich sind. Da wir aber angenommen hatten, daß die Temperatur der Ebene bb_1 nicht T, sondern $T + dT$ ist, so folgt, daß der Punkt b_1 eine Verlagerung nach b_2 durch die thermische Ausdehnung unseres Materials erfahren muß. Diese Verlagerung $b_1 b_2 = dc$ ist offenbar gleich $c \cdot \beta \cdot dT$. Aus der parallelen Linie $a_1 b_1$ erhalten wir eine geneigte $a_1 b_2$. Die Platte ist also bestrebt, durch die Biegung sich nach der Seite der wachsenden Temperaturen konvex zu krümmen.

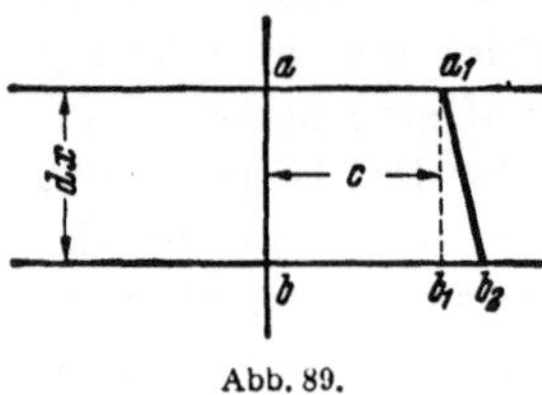

Abb. 89.

Je geringere Kraft zur Vornahme einer gegebenen Verbiegung erforderlich, je größer also die (plastische und elastische) Deformationsfähigkeit des Materials ist, um so geringere Neigung zur Rißbildung wird es dabei zeigen. Andererseits erkennen wir aber auch, daß die Temperaturdifferenz dT selbst sich in einem um so größeren Abstand dx ausbildet, je größer die Temperaturleitfähigkeit a des Materials ist. Dementsprechend kommen wir zur obigen Formel

$$S = \text{const} \frac{\alpha}{\beta} \cdot \varphi .$$

Bei den gleichartig zusammengesetzten Magnesiasteinen gleicher Porigkeit kann man die Größe a als gleich ansehen, desgleichen aber auch die Größe β, so daß für ähnliche Materialien nur die einfache Beziehung übrigbleibt: $S = \text{const} \cdot \varphi$. K. ENDELL hat die Verdrehung unter bestimmter Krafteinwirkung als Deformation der Magnesiasteine gewählt und an 5 oben erwähnten Steinen bestimmt. Es ergaben sich nebenstehende Werte. Man sieht also in der Tat eine wenn auch nicht vollständige, so doch ziemlich angenäherte Proportionalität zwischen den beiden Größen: dem Verdrehungswinkel bei Anlegung einer bestimmten Torsionsspannung und der Anzahl der Abschreckungen der betreffenden Steine.

	Verdrehung	
	20°	900°
Stein A	0,0018	0,0018
Stein B	0,0009	0,0009
Stein C	0,0018	0,0027
Stein D	0,0027	0,0054
Stein E	0,009	0,0144

Von welchen physikalischen und morphologischen Faktoren nun die Deformierbarkeit abhängt, wird z. T. aus den obigen Betrachtungen über die Gleitung der Kristallflächen klar. Nach ENDELL zeigen gerade die temperaturwechselbeständigen Steine Periklaskristalle mit vielfachen Unterteilungen in Form von Spaltebenen, an denen die Deformationserscheinungen sich abspielen dürften[1].

Ähnliche Zusammenhänge versuchen in einer Reihe von Arbeiten S. KONDO und H. YOSHIDA[2] aufzudecken und experimentell zu prüfen. Verschiedene Zusätze in geringen Konzentrationen, wie Fe_2O_3, Mn_2O_3, TiO_2 (als Rutil), SiO_2, CaO u. a., haben sich in bezug auf die Elastizitätseigenschaften der Magnesiasteine als ungünstig erwiesen. Größere Zusätze von Cr_2O_3 und Al_2O_3 dagegen vermindern den Elastizitätsmodul und erhöhen den Widerstand gegen den Temperaturwechsel, und zwar um so deutlicher, je höher die Brenntemperatur ist. Die Autoren geben keine Erklärung dieser Wirkungen. Man kann sich jedoch folgende Vorstellung vom keramographischen Standpunkte aus bilden.

Geringe Mengen von verschiedenen Zusätzen dürften infolge einer gewissen Löslichkeit der Oxyde ineinander auch bei Periklas z. T. in feste Lösung gelangen. Wegen der unvollkommenen oder gänzlich mangelnden Isomorphiebeziehungen entstehen im Periklaskristall zusätzlich innere Spannungen. Der Kristall wird härter, spröder, seine Elastizitätsgrenze fällt, seine Widerstandsfähigkeit gegen den Temperaturwechsel sinkt.

Hat man dagegen so große Konzentrationen von *passenden*, richtig ausgesuchten Zusatzstoffen angewandt, daß sich neue Phasen bilden können, dann wird das Verhalten des Produkts durch die Eigenschaften des Kristallitgemenges bestimmt. Man kann sich dabei vorstellen, daß an den Grenzen zwischen Kristallen verschiedener Stoffe eine gegenseitige Gleitung und Verschiebung leichter stattfinden kann als an den Kristallgrenzen ein und derselben Substanz. Die leichtere Verschiebbarkeit ist ja nur der Ausdruck einer geringeren interkristallinen Bindungskraft zwischen verschiedenen Stoffen, verglichen mit der Bindungskraft der gleichartigen Kristallite. Allerdings bedarf diese Auffassung einer exakteren experimentellen Nachprüfung.

[1] H. SALMANG und P. NEMITZ [Einfluß der Körnung von Magnesitsteinen auf ihre Eigenschaften. Sprechsaal **67**, 717—719 u. ff. (1934)] sehen den Grund der großen Verschiedenheiten der Temperaturwechselbeständigkeit von Magnesitsteinen in der Gestaltung und Einordnung der sehr empfindlichen Schmelzflußbrücken zwischen den Periklaskristallen, allerdings ohne nähere quantitative Erfassung dieser vermuteten Einflüsse. Es wird auch nicht näher angegeben, aus welchen Gründen eigentlich die Schmelzflußbrücken gerade bei Magnesitsteinen so besonders empfindlich sind.

[2] KONDO, S., u. H. YOSHIDA: Journ. Japan. Ceram. Assoc. **44**, 611—616 (1936); **47**, 135—136 (1939) usw.

δ) Feinkeramische Erzeugnisse aus Magnesia.

Bisher war in der Hauptsache über die grobkeramischen Sintermagnesiaerzeugnisse, und zwar in Form von Magnesiasteinen, die Rede. Die technische Rolle der feinkeramischen Sintermagnesia mit dichtem Scherben ist zwar unermeßlich geringer als die der Magnesiasteine, der Übersicht halber soll sie aber hier kurz Erwähnung finden. Als Ausgangsmaterial für die Herstellung der dichtbrennenden Sintermagnesia wird nicht die geschmolzene und auch nicht hochgesinterte, sondern calcinierte feinkörnige Magnesia, am besten aus gefälltem Carbonat, verwendet.

Die größte Schwierigkeit, die sich der keramischen Verarbeitung der Magnesia in dieser Form entgegenstellt, besteht in der Hydratisierbarkeit des Magnesiumoxyds. Dementsprechend kann es nicht ohne weiteres mit Wasser oder mit wässerigen Lösungen, selbst bei recht schneller Arbeit, angemacht werden. Die Reaktion $MgO + H_2O = Mg(OH)_2$ erfolgt unter starker Volumenzunahme, der notwendige Wasserüberschuß führt zur Aufquellung des gelatinös werdenden Hydrats. Das Brennen eines derartigen Produkts ist technisch gar nicht möglich, ohne daß zahlreiche Schwindungsrisse auftreten. Man kann zwar die Hydratation und alle damit verbundenen Unbequemlichkeiten dadurch stark mildern, daß man bei möglichst tiefer Temperatur, alo in der Nähe von 0° C arbeitet. Das Anmachewasser soll also kalt sein, das Verformen und Trocknen der Formlinge muß ebenfalls möglichst um 0° C — also mit ziemlicher Beschwernis — geschehen, und doch gelingt es nicht, oder zum mindesten nicht sicher, die Formlinge heil aus dem Brennofen zu erhalten.

Zur Verminderung der chemischen Reaktionsfähigkeit bei der Verarbeitung sowie zur Herabsetzung der Brennschwindung der Formlinge aus calcinierter Magnesia wird das Ausgangsmaterial bei ziemlich hoher Temperatur vorcalciniert. Die Temperatur von etwa 1700° C kann nicht als zu hoch angesehen werden. WM. H. SWANGER und F. R. CALDWELL[1] empfehlen, die zu calcinierende Magnesia, mit Petroleum oder mit Alkohol angefeuchtet, vorher zu Briketts zu verpressen. Das calcinierte Material wird nun vermahlen. Hier beginnt eine weitere Schwierigkeit. Die Autoren arbeiten in einer gewöhnlichen Porzellanmühle mit Porzellankugeln. Das ist natürlich mit einer zu großen Gefahr der Verunreinigung des Ausgangsmaterials verbunden. Stahlmühle ist aus dem Grunde kaum anzuwenden, weil das Herauslösen des Eisens aus dem Mahlgut nicht ohne Angriff auf *MgO* erfolgen kann. Es gelingt unschwer, bei der Arbeit mit Steatitmühlen und Steatitkugeln eine Vermahlung der Magnesiabriketts ohne nennenswerte artfremde Verun-

[1] SWANGER, WM. H., u. F. R. CALDWELL: Special refractories for use at high temperature. Journ. Res. Bur. Stand. **6**, 1131—1143 (1931).

reinigungen auszuführen. Hierbei muß man die Bedingungen der Vorcalcinierung dem jeweiligen Ausgangsmaterial gut anpassen, um möglichst hoch calcinierte, aber noch nicht zu fest zusammengebackene und dementsprechend nur schwer zu vermahlende Magnesia zu erhalten. Das Vermahlen soll bis zur Bildung vom Korn bis max. 10 μ gehen.

Wenn nun die Masse in den Matrizen gestampft werden soll, dann kann man mit ganz wenig Wasser arbeiten. Nach SWANGER und CALDWELL wird 2% einer 2%igen wässerigen Lösung von $MgCl_2 \cdot 6H_2O$ als Bindemittel verwendet. Die sehr geringe Wassermenge reicht hierbei nur zur oberflächlichen Hydratation und zum Binden der Teilchen aneinander. Dementsprechend beträgt die Schwindung der gestampften Magnesiakörper beim Brennen bis etwa 1800 bis 1900° C nur etwa 4 bis 5% linear. Hierbei ist keinerlei Rißbildung zu befürchten. Der Scherben derartiger Geräte ist weitgehend dicht, sein Raumgewicht beträgt etwa 3,5.

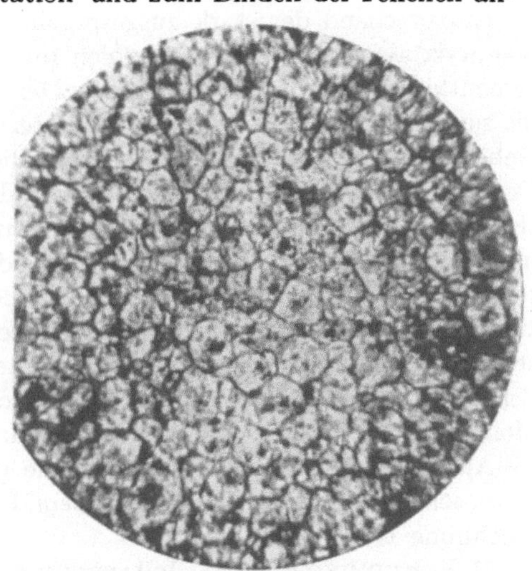

Abb. 90. Dünnschliff eines dichten Scherben aus Sintermagnesia. Vergr. 110×.

Zur plastischen Verformung der calcinierten Magnesia — z. B. bei der Herstellung von Rohren nach dem Ziehverfahren — genügt die Bindung mit 2% einer 2%igen $MgCl_2$-Lösung nicht mehr. Recht bequem kann man jedoch auch hier mit organischen Bindemitteln arbeiten.

Je reiner das Ausgangsmaterial, eine um so höhere Brenntemperatur muß angewandt werden, um einen durchscheinenden dichten Scherben zu erzielen. Es ist vorteilhaft, bis etwa 2000° C zu gehen, und zwar natürlich in oxydierender oder sog. „neutraler“ Atmosphäre wegen der Reduzierbarkeit von MgO bei hohen Temperaturen.

Auch hier besteht der Scherben aus einem Geflecht von mikroskopisch kleinen, miteinander verwachsenen Periklaskristallen. Abb. 90 eines Dünnschliffs der dichtgebrannten, aus schwach calciniertem Ausgangsmaterial hergestellten Sintermagnesia bei 110facher Vergrößerung gibt die Vorstellung von dem Gefüge. Es erinnert stark an Gefüge aus Sinterthorerde, womit die Magnesia bezüglich ihres Kristallsystems und des Schmelzpunkts weitgehend übereinstimmt. — Der dichte, stark durchscheinende Scherben ist infolge der hohen thermischen Ausdehnung sowie der nicht besonders hohen mechanischen Festigkeit — verglichen z. B. mit der Sintertonerde — gegen den schroffen Temperaturwechsel empfindlich. Dafür erlaubt er aber bei geeigneten Aufheizverhältnissen bis 2400° C zu arbeiten.

f) Einige Anwendungen der Sintermagnesia.

Nicht nur die Temperaturwechselbeständigkeit oder die Feuerfestigkeit, sondern in einem hohen Maße auch die chemische Widerstandsfähigkeit gegenüber verschiedenen Stoffen bestimmt die Verwendbarkeit der Sintermagnesia als keramisches Baumaterial.

Entsprechend der stark ausgesprochenen basischen Natur wird die Magnesia als Ausmauerung der Öfen für die Herstellung der Portlandzementklinker mit Erfolg verwendet. Die hoch kalkhaltige Masse würde die saure Schamotte bei den hohen Sintertemperaturen stark angreifen. Neben der Magnesia kommt hier noch die Spinellzustellung in Frage. Dort aber, wo neben der Einwirkung der auflösend wirkenden basischen Schlacken sehr hohe Temperaturen in Frage kommen, wie z. B. in den elektrischen Hochfrequenzöfen oder in metallurgischen Ofenteilen, wie Blasköpfen, die neben der außerordentlich hohen Temperatur noch unter der Einwirkung der basischen Flugasche und Schlacke stehen, kommt der Magnesia eine erhöhte Bedeutung zu. Die Decken der Lichtbogenöfen, Brennerköpfe und auch Herde der Siemens-Martinöfen und dergl. werden in steigendem Maße aus Magnesia hergestellt. — Allerdings verträgt die Magnesia die gleichzeitige mechanische Beanspruchung nur schlecht, und diesem Umstand muß man besonders Rechnung tragen.

P. P. Budnikow und S. Icharewitsch[1] empfehlen die Verwendung der Magnesiasteine für die rotierenden Öfen zur Herstellung von Natriumsulfid aus Natriumsulfat und Kohle. Unter den verschiedenen erprobten feuerfesten Materialien, wozu auch die Schamotte gehörte, die nicht unter 40% Tonerde enthalten soll, um überhaupt dabei verwendet werden zu können, haben sich die Magnesiasteine am besten bewährt.

Eine Besonderheit ist aber bei der Ofenausmauerung mit Magnesia zu berücksichtigen: das ist ihre verhältnismäßig hohe Wärmeleitfähigkeit. Die Magnesiasteine besitzen das (in technischem Maß ausgedrückte) Wärmeleitvermögen von 2 bis 3, gegen die Schamotte von etwa 0,9 und gegen besonders hoch wärmeleitende SiC-Steine von 5 bis etwa 8.

Ist die Magnesiaausmauerung gegen basische Stoffe recht widerstandsfähig, so bedarf es keiner besonderen Ausführungen, daß sie gegenüber den ausgesprochen sauren Stoffen nicht korrosionsbeständig

[1] Budnikow, P. P., u. S. Icharewitsch: Choice of chemically resistent refractory materials for sodium sulfide furnaces. Transact. Ceram. Soc. **33**, 368 bis 378 (1934).

ist. Es wird niemandem einfallen, für Arbeiten mit Säuren Magnesiagefäße und -geräte verwenden zu wollen, da ja Magnesia mit fast allen Mineral- und organischen Säuren verhältnismäßig leicht lösliche Salze bildet. — Mit recht untergeordneten Mengen Kieselsäure und auch mit stark abgesättigten Silicaten kann man dagegen die Magnesia selbst bei hohen Temperaturen — bis über 1500° C — in Kontakt bringen, ohne einen übermäßigen Angriff befürchten zu müssen. Das beruht darauf, daß unter diesen Umständen oberflächlich sich Forsterit bildet, der die Magnesia vor dem weiteren Angriff schützt. So könnte sich auch die Möglichkeit erklären, Magnesiasteine zur Ausfütterung von Glasöfen zu verwenden, was von J. LAMORT[1] empfohlen wird. Allerdings konnte die Eignung dieser Ausmauerungsart für saure Silicatgläser nicht bestätigt werden.

Will man mit Bleioxydschmelzen operieren, dann arbeitet man am besten mit Geräten aus dichtgebrannter Sintermagnesia. Allerdings sind dafür noch die Geräte aus Sinterspinell und auch aus der Sinterberyllerde gut brauchbar. Die Kupellen für dokimastische Probe auf Edelmetalle werden seit jeher so hergestellt, daß die hochgebrannte Magnesia bestimmter Kornzusammensetzung mit wenig (etwa 5%) Wasser angefeuchtet wird, aber sich noch sandigrieselnd anfühlt. Die Masse wird nach den üblichen Methoden der Trockenpressung — z. B. in den periodisch arbeitenden Revolverexzenterpressen — in den Stahlmatrizen gepreßt und nach einer gewissen Trocknungs- und Abbindezeit direkt der Verwendung zugeführt. Die Kupellen werden also nicht gebrannt. Manchmal ist eine gewisse „Härtung" im Wasserglas von Nutzen, wodurch die Kupellen eine größere mechanische Festigkeit erhalten.

Gute Kupellen reißen selbst beim plötzlichen Einsetzen kalter Stücke in den heißen Ofen nicht. Eine Schwindung oder gar ein Aufblähen der Kupellen darf nicht eintreten. Der *MgO*-Gehalt der guten Kupellen beträgt etwa 92 bis 95%. Der Rest besteht aus Kieselsäure, die in diesem Falle als Magnesiumorthosilicat (Forsterit) vorliegt, aus etwas Tonerde, die beim Sintern in Spinell übergeht, und aus etwas Kalk und Eisenoxyd, das den Magnesiaferrit bildet. Wie man sieht, handelt es sich also durchwegs um Verunreinigungen, die hochfeuerfest und chemisch recht stabil sind.

Die Beständigkeit des Magnesiumoxyds gegen reduzierende Einflüsse ist, wie oben bereits angeführt worden ist, nur begrenzt. Schon oberhalb 1700° C „verdampft" Magnesia im Kontakt mit Kohle merklich infolge der intermediären Reduktion zu *Mg*-Metall. — Das hindert aber die erfolgreiche Verwendbarkeit der Magnesiageräte in einem Kohlerohr des TAMMANN-Ofens selbst in der Nähe von 2000° C nicht, solange es sich um Arbeiten handelt, die verhältnismäßig schnell ausführbar sind —

[1] LAMORT, J.: Magnesitsteine in der Glasindustrie. Feuerungstechnik **24**, 40—41 (1936).

z. B. bei den Metallschmelzoperationen. Denn die Reaktion zwischen MgO und C erfolgt ja nur an der Berührungsfläche der Sintermagnesia mit Kohle.

Es gibt eine recht ausgedehnte Literatur über die Herstellung, Eignung und Verwendung von Magnesiasteinen, über die Ausgangsmaterialien und ihre Behandlung usw., was hier nicht annähernd berücksichtigt werden kann. Der Wert der Darstellungen ist recht verschieden. Die systematischen Untersuchungen unter der Berücksichtigung der physikalisch-chemischen Grundgesetze (wie z. B. des Phasengesetzes), der mineralogisch-petrographischen (keramographischen) Zusammensetzung usw. sind nur selten[1].

H. Salmang und Mitarbeiter[2] berichten über die Abhängigkeit verschiedener Eigenschaften, wie z. B. Ausdehnung, Druckerweichung, Widerstandsfähigkeit gegen den Temperaturwechsel usw. von der Herstellungsart der Magnesiasteine.

Manches davon ist allerdings bereits überholt, da sich das ganze Gebiet der Oxydkeramik im Prozeß der schnellen Entwicklung befindet. Der Wert mancher Arbeiten besteht aber nicht darin, unverrückbare Feststellungen zu treffen, sondern Anregungen für die Weiterarbeit und Ausgangspunkt für die Weiterentwicklung zu bilden.

4. Beryllerde.

a) Vorkommen, Gewinnung, Kristallbau.

Zu den hochfeuerfesten keramisch interessanten Oxyden gehört seit neuester Zeit die Beryllerde, BeO. Das Oxyd bildet in der Natur zwar vielfach akzessorischen Bestandteil mancher Gesteine, findet sich aber nur außerordentlich selten in abbauwürdigen Konzentrationen und Mengen. Es gibt 17 verschiedene bekannte Be-haltige selbständige Mineralien. Dazu gehören z. B. der Beryll ($3\,BeO \cdot Al_2O_3 \cdot 6\,SiO_2$), der Phenakit ($2\,BeO \cdot SiO_2$), der Euklas (wasserstoffhaltiges Beryllium-Alumosilicat), der fluorhaltige Leukophan, der Chrysoberyll ($BeO \cdot Al_2O_3$), der Gadonilit (yttriumhaltig) usw.

Manche Varietäten dieser Mineralien bilden hochgeschätzte Edelsteine, so z. B. der pleochroitische Alexandrit ($BeO \cdot Al_2O_3$), der bei

[1] Außer den oben mehrfach erwähnten Arbeiten von K. Konopicky seien hier noch einige angeführt: Kral, H.: Stahl u. Eisen **50**, 800—806 (1930); **52**, 897—901 (1932); **56**, 1000—1002 (1936). Heger, A., A. Sonntag u. M. Leineweber: Stahl u. Eisen **55**, 265—276 (1935), behandeln namentlich die Verwendbarkeit der Magnesiasteine in der metallurgischen, insbesondere in der Stahlindustrie. Angaben über die Entwicklung der Herstellung der Magnesiasteine finden sich im Aufsatz: Litinsky, L.: Entwicklungswege feuerfester magnesiahaltiger Steine. Ber. Dtsch. Keram. Ges. **16**, 565—596 (1935).

[2] Salmang, H., u. Mitarbeiter: Ber. Dtsch. Keram. Ges. **14**, 61—84 (1933) und Sprechsaal **67**, 717—718 u. ff. (1924).

Tageslicht grün, bei der künstlichen Beleuchtung aber purpurviolett ist, dann der durchsichtige tiefgrüne Beryll, welcher den Namen Smaragd führt, oder endlich der blaßgrünlichblaue Beryll, den man unter dem Namen Aquamarin kennt.

Nach CLARK und WASHBURN steht das Beryllium hinsichtlich der Beteiligung am Aufbau der Erdkruste an der 35. Stelle unter den anderen Elementen. Nach H. E. WHITE und R. M. SHREMP[1] beträgt der Gehalt der Erdrinde an *BeO* etwa 0,0005%. Das ist immerhin etwa fünfmal mehr als der Anteil solcher allgemein seit alters her bekannten und nicht als extrem selten empfundenen Elemente wie *Mo*, *As*, *Sb*, *Sn*.

Der einzige technische Rohstoff für die Gewinnung der Beryllerde sowie der Berylliumverbindungen und des *Be*-Metalls ist das Mineral Beryll. Theoretisch soll es rund 14% *BeO* enthalten, in Wirklichkeit aber beträgt der Gehalt selbst guter Beryllerze im Mittel nur etwa 10 bis 12%.

Der Beryll kristallisiert in hexagonalem System und bildet wohlausgebildete lichtbläuliche bis -grünliche, manchmal aber graue und gelbliche Prismen, zuweilen aber auch stenglige Aggregate. Er ist zumeist an Pegmatitgänge gebunden. Vielfach sind neben dem Prisma pyramidale Flächen, selten aber die Basisebenen ausgebildet. Die Prismaflächen sind oft quergestreift. Man trifft zuweilen riesengroße Kristalle von Beryll, die — ähnlich den Riesenquarzen — ein Gewicht von über 1 Tonne erreichen.

Die Darstellung des reinen Berylliumoxyds in technischem Maßstabe ist eine Errungenschaft der neueren Zeit. Bis vor kurzem hatte man kaum Verwendung und Interesse für *BeO* und *Be*-Metall gehabt, so daß manche technische Schwierigkeiten bei der Beryllaufarbeitung ungelöst geblieben waren.

Als man jedoch nicht nur die außerordentlich günstige Wirkung von *Be*-Metall als Legierungsbestandteil für manche technisch wichtigen Metalle, wie *Cu*, *Ni*, *Al* und *Fe*, erkannte, sondern im *BeO* ein wichtiges keramisches Material sowohl für sich allein als Sinterberyllerde, als auch in Form von Zusatz zu anderen keramischen Massen fand, befaßte man sich mehr und mehr mit den technischen Fragen der Reindarstellung von *BeO*, so daß sie heute auf verschiedenen Wegen möglich geworden ist.

Es gibt im großen gesehen zwei hauptsächliche Richtungen zur Aufarbeitung von Beryll, und zwar die eine auf dem Wege des alkalischen, die andere auf dem Wege des sauren (namentlich flußsauren) Aufschlusses.

Der alkalische Aufschluß umfaßt folgende Operationen: Das Mineral wird in der Kugelmühle fein gemahlen und dann mit Kalk im

[1] WHITE, H. E., u. R. M. SHREMP: Journ. Amer. Ceram. Soc. **22**, 185—189 (1938).

rotierenden Schmelzofen aufgeschlossen. Die Schmelze wird durch Ausgießen in kaltes Wasser granuliert und dann mit Schwefelsäure zerlegt. Hierbei wird die Kieselsäure in unlöslichen Zustand übergeführt, während das Berylliumsulfat, Aluminiumsulfat und andere Sulfate in Lösung bleiben. Die wichtige Trennung des Berylliums von Aluminium und Eisen geschieht durch die Bildung der schwer löslichen Alaune, und zwar am besten in Form von Ammonalaun, das abfiltriert wird, wobei das Berylliumsulfat in Lösung bleibt. Schließlich wird die Berylliumsulfatlösung mit Ammoniak als Berylliumhydrat gefällt. Zur Befreiung des Berylliumhydroxyds von den mitgefällten Resten an Aluminium, Eisen usw. wird der Niederschlag mit Ammoncarbonat nachbehandelt, wobei komplexes Beryllium-Ammoniumcarbonat in Lösung geht, während die Beimengungen im Niederschlag bleiben.

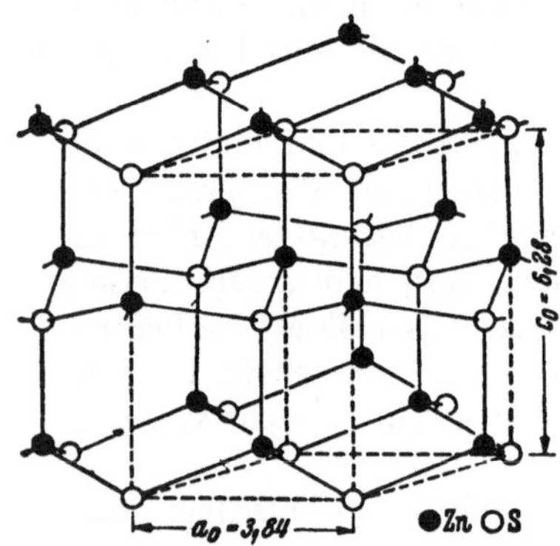

Abb. 91. Kristallstruktur von Wurtzit.

Aus dem alkalischen *Be*-haltigen Filtrat wird endlich Berylliumcarbonat gefällt, das direkt durch Verglühen reines *BeO* liefert. Durch Behandlung mit entsprechenden Säuren erhält man aus dem Carbonat gewünschte Salze.

Der flußsaure Aufschluß umfaßt folgende Operationen: Der feingemahlene Beryll wird mit saurem Natriumfluorid im Verhältnis $1\,BeO : 2\,NaHF_2$ vermengt und dem Gemenge etwas Wasser bis zur Bildung einer zusammenhaltenden Masse zugesetzt. Das Gemisch wird brikettiert und die Briketts auf etwa 600 bis 800° C geglüht. Dabei bildet sich das leicht lösliche Berylliumfluorid. Das Reaktionsprodukt wird mit heißem Wasser ausgelaugt und der sauren Lauge Ätznatron bis zur Neutralisation zugegeben. Es bildet sich einerseits neutrales *NaF* (das wieder in den Aufschlußprozeß geht) und andererseits Berylliumoxydhydrat. Das Hydrat wird abfiltriert und auf Oxyd verglüht[1].

Das durch das Verglühen des reinen Hydrats oder Carbonats bei etwa 1200° C gewonnene reine Berylliumoxyd stellt ein völlig weißes feinkörniges Pulver dar. Durch Sammelkristallisation unter der „mineralisierenden" Einwirkung in passenden Schmelzen kann man jedoch ziemlich schön ausgebildete tafelförmige *BeO*-Kristalle erhalten, die sich als zugehörig zum hexagonalen System zu erkennen geben. Nach den Untersuchungen von W. ZACHARIASEN kristallisiert die Beryllerde im Wurzitgitter (instabile hexagonale *ZnS*-Modifikation, Abb. 91; normalerweise kristallisiert *ZnS* als kubische Zinkblende). Hierbei

[1] Vgl. z. B. USA.-Patent 2196048 von ADAMOLI.

spielt die Art und die Temperatur der *BeO*-Abscheidung keine Rolle, so daß andere *BeO*-Modifikationen nicht aufzutreten scheinen. Röntgenographische Untersuchungen von verschiedensten *BeO*-Präparaten ergaben keinerlei Andeutungen von (früher gelegentlich angenommenen) anderen *BeO*-Modifikationen. Das Verhältnis der Achsen c/a beträgt bei *BeO* 1,63, was ziemlich gleich dem Verhältnis bei Wurtzit ist. Der Abstand der Atome *Be-O* beträgt nach ZACHARIASEN 1,645 Å. Dieser Abstand ist sehr gering und wird nur in wenigen anderen Gittern unterschritten.

Die Abb. 92 veranschaulicht die Kristallstruktur des Berylliumoxyds.

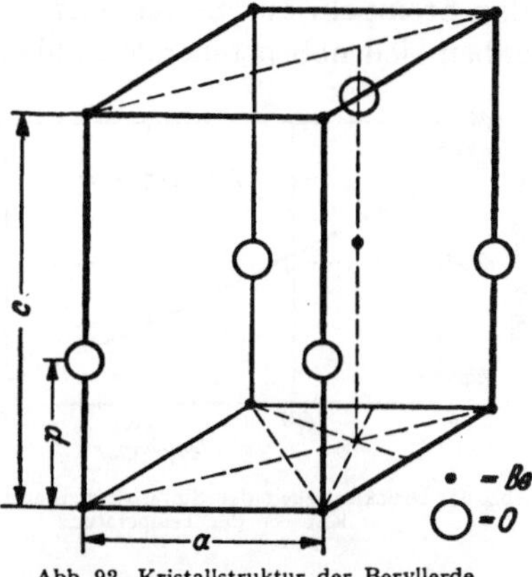

Abb. 92. Kristallstruktur der Beryllerde.

b) Physikalische und chemische Eigenschaften der Beryllerde.

Aus der Kristallstruktur kann man direkt einige Eigenschaften des Berylliumoxyds ableiten. So z. B. beträgt das theoretische spezifische Gewicht des Oxyds 2,98. Die direkte experimentelle Bestimmung des spezifischen Gewichtes bei der gewöhnlichen Raumtemperatur ergibt 3,02, also eine recht gute Übereinstimmung mit dem theoretisch abgeleiteten Wert. Das Molarvolumen der Beryllerde ergibt sich danach zu 8,3. Verglichen mit den Molarvoluminis anderer Oxyde ist es eine recht geringe Zahl. — Das auf 1 *O*-Atom „reduzierte Molarvolumen" des Korunds $M/x : d$, wo M das Molargewicht, x die Anzahl (3) der *O*-Atome in der Verbindung und d das spezifische Gewicht derselben ist, beträgt 8,8, ist also noch etwas höher als bei der Beryllerde. Die Härte der Beryllerde nach der MOHSschen Skala beträgt 9, ist also etwa gleich derjenigen von Korund. Die Bestimmung der Mikrohärte nach HANEMANN ergibt an Sinterberyllerdekristallen (die allerdings stark mit Lufteinschlüssen durchsetzt sind und infolgedessen wohl noch nicht die ganze Festigkeit des vollkommen homogenen Materials aufweisen) die Zahl von rund 1500 kg/mm², also ganz erheblich tiefer als bei dem α-Korund. Immerhin erscheint es durch die hohe Härte der Sinterberyllerde möglich, damit Hartmetalle und andere harte Werkstoffe abzuziehen, zu schleifen und zu polieren[1].

Nach der sehr hohen Härte der Beryllerde könnte man erwarten, daß auch seine anderen Festigkeitseigenschaften hohe Werte erreichen.

Die Druckfestigkeit der bei etwa 1900° C gebrannten Sinterberyllerde wurde in ähnlicher Weise wie oben bei der Sintertonerde ausführ-

[1] Vgl. D.R.P. 589374 von Siemens & Halske, Erf. R. REICHMANN.

lich beschrieben, bis zu hohen Temperaturen bestimmt. Auch hier wurden kleine Würfelchen von etwa 6 bis 7 mm Kantenlänge zwischen den Stempeln aus Sintertonerde im Kurzzeitversuch zerdrückt[1]. Es ergaben sich nebenstehende Zahlen:

Temperatur °C	Druckfestigkeit in kg/cm²
20	8000
500	5000
800	4500
1000	2500
1200	2000
1400	1700
1500	1200
1600	500

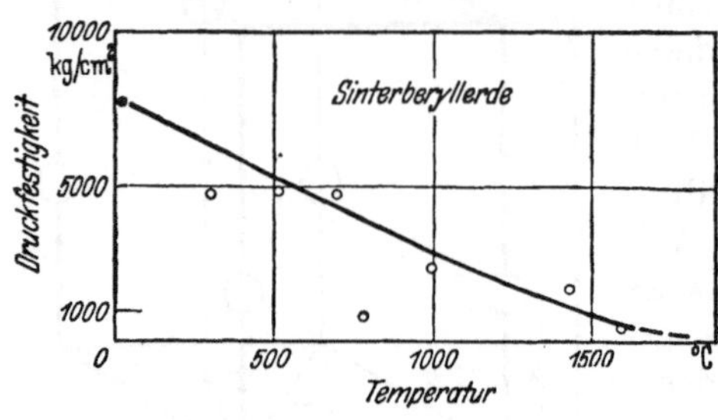

Abb. 93. Druckfestigkeit der Sinterberyllerde in Abhängigkeit von der Temperatur.

Das Diagramm Abb. 93 gibt die anschauliche Darstellung dieser Festigkeitsgröße in Abhängigkeit von der Temperatur wieder.

Man sieht, daß an sich die Druckfestigkeit nicht sehr hoch liegt, daß aber bei hohen Temperaturen (1000 bis 1400° C) die Festigkeitswerte noch recht beträchtliche und technologisch interessante Beträge aufweisen.

Die Zerreißfestigkeit an etwa 2 mm starken, nach dem Ziehverfahren hergestellten Stäben aus der Sinterberyllerde wurde in der gleichen Weise wie an der Sintertonerde und dem Sinterspinell bestimmt[2].

Die höchsten erhaltenen Werte waren folgende:

Temperatur °C	Zerreißfestigkeit in kg/cm²
20	etwa 1000
500	780
900	490
1140	145
1300	45

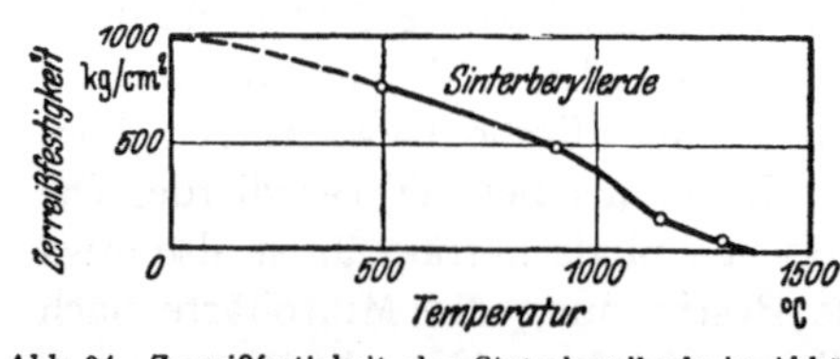

Abb. 94. Zerreißfestigkeit der Sinterberyllerde in Abhängigkeit von der Temperatur.

Das Diagramm Abb. 94 veranschaulicht den Verlauf der Zerreißfestigkeit mit der Temperatur.

Verglichen mit den anderen Sintererden sind auch diese Werte als recht niedrig anzusprechen. Das hängt vielleicht damit zusammen, daß gerade die Sinterberyllerde besonders zahlreiche und auch große Gaseinschlüsse in den Kristalliten aufweist, die naturgemäß die gesamten Festigkeitswerte des Werkstoffs (vgl. oben bei der Härtebestimmung)

---

[1] Vgl. E. Ryschkewitsch: Über die Druckfestigkeit einiger keramischer Werkstoffe auf der Einstoffbasis. Ber. Dtsch. Keram. Ges. **22**, 54—65 (1941).

[2] Vgl. E. Ryschkewitsch: Über die Zerreißfestigkeit einiger keramischer Werkstoffe auf der Einstoffbasis. Ber. Dtsch. Keram. Ges. **22**, 363—371 (1941).

stark herabmindern müssen. Infolgedessen muß man erwarten, daß mit der Verbesserung der keramischen Verarbeitung der Beryllerde, welche sich in erster Linie auf die Beseitigung der Einschlüsse richten muß, eine empfindliche Verbesserung der technologisch wichtigen Festigkeitseigenschaften erzielt werden kann. Das mikrophotographische Bild des Dünnschliffes des Scherbens der Sinterberyllerde findet sich auf der Abb. 95.

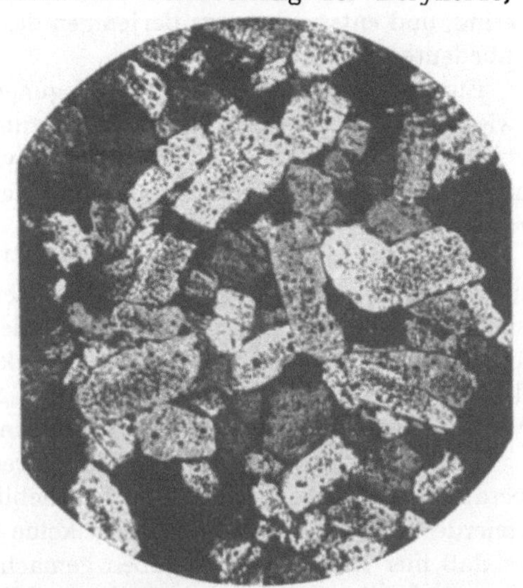

Abb. 95. Dünnschliff der Sinterberyllerde zwischen gekreuzten Nikols. Vergr. 100×.

Eine der wichtigsten Festigkeitseigenschaften jeglichen Werkstoffs ist der Elastizitätsmodul. Diese Größe wurde an Sinterberyllerde nach der Methode der elastischen Verbiegung einseitig eingespannter Stäbe, die am freien Ende belastet waren, bis zu recht hohen Temperaturen bestimmt, wie es oben bei der Sintertonerde u. a. beschrieben ist[1]. Die erhaltenen Werte waren folgende:

Temperatur °C	Elastizitätsmodul in kg/cm²
20	$3{,}1\cdot10^6$
200	$3{,}1\cdot10^6$
400	$3{,}1\cdot10^6$
600	$3{,}0\cdot10^6$
800	$2{,}8\cdot10^6$
1000	$2{,}3\cdot10^6$
1200	$1{,}3\cdot10^6$

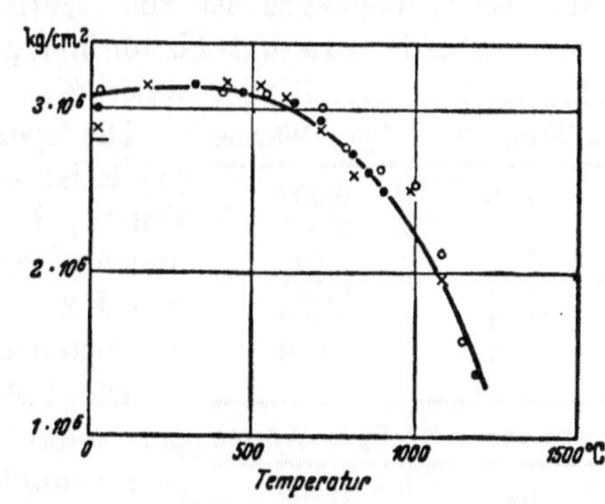

Abb. 96. Elastizitätsmodul der Sinterberyllerde in Abhängigkeit von der Temperatur.

Die Kurve Abb. 96 gibt den Verlauf der Elastizitätskonstante der Sinterberyllerde anschaulich wieder.

Aus der Verbindung der Zahlen für die Zerreißfestigkeit mit denjenigen für den Youngmodul kann man nun einige weitere interessante Einblicke in das mechanische Verhalten der Sinterberyllerde bei der Zugbeanspruchung gewinnen.

Der Quotient aus der Zerreißfestigkeit durch den Elastizitätsmodul

[1] Vgl. E. Ryschkewitsch: Elastizitätsmodul einiger keramischer Werkstoffe. Ber. Dtsch. Keram. Ges. **23**, 243—260 (1942).

gibt uns unmittelbar die elastische Dehnung beim Zerreißen. Sie beträgt bei der gewöhnlichen Raumtemperatur 0,04%, ist also nur sehr gering, und entspricht etwa derjenigen des Porzellans, dieselbe nur ganz unbedeutend übertreffend.

Entsprechend den obigen Überlegungen über den Zusammenhang zwischen der elastischen Dehnung bis zum Zerreißen und der Sprödigkeit (vgl. S. 160) kann man die Sinterberyllerde als empfindlich spröder ansprechen als die Sintertonerde (bei der gewöhnlichen Raumtemperatur).

Alles in allem kann man aus den obigen Ausführungen über die mechanischen Festigkeitseigenschaften der Sinterberyllerde sagen, daß sie ganz erheblich hinter denjenigen der Sintertonerde, des Sinterspinells und anderen Sintererden zurückstehen. Nur durch die hohe Temperaturwechselbeständigkeit ist die Sinterberyllerde den anderen Werkstoffen aus reinen Oxyden überlegen.

Diese Überlegenheit verdankt sie ihrem hohen Wärme- (und Temperatur-) Leitvermögen, das noch erheblich höher als bei der Sintertonerde ist. Leider existieren noch keine exakten Messungen hierüber, so daß hier keine Zahlenangaben gemacht werden können. Es sei nur gesagt, daß man die Gegenstände aus Sinterberyllerde — außer ihres verhältnismäßig geringen spezifischen Gewichtes — namentlich durch das eigentümliche, beinahe an Metalle erinnernde Kaltanfühlen von allen anderen keramischen Erzeugnissen aus reinen Oxyden unterscheiden kann. Schätzungsweise ist die Wärmeleitzahl der dichtgebrannten Sinterberyllerde etwa drei- bis fünfmal größer als bei der dichten Sintertonerde.

abs. Temp.-K.°	Spez. Wärme
59,9	0,007
94,5	0,023
142,0	0,067
192,4	0,127
242,4	0,187
292,4	0,238

Temperatur °C	Spez. Wärme
100	0,299
200	0,351
400	0,421
600	0,461
800	0,487
900	0,497

Die spezifische Wärme des Berylliumoxyds ist von K. K. KELLEY[1], von H. E. WHITE, R. M. SHREMP und C. B. SAWYER[2] und anderen gemessen worden. Die Werte von KELLEY für tiefe Temperaturen sind nebenstehende (obere Tabelle).

Die Zahlen für höhere Temperaturen der zuletzt erwähnten Autoren schließen sich zwanglos diesen Werten an (siehe untere Tabelle).

Die thermische Ausdehnung der Sinterberyllerde ist von H. E. WHITE und R. M. SHREMP[3] ermittelt worden. Danach beträgt

[1] KELLEY, K. K.: Journ. Amer. Chem. Soc. **61**, 1217—1218 (1939).

[2] WHITE, H. E., R. M. SHREMP u. C. B. SAWYER: Journ. Amer. Ceram. Soc. **22**, 157—159 (1940).

[3] WHITE, H. E., and R. M. SHREMP: Journ. Amer. Ceram. Soc. **22**, 185—189. (1939).

der mittlere Ausdehnungskoeffizient bei der jeweiligen Temperatur:

Temperatur °C	Mittlerer Ausdehnungskoeffizient 10^{-6}
50	5,0
100	5,4
200	6,0
400	7,2
600	7,7
800	8,4
1000	8,9

In dieser verhältnismäßig recht geringen thermischen Ausdehnung der Sinterberyllerde erblickt man den zweiten Grund (außer der guten Wärmeleitfähigkeit) für die hohe Beständigkeit der Sinterberyllerde gegen den Temperaturwechsel.

Neben diesen thermischen Größen verdient der sehr hohe Schmelzpunkt der Beryllerde eine besondere Beachtung. Nach H. v. WARTENBERG[1] schmilzt das reine *BeO* bei 2570° C ± 30, während frühere Untersuchungen erheblich tiefere Zahlen ergaben. Das ist in erster Linie wohl dadurch zu erklären, daß man früher kaum chemisch reines Berylliumoxyd in genügender Menge in den Händen gehabt hat. Das Berylliumoxyd ist, wie weiter unten an Hand der Schmelzdiagramme ersichtlich, gegen fremde Stoffe recht empfindlich und erleidet starke Schmelzpunktsdepressionen.

Bei der hohen Temperatur verdampft das Berylliumoxyd auch in oxydierender Atmosphäre ziemlich deutlich. Dementsprechend ist es z. B. kaum möglich, offene Rohre aus Sinterberyllerde durch homogenes Schweißen in einer Acetylen-Sauerstoff-Flamme zu schließen. Auch sonst macht sich die Verdampfung von *BeO* bereits bei 1800° C bemerkbar. Aus diesem Grunde ist es z. B. nicht ratsam, Gegenstände aus Sinterberyllerde mit anderen Materialien in ein und derselben Kapsel zu brennen.

Namentlich an den Gegenständen aus Sintertonerde zeigen sich an den der Sinterberyllerde zugekehrten Stellen eigentümliche Ausbuchtungen; diese Stellen sind mit besonders groben Kristalliten bedeckt, in denen man *BeO* nachweisen kann.

In Gegenwart der Kohle verdampft *BeO* noch leichter und erinnert damit an die Magnesia, wenn auch nicht in einem so starken Maße.

Beim Gebrauch der Geräte aus Sinterberyllerde in oxydierender Atmosphäre merkt man allerdings ihre Flüchtigkeit kaum, und es ist ohne weiteres möglich, damit erheblich über 2000° C zu arbeiten, z. B. beim Schmelzen von Metallen.

Das Berylliumoxyd gehört zu den hochisolierenden Materialien und leitet den elektrischen Strom selbst bei sehr hohen Temperaturen überaus wenig.

Nach den Messungen von H. RÖGENER[2] an Stäben aus Sinterberyllerde bei Temperaturen zwischen 600 und 1100° C mit Gleichstrom ergibt sich (nach entsprechender Umrechnung) eine lineare Abhängigkeit

[1] WARTENBERG, H. v.: Ztschr. f. anorg. u. allg. Ch. **230**, 257—267 (1937).
[2] RÖGENER, H.: Ztschr. f. Elektrochem. **46**, 25—27 (1940).

des Logarithmus des spezifischen elektrischen Widerstandes von der reziproken Temperatur, wie es dem Gesetz von A. JOFFE entspricht und wie man es bei den einfach gebauten Körpern immer wieder bestätigt findet. Die (schwach gekrümmte) Originalkurve von RÖGENER gibt den Zusammenhang zwischen der spezifischen Leitfähigkeit und der Temperatur wieder (Abb. 97).

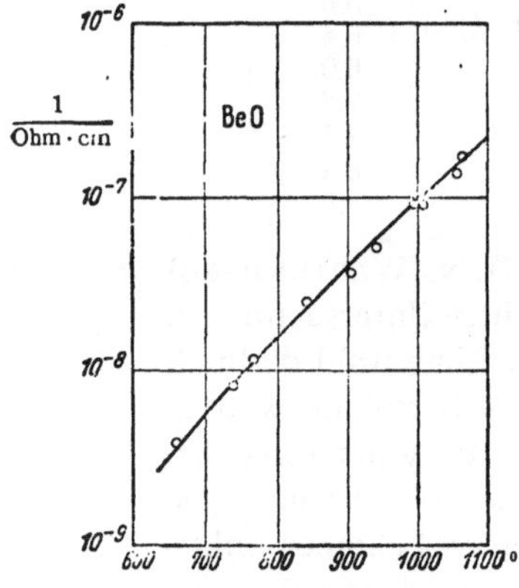

Abb. 97. Spezifische Elektroleitfähigkeit der Sinterberyllerde in Abhängigkeit von der Temperatur nach RÖGENER.

Nach diesen Messungen scheint die Elektroleitfähigkeit des Berylliumoxyds rein elektronischen Ursprungs ohne Beteiligung der Ionen zu sein. Auch röntgenographische Befunde scheinen dafür zu sprechen, daß das BeO nicht aus Be^{++}- und O^{--}-Ionen, sondern als Molekülgitter aufgebaut ist. Dementsprechend ist auch der spezifische Widerstand der Sinterberyllerde sehr hoch. Aus den Messungen von RÖGENER folgt, daß er höher als beim Sinterspinell, der Sintertonerde und der anderen Sintererden ist.

Die Elektroleitfähigkeit zusammengepreßten BeO-Pulvers hat K. BACKHAUS[1] gemessen und ebenfalls festgestellt, daß sie rund um eine Größenordnung tiefer als beim Al_2O_3-Pulver ist. Wie stets, ist die Leitfähigkeit des pulverförmigen Isoliermaterials erheblich höher als beim kompakten Material oder Einkristall des gleichen Stoffes. Die von BACKHAUS festgestellten Werte (ermittelt am Material unter Druck von wenigen kg/cm²) sind folgende:

Temperatur °C	Spez. Widerstand in Ohm·cm
500	10^8
800	10^7
1000	$2\cdot10^5$

Die außerordentlich hohe Isolierfähigkeit der Beryllerde im kompakten sowie im pulverförmigen Zustande befähigt sie, ähnlich der Tonerde, als Isoliermaterial für Glühkathoden in den Radioröhren Verwendung zu finden. Die hohe Wärmeleitfähigkeit des Materials ergibt ein recht schnelles Ansprechen der Heizkathode[2].

Die Dielektrizitätskonstante der Sinterberyllerde bei der Zimmertemperatur beträgt 7,35. Mit der Temperaturerhöhung nimmt sie schwach zu. Der Temperaturkoeffizient beträgt etwa $7\cdot10^{-4}$ pro Grad.

Schließlich sei noch der optischen Eigenschaften der Beryllerde gedacht. Aus der kristallographischen Zugehörigkeit zum hexagonalen System folgt, daß die Beryllerde eine optisch einachsige doppelbrechende Substanz ist.

Der Charakter der Doppelbrechung ist positiv: $\varepsilon - \omega = 1{,}733 - 1{,}719$

[1] BACKHAUS, K.: Ber. Dtsch. Keram. Ges. **19**, 461—469 (1938).

[2] Vgl. z. B. Franz. Patent 831570 der J. Pintsch Kom.-Ges.

$= +0{,}014$. Die an sich geringe Doppelbrechung der Beryllerde ist immerhin rund $1^1/_2$mal größer als die (negative) Doppelbrechung des Korunds.

Für die Röntgenstrahlen ist *BeO* infolge seiner geringen Masse recht gut durchlässig. — Noch besser ist natürlich in dieser Beziehung das *Be*-Metall selbst, das auch in der Tat als gasdichtes kompaktes Metall in Form von dünnen Blättchen für Röntgenröhrenfenster benutzt wird.

Der Scherben der Sinterberyllerde ist besonders durchscheinend und kann allein dadurch beinahe von allen anderen Scherben gleicher Dicke unterschieden werden.

Das Absorptionsvermögen für Strahlen von $\lambda = 0{,}65\,\mu$ beträgt (International Critical Tables) beim Schmelzpunkt nur 37%. Zum Schluß sei noch erwähnt, daß die magnetische Suszeptibilität unmerkbar klein ist und zu 0 angesetzt werden kann.

c) Chemische Eigenschaften des Berylliumoxyds.

Durch die Stellung des Berylliums im Periodischen System der Elemente sind die chemischen Eigenschaften des Berylliumoxyds eindeutig bestimmt. Wir haben im Beryllium das erste Element der 2. Gruppe des Systems vor uns, woraus eine auffällige Ähnlichkeit von *BeO* mit Al_2O_3 in chemischer Beziehung resultiert. In der Tat ist diese Ähnlichkeit so groß, daß sie sowohl bei der chemischen Verarbeitung des Berylls auf das Berylliumoxyd und auch in analytischer Beziehung Schwierigkeiten bietet, wenn es sich darum handelt, *BeO* von Al_2O_3 zu trennen und die beiden nebeneinander zu bestimmen. Nur ist *BeO* im allgemeinen eine ausgesprochene basische Verbindung hinsichtlich seines Verhaltens den Säuren gegenüber. Während α-Al_2O_3 so gut wie unlöslich in den starken, selbst heißen Mineralsäuren ist, löst sich *BeO* leicht in allen konzentrierten Säuren und bildet leicht lösliche Berylliumsalze. Selbst der hochgeglühte dichte Scherben der Sinterberyllerde widersteht nicht der auflösenden Wirkung der Säuren. Dementsprechend ist es auch nicht möglich, in den Gefäßen aus *BeO* mit freien starken Säuren zu arbeiten.

Demgegenüber ist es aber direkt zu erwarten, daß die Sinterberyllerde gegen basische Stoffe recht beständig sein muß. Das ist auch in der Tat der Fall.

In den Gefäßen aus Sinterberyllerde kann man Alkalien und ihre Carbonate stundenlang ohne einen merklichen Angriff der Gefäßwand schmelzen. Basische kalkreiche flüssige Schlacken und erst recht feste Klinker können in den Tiegeln aus *BeO* schmelzen und sintern, ohne eine starke Korrosion hervorzurufen.

Nach den Untersuchungen von W. BISCHOF und E. MAURER[1], die

[1] BISCHOF, W., u. E. MAURER: Stahl u. Eisen **56**, 16—18 (1936).

von W. OELSEN und H. MAETZ[1] bestätigt werden konnten, sind Tiegel aus Sinterberyllerde gegen basische Kalkphosphatschlacken recht widerstandsfähig, wobei Arbeitstemperaturen bis rund 1600° C angewandt worden sind. Wie die Ergebnisse in der letztgenannten Abhandlung (S. 236) ausweisen, bleibt die Innenwand des *BeO*-Tiegels nach dem Erschmelzen einer Kalk-Phosphat-Schlacke weitgehend glatt. In die Schlacke geht nur eine recht unbedeutende Menge *BeO* in Lösung.

In einem Tiegel aus Sinterberyllerde kann die flüssige *PbO*-Schmelze stundenlang bei etwa 1000° C gehalten werden, wobei sich kein Angriff, keine merkliche Auflösung oder Aufrauhung der Tiegelwand bemerkbar macht. Das gleiche gilt auch für die Boraxschmelze, die bekanntlich ebenso wie die Bleiglätteschmelze auf die Oxyde eine stark angreifende und auflösende Wirkung hat.

Neben den Sintermagnesiaerzeugnissen sind es in erster Linie die Erzeugnisse aus der Sinterberyllerde, die für die Arbeiten mit basischen Stoffen mit der besten Aussicht auf Erfolg in Frage kommen. Allerdings gibt es natürlich auch hier Grenzen. So z. B. stellte es sich heraus, daß die Na_2O-Schmelze bereits bei 1000° C eine derart starke Einwirkung auf die Tiegelwand aus Sinterberyllerde ausübt, daß man darin nicht arbeiten kann. Diese Schmelze greift auch andere keramische Werkstoffe auf der Einstoffbasis stark an. Ihr widersteht weder die Sintertonerde noch der Sinterspinell noch sogar die Sinterthorerde. Selbst die Sintermagnesia (ausprobiert allerdings mit nur etwa 96 bis 97% *MgO*-Gehalt) wird von dieser Schmelze zerstört.

Das Berylliumoxyd ist sonst gegen die Einwirkungen anderer Oxyde, Schlacken, Glasschmelzen usw. im allgemeinen ziemlich empfindlich und unbeständig, insbesondere wenn es sich um saure Schmelzen handelt. Dementsprechend sind die Tiegel aus der Sinterberyllerde zum Schmelzen von Gläsern usw. unbrauchbar. Auch Pyrometerschutzrohre usw. in Öfen, in denen saure Dämpfe auftreten, sind aus *BeO* nicht haltbar. Selbst die Berührung der Sinterberyllerde mit verschiedensten andersartigen festen Oxyden bei hohen Temperaturen führt zur Schlackenbildung und zur Zerstörung der betreffenden Stellen des Scherbens der *BeO*-Gegenstände. Nur mit ZrO_2 kann die Sinterberyllerde bis zu Temperaturen fast von 1900° C ohne einen schädlichen Einfluß in Kontakt sein.

Dieser Umstand erschwert natürlich das Arbeiten mit der Sinterberyllerde und schränkt ihren Anwendungsbereich als Stoff für den chemischen Apparate- und Gerätebau ein.

Bemerkenswerterweise ist nicht nur die Angreifbarkeit von *BeO* durch andere Oxyde, sondern auch die Reduzierbarkeit durch Kohle und andere freie Metalle recht beträchtlich, verglichen mit der Redu-

[1] OELSEN, W., u. H. MAETZ: Mitt. Kaiser Wilhelm-Inst. f. Eisenforsch. zu Düsseldorf **23**, 195—245 (1941).

zierbarkeit anderer Oxyde, die für die keramische Fertigung in Frage kommen.

Die Beständigkeit des Berylliumoxyds gegen die Einwirkungen reduzierender Substanzen ist merklich geringer als z. B. bei der Tonerde. Das ist aus der freien Energie bei der Verbrennungsreaktion erklärlich.

Die Bildungswärme von BeO aus den Elementen ist nach der Reaktion:

$$Be + {}^1/_2 O_2 = BeO + 140 \text{ kg cal}.$$

Diese Zahl ist also an sich (unter Berücksichtigung der auf 1 Atom 0 reduzierten Verbrennungswärme) höher als die Bildungswärme von α-Korund (400 kgcal/Mol, also 133 kgcal/O-Atom des Oxyds). Demnach müßte man (entsprechend dem Prinzip von M. BERTHELOT) erwarten, daß BeO noch widerstandsfähiger gegen die reduzierenden Einflüsse sein müsse als der Korund. Das ist jedoch, wie soeben vermerkt, nicht der Fall. Der Grund für diese Abweichung liegt offenbar in der viel geringeren freien Energie der Berylliumoxydbildung als bei der Korundbildung bei hoher Temperatur sowie in der leichten Verdampfbarkeit von BeO gegenüber Al_2O_3.

Unter der Einwirkung von Ti im Vakuum (unter weniger als 0,001 mm Hg-Säule) wird BeO bei 1400° C glatt reduziert, wie W. KROLL[1] feststellen konnte. Zr, Ca, Mg in feiner Verteilung können aus BeO ebenfalls Be frei machen. Auf diesem Wege kann man das metallische Beryllium aus dem Oxyd mit relativ hoher Ausbeute von rund 60% herstellen. Am besten verwendet man ein Gemisch aus Fe- und Ca-Pulver. Es gibt auch Vorschläge, Be-Legierungen auf dem Wege der Reduktion des BeO mit Kohle oder mit Calciumcarbid direkt in der Metallschmelze darzustellen (W. ROHN).

Unter geeigneten Arbeitsbedingungen, wie z. B. Ar-Atmosphäre bzw. Vakuum, ist sogar eine direkte Bildung von Be aus $BeO + Al$ zu erwarten, wodurch die Bildung technologisch interessanter Be-Al-Legierungen auf die einfachste Weise möglich wäre.

L. NAVIAS[2] untersuchte die Einwirkungen von Ni, Fe, Cr, Mn und ihren Oxyden auf BeO bei Temperaturen zwischen 1000° und 1200° C, wobei die Verfärbung des ursprünglich weißen Oxyds das Merkmal und Maß der Wechselwirkung bildete. Er fand, daß Mn am stärksten reduzierend einwirkt, dann folgt Cr, darauf Fe, während Ni fast wirkungslos blieb. Die Stabilität von BeO hat sich eindeutig höher als die von MgO gezeigt. Die Oxyde der genannten Metalle wirken auf BeO im allgemeinen nur sehr wenig ein, nur in feuchter Luft ergab das Gemisch der Oxyde eine bedeutende Verfärbung. Die Untersuchung wurde in

[1] KROLL, W.: Über die Reduzierbarkeit des Berylliumoxyds. Ztschr. f. anorg. u. allg. Ch. **240**, 331—336 (1939).

[2] NAVIAS, L.: Solid reactions at 1000 to 1200° between MgO or BeO and Ni, Fe, Cr, Mn and their oxides. Journ. Amer. Ceram. Soc. **19**, 1—7 (1936).

der Weise durchgeführt, daß pulverförmige Metalle bzw. Metalloxyde mit BeO-Pulver zusammen vermischt, erhitzt und hierauf geprüft wurden. Außerdem kamen auch verhältnismäßig schwach gebrannte BeO-Stäbchen mit genannten Stoffen zur Untersuchung.

Die Einwirkung von Kohle auf BeO bei hohen Temperaturen vollzieht sich in ähnlicher Weise wie auch bei MgO. Oberhalb 1800 bis 1900° C verdampft BeO stark in Gegenwart der Kohle und bildet einen weißen Rauch. Das ist die Folge der Wiederoxydation von flüchtigem Be-Metall an der Luft, das sich intermediär gebildet hat.

Bei sehr hoher Temperatur kann BeC_2 durch die Einwirkung von C auf BeO gewonnen werden. Es zerfällt oberhalb 2200° C unter Be-Verdampfung wieder.

d) Schmelzdiagramme einiger binärer *BeO*-Systeme.

Das geringe Molargewicht von BeO bedeutet eine hohe Molarkonzentration des Oxyds bei einem nur geringen gewichtsmäßigen Anteil. Das bedeutet aber eine hohe Schmelzpunktsdepression durch die Aufnahme von BeO. Andererseits besitzt BeO ein geringes Molarvolumen und dürfte vielleicht infolgedessen verhältnismäßig leicht in fremden Oxyden sich auflösen.

Es ist in der Tat auffällig, daß BeO mit fast allen anderen keramisch interessanten Oxyden (wohl mit gewisser Ausnahme der Zirkonerde, ZrO_2) außerordentlich begierig leicht flüssige Schlacken bildet und infolgedessen zu seinem keramischen Brennen besondere Maßnahmen erfordert.

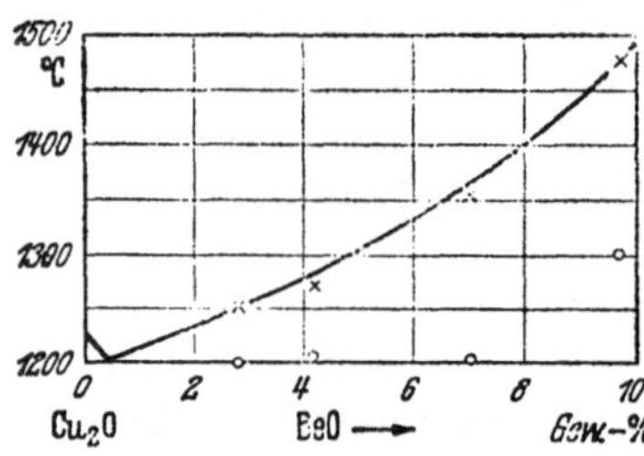

Abb. 98. Schmelzdiagramm des Systems BeO/Cu_2O.

Eine systematische Übersicht über die binären Schmelzdiagramme von BeO mit verschiedenen anderen feuerfesten Oxyden verdanken wir den Untersuchungen von H. v. WARTENBERG, H. REUSCH und E. SARAN[1].

Es sollen hier vier Gruppen von Schmelzdiagrammen mit Beryllerde einzeln angeführt werden, um eine bessere Übersichtlichkeit der sonst verwirrenden Linienfülle auf dem Bild zu gewinnen.

Das System mit Cu_2O soll gewissermaßen als Repräsentant der Systeme mit Beteiligung der Oxyde der ersten Gruppe des Periodischen Systems gelten. Es bildet sich zwischen Cu_2O und BeO nur ein einfaches Eutektikum mit rund 5 Mol.-% BeO, das also fast ganz auf der Seite des Cu(I) Oxyds liegt. Der Schmelzpunkt des eutektischen Gemisches liegt bei 1200° C. Man sieht bereits hier, daß BeO bei recht ge-

[1] WARTENBERG, H. v., H. REUSCH u. E. SARAN: Schmelzpunktsdiagramme höchstfeuerfester Oxyde, VII: Systeme mit CaO und BeO. Ztschr. f. anorg. u. allg. Ch. **230**, **257—276** (1937).

ringfügiger gewichtsmäßiger Beteiligung eine ziemlich starke Depression des Schmelzpunktes beim Partner herbeiführt.

Im Diagramm Abb. 99 sind Systeme mit *CaO*, *MgO* und den damit isomorphen Oxyden *CoO* und *NiO* wiedergegeben. Alle vier sind insofern untereinander gleich, als sie keine Verbindungen zwischen dem *BeO* einerseits und dem Partner andererseits aufweisen, und daß nur ein recht verflachtes Minimum der Schmelzkurve die Lage des Eutektikums kennzeichnet.

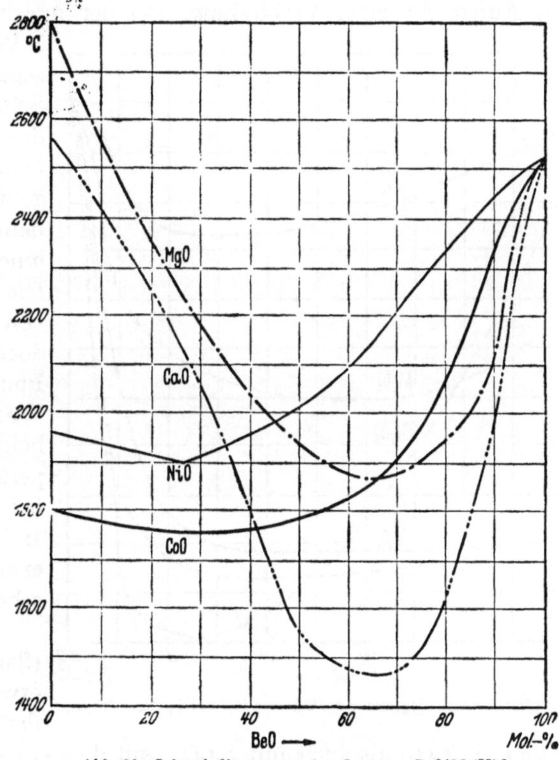

Abb. 99 Schmelzdiagramme der Systeme $BeO/Me(II)O$

Mit *MgO* liegt der eutektische Punkt bei etwa 1880° C bei einer Zusammensetzung von etwa 2 Mol *BeO* auf 1 Mol *MgO*. Bei *CaO* liegt der eutektische Punkt bei rund 1480° C, also überaus tief, verglichen mit den Schmelzpunkten der beiden Partner. Die Zusammensetzung des *CaO*-Eutektikums entspricht, ähnlich demjenigen mit *MgO*, dem Molverhältnis

2 *BeO* : 1 *CaO*.

Einen anderen Verlauf zeigen die Kurven mit *NiO* und *CoO*. Bei *NiO* weist das Diagramm einen ausgesprochenen eutektischen Punkt bei 1900° C auf. Die Zusammensetzung des Gemisches entspricht etwa dem Molverhältnis 1 *BeO* : 3 *NiO*. Bei *CoO* verläuft das Minimum sehr flach und erreicht etwa 1760° C. Die Zusammensetzung des Eutektikums ist annähernd 1 *BeO* : 2 *CoO* bis 1 *BeO* : 2,5 *CoO*.

Während *MgO* mit Al_2O_3 und Cr_2O_3 (auch mit Fe_2O_3) die charakteristischen Spinelle bildet, worüber oben, namentlich bei $MgO \cdot Al_2O_3$-Spinell, ausführlich gesprochen worden ist, ergibt *BeO* keinen Spinell. Der Chrysoberyll und der hochgeschätzte Alexandrit besitzen zwar die Zusammensetzung, wie sie dem Spinell eigen ist, also $BeO \cdot Al_2O_3$, die Kristallform des Chrysoberylls ist aber nicht regulär, sondern rhombisch mit dem pseudo-hexagonalen Habitus (Kantenwinkel 60° 14′). Öfters trifft man Zwillinge und sogar Durchkreuzungsdrillinge, die wie abgestumpfte hexagonale Pyramiden aussehen. Merkwürdigerweise macht sich diese Zusammensetzung im Schmelzdiagramm gar nicht bemerkbar. Man sollte hier eigentlich ein Schmelzpunktsmaximum erwarten, das rechts und links von zwei Minima begleitet ist. Nichts Derartiges verrät jedoch das von WARTENBERG und seinen Mitarbeitern aufgestellte Diagramm. Wir haben ein einfaches System ohne jede Spur des Auftretens einer Verbindung. Bei der molaren Zusammensetzung $1\,BeO : 1\,Al_2O_3$ scheint sogar das Minimum der Schmelzkurve zu liegen, das bei rund 1900° C sich befindet. Das Existenzgebiet von Chrysoberyll befindet sich also nur innerhalb der festen Phase. Die Praxis der Herstellung von BeO-Geräten zeigt jedoch, daß der eutektische Punkt noch unter der von WARTENBERG und Mitarbeitern angegebenen Temperatur liegen muß. Denn bei der Berührung von BeO mit Al_2O_3-Stücken erfolgt eine Verflüssigung schon bei etwa 1800° C.

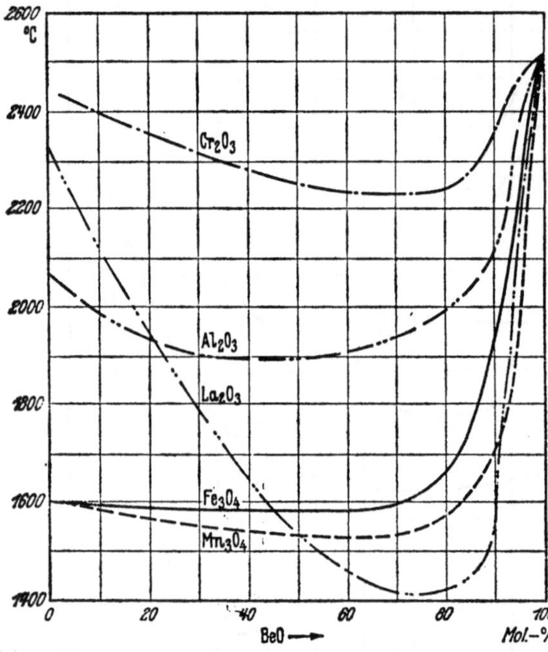

Abb. 100. Schmelzdiagramme der Systeme BeO/Me_2O_3 (bzw. Me_3O_4).

Sowohl mit Cr_2O_3 (flaches Minimum bei etwa 2200° C entsprechend der Zusammensetzung $2\,BeO : 1\,Cr_2O_3$) als auch mit La_2O_3, mit dem ein — bei etwa 1400° C — schmelzendes eutektisches Gemenge der Zusammensetzung $4\,BeO : 1\,La_2O_3$ gebildet wird, kommen keine neuen Phasen zustande. — Die beiden Kurven der Systeme von BeO mit Fe_3O_4 bzw. mit Mn_3O_4 ergeben ebenfalls keine neuen Phasen bei hohen Temperaturen. Die Schmelzkurven verlaufen zunächst fast parallel zur Abszissenachse, wobei die beiden Minima ungefähr der molaren Zusammensetzung $3\,BeO : 1\,Me_3O_4$ entsprechen.

Die letzte Gruppe der uns interessierenden Schmelzdiagramme ist endlich die mit ZrO_2, CeO_2, ThO_2. In Analogie von ZrO_2 mit SiO_2 sollte man wenigstens eine dem Phenakit Be_2SiO_4 entsprechende Verbindung Be_2ZrO_4 erwarten, die aber weder unter den natürlich vorkommenden Mineralien noch auf dem Schmelzdiagramm erscheint. Wir haben in diesem System ein einfaches Eutektikum vor uns mit dem scharf ausgeprägten Schmelzpunktsminimum der ganzen Kurve von 2200° C. Es entspricht interessanterweise der Zusammensetzung $2\,BeO : 1\,ZrO_2$, also einem vermeintlichen Orthozirkoniat Be_2ZrO_4. — Die Möglichkeit des Auftretens dieser Verbindung innerhalb der festen Phase ist vorhanden.

Das System mit ThO_2 bildet ein Eutektikum bei etwa gleicher Temperatur und molarer Zusammensetzung wie mit ZrO_2, während das System mit CeO_2 bei der gleichen molaren Zusammensetzung, also $2\,BeO : 1\,CeO_2$, den eutektischen Punkt bei etwa 1930° C aufweist. Die Temperaturkurve ist recht flach. — Die Glühstrümpfe aus ThO_2 mit etwa 1% CeO_2 werden viel stabiler, wenn sie durch Eintauchen in die $Be(NO_3)_2$-Lösung mit BeO-Imprägnierung versehen sind. Die verkittende Wirkung der BeO-Teilchen zwischen den ThO_2- und CeO_2-Teilchen beruht wohl auf der Bildung der eutektischen Phase in sehr geringem Maße.

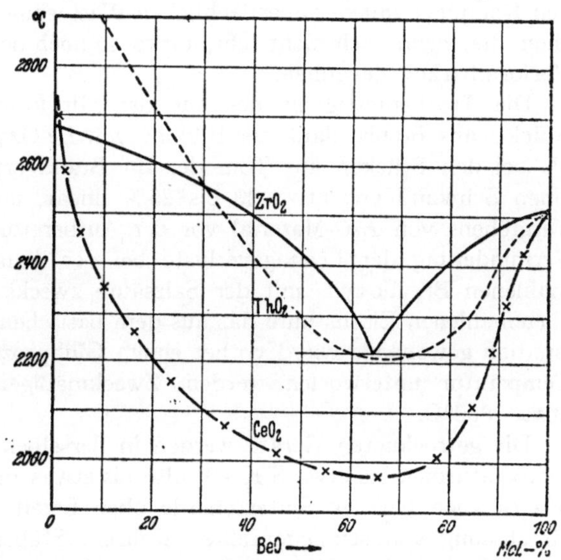

Abb. 101. Schmelzdiagramme der Systeme BeO/MeO_2.

e) Keramische Verarbeitung und Verwendung der Beryllerde.

Man sieht also, daß bei hohen Temperaturen BeO im Kontakt mit verschiedensten anderen hochfeuerfesten Oxyden eine starke Schmelzpunktsdepression hervorruft.

Dementsprechend muß man beim Brennen von Sinterberyllerde in doppelter Hinsicht eine besondere Vorsicht walten lassen. Erstens muß das Rohmaterial sehr sorgfältig hergestellt und aufbereitet werden, damit keine merklichen Mengen von Verunreinigungen darin verbleiben, und zweitens muß man die Geräte ohne Berührung mit fremden Materialien brennen. Sonst sind die unliebsamsten Erscheinungen bis zur vollständigen Zerstörung der Gegenstände aus wertvollem Material die Folge. Bis zu einem gewissen Grade ist noch die Berührung mit Sinterzirkonerde praktisch möglich, was sich dadurch erklärt, daß der eutektische Punkt bei etwa 2200° C, also weit über der Höchsttemperatur des üblichen Garbrandes, liegt. Wichtig ist im Aufbereitungsprozeß die

Befreiung von *BeO* von den Resten des Eisens. Sonst entsteht eine schmutziggrau-bräunliche Färbung der Erzeugnisse, die außerdem ein grobkristallines Gefüge von geringer Widerstandsfähigkeit annehmen.

Die Verarbeitung des feinstgemahlenen Rohmaterials[1] erfolgt im allgemeinen nach den bereits besprochenen Methoden, und zwar ganz ähnlich der Arbeitsweise mit der Tonerde. Die Beryllerde ist in ähnlicher Weise zur plastischen Masse wie die Tonerde zu verarbeiten, der Gießschlicker am besten mit sehr schwacher saurer Reaktion anzuwenden. Hierdurch bilden sich die oben bereits ausführlich beschriebenen Komplexe mit der oberflächlichen Wasserbindung an den *BeO*-Teilchen, die, wenn auch nicht sehr starke, so doch deutlich ausgesprochene Verformbarkeit gewinnen.

Die Trockenfestigkeit des aus der Gipsform entfernten frischen Stückes aus *BeO* ist dank der Bildung von *Be*-Oxychloriden noch höher als bei den Stücken aus Tonerde. Im Brand erfahren die Formlinge einen Schwund von etwa 20 bis 25% linear, je nach dem Grad des Verglühens von *BeO*-Material vor der Aufbereitung. Zum Zwecke der Verminderung der Lösungsverluste bei der Aufarbeitung des feingemahlenen Berylloxyds mit der Salzsäure zwecks Entfernung des hineingemahlenen Eisens muß das aus dem basischen Carbonat durch Calcination gewonnene Oxyd vorher einem Glühprozeß bei ziemlich hoher Temperatur unterworfen werden. Zweckmäßigerweise geht man bis etwa 1800° C.

Die getrockneten Geräte werden in derselben Weise in den Hochtemperaturöfen bis etwa S.K. 40, also bis etwas über 1900° C, gebrannt, wie es auch bei der Sintertonerde oben bereits beschrieben ist. Zur Herstellung von stranggepreßten Rohren, Stäben usw. verfährt man ebenfalls nach den gleichen allgemein verwendbaren Methoden, die bereits oben geschildert wurden. Da das *BeO* im ganzen Temperaturintervall keine Modifikationsänderungen erfährt, ist die keramische Verarbeitung des Materials mit keinerlei besonderen technischen Schwierigkeiten verknüpft, so daß man ohne besondere Maßnahmen auskommt, die man z. B. bei der Verarbeitung von ZrO_2 wegen seiner Umwandlung monoklin ⇄ tetragonal ⇄ regulär anwenden muß.

Der gebrannte Scherben der Sinterberyllerde zeichnet sich äußerlich durch einen besonders zarten, elfenbeinartigen Farbton und Glanz aus. Er ist noch stärker durchscheinend als der Scherben der Sintertonerde, was wohl damit zusammenhängt, daß er aus etwas größeren Kristalliten aufgebaut ist als die durchschnittliche Kristallitgröße eines normalen Sintertonerdescherbens.

Sinterberyllerde ist in der Korngröße einheitlicher als Sintertonerde bzw. Sintermagnesia. Allerdings kann man auch bei der Sinterberyll-

[1] Vgl. z. B. J. G. Thompson u. M. W. Mallett: Manufacture of refractory crucibles. Bur. Stand. Journ. Res. **23**, 319—327 (1939).

erde zuweilen größere Schwankungen der Kristallgröße wahrnehmen, das trifft man aber verhältnismäßig selten. Bei der näheren Betrachtung des Bildes erkennt man deutlich die Gaseinschlüsse innerhalb der Kristallite. Im allgemeinen enthält jeder Kristall viele derartige Einschlüsse, wodurch das Raumgewicht des Scherbens der Sinterberyllerde empfindlich unter dem wahren spezifischen Gewicht des kompakten Materials zurückbleibt. Das durchschnittliche Raumgewicht der Sinterberyllerde beträgt 2,7. Somit bleiben darin 10% Porenraum. Dessenungeachtet ist das Wasseraufnahmevermögen des Scherbens gleich Null, die Bestimmung der sichtbaren Porosität in der Fuchsinlösung unter dem Druck bis 300 at ergibt keine wahrnehmbare Verfärbung, die in die Tiefe dringt. Der Grund hierfür liegt darin, daß die Poren innerhalb der Einzelkristallite geschlossen sind und miteinander in keinerlei Verbindung stehen. Infolgedessen ist auch der Scherben der Sinterberyllerde dicht im herkömmlichen Sinne des Wortes, nicht nur gegen Flüssigkeiten, wie Schlacken usw., sondern auch gegen Gase, und zwar bis zu sehr hohen Temperaturen. Aus diesem Grunde können die Geräte aus Sinterberyllerde nicht nur in Form von Tiegeln usw. zur Aufnahme von Schmelzen verschiedener Art, sondern mit manchem Vorteil als Pyrometerschutzrohre verwendet werden. Allerdings soll man hierbei stets daran denken, daß *BeO* ein ausgezeichneter Wärmeleiter ist und infolgedessen unter ungünstigen Umständen wegen der Wärmeableitung zu falschen Meßergebnissen Anlaß geben kann. Der Einbau der Pyrometerrohre aus der Sinterberyllerde muß also in einer derartigen Weise vorgenommen werden, daß die Wärmeableitung sich nicht bemerkbar macht.

Der große Vorteil der Geräte aus Sinterberyllerde besteht in ihrer großen Temperaturwechselbeständigkeit. Der nicht allzu große Wärmeausdehnungskoeffizient, eine verhältnismäßig große Plastizität des Materials (bei hoher Temperatur) in Verbindung mit hoher Wärmeleitfähigkeit verleihen den Erzeugnissen aus *BeO* eine unter den Werkstoffen aus einheitlichen Oxyden einzigartige Temperaturwechselbeständigkeit.

Bei besonderen Vergleichsversuchen mit Körpern aus verschiedenen Werkstoffen, deren Temperaturwechselbeständigkeit beim Abschrecken von den möglichst hohen Temperaturen verglichen wurde, ergab sich eine starke Überlegenheit der Sinterberyllerde vor Sintertonerde, Sinterzirkonerde, dem Sinterzirkon ($ZrSiO_4$) u. a. Die Versuche wurden in folgender Weise ausgeführt:

Gleiche konische, hohle Körper von etwa 3 cm Durchmesser und 6 cm Länge wurden kalt, also bei Zimmertemperatur, in einen elektrisch angeheizten Röhrenofen eingebracht, in dem sie so lange blieben, bis sie die Ofentemperatur annahmen. Nach dem Erreichen der gemessenen Ofentemperatur kamen die Körper plötzlich in eine besondere

Kammer, in der sie mit kalter Preßluft in der Weise vertikal angeblasen wurden, daß sie in eine Kreiselbewegung gerieten und von allen Seiten einer kräftigen und schnellen Abkühlung unterworfen wurden. Nach 1 Minute langer Abkühlung kamen die Stücke wieder in den Ofen usw., bis sie zerbrachen.

Die Ergebnisse sind in der nachfolgenden Tabelle zusammengestellt:

Werkstoff	Anzahl der Abschreckungen bis zum Bruch bei der Abkühlung von der Temperatur			
	1400°	1500°	1600°	1700°
Sinterzirkon a		5	2	0
Sinterzirkon b . . . . (versch. hergestellt)			9	3
Sintertonerde	4	8	2	1
Sinterberyllerde . . .	12		5	4
Sintermagnesia	0	0		0

Aus der Tabelle geht trotz der individuellen unvermeidlichen Schwankungen klar hervor, daß die Sinterberyllerde von den untersuchten Materialien gegen den Temperaturwechsel am unempfindlichsten ist. Ihr folgt das Sinterzirkon ($ZrSiO_4$), hierauf die Sintertonerde, am Schluß steht die Sintermagnesia.

Der Grund für die gute Temperaturwechselbeständigkeit der Sinterberyllerde besteht nicht nur in der überaus hohen Wärmeleitfähigkeit allein, sondern noch darin, daß sie eine verhältnismäßig hohe plastische Deformierbarkeit zuläßt. Darauf deutet die nähere Betrachtung der Dünnschliffe bei starker Vergrößerung. Man kann hierbei eine feine Streifung der Einzelkristallite senkrecht zur Hauptachse erkennen, die möglicherweise die Richtung der Verschiebbarkeit der Kristallbausteine andeutet. In diesem Zusammenhang ist es interessant, folgende Abb. 102 zu betrachten. Sie stellt eine Mikroaufnahme einer unbehandelten, frisch gebrannten Oberfläche einer ebenen Platte aus Sinterberyllerde dar, aufgenommen mit polarisiertem Licht des Epi-Opak-Illuminators mit parallelen Nikols bei Hellfeldbeleuchtung. Man kann sehr gut einen schichtweisen wie schieferartigen Aufbau der Einzelkristalle, aus denen sich der Scherben zusammensetzt, erkennen. Bei der mikrometrischen Ausmessung der Schichtdicke einzelner Tafeln, aus denen der Kristall besteht, sieht man, daß sie etwa 0,3 bis 0,5 μ im Mittel beträgt. Merkwürdigerweise sind die Kristallkanten senkrecht zur Schichtung der schieferartigen Blättchen nicht scharf ausgebildet, so daß wir nur mit zweidimensionaler Textur zu tun haben, ganz ähnlich den Graphitschuppen mancher Graphiterze, wobei ebenfalls keine deutlichen Umrisse parallel zur c-Achse auftreten. Man kann sich nun leicht vorstellen, daß parallel zur Schichtung der Kristallite — ebenfalls analog den Graphitschuppen — eine leichtere Verschiebbarkeit der Feinbauteile stattfinden kann, als in der dazu senkrechten Richtung.

Aus diesem Aufbau der Kristalle könnte sich vielleicht auch die verhältnismäßig geringe Druckfestigkeit der Sinterberyllerde erklären, verglichen mit der Druckfestigkeit der Sintertonerde, des Sinterspinells, der Sinterzirkonerde usw.

Abb. 102. Berylliumoxyd-Schichtkristalle an der Oberfläche des Scherbens der Sinterberyllerde. Vergr. 400×.

5. Zirkonerde.

a) Vorkommen, Kristallbau, Darstellung.

Unter allen hochfeuerfesten Oxyden, nur mit Ausnahme der Magnesia, hat das Zirkonoxyd als keramischer Werkstoff seit längster Zeit die Aufmerksamkeit verschiedener Forscher und sonstiger Interessenten auf sich gelenkt. Bald nach der Entdeckung der großen Baddeleyitvorkommen des monoklinen ZrO_2-Erzes ziemlich hohen Reinheitsgrades Ende des 19. Jahrhunderts (in Brasilien) setzten die Bestrebungen ein, dieses „unschmelzbare" und wirklich hochfeuerfeste Material für die Zwecke der Industrie hochfeuerfester Erzeugnisse sowie für weißes Emailletrübungsmittel dienstbar zu machen.

Verschiedene günstige Eigenschaften des Zirkonoxyds, wenn auch noch nicht gleich in vollem Umfang und in aller Wahrheit, sind allmählich bekannt geworden und ließen bereits vor dem Weltkriege 1914 bis 1918 manche großen Hoffnungen als berechtigt erscheinen. Seit dieser Zeit sind außerordentlich viele Arbeiten mit wechselndem technischen Erfolg, aber mit stetiger Vermehrung der Kenntnisse und Erfahrung ausgeführt worden, so daß man heute über dieses Kapitel einen weitgehenden Überblick hat.

Das Zirkonoxyd ist in der Natur weitverbreitet[1]. Es gibt kaum Ergußgesteine und kristalline Schiefer, die völlig frei von Zirkon ($ZrSiO_4$)-Beimengungen, allerdings in sehr geringen Mengen und Konzentrationen, wären. Der Granit z. B. enthält fast immer mikroskopisch kleine Zirkonkriställchen in die Gesteinsmasse eingesprengt. Es gibt typische Gesteine, die $ZrSiO_4$ als charakteristischen Bestandteil enthalten, wie z. B. Zirkonsyenit in Norwegen. Große, technisch wertvolle Erzvorkommen mit hoher Konzentration an ZrO_2 sind dagegen nicht allzu verbreitet, wenn auch doch in höherem Maße als z. B. Kupfererz, von *Ni*, *Sn*, *Be* usw. gar nicht zu sprechen. Das Zirkonoxyd ist nach den Untersuchungen amerikanischer Geochemiker und Mineralogen zu rund 0,02% am Aufbau der Erdkruste beteiligt, nach W. VERNADSKY zu 0,03%. Chemisch gehört *Zr* in die vierte Gruppe des periodischen Systems und bildet ein Analogon zum leichteren Titan und zum schwereren, dem *Zr* sehr ähnlichen *Hf*. Das Atomgewicht von *Zr* ist 91,22, die Ordnungszahl 40. Es gibt nur ein mit Sicherheit bekanntes stabiles Oxyd des Zirkoniums, nämlich das Dioxyd ZrO_2 und seine Derivate.

Wie soeben erwähnt, kommt das Oxyd in Form von monoklinem Erz Baddeleyit in sehr großen Mengen im brasilianischen Staate São Paulo vor. Es ist mit Kieselsäure, z. T. direkt an ZrO_2 gebunden, mit Eisenoxyd, mit Titanoxyd usw. vergesellschaftet. Der mittlere Gehalt von Baddeleyit an ZrO_2 beträgt etwa 80%, man trifft jedoch Partien bis über 90% Reinheitsgrad, die man für verschiedene Zwecke ohne weitere Aufbereitung und Reinigung verwenden kann.

Das Vorkommen wurde 1892 von HUSSAK entdeckt und von einem deutschen Unternehmer, E. RIETZ, ausgebeutet, der sich große Verdienste um das Bekanntwerden und die Verbreitung dieses Rohstoffes und des Zirkonoxyds überhaupt erworben hatte.

Ein anderes ausgiebiges ZrO_2-haltiges Erz ist das Mineral Zirkon, $ZrSiO_4$ oder richtiger $ZrO_2 \cdot SiO_2$. Dieser Zirkon bildet in Indien große sekundäre Lagerstätten und ist außerdem ein Gemengeteil von Monazit. Der in tetragonalem System kristallisierende Zirkon ist mit Rutil und Zinnstein isomorph.

Es wurde schon längst bemerkt, daß Zirkone aus verschiedenen Gegenden zuweilen außerordentlich hohe Unterschiede im spezifischen Gewicht aufweisen. Es hat auch nicht an Versuchen gefehlt, diese Un-

[1] Ausführliche Zusammenstellung über das Vorkommen von *Zr*-Mineralien findet sich in der Veröffentlichung von E. P. YOUNGMAN: Zirconium, Part II von Department of commerce, USA. Bull. Bur. Min. **1931**.

terschiede auf das Vorhandensein von noch unbekannten Beimengungen zurückzuführen, es finden sich auch Angaben über diesbezügliche Entdeckungen. Bekanntlich ist jedoch erst 1923 D. COSTER und G. v. HEVESY die wirkliche Entdeckung des Hafniums, eines dem *Zr* sehr nahe verwandten Elementes, gelungen. Der wechselnde Gehalt des HfO_2 in ZrO_2 erklärt in der Tat die Schwankungen im spezifischen Gewicht der ZrO_2-haltigen Mineralien. Es gibt jedoch besondere Fälle, auf die M. v. STACKELBERG und K. CHUDOBA[1] hinweisen. Manchmal weisen Zirkonkristalle ($ZrO_2 \cdot SiO_2$) besonders auffällige geringe Dichte auf, bis 3,945. Derartige Zirkonkristalle scheinen nach den röntgenographischen Untersuchungen amorphes SiO_2 und reguläres oder ebenfalls amorphes ZrO_2 zu enthalten. Durch die Erhitzung derartiger Zirkone kann man einheitliche Kristalle erhalten. Hierbei wird die Dichte größer.

Der mittlere Gehalt von HfO_2 in den ZrO_2-Erzen beträgt etwa 2%. Es gibt jedoch Vorkommen, die bis 22% HfO_2 aufweisen.

Manche Zirkone enthalten merkwürdige Beimengungen[2], z. B. sind sie uranhaltig. Daher sind sie spezifisch schwerer als andere Stücke und zeichnen sich durch Radioaktivität aus. Interessanterweise wird dabei $ZrSiO_4$ in SiO_2 und ZrO_2 (durch α-Strahlen) zerlegt. Vielleicht sind die vorhin erwähnten leichten Zirkone mit amorpher SiO_2- und ZrO_2-Struktur auf eine solche Weise entstanden.

Das Zirkonoxyd zeichnet sich durch seine Polymorphie aus. Zahlreiche schon bald nach der Entdeckung der brasilianischen Lagerstätten einsetzenden Bemühungen, das reine Zirkonoxyd keramisch zu verarbeiten, stießen auf unüberwindliche und unerklärliche Schwierigkeiten. Sie traten jedoch nicht auf, wenn man mit stark verunreinigtem Material, z. B. mit einem hochprozentigen Erz, arbeitete. Sobald man aber wirklich reines Ausgangsmaterial hat, dasselbe durch besondere, weiter unten näher beschriebene Behandlung verformt und danach gebrannt hat, erhält man keine formbeständigen Stücke, sondern vollständig nach allen Richtungen mit Rissen versehene, mürbe und unzusammenhängende Gebilde, die man leicht zum ursprünglichen Pulver zwischen den Fingern zerreiben kann.

Neben R. RIEKE war O. RUFF wohl einer der ersten und unermüdlichen Forscher am Problem der keramischen Verarbeitbarkeit von ZrO_2, der noch vor dem Weltkriege 1914 bis 1918 sich mit dieser Frage zu beschäftigen begann. Im Laufe seiner mannigfachen Arbeiten konnte er durch Erfahrung von L. WEISS[3] wesentlich unterstützt werden,

---

[1] STACKELBERG, M. v., u. K. CHUDOBA: Dichte und Struktur des Zirkons. Ztschr. f. Krystallogr. **97**, 332—335 (1937).

[2] Vgl. E. KOSTYLEWA: Über das Problem der chemischen Zusammensetzung der Zirkone. C. r. Akad. wiss. USSR. **23**, 167—169 (1939).

[3] Vgl. seinen Artikel: „Zirkonium und Hafnium" in Muspratt-Chemie, Ergzg.-Bd. **2**, 1429—1448.

dessen Arbeiten manches Wertvolle über die Chemie der Zirkonverbindungen aufgeklärt haben.

Aber erst durch die Anwendung der röntgenographischen Untersuchungsmethoden bei hohen Temperaturen konnte RUFF im Jahre 1929 die endgültige Ursache der Unmöglichkeit aufklären, reines ZrO_2 zu Geräten zu verarbeiten. Es stellte sich nämlich heraus, daß das Zirkonoxyd um 1000° C eine reversible Modifikationsumwandlung unter starker Volumenveränderung erfährt. Die eigenen Arbeiten am gleichen Problem um die gleiche Zeit führten den Verfasser zu ähnlichen Feststellungen, die allerdings in verschiedenen Einzelheiten sich von den Befunden RUFFs unterscheiden.

Schon die Stellung des Zirkons in der vierten Gruppe des periodischen Systems zusammen mit *Si* und *Ti* müßte die Chemiker darauf vorbereiten, bei ZrO_2 Polymorphie zu vermuten. SiO_2 kommt in 7 verschiedenen Modifikationen vor; bei TiO_2 kennt man seit langem die drei als Mineralien natürlich vorkommenden Modifikationen Rutil (tetragonal), Anatas (tetragonal) und Brookit (monoklin). Es wäre geradezu eine Merkwürdigkeit, wenn ZrO_2 nur eine einzige Kristallform besäße. In der älteren mineralogischen Literatur findet man auch mehr oder weniger phantastische Angaben über zahlreiche verschiedenste Modifikationen oder Formen von ZrO_2, die aber weniger auf wirklichen Messungen beruhen, sondern eher dem äußeren Schein, den Verschiedenheiten im spezifischen Gewicht (durch wechselnden HfO_2-Gehalt usw.) zuzuschreiben sind. So z. B. erwähnt H. COLLINS[1] ganze 10 Modifikationen von Zirkonoxyd.

A. E. VAN ARKEL[2] gibt an, ZrO_2 besitze reguläre Struktur des Flußspates, was er auf röntgenographischem Wege fand. Das spezifische Gewicht der Substanz ergibt sich danach zu 6,22.

J. BÖHM[3] bestätigte diese Angaben und sagt: „Das beim Verglimmen (aus dem amorphen Material) entstehende ZrO_2 ist kubisch kristallisiert (CaF_2-Typ) und identisch mit dem neuerdings von VAN ARKEL beschriebenen. Es fügt sich mit $a = 5{,}1 \cdot 10^{-8}$ cm (Gitterkonstante) gut in die Reihe der Oxyde CeO_2, ThO_2 und UO_2 ein." — Von den späteren Arbeiten sei die grundlegende Untersuchung von O. RUFF mit F. EBERT erwähnt[4]. Danach kristallisiert das Zirkonoxyd bei gewöhnlicher Temperatur als monokliner Baddeleyit, der bei etwa 1000° C in reversibler Weise in tetragonale Form übergeht. Oberhalb 1000° C ist nur die tetragonale, unterhalb nur die monokline Form beständig. Die Untersuchung wurde mittels heizbarer Röntgenkamera an ZrO_2-Präparaten mit 0,2 bis 0,3% HfO_2 durchgeführt.

---

[1] COLLINS, H.: Chem. News **142**, 162—165 (1931).

[2] ARKEL, A. E. VAN: Physica **4**, 286—301 (1924).

[3] BÖHM, J.: Ztschr. f. anorg. u. allg. Ch. **149**, 217—222 (1925).

[4] RUFF, O., u. F. EBERT: Beiträge zur Keramik hochfeuerfester Oxyde, I. Die Formen des Zirkondioxyds. Ztschr. f. anorg. u. allg. Ch. **180**, 19—40 (1929).

Die Dichte der monoklinen Baddeleyitmodifikation ergab sich zu 5,56 (HfO_2 9,67!). Die Dichte der tetragonalen Modifikation zu 5,74. Die Umwandlung erfolgt also mit einer beträchtlichen Volumenabnahme, die Rückbildung bei der Abkühlung mit entsprechender Volumenzunahme.

V. M. GOLDSCHMIDT hat in seinen geochemischen Verteilungsgesetzen die beiden Modifikationen nicht nur vermutet, sondern ziemlich genau beschrieben, allerdings nahm er nach der damaligen Kenntnis der Dinge die reguläre Form als die bei hoher (über 1000° C) Temperatur beständige an. Das Achsenverhältnis $c:a$ der tetragonalen Modifikation beträgt etwa 1,02 : 1, unterscheidet sich also nur wenig von demjenigen des regulären Systems.

W. M. COHN und S. TOLKSDORF[1] bestätigten im wesentlichen die Befunde von RUFF und EBERT, fügten aber bei sehr hohen Temperaturen noch eine weitere (A)-Modifikation hinzu, die bei lang andauerndem Erhitzen von ZrO_2 bis etwa 1900° C entsteht und pseudo-hexagonal ist. Bei langsamer Abkühlung könne die tetragonale (B)-Modifikation nach diesen Autoren bis 800° C erhalten bleiben. Die C-Modifikation ist der monokline Baddeleyit, dessen spezifisches Gewicht zu 5,56 angegeben wird. — Endlich soll nach COHN[2] noch eine amorph-glasige Modifikation existieren, die man durch Schmelzen von ZrO_2 erzielen könne. Auf diese Weise würde die Analogie der Oxyde von Si und Zr noch deutlicher werden. Doch sind die letzteren Angaben mit Vorsicht zu verwerten.

Wie schon V. M. GOLDSCHMIDT angibt und O. RUFF und F. EBERT[3] ausführlich darlegen, kann man die Umwandlungen von ZrO_2 durch gewisse Zusätze unterdrücken. Darauf wird weiter unten bei der Besprechung der Zustandsdiagramme von ZrO_2-Systemen näher eingegangen.

Durch eigene Untersuchungen wurde festgestellt, daß nach einer gewissen Verarbeitung der Zirkonerde unter Zusatz von geringen Mengen MgO (oder magnesiabildenden Verbindungen) nach dem Erhitzen bei 1900° C tatsächlich die reguläre Modifikation entsteht, welche sich z. B. im Polarisationsmikroskop durch das Fehlen der Doppelbrechung sofort im Gegensatz zu den anderen Modifikationen kundgibt. Es ist interessant, daß die Bildung der regulären Form der Zirkonerde an die soeben erwähnte Brenntemperatur gebunden ist und vorher nicht eintritt.

Schmilzt man die hochgebrannte reguläre Zirkonerde im Kohlen-Lichtbogenofen oder in der Flamme des Acetylen-Sauerstoffgebläse-

[1] COHN, W. M., u. S. TOLKSDORF: Die Formen des Zirkondioxyds in Abhängigkeit von der Vorbehandlung. Ztschr. f. physik. Chem. **8**, **331—356** (**1930**).

[2] COHN: Ber. Dtsch. Keram. Ges. **12**, **118—122** (**1931**).

[3] GOLDSCHMIDT, V. M., O. RUFF u. F. EBERT: Zit. S. **224**.

brenners, dann bildet sich zum Teil wieder die doppelbrechende tetragonale Modifikation zurück.

Die Darstellung der reinen Zirkonerde kann nach verschiedenen Methoden erfolgen, die sich u. a. nach dem Ausgangsmaterial — Baddeleyit oder Zirkon — richten.

Der Baddeleyit (Favas) wird fein gemahlen und das Mahlprodukt mit heißer konzentrierter Schwefelsäure im Verhältnis 1 : 2 behandelt. Hierbei geht der größte Teil von ZrO_2 als $Zr(SO_4)_2$ in Lösung, während SiO_2 ungelöst bleibt. Der Zirkon $ZrO_2 \cdot SiO_2$ bleibt ebenfalls unangegriffen.

Nach Verdünnen der Sulfatlösung wird der Rückstand abfiltriert, aus dem Filtrat wird nach schwachem Abstumpfen der Säure und Wiederkonzentrieren das basische Zirkonsulfat (wechselnder Zusammensetzung) in guter Ausbeute abgeschieden. Das basische Sulfat kann nun weiter entweder direkt bei hoher Temperatur verglüht oder erst nach Fällung des Zirkonhydrats auf ZrO_2 verarbeitet werden.

Man kann aber das Erz mit Kohle bei hoher Temperatur chlorieren. Zuerst geht $TiCl_4$, $FeCl_3$, darauf $ZrCl_4$ über. Das $ZrCl_4$ wird in wenig heißem Wasser gelöst und darin beim Abkühlen als $ZrOCl_2 \cdot aq$ zur Abscheidung gebracht. Das Zirkonoxydchlorid wird mit kaltem HCl-haltigem Wasser ausgewaschen und darauf entweder durch direktes Verglühen oder erst nach der Fällung des Zirkonhydrats mit Ammoniak auf ZrO_2 verarbeitet.

Die Behandlung des Zirkonminerals $ZrO_2 \cdot SiO_2$ ist schwieriger, weil zuerst ZrO_2 aus der Verbindung losgelöst werden muß. Das kann u. a. dadurch geschehen, daß man den Zirkon hoch erhitzt. Diese Verbindung ist (wie wir später ausführlicher sehen werden) bei hoher Temperatur unbeständig und zerfällt in ZrO_2 und SiO_2 bzw. hochkieselsäurehaltiges Glas. Hierauf kann das Material z. B. mit Schwefelsäure auf reines ZrO_2 verarbeitet werden.

b) Physikalische und mechanische Eigenschaften der Zirkonerde.

Die Härte der Zirkonerde ist verhältnismäßig hoch. Sie beträgt nach der MOHSschen Skala 7. Die Bestimmung der Mikrohärte nach HANEMANN ergibt am hochgebrannten Scherben den Wert von rund 900 kg/mm^2, was eigentlich einer erheblich höheren Ritzhärte nach der MOHSschen Skala entsprechen müßte. — Allerdings sind die Beanspruchungen nicht gleichwertig.

Die hohe Mikrohärte der Sinterzirkonerde paart sich mit einer recht hohen „Zähigkeit", die sich in dem starken Widerstand gegen die verschleißende Einwirkung von Schleifmitteln äußert. Dementsprechend bietet es nicht unerhebliche Mühe, Gegenstände aus Zirkonerde zu schleifen und zu schneiden. Die Druckfestigkeit der Sinterzirkonerde ist bis zu hohen Temperaturen an kleinen würfelförmigen Prüfkörpern von etwa 6 mm Kantenlänge bestimmt worden. Danach sind die Werte folgende:

Temperatur °C	Druckfestigkeit in kg/cm²
20	21000
500	16000
1000	12000
1200	8000
1400	1300
1500	200

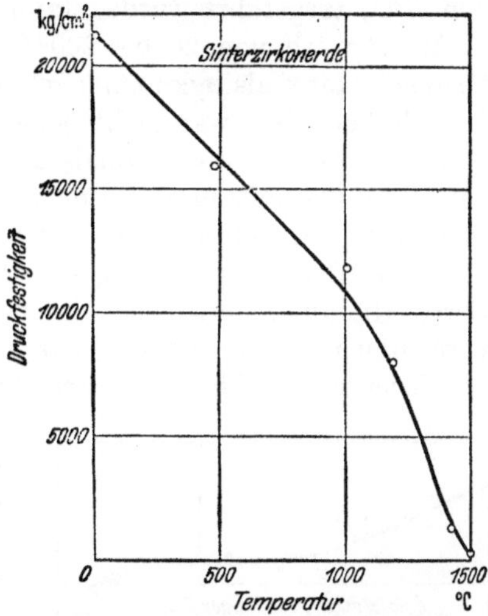

Abb. 103. Druckfestigkeit der Sinterzirkonerde in Abhängigkeit von der Temperatur.

Die Kurve der Abb. 103 gibt den Verlauf der Druckfestigkeit mit der Temperatur wieder.

Die Zerreißfestigkeit der Sinterzirkonerde wurde ebenfalls in einem verhältnismäßig weiten Temperaturbereich bestimmt. Es haben sich folgende Zahlen ergeben:

Temperatur °C	Zerreißfestigkeit kg/cm²
Zimmertemperatur	1485
885	1125
1030	930
1170	877
1200	842
1540	130

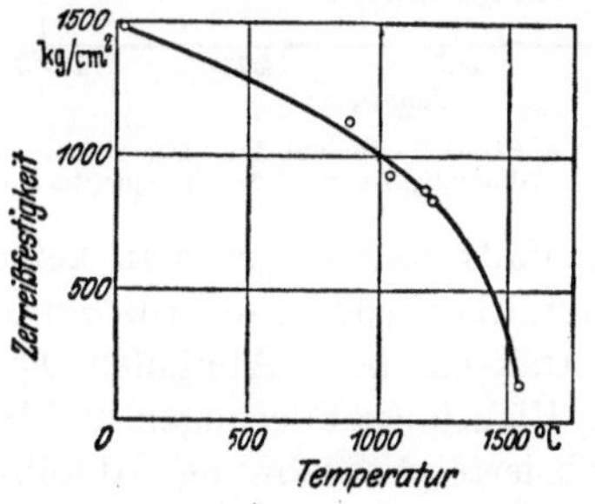

Abb. 104. Zerreißfestigkeit der Sinterzirkonerde in Abhängigkeit von der Temperatur.

Die Abb. 104 gibt den Verlauf der Zerreißfestigkeit der Sinterzirkonerde (reguläre Modifikation des über 1900° C hochgebrannten Scherbens) wieder.

Der Elastizitätsmodul der Sinterzirkonerde konnte an dünnen Stäben nach der Durchbiegungsmethode bis zu den hohen Temperaturen ermittelt werden. Die Werte sind folgende:

Temperatur °C	Elastizitätsmodul in kg/cm²
Zimmertemperatur	$1{,}72 \cdot 10^6$
300	$1{,}38 \cdot 10^6$
465	$1{,}30 \cdot 10^6$
570	$1{,}18 \cdot 10^6$
700	$1{,}17 \cdot 10^6$
850	$1{,}16 \cdot 10^6$
940	$1{,}16 \cdot 10^6$
1050	$1{,}16 \cdot 10^6$
1180	$1{,}11 \cdot 10^6$
1225	$1{,}07 \cdot 10^6$
1290	$1{,}03 \cdot 10^6$
1360	$0{,}96 \cdot 10^6$

Die Kurve der Abb. 105 (S. 228) gibt den Verlauf des E-Moduls mit der Temperatur wieder. — Bemerkenswert ist die Konstanz des E-Moduls im Bereich 600 bis 1000° C.

Der thermische Ausdehnungskoeffizient der Sinterzirkonerde ist mehrfach Gegenstand der Untersuchungen gewesen.

Eine der ersten davon, welche noch lange vor der Entdeckung der reversiblen Modifikationsänderungen von ZrO_2 sowie vor der Entdeckung von HfO_2 ausgeführt wurde, stammt von L. WEISS und R. LEHMANN[1].

Im Bereich von 20 bis 200° C wurde die Ausdehnung des pulverförmigen Materials pyknometrisch in Paraffin und in Glycerin bestimmt. Die Methode ist zwar nicht genau genug, um einwandfreie Resultate zu geben, sie war aber damals die einzig gangbare. Im Paraffin wurde der Wert des mittleren Ausdehnungskoeffizienten zu $9 \cdot 10^{-6}$ gefunden (der dem jetzt gefundenen Wert recht nahe kommt), im Glycerin fand man aber den 11mal geringeren Wert $8 \cdot 10^{-7}$, den man damals akzeptierte. Hierauf gründete sich durch die Extrapolation auf sehr hohe Temperaturen noch die Ansicht, daß infolge des so geringen Ausdehnungskoeffizienten des Materials, der etwa demjenigen von Quarzglas ähnelt, die aus ZrO_2 hergestellten Gegenstände gegen den Temperaturwechsel sehr unempfindlich sein müssen. Spätere Erfahrung mußte aber diese Ansicht stark korrigieren und zeigte, daß der im Paraffin gefundene Wert der richtigere war.

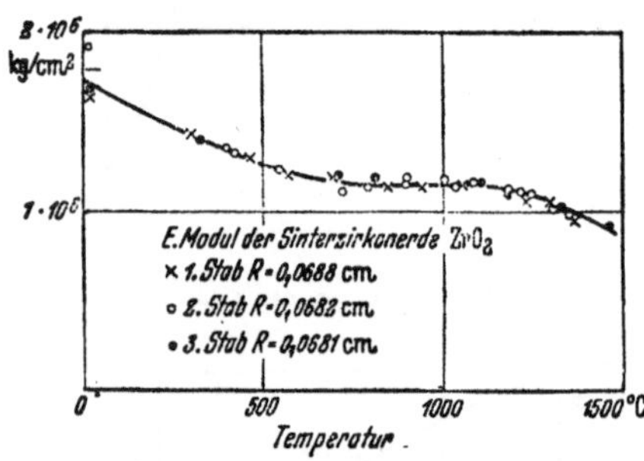

Abb. 105. Elastizitatsmodul der Sinterzirkonerde in Abhängigkeit von der Temperatur.

Nach den Messungen von W. M. COHN[2] zeigt die Zirkonerde ein sehr kompliziertes Ausdehnungsverhalten, das vom Autor durch zahlreiche Modifikationsänderungen erklärt wird. Jedenfalls beobachtet man keine stetige Dehnung der Prüfkörper aus Sinterzirkonerde beim Erhitzen und keine genau umgekehrt verlaufende Kontraktion beim Abkühlen. Die Dehnungskontraktionskurven zeigen z. T. Richtungsänderungen und Hysteresisschleifen. Eine derartige etwas idealisierte Ausdehnungs-Abkühlungs-Kurve findet sich in der Arbeit von W. M. COHN und S. TOLKSDORF[3].

Soviel ist aber aus diesen und anderen Messungen sicher, daß im Bereich von 20 bis 200° C der Ausdehnungskoeffizient der bis 2100° C vorgebrannten Zirkonerde etwa $8{,}3 \cdot 10^{-6}$ pro Grad beträgt und mit der Temperatur etwas ansteigt. Das bis 1250° C nur schwach vorgeglühte Zirkonoxyd dehnt sich nur um $3{,}9 \cdot 10^{-6}$ pro Grad.

H. EBERT und C. TINGWALDT[4] ermittelten die Ausdehnung der bei etwa 1650° C gebrannten Sinterzirkonerde im Temperaturbereich zwischen der gewöhnlichen Raumtemperatur und etwa 1900° C in einem

[1] WEISS, L., u. R. LEHMANN: Dissertation LEHMANN, Techn. Hochschule München (1908).

[2] COHN, W. M.: Ber. Dtsch. Keram. Ges. **9**, 16—18 (1928); Keram. Rdsch. **38**, 721—725ff. (1930).

[3] COHN, W. M., u. S. TOLKSDORF: Ztschr. f. physikal. Ch. Abt. B **8**, 331—356 (1930).

[4] EBERT, H., u. C. TINGWALDT: Physikal. Ztschr. **37** (471—475 (1936).

mit Heizstäben aus NERNST-Masse beheizten elektrischen selbstgebauten Ofen. Die von diesen Autoren gefundenen Zahlen zeigen starke Schwankungen und Hysteresiserscheinungen beim Erhitzen und Abkühlen der Proben. Daraus schließen die Autoren, daß die Umwandlungen der ZrO_2-Modifikationen nicht vollständig sind, was übrigens auch aus anderen Beobachtungen gefolgert werden kann. Die in mm/m angenähert ausgedrückten Ausdehnungszahlen sind folgende: bis 500° C 5, bis 1000° C 13, bis 1800° C 23. Von der verschwindend geringen thermischen Ausdehnung kann hier also in keiner Weise die Rede sein und ebensowenig von der hohen Temperaturwechselbeständigkeit der Gegenstände aus Sinterzirkonerde.

Das ist insbesondere deswegen nicht der Fall, weil die Sinterzirkonerde keine allzu hohe Wärmeleitfähigkeit aufweist, welche die Wirkung der hohen Ausdehnung kompensieren könnte.

Nach F. BORN[1] ist der Dampfdruck der Zirkonerde bei hohen Temperaturen unbeträchtlich. Bei 2000° C beträgt er rund $6 \cdot 10^{-1}$ mm Hg-Säule, bei 3000° C, also unweit über seinem Schmelzpunkt, dagegen 16 mm Hg. Danach gehört die Zirkonerde in oxydierender Atmosphäre zu den nicht flüchtigsten Oxyden überhaupt, weil z. B. Al_2O_3 bei 2000° C bereits 25 mm Hg-Säule erreicht und selbst CaO, MgO 0,2 bis 0,3 mm aufweisen.

Die spezifische Wärme des Zirkondioxyds beträgt bei gewöhnlicher Temperatur 0,120. Sie wächst mit der Temperatur an, wie aus nebenstehender Tabelle zu ersehen ist.

Temperatur °C	Spez. Wärme von ZrO_2
20	0,120
600	0,137
1000	0,157
1200	0,167
1400	0,175

Das Zirkonoxyd gehört zu den schwerstschmelzbaren Oxyden. Nach F. HENNING und LAX[2] liegt der Schmelzpunkt der Hf-freien Zirkonerde bei 2670 ± 20° C. Nach P. CLAUSING[3] schmilzt reines Zirkondioxyd bei 2680 ± 20° C, was in bester Übereinstimmung mit dem erstgenannten Befund ist.

Das viel seltenere Hafniumoxyd schmilzt allerdings noch erheblich höher, und zwar nach HENNING und LAX[4] bei rund 2800° C, nach CLAUSING bei 2780° C, also wieder in sehr guter Übereinstimmung miteinander. — Gerade die besonders hohe Feuerfestigkeit der Zirkonerde hat ein besonderes Interesse für dieses Material als keramischen Werkstoff hervorgerufen

Die Verbrennungswärme des Zirkonmetalls zu Zirkondioxyd beträgt nach der Gleichung:

$$Zr + O_2 = ZrO_2 \text{ (fest)} + 257{,}4 \text{ kgcal.}$$

[1] BORN, F.: Über die Dissoziation einiger Metalloxyde. Ztschr. f. Elektrochem. 31, 309—311 (1925).

[2] HENNING, F., u. LAX: Naturwissenschaften 13, 661 (1925).

[3] CLAUSING, P.: Ztschr. f. anorg. u. allg. Ch. 204, 33—39 (1932).

[4] HENNING u. LAX: s. Fußnote 2.

Berücksichtigt man also die auf 1 O-Atom reduzierte Verbrennungswärme, dann ergibt sich die runde Zahl 128 kgcal, also etwas weniger als bei Al_2O_3 und anderen stabilen Oxyden.

Nach F. BORN[1] beträgt die nach der NERNSTschen Näherungsformel berechnete Dissoziation von ZrO_2 in Zr und O bei 2000° C und 1 at rund 0,1%, bei 3000° C 10%. Der Dissoziationsgrad der Zirkonerde gehört somit zu den höchsten, die unter den hochfeuerfesten Oxyden vorkommen, während ja der Dampfdruck des Oxyds selbst, wie wir oben gesehen hatten, nur sehr gering ist.

Die elektrische Leitfähigkeit des Zirkondioxyds verdient eine etwas eingehendere Beschreibung, da sie nicht nur — wie auch bei anderen Oxyden — einen Einblick in den Innenbau des Materials gewährt, sondern auch ein hohes technisches Interesse beansprucht. An dieser Stelle soll allgemein auf die Elektroleitfähigkeit von „Halbleitern" etwas näher eingegangen werden.

Wie schon aus den obigen gelegentlichen Schilderungen betr. Elektroleitfähigkeit der Oxyde hervorgeht, gehören die „reinen" hochfeuerfesten Oxyde (d. h. von einem normalerweise erreichbaren Reinheitsgrad mit einigen Hundertsteln oder Zehnteln Prozent Verunreinigungen), insbesondere solche mit hoher Bildungswärme, zu den besten Isolatoren, sobald es sich um tiefere Temperaturen handelt. Bei hohen Temperaturen dagegen werden auch die besten Isolatoren zu Elektroleitern. Während der spezifische Widerstand reiner Oxyde bei der Zimmertemperatur von der Größenordnung von etwa 10^{12} Ohm · cm ist, kann er bei etwa 1500 bis 1600° C bis etwa 1 bis 10 Ohm · cm absinken!

Das ist ein Verhalten, welches demjenigen der Metalle entgegenläuft, da die Elektroleitfähigkeit der Metalle bekanntlich mit der Temperatur sinkt. Während die Metalle reine Elektronenleiter sind, bei denen die Elektro- und die Wärmeleitfähigkeit einander proportional sind (Gesetz von WIEDEMANN-FRANZ), können die Oxyde Elektronen- oder Ionenleiter oder endlich auch beides zugleich sein. Von irgendwelchem Zusammenhang zwischen der Elektro- und der Wärmeleitfähigkeit kann bei oxydischen Verbindungen und überhaupt bei den „Halbleitern" keine Rede sein.

Während die Leitfähigkeit der (reinen) Metalle proportional der Temperatursteigerung fällt, wobei der thermische Koeffizient der (abnehmenden) Leitfähigkeit ziemlich genau gleich dem thermischen Koeffizienten der Ausdehnung der Gase bei konstantem Druck (oder der Druckzunahme bei konstantem Volumen) ist, wird die Temperaturabhängigkeit der Elektroleitfähigkeit der „Halbleiter" von einer ganz anderen Gesetzmäßigkeit beherrscht. Die Leitfähigkeit steigt nach einer

[1] BORN, F.: Über die Dissoziation einiger Metalloxyde. Ztschr. f. Elektrochem. **31**, 309—311 (1925).

Exponentialfunktion der Temperatur an. Hier gilt für Einkristalle das Gesetz von A. JOFFE[1]:

$$\sigma_T = A \cdot e^{-B/T},$$

wo A und B Konstanten sind. Durch eine einfache Umformung dieser Gleichung erhält man für die Abhängigkeit des elektrischen Widerstandes (reziproke Leitfähigkeit) von der Temperatur den Ausdruck:

$$\ln \varphi = B/T - \ln A,$$

d. h. der Logarithmus des Widerstandes wächst umgekehrt proportional der Temperatur. Der erstere Ausdruck ist zahlreichen Temperaturbeziehungen in der physikalischen Chemie analog, wie z. B. der Dampfdruckformel einfacher Substanzen, der Reaktionsisochore usw. — Die Größe B dürfte — ähnlich ihrer Bedeutung in diesen erwähnten analogen Beziehungen — in unserem Falle die Bedeutung der Auflockerungs- und Ablöseenergie für die stromleitenden Partikelchen, also Ionen und Elektronen, besitzen. Schon aus diesem Zusammenhang ist es klar, daß diese Beziehung mit einer einzigen Konstante B nur bei einfachen und völlig eindeutigen Leitfähigkeitsprozessen in den „Halbleitern" gelten kann. Sind die stromliefernden Vorgänge komplexer Natur, dann kommt man mit dieser einfachen Funktion nicht mehr aus, und anstatt einer Konstante B muß man mit einer Summe von mehreren, B_1, B_2, ... usw. rechnen.

Bemerkenswert ist, daß die Beziehung zwischen $\log \varphi$ und $1/T$ für verschiedenartige Oxyde durch Geraden mit nicht allzu verschiedener Neigung dargestellt wird. Daraus kann man auf die nahezu gleiche Abtrennungsarbeit (B) der Träger der Elektroleitfähigkeit in verschiedenen Oxyden schließen.

Im allgemeinen ist der Widerstand eines „Halbleiters" um so größer, je höher sein Reinheitsgrad ist. Bereits ganz geringfügige Verunreinigungen, die man kaum durch die empfindlichsten sonstigen physikalischen und chemischen Kriterien entdecken kann, machen sich durch eine Erhöhung der Leitfähigkeit stark bemerkbar. Die pulverförmigen Halbleiter besitzen einen geringeren elektrischen Widerstand als die Einkristalle, wiederum im Gegensatz zu Metallen, da Metallpulver schlechter als kompakte Metalle leiten.

Bei polykristallinen Materialien, aus denen ja die keramischen Werkstoffe bestehen, bemerkt man einen inneren Zusammenhang zwischen den Größen A und B in der Weise, daß einem größeren B ein kleinerer Wert A entspricht und umgekehrt. D. h. leitet ein Stoff verhältnismäßig gut bereits bei tieferen Temperaturen, dann ist der relative Beitrag, den die Temperaturerhöhung mit sich bringt, nur gering, und

[1] JOFFE, A.: Elektrizitätsdurchgang durch Kristalle. Ann. d. Physik 72, 461f. (1923).

umgekehrt: je schlechter ein Oxyd bei tiefer Temperatur leitet, um so größer ist sein thermischer Leitfähigkeitskoeffizient. In erster grober Annäherung folgt daraus, daß bei genügend hoher Temperatur alle Oxyde etwa gleich gute Leiter werden.

Welchen „inneren Umständen" verdanken nun die Oxyde ihre elektrische Leitfähigkeit? Die Elektroleitfähigkeit ist ja nur der äußere Ausdruck der schwachen Bindungskräfte zwischen den geladenen Teilchen untereinander. Dementsprechend ist es klar, daß im allgemeinen diejenigen Oxyde, die eine geringe Stabilität aufweisen (geringe Bildungswärme), bessere Leiter sind. Das trifft auch in der Tat, wie oben bemerkt, zu. Der leichte Übergang verschiedener Valenzstufen eines Metalls ineinander, wie z. B. *Fe*(II)—*Fe*(III), trägt ebenfalls zur leichteren Auslösung der Elektroleitfähigkeit des betreffenden Oxyds bei, verglichen mit den Oxyden unveränderlicher Zusammensetzung, wie z. B. Al_2O_3.

Interessanterweise hängt die Elektroleitfähigkeit mancher — insbesondere leicht reduzierbarer — Oxyde in einem sehr hohen Grad vom Sauerstoffdruck der Atmosphäre, in der das Oxyd sich befindet, ab. Das ist z. B. ganz besonders stark bei ZnO und CdO ausgeprägt, wie die Untersuchungen von F. SKAUPY gezeigt haben. C. WAGNER fand eine derartige Abhängigkeit an manchen anderen Oxyden (Cu_2O, NiO usw.). Er hat eine höchst bemerkenswerte Erklärung der Elektroleitfähigkeit dieser Oxyde gegeben[1]. Die Erscheinung selbst besteht darin, daß z. B. ZnO und CdO bei der Erhöhung des O-Partialdruckes schlechter, während andererseits Cu_2O, NiO, CoO, FeO besser leiten — alles natürlich bei gleicher Temperatur gemessen. Es gibt endlich auch Oxyde, wie z. B. CuO, Co_2O_3, Fe_3O_4, deren Leitfähigkeit vom Sauerstoffdruck der Atmosphäre ziemlich unabhängig ist. Nach C. WAGNER kommt diese verblüffende Erscheinung folgendermaßen zustande: ZnO ist bereits bei 600° C zum Teil in Zn und O, der natürlich entweicht, dissoziiert. Auf diese Weise bilden sich Metallbrücken zwischen den Oxydteilchen, wodurch eine gute Elektroleitfähigkeit resultiert. Der Befund, daß ZnO und CdO praktisch reine Elektronenleiter sind, spricht sehr zugunsten dieser Anschauung. Sie wird noch durch den direkten Nachweis des Metalls im Oxyd auf chemischem Wege bestätigt. Die Leitfähigkeit von CdO kann bereits bei der Zimmertemperatur bis 150 reziproke Ohm pro 1 cm Würfel betragen.

Nun ist es begreiflich, daß Einflüsse, welche die Dissoziation von ZnO und CdO zurückdrängen, also z. B. die Erhöhung des Partialdruckes des Sauerstoffs, die Elektroleitfähigkeit solcher Oxyde heruntersetzen. Sie wirken der Bildung des freien Metalls, somit der Vermehrung freier Elektronen entgegen.

[1] WAGNER, C.: Fehlordnungserscheinungen in Ionengittern als Grundlage für Ionen- und Elektronenleitungen. Physikal. Ztschr. **36**, 721—725 (1935).

Bei Cu_2O und manchen anderen Oxyden bemerkt man umgekehrt ein langsames Ansteigen der Leitfähigkeit mit dem Partialdruck des Sauerstoffs. Hier handelt es sich nach WAGNER um „Elektronendefekt"-Leitfähigkeit, die durch die Bildung von wandernden Sauerstoffionen zustande kommt.

Über die Abhängigkeit der Elektroleitfähigkeit von ZrO_2 von dem Druck liegen einige Beobachtungen, allerdings an ZrO_2-Gemischen mit verschiedenen anderen Oxyden, vor. Auf der einen Seite scheint die Elektroleitung eines ZrO_2-Thorgemisches nur auf der Ionenbeweglichkeit ohne Elektronenbeteiligung zu beruhen (E. BAUR), woraus folgen würde, daß mit steigendem Sauerstoffdruck die Leitfähigkeit zunehmen müßte. Direkte Beobachtungen von J. BASSET, allerdings an Gemisch von 80% ZrO_2 + 10% ThO_2 + 10% Y_2O_3, ergeben dagegen einen Abfall der Leitfähigkeit mit der Drucksteigerung. Danach würde sich ZrO_2 in diesem Gemisch wie ein Elektronenleiter verhalten.

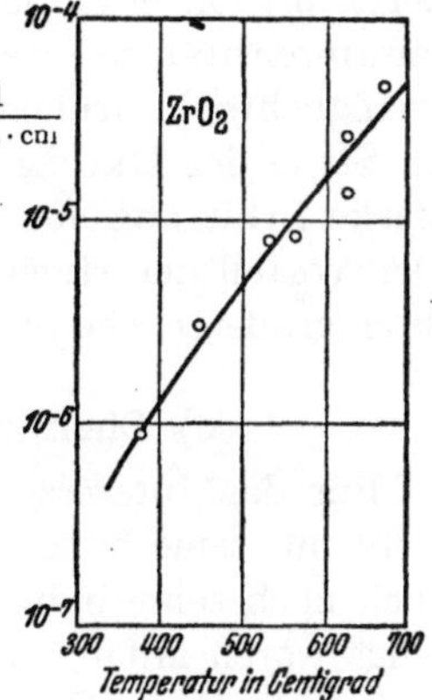

Abb. 106. Elektroleitfähigkeit der Sinterzirkonerde in Abhängigkeit von der Temperatur nach RÖGENER.

Angesichts der Ungleichheit des Untersuchungsmaterials braucht hier kein Widerspruch zu bestehen. Es gibt Literaturangaben[1], wonach das ganz reine ZrO_2 eine sehr geringe Leitfähigkeit besitzt und nur seine Gemische verhältnismäßig gut leiten. Auf der anderen Seite begegnet man der Behauptung[2], daß ZrO_2/MgO-Systeme weniger gut als reines ZrO_2 leiten. Man sieht, daß hier noch manches zu klären ist.

Unter den hochfeuerfesten Oxyden besitzt das ZrO_2 die größte Elektroleitfähigkeit. Nach den Messungen von G. SIMON ist der spezifische Widerstand des keramisch verarbeiteten ZrO_2 (mit geringem MgO-Gehalt) bei 1000° C etwa 10^4 Ohm · cm, entspricht also ungefähr der Leitfähigkeit des Steatits. Bei 1700° C ist der spezifische Widerstand von ZrO_2 nur 6 bis 7 Ohm · cm. Die Messungen von H. RÖGENER[3] an geformten, keramisch verarbeiteten und bei etwa 1600° C gebrannten ZrO_2-Stäben mit ca. 2% MgO-Beimengung ergaben obenstehende Kurve für die Leitfähigkeit bei jeweiliger Temperatur.

Verschiedene Zusätze erhöhen die Elektroleitfähigkeit von ZrO_2 in einem sehr starken Maße. Bereits W. NERNST hat im Rahmen seiner Arbeiten zur Herstellung einer elektroleitfähigen Glühmasse für die

---

[1] SCHWEITZER, H.: Ztschr. f. angew. Ch. **44**, 151—152 (1931).

[2] SIMON, G.: Untersuchungen über den spezifischen Widerstand einiger hochfeuerfester Oxyde bei hohen Temperaturen unter besonderer Berücksichtigung ihrer Verformbarkeit als Widerstandsmaterial in elektrischen Öfen. Arch. f. Erzbergbau **1**, 147—161 (1931).

[3] RÖGENER, H.: Ztschr. f. Elektrochem. **46**, 25—27 (1940).

elektrische Beleuchtung auf ZrO_2 zurückgegriffen und in der berühmt gewordenen „NERNST-Masse“, die zuletzt aus 85% ZrO_2 und 15% Y_2O_3 bestand, einen verhältnismäßig recht guten Leiter aufgefunden. Die ausführliche Besprechung der damit zusammenhängenden Fragen soll weiter unten erfolgen, da sie eigentlich in das Gebiet der Anwendungen der keramischen Erzeugnisse aus ZrO_2 hineingehört.

ZrO_2 ist, wie die meisten Oxyde, diamagnetisch. Der Molekularmagnetismus beträgt $K = -0{,}0138 \cdot 10^{-6}$.

In optischer Hinsicht verdient die selektive Reflexion erwähnt zu werden, die im weiten Infrarot bei 4,4 und 8,8 μ liegt. Bei hohen Temperaturen strahlt ZrO_2 ziemlich „grau“, d. h. seine Spektralverteilung der Emission entspricht etwa dem schwarzen Körper, ohne seine Gesamtintensität zu erreichen. Die ziemlich hohe Lichtemission von ZrO_2 ermöglichte in früheren Jahren die Verwendung von ZrO_2-Plättchen an Stelle des DRUMMONDschen Kalklichtes, das bekanntlich durch die starke Erhitzung von Kalk mittels der Knallgasflamme erzeugt wurde. Der Vorteil derartiger LINNEMANN-Plättchen aus ZrO_2 besteht noch in ihrer größeren chemischen und mechanischen Beständigkeit.

c) Chemische Eigenschaften der Zirkonerde.

Für das Interesse an Zirkondioxyd als keramischem Material war nicht nur seine hohe Feuerfestigkeit, also „Unschmelzbarkeit“, sondern auch noch seine hohe chemische Beständigkeit ausschlaggebend. Allerdings waren anfangs auch hierüber, ähnlich wie über die vermeintliche außerordentliche Beständigkeit gegen den schroffen Temperaturwechsel, die Ansichten stark übertrieben und weniger durch tatsächliche Befunde als durch starke Hoffnungen gekennzeichnet.

Wie schon aus dem nicht sehr hohen Wert für die Verbrennungswärme sowie für die merkliche Dissoziation von ZrO_2 bei hohen Temperaturen hervorgeht, ist ZrO_2 gegen reduzierende Einflüsse weniger beständig als z. B. die Tonerde.

Mit Sicherheit kennt man nur das eine Oxyd des Zirkons, nämlich ZrO_2. Durch die Einwirkung von Reduktionsmitteln kann man also keine niedrigeren Oxyde bestimmter konstanter Zusammensetzung erhalten, die man als chemische Verbindungen ansprechen könnte[1].

E. WEDEKIND hat zwar durch die Reduktion von ZrO_2 mit Kohle ein schwarzes Produkt der Zusammensetzung ZrO erhalten, dasselbe aber nicht als ein bestimmtes einheitliches Oxyd identifizieren und nachweisen können[2].

Versucht man, metallisches Zr (Schmelzpunkt 1860° C) in einem Zirkonerdetiegel zu schmelzen (was mit dem überhitzten Al-Metall im

[1] Vgl. E. FRIEDERICH u. L. SITTIG: Herstellung und Eigenschaften hochschmelzender niederer Oxyde. Ztschr. f. anorg. u. allg. Ch. **145**, 127—140 (1925).

[2] WEDEKIND, E.: Ztschr. f. anorg. u. allg. Ch. **45**, 391ff. (1905).

Tonerdetiegel ausgezeichnet und ohne jeden gegenseitigen Angriff geht), dann erlebt man die Bildung einer undefinierbaren grauen Masse an der Tiegelwand, deren Zusammensetzung keine konstanten Verhältnisse zeigt. Man erhält eine Art „Suboxyd", in dem das *Zr*-Metall auf Kosten des ZrO_2 oxydiert, das ZrO_2 durch *Zr*-Metall teilweise reduziert ist. Metallisches *W* reagiert nach W. M. COHN[1] in der Formier-Gasatmosphäre (3 Vol.-Teile N_2, + 1 Vol.-Teil H_2) mit ZrO_2 selbst bis 2000° C nicht. Dementsprechend kann man also Elektroöfen aus ZrO_2 mit Heizwicklung aus *W*-Draht bis zu recht hohen Temperaturen benutzen.

Bei tieferen Temperaturen erweist sich die Zirkonerde gegenüber zahlreichen reduzierend wirkenden Substanzen als recht widerstandsfähig. In der Wasserstoffatmosphäre kann man z. B. *K, Na, Ca, Al, Fe* ohne Angriff auf die Tiegelwand schmelzen.

Gegen den Kohlenstoff ist die Zirkonerde nicht beständig, insbesondere, wenn es sich um hohe Temperaturen handelt. Bereits bei 1200° C beginnt eine schnelle Einwirkung von *C* nicht nur auf pulverförmiges ZrO_2, sondern auch auf kompakte, in Form des gebrannten Scherbens vorliegende Sinterzirkonerde. Bei genügender *C*-Menge entsteht über 1300° C *ZrC*. Das Zirkoncarbid ist im Lichtbogen ohne Zersetzung schmelzbar. Beim Erkalten der Schmelze bildet sich ein schweres metallglänzendes Produkt, das bei gewöhnlicher Temperatur beständig ist, aber in der Glut an der Luft verbrennt und ZrO_2 liefert.

Die Carbidbildung am dichtgebrannten Scherben der Sinterzirkonerde erfolgt im Kontakt mit Kohle nur als Oberflächenreaktion, die nur langsam in die Tiefe des Scherbens fortschreitet. Demgemäß kann man mit den Geräten aus Sinterzirkonerde selbst in Berührung mit Kohle bei Temperaturen bis 1900° C noch verhältnismäßig sicher arbeiten.

Nach C. H. PRESCOTT JR.[2] liegt der Gleichgewichtsdruck = 1 at der Reaktion $ZrO_2 + 3C = ZrC + 2CO$ bei 1930° C. Die Bildungswärme des Carbids aus den Elementen beträgt nach demselben Autor 35 kgcal/Mol.

Das Zirkoncarbid reagiert leicht nicht nur mit Sauerstoff, sondern auch z. B. mit Chlor. Dabei entsteht nach der Reaktion

$$ZrC + 2Cl_2 = ZrCl_4 + C$$

das leicht flüchtige Zirkontetrachlorid. Auf diesem Wege kann man Zirkonerze auf reine Zirkonverbindungen aufarbeiten. In Gegenwart der Kohle gelingt es leicht, aus ZrO_2 im Cl_2-Strom bei lebhafter Rotglut, also bei ca. 700° C, das Zirkontetrachlorid zu erhalten, eine Reaktion, die bekanntlich bei den meisten Oxyden ziemlich glatt verläuft.

$ZrCl_4$ bildet mit Wasser nach der Gleichung

$$ZrCl_4 + H_2O = ZrOCl_2 + 2HCl$$

[1] COHN, W. M.: Ztschr. f. techn. Phys. **9**, 110—115 (1928).

[2] PRESCOTT JR., H. C.: Journ. Amer. Chem. Soc. **48**, 2536ff. (1926).

Zirkonoxychlorid, das mit $8 H_2O$ aus salzsaurer Lösung leicht umkristallisiert werden kann, weil es in heißer Lauge viel löslicher als in der kalten ist. Durch einfaches Verglühen kann man aus dem Oxychlorid ZrO_2 gewinnen. Hierbei schmilzt das Oxychlorid intermediär, wonach sich feste, harte Agglomerate von ZrO_2-Teilchen bilden, die verhältnismäßig schwer vermahlbar sind und für die keramische Weiterverarbeitung manche Unbequemlichkeiten bereiten. Ein sehr feinverteiltes und zugleich reines, blendendweißes Produkt erhält man nach folgendem Verfahren des Verfassers (D.R.P. 531578): Dem zu verglühenden Oxychlorid wird 5 bis 10% Ammoniumhydrogenfluorid zugesetzt, wobei sich die Masse unter merklicher Erwärmung verflüssigt. Hierbei bildet sich Zirkonfluorid unter Freiwerden des Kristallwassers aus dem Oxychloridhydrat. Das Gemisch wird langsam bei 1200 bis 1300° C verglüht, wobei sich überaus feines und reinweißes ZrO_2-Pulver bildet, welches für die keramische Weiterverarbeitung sehr geeignet ist.

Das Zirkonoxyd ist selbst nach dem Sintern bei hoher Temperatur in der Flußsäure leicht löslich, wobei sich $ZrOF_2 \cdot 2HF \cdot aq$ bildet. Das Zirkonfluorid bildet mit Alkalifluoriden schwer lösliche Doppelsalze, die u. a. als Ausgangsmaterial zur Darstellung von Zr-Metall dienen. Beim Erhitzen des Oxyfluorids bildet sich auch reines ZrO_2.

Im allgemeinen kann man das Zirkondioxyd eher zu den Säure- als zu den Basenanhydriden zuzählen, aber es bildet sowohl Zirkoniumsalze als auch Zirkoniatsalze. Mit Phosphorsäure bildet ZrO_2 wasserunlösliches Phosphat hoher Stabilität, das selbst beim starken Glühen P_2O_5 nicht abgibt und als ZrP_2O_7 aufgefaßt werden kann. Dieses Salz findet u. a. als Bindemittel für die rohe Zirkonerde Verwendung.

Alkalioxyde, -carbonate sowie Erdalkalien wirken auf pulverförmiges ZrO_2 stark ein. Es bilden sich entsprechende Zirkoniate, worüber weiter unten bei der Besprechung von Zustands- und Schmelzdiagrammen binärer Systeme mit ZrO_2 näher die Rede ist. Die Alkalizirkoniate sind wasserlöslich, aber stark hydrolytisch gespalten.

Die Oxyde der Erdmetalle wirken auf ZrO_2 nicht stark ein. Bestimmte Verbindungen, und zwar meta-zirkoniate, sind bekannt. Die Oxyde der IV. Gruppe des Periodischen Systems bilden auch keine definierten Verbindungen mit ZrO_2, mit Ausnahme von SiO_2, womit die Zirkonerde den Zirkon, $ZrO_2 \cdot SiO_2$, bildet. Hierauf wird auch weiter unten näher eingegangen.

Die Kieselerde SiO_2 kann im Tiegel aus der Sinterzirkonerde ohne einen erheblichen Angriff auf die Gefäßwand geschmolzen werden[1]. Allerdings ist eine zu starke Überschreitung der Schmelztemperatur sowie der Schmelzdauer zu vermeiden. Die Erklärung für dieses Verhalten der Zirkonerde gegenüber der Kieselsäure findet sich weiter unten bei der Besprechung des Zirkonsilicats. Sehr hoch SiO_2-haltige

[1] Vgl. D.R.P. 179570 von W. C. Heraeus.

Gläser können ebenfalls mit Vorteil in ZrO_2-Tiegeln erschmolzen werden, wobei die Arbeitstemperatur bis über 1650° C gehen kann[1].

Mit Schwefelsäure sowie mit anderen starken Mineralsäuren liefert ZrO_2 entsprechende Salze. Oben haben wir gesehen, daß der Aufschluß der „Favas" mit Schwefelsäure einen Weg zur Darstellung des reinen Zirkonoxyds bildet. An dieser Stelle sei vermerkt, daß die Bildung von basischen Zirkonsalzen in nicht allzu ferner Zeit dazu diente, hochprozentige Zirkonerze für die Zwecke der feuerfesten Industrie verwendbar zu machen. Das Erz wurde fein vermahlen und dem Mahlprodukt „Mineralleim" als Bindemittel zugesetzt. Der „Mineralleim" besteht nach A. Wolfsholz[2] aus Schwefelsäure und einem nicht löslichen Sulfatsalz, z. B. $CaSO_4$ oder[3] aus etwa 6% Phosphorsäure, mit Al-Phosphat usw. Hierbei bilden sich basische unlösliche Zirkoniumsalze von verhältnismäßig hohem Bindevermögen. Die daraus hergestellten Steine, Stampfmassen, Anstriche usw. behalten eine ziemliche Festigkeit auch nach dem Brennen bei hohen Temperaturen. Verschiedene Patente, wie z. B. D.R.P. 501189[4], empfehlen außer dem Zusatz des „Mineralleims" noch die Zugabe anderer hochfeuerfester Materialien, wie z. B. Cr_2O_3, Fe_2O_3 usw., die zum Bindemittel eine noch höhere Affinität haben als die Zirkonerde selbst. Derartige Massen kann man im normalen „Scharffeuer", also bei etwa 1300 bis 1400° C, ziemlich fest brennen.

Allerdings sind derartige Erzeugnisse von der wirklichen Hochfeuerfestigkeit, wie sie von den Erzeugnissen aus der reinen Sinterzirkonerde erwartet werden können, weit entfernt. Sie deformieren sich unter der eigenen Last bereits knapp oberhalb 1300° C. Es gehört schon ein sehr hochprozentiges Zirkonerz dazu, um auf diesem Wege Steine mit dem Erweichungsbeginn von etwa 1500° C herzustellen, obwohl der eigentliche Schmelzpunkt des Materials recht hoch liegen kann. Dieses Verhalten der Zirkonerde wird erst aus den Betrachtungen über die Schmelz- und Zustandsdiagramme vollends klar.

Aus der obigen Betrachtung ersieht man, daß die vermeintliche chemische Unangreifbarkeit des Zirkonoxyds und der hochgebrannten kompakten Zirkonerde gar nicht so sehr groß ist. Nur der dichtgebrannte Scherben der Sinterzirkonerde ist gegen verschiedene stark wirkende chemische Einflüsse ziemlich widerstandsfähig. Aber diese Eigenschaft teilt die Sinterzirkonerde mit manchen anderen Sintererdescherben, deren Widerstandsfähigkeit, namentlich gegen die auflösende Wirkung von korrodierenden Schmelzen, nicht so sehr von der chemischen Natur

[1] Vgl. A. E. Badgar u. L. M. Doney: Glass smelting in System $ZrO_2/Al_2O_3/SiO_2$ and $TiO_2/Al_2O_3/SiO_2$. Glass Ind. **21**, 309—311 (1940).

[2] Wolfsholz, A.: Schweiz. Patent 121783 oder D.R.P. 445722.

[3] Gemäß dem USA.-Patent 1872876.

[4] Didier-Konzern.

des betreffenden keramischen Werkstoffs, als vielmehr von der Dichtigkeit seines Scherbens abhängig ist. Das hat naturgemäß seine Grenzen, und kein noch so dichter Scherben würde z. B. der Sintertonerde eine Dauerwiderstandsfähigkeit gegen die auflösende Wirkung der Bleioxydschmelze verleihen.

d) Einige binäre Schmelz- und Zustandsdiagramme mit Zirkonerde.

Das Zustandsdiagramm des Zirkondioxyds mit Natriumoxyd wurde von J. D'ANS und J. LÖFFLER[1] untersucht. Sie fanden die Existenz der Meta-Natriumzirkoniatverbindung Na_2ZrO_3. Ein Orthozirkoniat wurde nicht festgestellt. Das Meta-Zirkoniat ist stark hydrolysierbar und verliert mit Wasser sein ganzes Alkali. Das zurückbleibende Zirkonoxydhydrat ist hierauf in Salzsäure löslich, wobei $ZrOCl_2 \cdot aq$ sich bildet.

Die Diagramme von ZrO_2 mit Erdalkalioxyden sind von O. RUFF und auch von H. v. WARTENBERG mit Mitarbeitern untersucht worden. Angesichts der experimentellen Schwierigkeiten des Gebietes, die vornehmlich in der Versuchsmethodik sehr hoher Temperaturen lagen, ist es nicht verwunderlich, daß die Ergebnisse beider Quellen nicht in allen Punkten übereinstimmen. Im großen und ganzen geben sie jedoch eine eindeutige Aufklärung über die hier obwaltenden Verhältnisse.

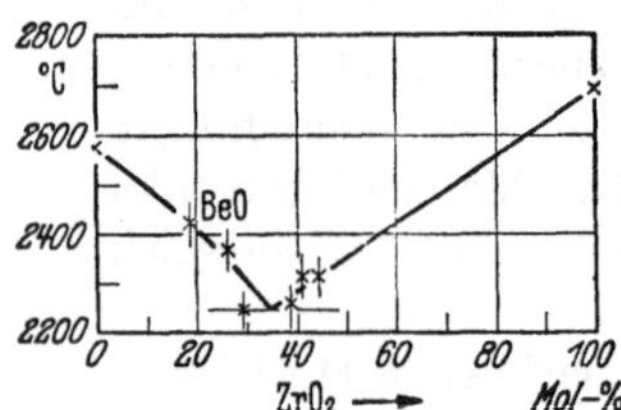

Abb. 107. Schmelzdiagramm des Systems ZrO_2/BeO nach v. WARTENBERG und REUSCH.

Die Versuche wurden von H. v. WARTENBERG in einem selbst hergestellten Ofen aus Zirkonoxyd angestellt. Er bestand aus einem Rohr, durch dessen Mittelachse eine Sauerstoff-Mineralöl-Flamme brannte. In der Mitte des Rohres befand sich die auf ihre Schmelztemperatur zu untersuchende Mischung bekannter Zusammensetzung in Form einer Pyramide. Die optische Temperaturmessung der schmelzenden Kegelspitze der Probe ergab den jeweiligen Punkt der Liquiduskurve des Diagramms.

In ähnlicher Weise verfuhr auch O. RUFF, wobei er aber als Heizquelle das in Sauerstoff brennende Acetylen benutzte. Auf diese Weise konnten die beiden Autoren in oxydierender bzw. neutraler Atmosphäre ohne Reduktionsbeeinflussung der Oxydgemische arbeiten.

Nach WARTENBERG und H. J. REUSCH[2] existieren im System ZrO_2/BeO keine Verbindungen. Man trifft nur auf ein Eutekticum mit scharf ausgesprochenem Schmelzpunktsminimum bei etwa 65 Mol.-% BeO. Der eutektische Punkt liegt bei 2230° C. Das Schmelzdiagramm ist in Abb. 107 wiedergegeben.

[1] D'ANS, J., u. J. LÖFFLER: Metalloxyde und Ätznatron. Ber. Dtsch. Chem. Ges. **63**, 1446—1455 (1930).

[2] WARTENBERG u. H. J. REUSCH: Ztschr. f. anorg. u. allg. Ch. **230**, 257 bis 276 (1937).

Aus diesem Befund folgt, daß man die keramischen Geräte aus Sinterberyllerde ohne jegliche Gefahr der Schlackenbildung im Kontakt mit Zirkonerde bis über 2000° C brennen könnte. In Wirklichkeit jedoch empfiehlt es sich nicht, beide Stoffe sehr lange Zeit bei etwa 2000° C im Kontakt miteinander zu halten.

Mit *MgO*, *CaO*, *SrO* und *BaO* bildet ZrO_2 Metazirkoniate der Zusammensetzung MeO-ZrO_2 mit je zwei Eutektika beiderseits des jeweiligen distektischen Punktes. Die obwaltenden Verhältnisse werden anschaulich durch Abb. 108 dargestellt. Interessanterweise scheint $SrO \cdot ZrO_2$ einen sehr hohen Schmelzpunkt zu besitzen, der in den Versuchen nicht mehr bestimmt werden konnte. Nur die beiden Eutektica des Systems $MgO \cdot ZrO_2$ schmelzen unterhalb 1600° C, alle übrigen Eutektica dieser Reihe dagegen über 2000° C, mit Ausnahme des auf der *BaO*-Seite liegenden Eutekticums im System ZrO_2/BaO, das nur bei etwa 1300° schmilzt. Die Metazirkoniate dürften oberhalb ihres Schmelzpunktes in ihre Bestandteile zerfallen.

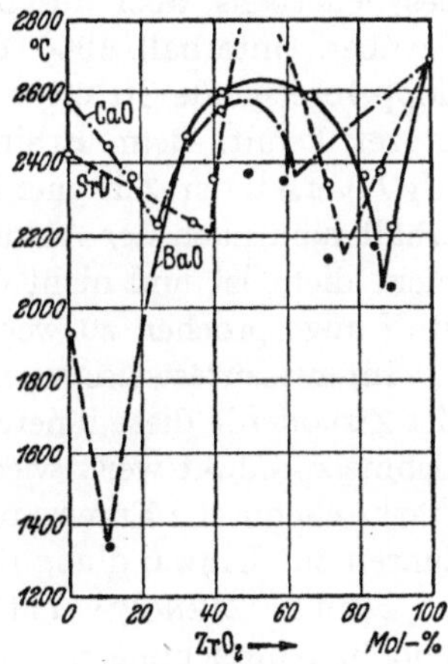

Abb. 108. Schmelzdiagramme der Systeme ZrO_2/MeO.

Eine ganz besondere Beachtung verdient das System ZrO_2/MgO. Nach den Untersuchungen von O. Ruff und F. Ebert[1] löst sich eine geringe Menge *MgO* in fester Phase in ZrO_2 auf. Bei etwa 4 bis 5 Mol.-% *MgO*, entsprechend etwa 2 Gew.-% Magnesiazusatz, soll das kubische Gitter des Periklases mit seinem geringen Molvolumen nach Erhitzen bis über 1700° C das ZrO_2-Gitter ebenfalls in ein kubisches zwingen. Die mit *MgO* versetzte Zirkonerde soll dieses kubische Gitter ohne Umwandlungen und Änderungen von normalen bis zu sehr hohen Temperaturen beibehalten. Ähnliche Effekte sind durch andere kubische Oxyde, wie z. B. ThO_2, *SrO* usw., nicht zu erzielen, während einige, wie *CaO*, Sc_2O_3, Y_2O_3, CeO_2, die gleiche Wirkung wie *MgO* ausüben. Der Vergleich der Radien der Kationen der Zusatzoxyde führte Ruff zur Ansicht, daß nur Kationen mit kleinem Ionenradius die Fähigkeit besitzen, dem Zirkonoxyd die kubische Form aufzuzwingen, die es dann im ganzen Temperaturbereich bis zum Schmelzpunkt beibehält. Erst dadurch erlangt man die Möglichkeit, raumbeständige keramische Erzeugnisse aus der Sinterzirkonerde herzustellen. — Nach den röntgenographischen und sonstigen Befunden existiert die Verbindung $2MgO \cdot 3ZrO_2$, die allerdings im Schmelzdiagramm durch andere Forscher nicht bestätigt worden ist.

[1] Ruff, O., u. F. Ebert: Ztschr. f. anorg. u. allg. Ch. **180**, 19—41 (1929).

Die näheren Untersuchungen des Verfassers zeigten, daß der Zusatz von 2 bis 2,5 Gew.-% *MgO* zu ZrO_2 tatsächlich genügt, um das Zirkonoxyd raumbeständig und keramisch verarbeitbar zu machen. Beim Brennen des Scherbens bis 1700° C und noch höher erhält man aber keine völlige Umwandlung des Zirkondioxyds. Die Dünnschliffe aller derartig hergestellten Erzeugnisse zeigen unter dem Polarisationsmikroskop eine starke Doppelbrechung der tetragonalen ZrO_2-Form.

Setzt man aber dem Zirkonoxyd äußerst feinverteilte Magnesia in einer besonderen Form zu, dann erhält man die reguläre Modifikation des Scherbens, aber nur beim Erhitzen des Materials bei 1900° C oder darüber. Unterhalb 1900° C gebrannte Sinterzirkonerde weist die gleiche doppelbrechende Struktur auf, die man aus dem normalen Herstellungsprozeß kennt. Beim Erhitzen der normalerweise mit etwa 2 bis 2,5% *MgO* versetzten Zirkonerde bei Temperaturen über 1900 bis 2000° C erhält man nach der Abkühlung einen stark haarrissigen Scherben, der nicht dicht ist und nicht den Anspruch hat, als feinkeramischer Werkstoff angesprochen zu werden.

Interessanterweise verliert zum Teil auch die reguläre Modifikation der Zirkonerde diese innere Struktur nach dem Schmelzen. Das erstarrte Schmelzprodukt weist wieder eine starke Doppelbrechung auf. — Auch starke chemische Einwirkungen, z. B. mit der Natriumcarbonatschmelze, führen zur Umwandlung der regulären Modifikation.

Frau N. Zirnowa[1] hat das System ZrO_2/MgO auch näher untersucht und in Abweichung von den Ergebnissen Ruffs gefunden, daß oberhalb 1000° C eine Mischungslücke der festen Lösungen vorhanden ist.

Das β-Gebiet ist recht eng begrenzt und besteht aus dem monoklinen Baddeleyit, während die α-Form kubisch ist. Irgendwelche Maxima fand Zirnowa im Schmelzdiagramm nicht, was nicht für die Existenz beständiger Verbindungen zwischen *MgO* und ZrO_2 im Bereich der hohen Temperaturen spricht.

Allerdings darf man nicht vergessen, daß es sich hier nicht um Gleichgewichts- und Zustandsdiagramme, sondern eben nur um das Schmelzdiagramm handelt, worauf die Verfasserin selbst hinweist. Ihre Experimente (sowie die anderer Forscher, die hierüber arbeiteten) sind an kleinen Probekörpern ausgeführt, die sofort nach dem Schmelzen erstarrten und infolgedessen nicht den Gleichgewichtszustand annehmen konnten.

Darin stimmt ihr Befund mit den Ergebnissen von F. Ebert und E. Cohn[2] überein. Das von ihnen ermittelte Schmelzdiagramm des Systems ZrO_2/MgO ist in der Abb. 109 wiedergegeben.

Systeme mit *ZnO*, *CoO* und *NiO* bilden nur verhältnismäßig schwach ausgeprägte Eutektica, ohne irgendwelche Anzeichen von chemischen Verbindungen.

[1] Zirnowa, N.: Journ. angew. Chem. (russ.) **12**, 923—933 (1939).

[2] Ebert, F., u. E. Cohn: Ztschr. f. anorg. u. allg. Ch. **213**, 321—322 (1933).

Zur Veranschaulichung dient die Kurvenschar der Abb. 110, entnommen der Arbeit von H. v. WARTENBERG und W. GURR[1].

Mit den dreiwertigen Oxyden Fe_2O_3, Al_2O_3, Cr_2O_3, La_2O_3 und dem Oxyd Mn_3O_4 ergibt sich nach der gleichen Arbeit eine Kurvenschar[2], die in der Abb. 111 dargestellt ist. Auch hier haben wir nur einfache Eutektica ohne irgendwelche Verbindungen. Die eutektischen Punkte sind sehr schwach ausgeprägt. Vielleicht handelt es sich um eine Mischungslücke im flüssigen Zustand.

Mit den Oxyden vierwertiger Elemente TiO_2 und CeO_2 bildet ZrO_2 ebenfalls nur Eutektica, ohne irgendwelche Anzeichen für das Auftreten von Verbindungen. Die Kurvenschar der betreffenden Schmelzdiagramme ist in der Abb. 112 wiedergegeben, die den Arbeiten von O. RUFF, F. EBERT und W. LOERPABEL entnommen sind[3].

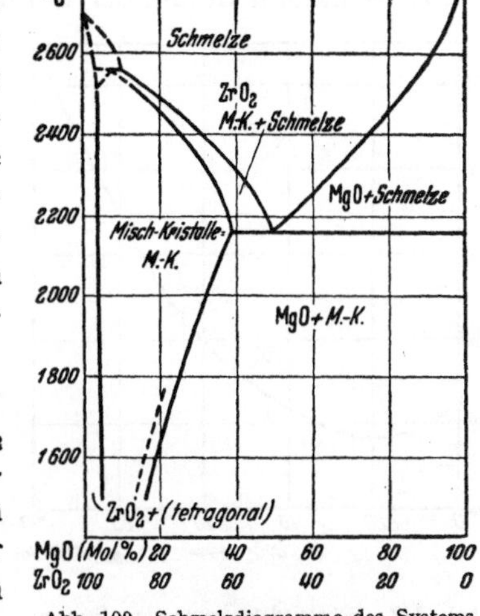

Abb. 109. Schmelzdiagramme des Systems ZrO_2/MgO nach EBERT u. COHN.

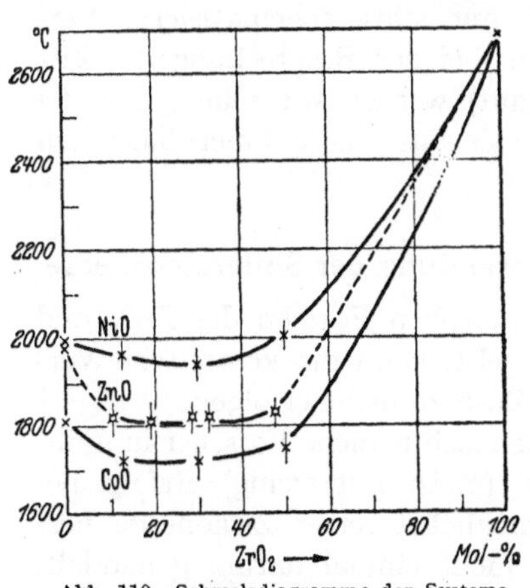

Abb. 110. Schmelzdiagramme der Systeme ZrO_2/MeO nach v. WARTENBERG u. GURR.

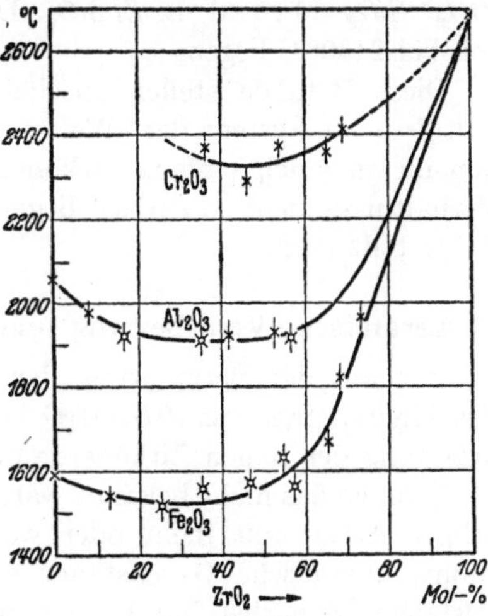

Abb. 111. Schmelzdiagramme der Systeme ZrO_2/Me_2O_3.

[1] WARTENBERG, H. v., u. W. GURR: Ztschr. f. anorg. u. allg. Ch. **196**, 374—383 (1931) (S. 381).

[2] Mit La_2O_3 vgl. Ztschr. f. anorg. u. allg. Ch. **232**, 179 (1937).

[3] RUFF, O., F. EBERT u. W. LOERPABEL: Ztschr. f. anorg. u. allg. Ch. **207**, 308—312 (1932).

Das Diagramm des Systems ZrO_2/ThO_2 ist in der Abb. 113 dargestellt.

Das Diagramm ZrO_2/SiO_2 ist in mehrfacher Hinsicht bemerkenswert. Nach N. ZIRNOWA[1] existiert eine wahre chemische Verbindung mit dem Schmelzpunktsmaximum der Liquiduskurve bei der Zusammensetzung:

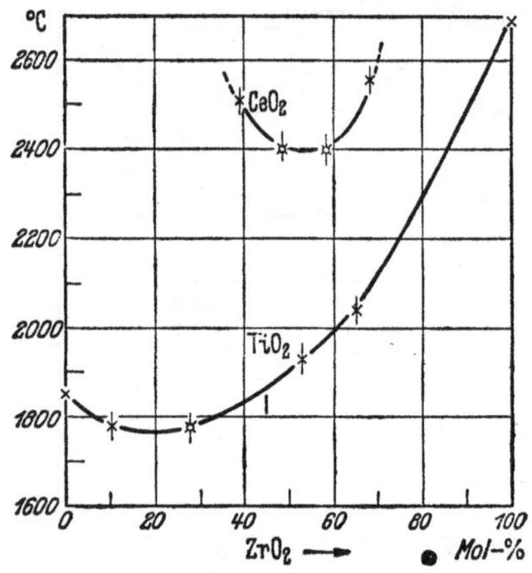

Abb. 112. Schmelzdiagramme der Systeme ZrO_2/TiO_2 bzw. CeO_2 nach RUFF u. Mitarbeitern.

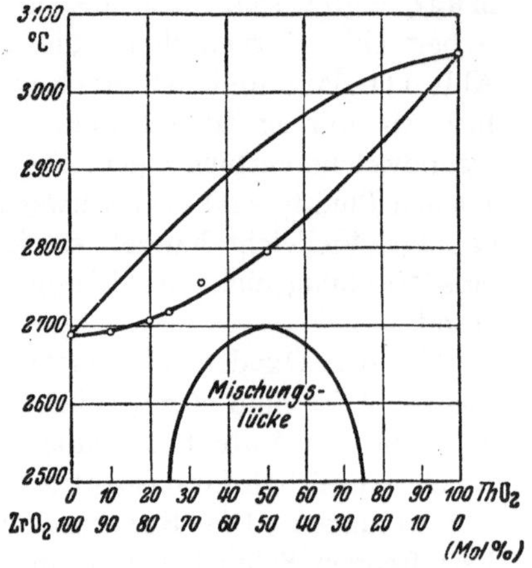

Abb. 113. Schmelzdiagramme des Systems ZrO_2/ThO_2 nach RUFF u. Mitarbeitern.

ZrO_2: $SiO_2 = 1 : 1$, d. h. $ZrSiO_4$. Der Schmelzpunkt dieser Verbindung soll bei 2430° C liegen.

Diese Befunde stellen anscheinend nur stark schematisierte Verhältnisse im System dar. Weiter unten, bei der Besprechung des Zirkonsilicats (auch einfach Zirkon genannt) werden wir sehen, daß die Verhältnisse nicht so einfach liegen, wie sie durch das Schmelzdiagramm dargestellt sind.

e) Keramische Verarbeitung und Verwendung der Sinterzirkonerde

Wie aus der Betrachtung der polymorphen Formen des ZrO_2 und des binären Systems ZrO_2/MgO hervorgeht, kann die keramische Verarbeitung der reinen Zirkonerde ohne Zusätze nicht erfolgen.

Solange das nicht bekannt war, haben sich manche Forscher in mühseliger Arbeit mit mehr oder weniger (meist mit wenig) Erfolg bemüht, keramische Gegenstände aus möglichst reiner Zirkonerde herzustellen. Zunächst hat es sich noch nicht einmal darum gehandelt, wirklich plastische Zirkonerdemassen, die für verschiedene Verformungstechnik geeignet wären, zu bereiten. Es hätte schon genügt, wenn das pulverförmige Material, nach Art der Trockenpressung, in Stahlmatrizen gestampft und verpreßt werden könnte, um Formlinge herzustellen, die eine genügende Haltbarkeit für die Weiterverarbeitung

[1] ZIRNOWA, N.: Ztschr. f. anorg. u. allg. Ch. **218**, 193—200 (1934).

aufwiesen. So haben O. RUFF und Mitarbeiter[1] versucht, dem Zirkonoxyd geringe Mengen anderer Oxyde, wie z. B. SiO_2, ThO_2, Y_2O_3, MgO, BeO zuzusetzen, um den hohen Schmelzpunkt des Oxyds und somit auch die Brenntemperatur der Erzeugnisse zu erniedrigen, die zur Erzielung des dichten Scherbens nötig ist.

Das Brennen erfolgte in einem elektrischen Vakuumofen mit Kohlerohrwiderstand bei 2000 bis 2400° C. Die zugesetzten Oxyde verflüchtigten sich in reduzierender Atmosphäre des Kohleofens meistens unter der Zurücklassung eines porösen Scherbens der Zirkonerde, so daß das gesteckte Ziel auf diese Weise kaum erreichbar war. Als bestgeeignete Zusätze bezeichnete RUFF Al_2O_3, ThO_2 und Y_2O_3, deren Menge ungefähr 1% betragen sollte. Bemerkenswert ist, daß der Zusatz von MgO und von BeO von den Autoren als schädlich angesehen wurde. Das kommt daher, weil diese Zusätze in reduzierender Atmosphäre am leichtesten verdampfen und das poröse Zirkonoxyd zurücklassen.

Während es RUFF auf diese Weise höchstens gelang, kleine und doch poröse Gegenstände aus nicht reiner Zirkonerde nach dem Stampf- oder Preßverfahren herzustellen, verfuhr R. RIEKE, auf seine anderweitige keramische Erfahrung gestützt, nach einer anderen Arbeitsweise[2]. Er mahlte zwar nicht die reine Zirkonerde, sondern ein hochprozentiges Zirkonerdeerz möglichst fein, wodurch allein bereits eine höhere Plastizität der Masse herbeigeführt wird, und versetzte es noch mit passenden organischen Bindemitteln. Dadurch erreichte er nicht nur eine höhere Plastizität und Verformbarkeit der Masse, sondern noch eine bessere Trockenfestigkeit der Formlinge. Die Stücke wurden im Porzellanofen bis S.K. 15 gebrannt. Es resultierte dabei zwar noch kein dichter Scherben, es konnten jedoch Stücke bis 30 cm Höhe erzeugt werden, die einen festen und klingenden Scherben hatten. Bei S.K. 40 bis 41 gebrannte Stücke blähten sich auf und erweichten bereits, was sich durch die Verunreinigungen im Zirkonoxyderz, hauptsächlich durch die Anwesenheit der freien Kieselsäure, erklären dürfte. Zur Verarbeitung kam auch weitgehend reines Zirkonoxyd, das allerdings im Verlauf der Mahlung in einer Porzellankugelmühle ziemlich stark mit der Porzellanmasse verunreinigt wurde.

E. PODSZUS[3] hat im Verlauf seiner ausgedehnten Untersuchungen über hochfeuerfeste Stoffe auch mit der Zirkonerde gearbeitet und Versuche zur Herstellung von keramischen Gegenständen daraus angestellt. Er verfuhr dabei in der Weise, daß er das reine Zirkonoxyd zunächst im Lichtbogen geschmolzen hat. Hierauf vermahlte der Autor das erhaltene Produkt mit Wasser bis zur kolloidalen Feinheit, wodurch

[1] RUFF, O., u. Mitarbeiter: Ztschr. f. anorg. u. allg. Ch. **86**, 389—400 (1914); Sprechsaal **49**, Nr. 36—46 (1916).

[2] RIEKE, R.: Ber. Dtsch. Keram. Ges. **5**, 166 (1924).

[3] PODSZUS, E.: Ztschr. f. angew. Ch. **30**, 17 (1917).

es die Eigenschaften des gießfähigen Schlickers erhielt. Der Schlicker konnte in Gipsformen nach dem Gießverfahren verformt und die Formlinge nach dem Trocknen gebrannt werden. Abgesehen davon, daß das wirklich reine Zirkonoxyd keine formbeständige Masse liefern kann, kommt dieser Verarbeitungsmethode auch deswegen keine technische Bedeutung zu, weil die Feinstmahlung geschmolzener Zirkonerde bis zu den kolloidalen Teilchendimensionen eine überaus lästige und schwierige Operation darstellt.

Spätere Versuche von RUFF und vom Verfasser haben, wie wir oben bereits gesehen haben, gezeigt, daß die polymorphen Umwandlungen des Zirkonoxyds besondere Maßnahmen bei seiner Verarbeitung nötig machten. Solange dies nicht bekannt und nicht berücksichtigt worden war, entstanden, wie RUFF berichtet, „bei höherer Temperatur, wie immer wir auch vorgingen, zahllose Risse" an geformten Stücken aus Zirkonerde[1]. Dieses merkwürdige Verhalten der gebrannten Zirkonerde brachte schließlich die Forscher auf die richtige Fährte: hier findet eine Modifikationsumwandlung statt. Vielfache Versuche der Deutschen Gasglühlicht-Auer-Gesellschaft (J. D'ANS und Mitarbeiter) führten zur empirisch gefundenen, zum ersten Male im technischen Maßstab ausführbaren Arbeitsweise, die darin bestand, daß das Zirkonoxyd zum Zwecke der Herabminderung der erforderlichen und nur schwer erreichbaren Sintertemperatur mit geringen Mengen von Fremdoxyden vermischt wurde. Als die vorteilhaftesten Zusätze erwiesen sich die Erdalkalioxyde, vornehmlich MgO, auch CaO, zuweilen wird auch Zusatz von Zirkonerz mit verhältnismäßig viel SiO_2 und anderen Verunreinigungen empfohlen[2]. Der Zusatz darf aber, um die hohe Feuerfestigkeit der Zirkonerde nicht sehr ungünstig zu beeinflussen, nicht über etwa 5% betragen.

Die Masse wird zunächst bei hoher Temperatur in der Nähe von 2000° C im elektrischen Ofen gesintert, dann zerkleinert, hierauf mit etwas Frischmaterial, welches als eine Art Bindemittel wirkt, vermischt, darauf geformt und die Formlinge bei über 1350° C gebrannt. Eine genügende Festigkeit erreicht der Scherben allerdings erst beim Brennen über 1600° C. Er bleibt aber immer noch ziemlich stark porös und saugend. Zum Erreichen einer besseren Verformbarkeit wird noch eine Zirkonsalzlösung zugesetzt, die in bestimmten Mengen sich bewegen soll.

Alle diese ursprünglichen Arbeitsmethoden sind durch die neueren Untersuchungen überholt worden. In erster Linie hat es sich darum gehandelt, durch den Zusatz geringer Mengen von MgO die umkehrbare allotrope Modifikationsumwandlung der Zirkonerde zu unterdrücken. Außerdem

[1] RUFF, O.: Vgl. Ztschr. f. anorg. u. allg. Ch. **173**, 376 (1928).

[2] Vgl. D.R.P. 469204 und entsprechende Auslandspatente, sowie D.R.P. 543772.

war es wichtig, ohne weitere artfremde Zusätze das Material plastisch verformbar zu machen. Das konnte durch die Behandlung des pulverförmigen Zirkonoxyds mit trockenem Zirkontetrachlorid erreicht werden[1]. Hierbei bilden sich wasserbindende Komplexe von $(ZrO_2)_x-(ZrOCl_2)_y$, die eine Verkettung zwischen den Zirkonoxydteilchen ermöglichen und das Material verformbar machen, wie wir es bereits oben im Kapitel über die allgemeinen Grundlagen der Verformung unplastischer Stoffe gesehen haben.

Allerdings bietet auch die auf solche Weise behandelte Masse noch keine genügende Plastizität, um das Material z. B. zu feinsten Capillaren nach dem Strangziehverfahren zu verformen. Die Masse ist hierfür noch zu „kurz". Den höchsten Grad der Verformbarkeit erzielt man jedoch auch bei der Zirkonerde leicht dadurch, daß genügend fein gemahlenes Ausgangsmaterial mit dem Maximalkorn von etwa 7 bis 8 μ im Durchmesser mit einem passenden organischen Plastifikator (eigentlich nicht „Bindemittel", worunter man den im Scherben verbleibenden Stoff verstehen soll, der die Körner des „Magerungsmittels", wie Bindeton im Schamottestein oder wie der verkokte Teer die Kohleteilchen, zusammenhält) versetzt wird. Man kann entweder wasserlösliche Plastifikatoren nehmen, wie z. B. den vielfach angewandten Tragant oder Methylcellulose usw.

Bei genügender Aufbereitung des Ausgangsmaterials führt das Herausbrennen des organischen Plastifikators im Brennofen zu keinem Zusammenbrechen des Formlings, wie man zunächst zu befürchten geneigt ist. Im Temperaturgebiet, in dem das organische Zusatzmittel herausbrennt, etwa 300 bis 500° C, besteht bereits eine genügende Kohäsion zwischen den Teilchen des eigentlichen Materials selbst, so daß massive Stäbe und Rohre im hängenden Zustand von 70 cm und länger gebrannt werden können. Ist diese gefährliche Temperaturklippe überschritten, dann führt die weitere Steigerung der Brenntemperatur nur zur Verfestigung des im Ofen befindlichen Stückes, und die Gefahr des Auseinanderreißens ist vorüber.

Der Trockenschwund der geformten Erzeugnisse beträgt etwa 2 bis 4%, bewegt sich also in den normalen Grenzen des Trockenschwundes auch der anderen, mit Wasser angemachten Massen. Der Brennschwund erreicht bis über 15% linear, was ebenfalls den anderen Massen entspricht. Normalerweise wurden die Geräte aus Sinterzirkonerde bisher nur bis etwa 1650 bis 1700° C gebrannt. Hierbei resultierte ein zwar ziemlich dichter Scherben, der aber noch saugend und für Gase sowie sehr dünnflüssige oxydische und Salzschmelzen durchlässig ist.

Das Raumgewicht des Scherbens beträgt 5,0. Die Untersuchung der Dünnschliffe zeigt, daß es sich z. Tl. um die doppelbrechende tetragonale

[1] D.R.P. 519796 und D.R.P. 542320, Erf. E. Ryschkewitsch.

Modifikation handelt. Die Abb. 114 veranschaulicht den Dünnschliff der Sinterzirkonerde zwischen gekreuzten Nikols und Gipsplättchen Rot I. Ordnung bei 225facher Vergrößerung.

Ein derartiger saugender Scherben kann noch nicht den Anspruch auf die Bezeichnung „feinkeramisches Erzeugnis" in vollem Umfange erheben. Außerdem zeigt die Untersuchung der Festigkeitseigenschaften und der Sinterung, daß die Endwerte der Festigkeit und des Brennschwundes hier noch nicht erreicht sind.

Brennt man einen derartigen Scherben bis etwa 2000° C nach, dann bemerkt man an jedem Stück ein Netzwerk von zahlreichen Haarrissen,

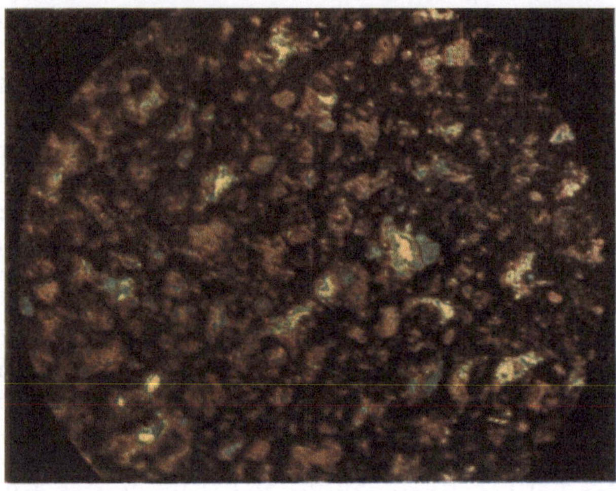

Abb. 114. Dünnschliff der Sinterzirkonerde gebrannt bei 1650°, z. Tl. tetragonal, porös. Aufnahme zwischen gekrezteun Nikols mit Gipsplättchen Rot I. Ordnung. Vergr. 225×.

die den Scherben durchsetzen. Die polarisationsmikroskopische Untersuchung zeigt, daß hierbei keine volle Umwandlung in die reguläre Modifikation eingetreten ist.

Nun ist es jedoch gelungen, auf Grund der systematischen Untersuchungen der Festigkeitsänderung sowie des Brennschwundes mit der Brenntemperatur einerseits und der polarisationsmikroskopischen Untersuchung der Modifikationsänderung der Zirkonerde im Verlauf des Brennprozesses andererseits, einen Zirkonerdescherben zu erzielen, der tatsächlich den Ansprüchen auf ein feinkeramisches Erzeugnis mit dichtem Scherben entspricht.

Die Herstellung der Masse selbst muß in einer besonderen Weise erfolgen, wobei ebenfalls MgO — in sehr gleichmäßiger und feiner Verteilung — zugesetzt wird. Die mit Wasser angemachte Masse kann bei etwa neutraler Reaktion (p_H in der Nähe von 7) als gießfähiger Schlicker in Gipsformen vergossen werden; die mit organischen Plastifikatoren versetzte und aufbereitete Zirkonerdemasse kann in üblicher Weise zu Rohren, Capillaren, Stäben gezogen, kann in geschlossenen Formen ausgeformt, in Stahlmatrizen verpreßt werden usw.

Beim Brennen der Masse bei etwa 1650 bis 1700° C resultiert ein etwas feinerer Scherben als bei der bisher üblichen Arbeitsweise, er bleibt jedoch noch porös und saugend. Die Festigkeit erreicht noch nicht den möglichen Maximalwert. Das Polarisationsmikroskop zeigt das Vorhandensein der bekannten doppelbrechenden Form der Zirkonerde. Beim Brennen derartiger Masse oberhalb 1900 bis 2000° C dagegen erzielt man einen völlig dichten, nichtsaugenden Scherben mit speckartig

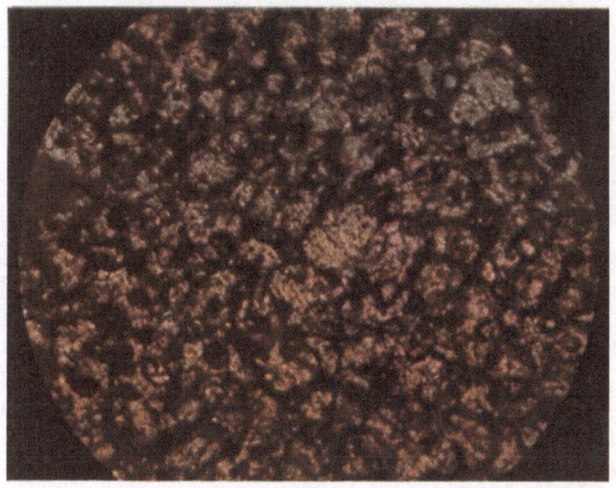

Abb. 115. Dünnschliff der Sinterzirkonerde, gebrannt bei 1930°, regulär, dicht. Aufnahme zwischen gekreuzten Nikols und Gipsplättchen Rot I. Ordnung. Vergr. 225 ×.

glänzender Oberfläche, im Polarisationsmikroskop erkennt man die alleinige reguläre Form der Zirkonerde. Das Raumgewicht der Sinterzirkonerde beträgt hier rund 5,2. Der hochgebrannte Scherben zeigt keine Spur von Haarrissen, ist sehr fest und entsprechend seiner hohen Dichtigkeit auch gegen die Einwirkung korrodierender Substanzen, wie flüssiger Schlacken, Salzschmelzen usw., sehr widerstandsfähig. Die Abb. 115 zeigt den Dünnschliff eines derartigen feinkeramischen, dichten, hochgebrannten Scherbens aus der Sinterzirkonerde zwischen gekreuzten Nikols und Gipsplättchen Rot I. Ordnung in 225facher Vergrößerung. Man erkennt deutlich die Umrisse der Einzelkristallite, die in unserem Falle im Mittel etwa 15 μ im Durchmesser besitzen.

Die gleichmäßige Rotfärbung aller Kristallite des Farbenbildes läßt erkennen, daß es sich hier tatsächlich um die reguläre Modifikation der Zirkonerde handelt. Sie bleibt bis zum Schmelzpunkt erhalten. Nur wenn durch besondere Umstände (z. B. reduzierenden Einfluß des Kohlelichtbogens) die Magnesia aus dem Scherben herausdampft, kristallisiert die Zirkonerde in monokliner Form wieder aus.

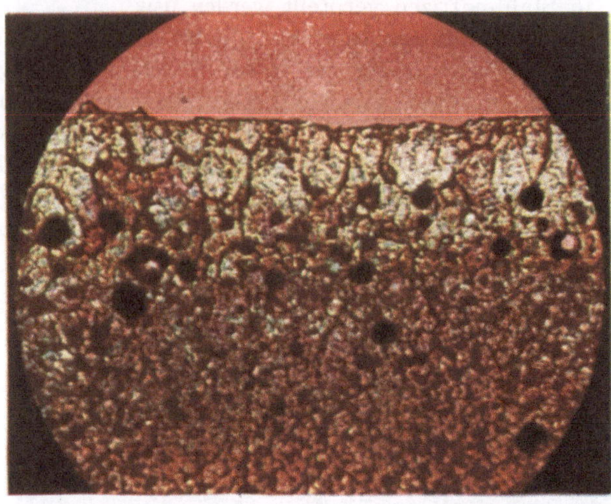

Abb. 116. Dünnschliff der regulären Sinterzirkonerde, am oberen Rande im Lichtbogen geschmolzen. Die Kristallite der Randschicht monoklin. Aufnahme zwischen gekreuzten Nikols und Gipsplättchen Rot I. Ordnung. Vergr. 225×.

Die Farbenabb. 116 veranschaulicht diese Rückumwandlung der regulären Zirkonerde.

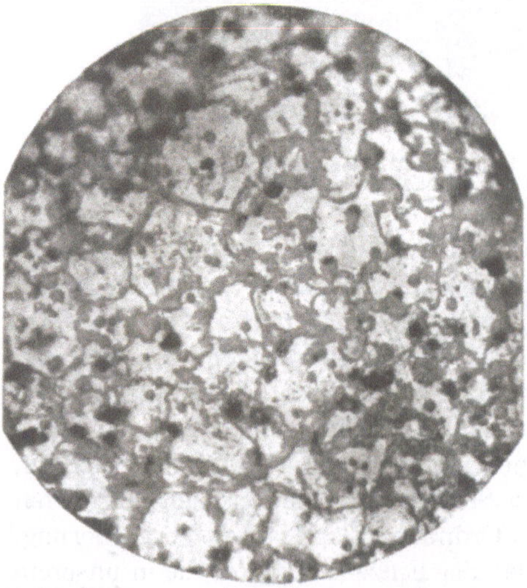

Abb. 117. Gefüge der geätzten polierten Oberfläche der Sinterzirkonerde im auffallenden Licht. Vergr. 225×.

Am oberen Rand des Dünnschliffes, welcher zwischen gekreuzten Nikols unter Mitbenutzung des Plättchens Rot I aufgenommen worden ist, erkennt man eine Reihe doppelbrechender (bei näherer Untersuchung als monoklin erkennbaren) Kristallite, die von der oberflächlich angeschmolzenen Sinterzirkonerde herstammen. Die ungeschmolzene bzw. der Magnesia unberaubt gebliebene Mitte ist einheitlich rot gefärbt, also regulär geblieben.

Zur Herstellung des Anschliffbildes verfährt man am besten so, daß eine polierte Oberfläche des Sinterzirkonerdescherbens 3 bis 5 Minuten in geschmolzenem Kaliumbisulfat bei etwa 450 bis 500° C behandelt wird. Es treten dann mit aller Deutlichkeit die Umrißlinien der Einzelkristallite wie eine Mosaik auf, ganz ähnlich den Ätzbildern der Metallschliffe. Die Abb. 117 veranschaulicht das Mikrobild eines derartigen Ätzbildes der Sinterzirkonerde im Auflicht bei 225facher Vergrößerung.

Interessanterweise läßt sich die Sinterzirkonerde besonders leicht polieren, und es genügt zuweilen, mit verhältnismäßig grobem *SiC*-Schleifkorn den Scherben zu behandeln, um eine spiegelnd glatte Oberfläche zu erhalten. Darin übertrifft die Sinterzirkonerde alle anderen keramischen Werkstoffe aus reinen Oxyden. Auch beim Schneiden der Zirkonerdegegenstände mit Diamant- oder auch mit der *SiC*-Schneidscheibe erhält man einen spiegelndglatten Schnitt. Das hängt mit einer verhältnismäßig hohen plastischen Deformierbarkeit von ZrO_2 zusammen.

f) Verwendung der Sinterzirkonerde.

Die Bemühungen der Forscher, die Zirkonerde keramisch zu bezwingen, hatten in der ersten Zeit hauptsächlich zum Ziel, die außerordentliche Feuerfestigkeit der Zirkonerde für Arbeiten bei hohen Temperaturen auszunutzen. Hierbei wurde wohl in erster Linie an das Schmelzen von hochschmelzenden Metallen und ihrer Legierungen gedacht, das ohne Kohlenstoffaufnahme, also nicht in Kohle- oder Graphittiegeln, vorgenommen werden sollte. Bei den chemisch orientierten Forschern war also die Triebfeder der Arbeiten die Anwendung von *hochfeuerfesten* Stoffen. Dazu bietet die Zirkonerde mit ihrem Schmelzpunkt von fast 2700° C natürlich eine ausgezeichnete Möglichkeit. Wie aus dem Schmelzdiagramm des Systems ZrO_2/MgO hervorgeht, drückt der geringe Zusatz von etwa 2,5 Gew.-% *MgO* diesen Schmelzpunkt nicht empfindlich herab, so daß die magnesiahaltige, sonst reine, keramisch verarbeitete Sinterzirkonerde glatt bis 2500° C zu arbeiten gestattet. So z. B. ist es in den Tiegeln aus Sinterzirkonerde ohne weiteres möglich, reines Iridium ohne Kohlenstoffaufnahme zu schmelzen. (Der Schmelzpunkt von *Ir* liegt bei 2440° C.) Allerdings liegt hier der Fall insofern besonders einfach, als es sich dabei tatsächlich nur um die Feuerfestigkeit des keramischen Materials allein handelt; ein chemischer Angriff des Edelmetalls auf die Tiegelwand findet ja nicht statt.

Wegen des nicht sehr geringen thermischen Ausdehnungskoeffizienten der Zirkonerde müssen die Geräte daraus mit einer gewissen Vorsicht gegen den Temperaturwechsel beansprucht werden. Das gilt insbesondere — wie immer bei den keramischen Materialien — für den zeitlichen Temperaturwechsel. Der örtliche verhältnismäßig hohe Temperaturgradient wird relativ gut ertragen, sobald man dafür sorgt, daß das Material Zeit hat, den Wärmefluß auszubalancieren. Die Kunst und Geschicklichkeit des Experimentators spielen dabei eine erhebliche Rolle. Je größer das ganze Stück, je unregelmäßiger seine Form, je dicker die Wandstärke usw., um so vorsichtiger muß man bekanntlich mit der Temperaturänderung vorgehen, um das Gerät nicht zu gefährden. Es ist hier vielleicht am Platze, eine wichtige allgemeingültige Regel für die sachgemäße Behandlung keramischer Geräte beim Erhitzen anzuführen.

Die Anheizgeschwindigkeit ist anfangs, also bei tiefer Temperatur, normalerweise erheblich größer als bei den höheren Temperaturen. Die Anheizkurve beginnt also mit einem steilen Anstieg, um allmählich immer flacher und flacher zu werden. Infolgedessen ist die Beanspruchung des keramischen Materials gegen den Temperaturwechsel gerade in dem Temperaturgebiet am stärksten, in dem es infolge der stark vorherrschenden Sprödigkeit am empfindlichsten ist. Bei hohen Temperaturen erfolgt dagegen die plastische sowie die elastische Deformation viel leichter als bei tiefen, so daß auch die Einwirkung des Temperaturwechsels im hohen Temperaturbereich nicht so gefährlich ist wie im tiefen.

Die wirklich sinngemäße Befolgung der bekannten Vorschrift, keramische Gegenstände langsam anzuheizen, besteht also darin, daß gerade im Gebiet der tiefen Temperaturen die Erwärmung langsam erfolgen soll, um u. U. bei höheren Temperaturen schneller gestaltet werden zu können. Bei richtiger Arbeitsweise kann man also einen keramischen Gegenstand in einer kürzeren Gesamtzeit auf eine bestimmte hohe Temperatur ohne jede Rißgefahr erhitzen, als bei anscheinend besonders vorsichtiger und langsamer Arbeitsmethode, wonach nicht die erste Anheiz-, sondern die letzte Hochheizperiode besonders zeitraubend gestaltet wird. — Es kommt also nicht auf die Gesamtheit des Anheizens allein, sondern in erster Linie auf die Art der Zeiteinteilung an. — Die praktische Regel ist die: langsames Anheizen, schnelles Hochheizen. Diese Rücksichten sind beim Anheizen elektrischer Öfen besonders leicht erfüllbar, weniger leicht dagegen beim Anheizen von brennstoffbetriebenen Öfen.

Wie oben gezeigt wurde, sind die praktischen Grenzen, innerhalb derer noch eine gefahrlose Temperaturänderung möglich ist, beim jeweiligen keramischen Material durch seine Wärmeleitfähigkeit α, den thermischen Ausdehnungskoeffizienten β und die Deformierbarkeit φ, bestimmt und — proportional dem Ausdruck: $\frac{\alpha}{\beta}\cdot\varphi$. Da die Deformierbarkeit der festen Körper unter der Einwirkung äußerer Kräfte bekanntlich umgekehrt proportional der 4. Potenz der Wandstärke bzw. Dicke der Körper abhängt (Widerstandsmoment), so ist es verständlich, daß dünnwandige und kleine Geräte ganz erheblich besser gegen den Temperaturwechsel stabil sind als dickwandige und große.

Außer der Abkürzung der Zeitdauer beim Hochheizen der keramischen Gefäße, z. B. bei den Schmelzoperationen, soll man auch die Temperaturhöhe nicht stark übertreten. Die Reaktionsgeschwindigkeiten kondensierter Systeme, also z. B. die Angriffsgeschwindigkeit der

Tiegelwand durch die flüssige Schmelze, verlaufen exponentiell mit der Temperatur. Die starken Überhitzungen sind daher zu vermeiden. Handelt es sich z. B. darum, eine Schmelze im Tiegel bis zur bestimmten Temperatur zu erhitzen, so ist es vorteilhafter, den Temperaturausgleich abzuwarten, als das Schmelzen durch einen zu hohen Temperaturanstieg zu beschleunigen. Nehmen wir z. B. an, daß ein Stoff bei 2000° abs. geschmolzen wird. Überhitzt man den Ofen auf 2100° abs., dann entspricht der Wärmeüberhang vom Ofen zum Schmelzgut, d. h. der Wärmenachschub der Größe $(2100^4-2000^4)\,a$, d. h. etwa $3200\,a$ cal in der Zeiteinheit, wo a ein annähernd konstanter Apparatefaktor ist. Überhitzt man nun den Ofen zur Beschleunigung des Vorganges um weitere hundert Grad auf 2200° abs, dann entspricht der Wärmenachschub der Größe $(2200^4-2000^4)\,a = 7500\,a$ cal in der Zeiteinheit. Die Beschleunigung des Erhitzungsvorgangs würde also etwa eine 2½fache sein. Da aber der Temperaturerhöhung von nur 10 bis 20° C im allgemeinen eine Verdoppelung bis Verdreifachung der Reaktionsgeschwindigkeit entspricht, so würde trotz der 2- bis 3fachen Erhitzungsbeschleunigung u. U. doch eine vielfache Auflösungsbeschleunigung des Tiegelmaterials durch die angreifende Schmelze zustande kommen. Man darf ja nicht vergessen, daß die Erhitzung des Tiegelinhalts durch die Tiegelwand und durch die damit in Berührung stehenden Schichten des Inhalts erfolgt. Bei der Wahl verschiedener Faktoren, die den Ausgang eines Experiments bestimmen, muß also der Experimentator oft diejenigen kombinieren, die nicht direkt auf dem kürzesten Wege zum Ziele zu führen scheinen, sondern auf den ersten Blick einen Umweg bedeuten.

Die Bestimmung der Druckfeuerbeständigkeit der Sinterzirkonerde nach dem DIN-1063-Verfahren, also unter der Last von 2 kg bei steigender Temperatur bis zum Beginn der plastischen Deformation des Materials, ergibt den T_a-Wert von rund 2000° C. Der T_e-Wert konnte bisher nicht mit Sicherheit experimentell festgestellt werden. Man sieht also, daß in bezug auf die Festigkeit bei sehr hohen Temperaturen die Sinterzirkonerde tatsächlich in der allerersten Reihe marschiert.

Ihre diesbezügliche Verwendung als Baumaterial für verschiedene Tragkonstruktionen, die für sehr hohe thermische Beanspruchungen vorgesehen sind, scheiterte bislang am recht hohen Preis der ZrO_2-Erzeugnisse. Es ist vorläufig auch noch nicht damit zu rechnen, daß sie sehr viel billiger werden, sobald es sich um die Erzeugnisse aus wirklich reiner Zirkonerde und nicht aus dem Zirkonerz handelt. Die Erweichung des Erzes, das einen nur geringen SiO_2-Gehalt aufweist, beginnt schon u. U. im Temperaturbereich, in dem man bereits in der Reihe der Silicatmassen brauchbare Baumaterialien für viel billigeres Geld finden kann.

Als Gefäßmaterial zur Ausführung von Schmelzoperationen, Gasreaktionen sowie Umsetzungen und Erhitzungen fester Stoffe ist die

Sinterzirkonerde aus chemischen Gründen oft besonders gut geeignet. Haben wir doch bei der Betrachtung der Schmelzdiagramme gesehen, daß im Grunde genommen fast nur die Tonerde allein die verhältnismäßig tiefe eutektische Schmelztemperatur unterhalb 1800° C mit der Zirkonerde liefert. Die sonstigen Systeme zeichnen sich durch ihre „Stabilität" bei hohen Temperaturen aus.

Saure Schlacken, Gläser, Oxydschmelzen sowie verschiedenartige Salzschmelzen können in Tiegeln aus Sinterzirkonerde bis zu hohen Temperaturen — oft über 1600 bis 1800° C — ohne besondere Gefahr der Tiegelbeschädigung erhitzt werden. Neben der Tonerde ist die Zirkonerde das widerstandsfähigste und dankbarste Gerätematerial für derartige Zwecke. Natürlich ist dabei der dichte Scherben der sehr hoch gebrannten vollständig umgewandelten regulären Modifikation dem früheren porösen Scherben der tetragonalen Form bei weitem überlegen. Selbst Phosphate, Borate, Carbonate der Alkalimetalle können in den Tiegeln aus Sinterzirkonerde geschmolzen werden. Allerdings ist hier die Regel möglichst zu befolgen, die Stoffe und die Tiegelwand nicht übermäßig zu überhitzen und außerdem die Dauer der Operation nicht unnötig zu verlängern.

Bei den Hochtemperaturoperationen mit stark reduzierend wirkenden Substanzen muß man bei Zirkonerdegeräten vorsichtig sein. Die Phosphide, Sulfide, stark unedle Metalle und insbesondere Kohlenstoff vermögen die Zirkonerde zu reduzieren, was allerdings im wesentlichen nur an der Oberfläche des Reaktionsgefäßes verläuft, ohne weitgehend in die Tiefe des Scherbens zu greifen.

Demgemäß ist es mit der Zirkonerde als Baustoff möglich, Elektroöfen mit Kohlewiderstand, sei es in der Form von Kohlegrieß, sei es in Form von geformten Kohlekörpern, z. B. Rohren, zu bauen und bis zu recht hohen Temperaturen zu betreiben. Die Carbidbildung erfolgt an den Berührungsstellen zwischen der Kohle und der Zirkonerde, und es bildet sich am Zirkonerdestück eine Art Überzug mit gewisser schützender Wirkung. — Natürlich muß man auch hier sowohl die Höhe als auch die Dauer der Temperatureinwirkung nicht über das notwendige Maß steigern, wenn man eine lange Lebensdauer der Geräte erzielen will.

Im allgemeinen ist die Anwendung der Geräte aus Zirkonerde in denjenigen Fällen geboten und erforderlich, in denen die Höhe der Temperatureinwirkung die Anwendungsgrenze der Sintertonerde bereits übersteigt. Andererseits kann sie sich auch aus dem chemischen Charakter der Zirkonerde ergeben, die durch ihre überaus geringe Angreifbarkeit (mit Ausnahme der Einwirkung stark reduzierender Substanzen) gegeben ist.

Eine interessante Sonderanwendung der Sinterzirkonerde, allerdings im Gemisch mit anderen Stoffen, wobei eine Spezialmasse entsteht, beruht auf der ausgezeichneten Elektroleitfähigkeit derartiger

Masse bei hohen Temperaturen. Auf der Grundlage der Sinterzirkonerde kann man nämlich elektrisch leitende Körper herstellen, die z. B. als unverbrennliche Heizleiter für recht hohe Temperaturen in Frage kommen.

Die physikalisch-chemische Seite der Elektroleitfähigkeit der Sinterzirkonerde und anderer Oxyde sowie ihre Abhängigkeit von der Temperatur ist bereits oben erörtert worden[1].

Die Auffindung der passenden Zusammensetzung des oxydischen Heizleiters mit verhältnismäßig hoher Elektroleitfähigkeit bei relativ tiefen Temperaturen und mit geringem Temperaturkoeffizienten der Leitfähigkeit ist bekanntlich das Verdienst von W. NERNST. Er hat nach Erprobung verschiedener anderer Massen (darunter auch MgO usw.) im Jahre 1899 seine ZrO_2/Y_2O_3-Masse (die seitdem als „Nernstmasse" bezeichnet wird) für die Zwecke der elektrischen Beleuchtung gefunden[2]. Die Masse besteht aus 85 Gew.-% ZrO_2 und 15 Gew.-% Y_2O_3. Diese Zusammensetzung hat sich als praktisch die beste, d. h. leitfähigste und temperaturwechselbeständigste erwiesen. Zunächst wurden die Heizleiter in Form von Stäben hergestellt. Heute hat das „Nernstlicht" seine technische Bedeutung mit sehr seltenen Sonderausnahmen verloren. Dafür bleibt der Nernstmasse die Bedeutung eines Heizleiters für elektrische Widerstandsbeheizung bis zu hohen Temperaturen noch vorbehalten. Der keramische Leiter wird am zweckmäßigsten nicht in Form eines massiven Stabes, sondern eines Rohres ausgeführt, da das letztere bei gleicher strahlender Außenoberfläche gegen den Temperaturwechsel viel weniger empfindlich ist als der erstere. Der Zirkonerde-Yttererdeleiter weist erst oberhalb etwa 900° C eine genügende Elektroleitfähigkeit auf, um beim Anlegen einer üblichen Netzspannung von 100 bis 200 V genügend Strom aufzunehmen, dessen Leistung für die Weitererwärmung oder für die Beibehaltung des Wärmezustandes des Leiters ausreicht. Der keramische Leiter muß infolgedessen erst auf die Leitfähigkeitstemperatur durch die Fremdheizung (Gasflamme oder Metalleiter) gebracht werden.

Infolge des negativen Temperaturkoeffizienten des Widerstandes aller „Halbleiter" nimmt die Stromstärke bei konstanter angelegter Spannung (infolge der Erhitzung) zu. Dadurch werden die Stromleistung und die Erhitzung immer größer, die Stromaufnahme muß also „autokatalytisch" weiter steigen, usw., bis der Heizleiter durchschmilzt oder die Stromunterbrechung an einer anderen Stelle erfolgt. Zur Konstanthaltung und Regulierung der Stromaufnahme und der Temperatur des keramischen Leiters muß also der Stromkreis einen Teil enthalten, der einen stark ausgeprägten positiven thermischen Widerstandskoeffizien-

[1] Vgl. außerdem: C. WAGNER: Über den Mechanismus der elektrischen Stromleitung im Nernststift. Die Naturwiss. **31**, 265—268 (1943).

[2] D.R.P. 104872.

ten besitzt, wie z. B. die bekannten Eisenwiderstände in der Wasserstoffatmosphäre.

Eine vollautomatische Regulierung ist jedoch recht schwierig, die Heizapparatur erfordert eine aufmerksame Wartung.

Eine weitere technische Schwierigkeit liegt in der Ausgestaltung der Stromzufuhr zum keramischen Leiter. Die Stromzuleitungen können nur aus einem hochschmelzenden Metall bestehen, das bei hoher Temperatur sich an der Luft nicht oxydiert. Am besten werden diese Bedingungen von Platinmetallen und ihren Legierungen erfüllt. Die Stromzuleitungen werden am zweckmäßigsten in der Weise ausgeführt, daß die (zweckmäßigerweise verdickten) Enden der Heizleiter mit Draht mehrfach umwickelt und mit der Nernstmasse zugeschmiert werden. Auf diese Weise sorgt man für einen guten dauernden Kontakt. Die Verdickung der Enden hat den Zweck, die lokale Stromleistung und dementsprechend die Temperatur tiefer als am eigentlichen Heizleiter selbst zu halten, um das Durchschmelzen der Drahtzuführungen zu verhindern.

Die Messungen der Leitfähigkeit einer derartigen Masse in Abhängigkeit von der Temperatur ergaben z. B. folgende Werte:

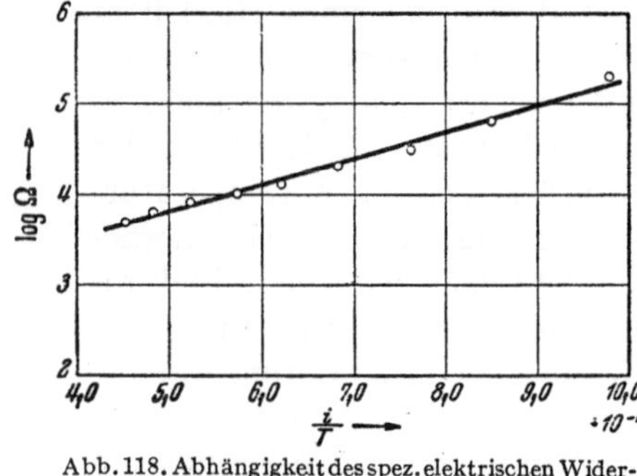

Abb. 118. Abhängigkeit des spez. elektrischen Widerstandes der Nernstmasse von der Temperatur.

Spez. Widerstand in Ohm bei 1 mm² Querschnitt, 1 m Länge.

Widerstand Ω	log Ω	absolute Temperatur
200000	5,3	1020
60000	4,8	1170
33000	4,5	1320
20000	4,3	1470
13000	4,1	1620
10000	4,0	1770
7500	3,9	1920
6000	3,8	2070
5500	3,7	2220

Trägt man die Zahlen in ein Koordinatensystem ein, wobei die reziproke Temperatur die Abszisse, der Logarithmus des Widerstandes die Ordinate ist, dann erhält man eine Gerade entsprechend den Ausführungen auf S. 231. Die Abb. 118 veranschaulicht die Meßergebnisse. Man sieht, daß sie tatsächlich durch die Gerade ziemlich gut in einem recht weiten Temperatur- und Widerstandsbereich wiedergegeben werden.

Anstatt mit den fertig gebrannten geformten Stücken aus der Nernstmasse zu arbeiten, kann man nach dem Vorgang von C. TINGWALDT[1] auch so verfahren, daß man normale (nicht sehr hoch gebrannte poröse) Stäbe aus Sinterzirkonerde nimmt und wiederholt in Yttriumnitrat-

[1] TINGWALDT, C.: Herstellung von Leuchtstiften und Öfen aus Nernstmasse. Physikal. Ztschr. **36**, 627—629 (1935).

lösung bis zur Sättigung taucht und ausglüht, bis eine genügende Menge Y_2O_3 aufgenommen wird, um eine befriedigende Elektroleitfähigkeit zu erlangen. Bereits 2,7% Y_2O_3 reichen aus, den Körpern eine recht gute Leitfähigkeit zu verleihen. Bei 7,5% Y_2O_3-Gehalt kann man mit derartigen Körpern bereits recht bequem arbeiten. Der weitere Zusatz von Y_2O_3 erhöht die Leitfähigkeit, aber in immer geringerem Maße.

Im praktischen Betrieb ist die Umkehr der Stromspannungskurve gefährlich, da hierbei das „Durchbrennen", eigentlich das Durchschmelzen der Heizkörper zu befürchten ist, wenn nicht für eine rechtzeitige Drosselung gesorgt wird.

Der Verlauf der Stromspannungskurve hat nämlich, wie die Abb. 119 zeigt, u. U. eine Umkehr. Man kann sich die Verhältnisse so vorstellen, daß der Heizleiter bei angelegter kritischer Spannung x ohne genügende Wärmeabfuhr sich sehr schnell erhitzt und dann eine starke Stromaufnahme aufweist, so daß in diesem nunmehr weitererhitzten Zustande die Stromstärke bei geringerer Spannung höher liegen kann als bei der kritischen Spannung x. Diese Umkehr der Stromspannungskurve bildet die eigentliche Gefahrenquelle für jeden Stromleiter mit dem negativen thermischen Widerstandskoeffizienten.

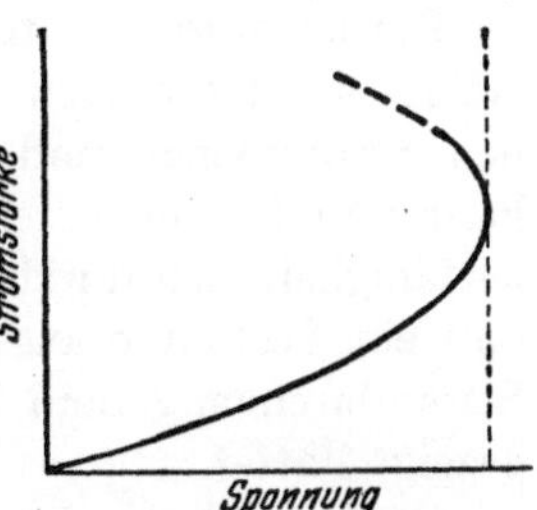

Abb. 119. Strom-Spannungskurve der hocherhitzten Nernstmasse.

Eine weitere Verwendung der Sinterzirkonerde als Elektroleiter ist in der neueren Zeit bei dem sog. „Ulvir"-Brenner bekannt geworden.

Dieser Brenner besteht aus zwei kleinen Nernstmassestückchen konischer Form, die auf Eisenstiften befestigt sind. Sie werden in ähnlicher Weise wie die Lichtbogenkohlen benutzt. Zur Zündung des Lichtbogens zwischen den in der Kälte so gut wie nichtleitenden keramischen Elektroden ist die Oberfläche der Stücke mit Graphit überzogen, der die Stromleitung bei Zündung übernimmt. Nach der Zündung des Lichtbogens erhitzen sich die keramischen Stücke genügend hoch, um die weitere Stromleitung übernehmen zu können. Der Lichtbogen zwischen den ZrO_2-Y_2O_3-Stücken emittiert hierbei ein Licht aus, das nicht nur an ultravioletten Strahlen reich ist, sondern auch andere langwelligere Licht- und Wärmestrahlen enthält. Die Zusammensetzung der Lichtemission dieses Lichtbogens ist der Höhensonnenstrahlung ähnlicher als z. B. die des Quecksilberlichtbogens. Dementsprechend finden die Ulvirbrenner für verschiedene medizinische Zwecke Verwendung[1].

Nun erhebt sich hier noch eine nicht nur theoretisch interessante, sondern auch praktisch wichtige Frage: in welcher Weise findet der Stromdurchgang bei ZrO_2/Y_2O_3 und ähnlichen Systemen statt? Ist es

[1] Vgl. z. B. E. Kraus: Ulvir-Mischstrahlen. Berlin **1937**.

eine reine Elektronen- oder eine reine Ionen- oder endlich eine gemischte Leitung — teils unter der Wanderung der Elektronen und teils der Ionen?

Bei hohen Temperaturen senden bekanntlich alle Stoffe Elektronen aus. Infolgedessen wäre es zumindest nicht verwunderlich, wenn alle „Halbleiter" bei hohen Temperaturen ganz oder wenigstens teilweise eine Elektronenleitung aufwiesen. In der Tat kann man heute wohl sagen, daß in der Regel eine gemischte Ionen-Elektronen-Leitung vorherrscht und eine reine Ionenleitung nur selten, wenn überhaupt, auftritt. Das ist selbst in solchen Fällen nachgewiesen, in denen man früher mit voller Sicherheit die reine Ionenleitung annehmen zu müssen glaubte, wie z. B. an festem Ag_2S.

Die bei festen Leitern nachgewiesene Gültigkeit des FARADAYschen Gesetzes der strengen Proportionalität zwischen der hindurchgegangenen Strommenge und der stofflichen Umsetzung an den Elektroden kann nämlich mit einer partiellen oder sogar vorwiegenden Elektronenleitfähigkeit sich durchaus vertragen. Es ist daher noch nicht bewiesen, daß ein Festleiter ausschließlich Ionenleitung aufweist, wenn er beim Stromdurchgang dem FARADAYschen Gesetz genügt, wie C. WAGNER gezeigt hatte[1].

Das technische Interesse für die damit zusammenhängenden, noch recht spärlich beleuchteten Fragen hat u. a. folgende Gründe: Wie aus zahlreichen einschlägigen Arbeiten, insbesondere der Züricher Schule (E. BAUR, W. D. TREADWELL und ihrer Mitarbeiter), hervorgeht, scheint die Frage nach der technischen Verwirklichung der elektromotorisch wirksamen Verbrennung von Brennstoffen lösbar zu sein. Bekanntlich bildet diese Frage eines der fundamentalsten technischen Probleme überhaupt. Denn nur auf dem Wege der elektromotorisch wirksamen Verbrennung ist eine fast restlose Verwandlung der im Brennstoff aufgespeicherten potentiellen chemischen Energie in nützliche Arbeit möglich. Heute liefern unsere besten Dampfmaschinen nur etwa 18 bis 20%, die Innenverbrennungsmotoren höchstens 40 bis 50% des überhaupt möglichen Wertes.

Die elektromotorische Verbrennung selbst wäre, wie E. BAUR[2] zeigte, durchaus möglich und technisch ausführbar, wenn man einen genügend leitfähigen Festleiter als „Elektrolyten" hätte. Es scheint, daß die ZrO_2-haltigen Kombinationen einen solchen Festelektrolyten für das Brennstoffelement bieten.

Die Nernstmasse selber ist für diesen Zweck zu teuer und bei Temperaturen um 1000° C noch zu wenig leitfähig. Da die Feuerfestigkeit

[1] Vgl. B. GUDDEN: Elektrische Leitfähigkeit elektronischer Halbleiter. Ergebn. d. exakten Naturw. **13**, 223—256 (1934).

[2] Vgl. z. B. E. BAUR u. H. PREIS: Brennstoffketten mit Festleitern. Ztschr. f. Elektrochem. **44**, 695—698 (1938), u. a. dort erwähnte Arbeiten.

des Elektrolyten für das Brennstoffelement nicht sehr erheblich zu sein braucht, kann man verhältnismäßig leicht schmelzende Systeme anwenden. So schlägt E. BAUR eine Mischung aus ZrO_2 und Ton mit Li-Salzen vor, die in seinen Versuchen sich als genügend feuerfest und zugleich genügend leitfähig erwiesen habe. Doch kann man hier nicht auf nähere Einzelheiten eingehen, da sie zu weit außer dem Rahmen der eigentlich keramischen Fragen liegen, die uns hier in erster Linie beschäftigen.

Die Art der Elektroleitfähigkeit des Festleiters ist hier deswegen von Wichtigkeit, weil bei der Elektronenleitung das Element „kurz geschlossen" und nur heiztechnisch sich auswirken würde, also mit einem Verlust der freien Energie verknüpft wäre. Der Festleiter für die Brennstoffkette muß also ein möglichst reiner Ionenleiter ohne jede Beteiligung der Elektronen sein, es sei denn, daß die Elektronen chemische Nebenreaktionen hervorrufen, ähnlich den Verhältnissen bei Ag_2S, so daß schließlich doch ein verlustloser Energieumsatz stattfindet. Die merkwürdige Verquickung der Frage nach der bestmöglichen Ausnutzung der chemischen Energie der Brennstoffe einerseits mit der physikalisch-chemischen Beherrschung der Oxydkeramik andererseits bildet ein bezeichnendes Beispiel dafür, daß die Erkenntnis an einer Stelle die Voraussetzung für die Entwicklung an einer anderen mit der ersten anscheinend in gar keinem Zusammenhang stehenden sein kann.

Es ist schließlich hier noch am Platze, einer andersartigen Anwendung von ZrO_2 in der Keramik zu gedenken, und zwar als Emailtrübungsmittel und als Farbkörperträger für keramische Farben.

Der hohe Preis für Zinn und die bisherige Monopolbeherrschung des Zinnmarktes durch Niederländisch-Indien haben schon längst zahlreiche Interessenten nach geeigneten Materialien suchen lassen, die an Stelle von SnO_2 im Weißemail erfolgreich treten können. Bekanntlich genügt für die Weißtrübung in dem Deckemail etwa 3 bis 5% SnO_2-Gehalt. — In Großdeutschland dürften für über 120 Millionen Reichsmark Emailwaren jährlich produziert werden. Dieser Industriezweig ist stark am Export beteiligt.

Die Wirkung der Weißtrübung von SnO_2 beruht auf der Unlöslichkeit des feinen Pulvers in den Glasurversätzen bei den fraglichen Arbeitstemperaturen, die ja allgemein unter etwa 800° bis 900° C liegen. Nun hat man bald nach dem Bekanntwerden der hohen Widerstandsfähigkeit von ZrO_2 gegenüber der auflösend-korrodierenden Wirkung anderer Oxyde versucht, anstatt SnO_2 das Zirkonoxyd als Weißtrübungsmittel anzuwenden[1]. Es war aber noch ein weiter Weg nötig, bis die Zirkonverbindungen einen technischen Eingang in die Emailindustrie gefunden haben. Im Verlauf von verschiedensten Unter-

[1] WEISS, L., vgl. A. HARTMANN: Zirkonemail. Dissert. Techn. Hochsch. München 1910.

suchungen stellte es sich u. a. heraus, daß die ZrO_2-Trübungswirkung stark von der Zusammensetzung des Versatzes abhängig ist. Und zwar setzt Al_2O_3, ZnO und allgemein der basische Anteil des Versatzes die Löslichkeit von ZrO_2 im Glasfluß herab, also die trübende Wirkung herauf. Die Verwendbarkeit von ZrO_2-Pulver in Glasflüssen ist jedenfalls erheblich geringer, der erforderliche Zusatz für die gleiche Trübungswirkung ist größer als bei SnO_2.

In der letzten Zeit hat sich ein $ZrSiO_4$-Präparat als Trübungsmittel gut eingeführt, das unter dem Namen „Terrar" bekannt geworden ist. Das Zirkonsilicat ist in stark sauren Versätzen nur schwer löslich. Es ist viel billiger als reines ZrO_2 und ist wie dieses, und wie auch SnO_2, völlig ungiftig. Dementsprechend steigt seine Verwendung in der Emailwarenindustrie immer weiter. Die trübende Wirkung von $ZrO_2 \cdot SiO_2$ beruht z. T. auf der Bildung von Gasbläschen („Gastrübung").

In der allerletzten Zeit haben auch andere Oxyde einen wichtigen Platz als Trübungsmittel erobert. Das sind z. B. Antimon- und auch Cer-Oxyd. Von dem letzteren wird weiter unten die Rede sein.

Die hohe Feuerfestigkeit von ZrO_2 gestattet, sehr hohe Brenntemperaturen mit anfärbenden anderen hochfeuerfesten Oxyden, z. B. mit UO_3, anzuwenden. Mit dem letzteren bildet sich in oxydierender Atmosphäre bei 1700 bis 1900° C ein gelber Farbkörper, den man sogar als Unterglasurfarbe benutzen kann[1]. Dieses Gebiet ist erst neu betreten und dürfte noch manche Möglichkeit in sich bergen. Es bezieht sich natürlich nicht auf ZrO_2 allein, sondern auch auf verschiedene oxydische Verbindungen, die in der Keramik bisher kaum zur Anwendung gelangt sind, wie seltene Erden, *V*-, *W*- usw. Oxyde, usw.

6. Zirkonsilicat.

Das Zirkonsilicat, $ZrSiO_4$ oder besser $ZrO_2 \cdot SiO_2$, wofür die Begründung weiter unten zu finden ist, findet sich zwar vielfach in der Natur, aber nur selten in abbauwürdiger Menge und Reinheit. Eine ganz berühmt gewordene, sehr ausgiebige Lagerstätte des „Zirkonsandes", der aus weitgehend reinem gleichmäßig gekörntem Zirkonmineral (auch einfach „Zirkon" genannt) besteht und nur verhältnismäßig wenig Verunreinigungen enthält, befindet sich in Indien, in der Provinz Travancore.

Zirkone finden sich teils in wohlausgebildeten Kristallen tetragonaler Form mit Prismen- und Endpyramidenflächen. Durchsichtige, entweder wasserklare oder gelb bis bräunlich gefärbte, Hyazinth genannte, oder aber bläulichgrüne Kristalle bilden geschätzte Edelsteine. Sie finden sich an verschiedensten Stellen, so z. B. in Norwegen, in Grönland, in Sibirien, in Siam (Thailand) usw.

---

[1] D.R.P. 566757, Erf. H. Eisenlohr.

Nach den Bestimmungen W. BINKS[1] sind die Kristallparameter folgende: $a = 9{,}30$ Å; $c = 5{,}93$ Å; im Elementarkörper befinden sich 8 Moleküle $ZrO_2 \cdot SiO_2$. Der ganze Baucharakter erinnert an $CaSO_4$. Die Kristallstruktur ist in Abb. 120 dargestellt.

Der Prozeß der Gewinnung des reinen Zirkons aus dem Zirkonsand gründet sich auf der Unangreifbarkeit des Zirkonsilicats durch starke Säuren. Meist erfolgt die Reinigung in 2 Stufen. Zunächst wird das Rohmaterial der magnetischen Behandlung zur Entfernung von Eisen unterworfen. Anschließend wird der Zirkonsand mit konzentrierter Schwefelsäure bei erhöhter Temperatur bearbeitet, wobei vorteilhafterweise eine feine Vermahlung vorangehen kann. Die meisten Verunreinigungen des Zirkons gehen dabei in Lösung. Das ursprünglich graubraune Material wird hell und weiß. Nach dem Abfiltrieren, Waschen und Trocknen enthält es etwa 98 bis 99% $ZrO_2 \cdot SiO_2$.

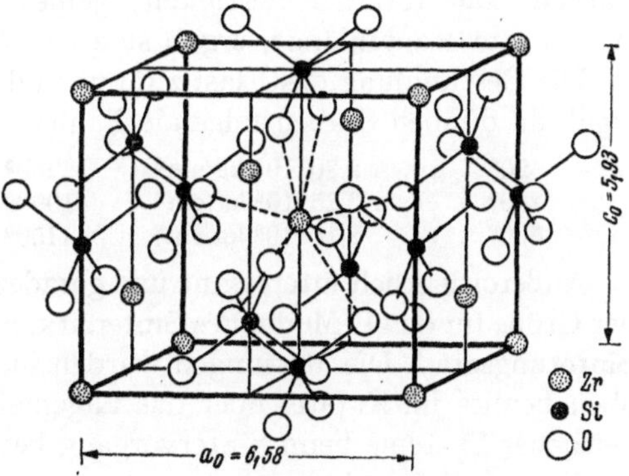

Abb. 120. Kristallstruktur von Zirkonsilicat.

Eine andere Reinigungsmethode besteht im vorsichtigen Zusammenschmelzen mit gleicher Menge Alkalihydrogensulfat[2]: diese Methode läuft also doch wieder auf die Schwefelsäurebehandlung hinaus. — Nach der Abscheidung grobkörniger, hauptsächlich aus SiO_2 bestehender Verunreinigungen erhält man ein etwa 97%iges Produkt. Zu seiner weiteren Raffination wird es gemahlen und unter Zusatz von so viel Ruß, wie es zur Reduktion von Verunreinigungen wie TiO_2, Fe_2O_3 usw. erforderlich ist, im Chlorstrom bei Rotglut erhitzt. Hierbei verflüchtigen sich die meisten Verunreinigungen als Chloride, während das weiße Zirkonsilicat als 99%iges Produkt zurückbleibt.

Nach Vorschlag von STÉ VON ST. GOBAIN, CHAUNY et CIREY soll man das Zirkonsilicat synthetisch aus ZrO_2 und SiO_2 durch Zusammenschmelzen gewinnen. Man erhält hierbei ein sehr reines Produkt, das aber allerdings erheblich kostspieliger als das natürliche ist.

Der gereinigte Sinterzirkon hat einen erheblich höheren Erweichungsbeginn als der ungereinigte. Während der letztere unter der Last von 2 kg/cm² bereits bei 1300 bis 1400° C erweicht, zeigt der gut gereinigte Sinterzirkon den Erweichungsbeginn bei etwa 1500 bis 1550° C.

[1] BINKS, W.: The cristalline structure of zircon. Mineral. Magazine **21**, 176—187 (1926).

[2] USA.-Patent **2036220**, Erf. CH. J. KINZIE.

Die Dichte des Zirkons ist schwankend und beträgt im Mittel etwa 4,6. Die Schwankungen dieser Größe sind insbesondere von M. v. STACKELBERG und E. ROTTENBACH[1] untersucht worden. Die Autoren kommen zur Ansicht, daß sie durch die Beimengung der isotropen Modifikation, wahrscheinlich unter dem Einfluß von radioaktiven Substanzen, bedingt sind.

Die Härte des Minerals nach der MOHSschen Skala beträgt $7^1/_2$, liegt also zwischen dem Quarz und Topas.

Die übrigen Festigkeitsgrößen, wie z. B. Druckfestigkeit, der YOUNGsche Elastizitätsmodul, die Biegefestigkeit usw., sind an keramisch verarbeiteten und gebrannten Körpern, also am Sinterzirkon, ermittelt worden. Die Kaltdruckfestigkeit, gemessen an kleinen Würfeln von etwa 7 mm Kantenlänge, ergab sich zu 15000 kg/cm².

Die Bestimmung des Elastizitätsmoduls bis zu hohen Temperaturen ergab an dünnen Stäben folgende Zahlen:

20°	$2{,}30\cdot 10^6$ kg/cm²	750°	$2{,}00\cdot 10^6$ kg/cm²
250°	$2{,}25\cdot 10^6$ kg/cm²	1000°	$1{,}55\cdot 10^6$ kg/cm²
500°	$2{,}15\cdot 10^6$ kg/cm²	1150°	$1{,}00\cdot 10^6$ kg/cm²

Außerordentlich interessant und geradezu merkwürdig ist der Verlauf der Größe für den E-Modul des Sinterzirkons in Abhängigkeit von seinem Sinterungsgrad. Die Messungen wurden in der Weise ausgeführt, wie es oben bereits im Kapitel über das allgemeine Verhalten oxydischer einheitlicher Systeme beim Sintervorgang beschrieben worden ist. Das Bemerkenswerte gerade am Sinterzirkon besteht nun darin, daß die bei der gewöhnlichen Raumtemperatur bestimmte Elastizitätskonstante E bis zur Brenntemperatur von etwa 1550 bis 1600° C ansteigt, um von dieser Temperatur ab wieder schroff abzufallen. Aber nicht nur der E-Modul, auch die lineare Schwindung steigt bis zum Maximum, das bei genau der gleichen Temperatur liegt, um beim Überschreiten der Brenntemperatur von 1600° C wieder zu fallen. Mit anderen Worten: der anfänglichen Abnahme der Dimensionen folgt eine Zunahme. Die erhaltenen Zahlen sind folgende:

Brenntemperatur °C	E-Modul kg/cm²	Schwindung %
1180	$0{,}08\cdot 10^6$	3
1280	$0{,}36\cdot 10^6$	8
1410	$2{,}1\cdot 10^6$	27
1520	$2{,}47\cdot 10^6$	29
1600	$2{,}40\cdot 10^6$	29
1670	$2{,}2\cdot 10^6$	28
1770	$0{,}95\cdot 10^6$	27

Die beste Übersicht über die Verhältnisse erhält man bei der Betrachtung der graphischen Darstellung der Meßergebnisse, die in der Kurve, Abb. 17, Seite 31, wiedergegeben sind.

Die Deutung dieses auffälligen Befundes bildet den Gegenstand weiter unten befindlicher Ausführungen.

Die Kaltbiegefestigkeit der bis etwa 1600° C gebrannten Stäbe aus Sinterzirkon ergab sich zu 2000 kg/cm². Das ist immerhin ein Wert, der

[1] STACKELBERG, M. v., u. E. ROTTENBACH: Ztschr. f. Krystallogr. A **102**, 173—182 (1940).

höher liegt als bei irgendeinem bisherigen „normalen" keramischen Werkstoff auf der Silicatbasis.

Die Wärmeleitfähigkeit wurde von G. F. COMSTOCK[1] an massiven keramisch verarbeiteten Gegenständen aus Sinterzirkon ermittelt. Der Autor findet an verschiedenen Proben ziemlich stark streuende Werte, was wohl mit dem wechselnden Porositätsgrad der Untersuchungsobjekte zusammenhängt. Die erhaltenen Wärmeleitzahlen (in gcal/cm/sec/Grad) waren 0,0040, 0,0049 und 0,0075. Der höchsten Zahl muß wohl der Vorzug gegeben werden, da sie sich offenbar auf das dichteste Material bezieht und somit der interessierenden Konstante am nächsten kommt.

Der thermische Ausdehnungskoeffizient von $ZrO_2 \cdot SiO_2$ ist gering, verglichen mit dem Ausdehnungsverhalten anderer oxydkeramischer Werkstoffe auf der Einstoffbasis. Er beträgt im Mittel bis etwa 1400° C $4{,}5 \cdot 10^{-6}$ pro Grad, liegt also noch unter dem von Mullit (rund $5{,}6 \cdot 10^{-6}$ pro Grad), der bereits als recht gering bezeichnet wird.

Dementsprechend ist der Sinterzirkon gegen den Temperaturwechsel ziemlich unempfindlich, zumal da auch seine Wärmeleitfähigkeit verhältnismäßig groß ist.

Recht interessant ist die Frage bezüglich des Schmelzpunktes von Zirkonsilicat. N. ŽIRNOWA[2] findet im Verlauf ihrer Untersuchungen über das Schmelzdiagramm des Systems $ZrO_2 \cdot SiO_2$, daß gerade bei 50 Mol.-% ZrO_2-Gehalt das Schmelzpunktsmaximum von 2430° C auftritt. Es besteht aber kein Zweifel, daß dieses Maximum nur beim schnellen Erhitzen kleiner Proben erreicht werden kann und daß der gefundene Schmelzpunkt nicht kongruent ist. Die Verfasserin konnte selbst bemerken, daß bereits bei 1800° C eine starke Verdampfung von SiO_2 einsetzt. Trotzdem scheint aus ihrer Untersuchung hervorzugehen, daß man es im $ZrO_2 \cdot SiO_2$ mit einer regelrechten Verbindung zu tun hat, die man stöchiometrisch als das Orthosilicat des Zirkoniums ansprechen könnte.

Das von N. ŽIRNOWA[3] untersuchte Schmelzdiagramm des Systems ZrO_2/SiO_2 wurde an Hand synthetisch hergestellter Proben verschiedener bekannter Zusammensetzung, die im Acetylen-Sauerstoff-Gebläse geschmolzen wurden, aufgestellt. Die Schmelztemperaturen wurden mit dem optischen Teilstrahlungspyrometer nach HOLBORN-KURLBAUM ermittelt. Trotz der bereits bei 1800° C sich stark bemerkbar machenden Flüchtigkeit von SiO_2 konnten die Versuchsreihen durchgemessen werden, da das Schmelzen der kleinen Proben sehr schnell erfolgte. Die Untersuchung der Proben ergab, daß im Gebiet von 99,3 bis 52,1 Mol.-% SiO_2 mechanische Gemenge verschiedener geschmolzener Glasarten vorliegen. Im Gebiet von 38,9 bis 21,9 Mol.-% SiO_2 liegen ebenfalls noch

[1] COMSTOCK, G. F.: Journ. Amer. Ceram. Soc. **16**, 12—35 (1933).

[2] ŽIRNOWA, N.: Ztschr. f. anorg. u. allg. Ch. **218**, 193—200 (1934).

[3] ŽIRNOWA, N.: Zit. S. 240.

verschiedene Glasarten vor, wobei aber bereits einige kristallisierte Verbindungen sich bilden, die nicht näher untersucht worden sind. Massen mit weniger als 5% SiO_2 ergeben homogene Kristallstruktur eines stark doppelbrechenden Stoffes.

Bei 50 Mol.-% SiO_2 soll jedoch das Schmelzpunktsmaximum von 2430° C liegen. Zu beiden Seiten des (inkongruenten) Schmelzpunktes befinden sich Eutektika, einerseits mit der Kieselerde, andererseits mit der Zirkonerde. Die entsprechenden eutektischen Punkte liegen bei 1705° C auf der SiO_2-Seite mit 97 Mol.-% SiO_2 und bei 2220° C auf der ZrO_2-Seite mit 42 Mol.-% SiO_2. Bis 10% SiO_2 scheinen feste Lösungen von SiO_2 in ZrO_2 vorzuliegen. Das Diagramm wird durch die Abb. 121 veranschaulicht.

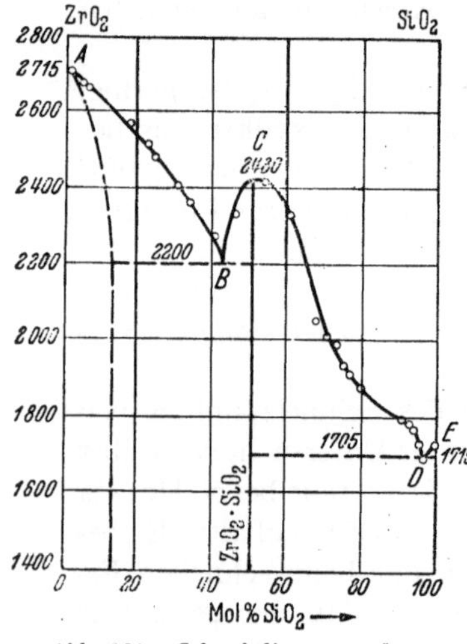

Abb. 121. Schmelzdiagramm des Systems ZrO_2/SiO_2 nach ŽIRNOWA.

Nun stellt das Diagramm nicht die graphische Darstellung der Gleichgewichtszustände dar, sondern der Schmelzlinie bei sehr schneller Arbeitsweise, bei der sich die Gleichgewichte nicht einstellen können.

Die Dielektrizitätskonstante des $ZrO_2 \cdot SiO_2$ beträgt rund 12, gehört also zu recht beträchtlichen Zahlenwerten unter keramischen Materialien.

In chemischer Beziehung gehört das Zirkonsilicat bei gewöhnlicher Temperatur zu ziemlich stabilen Verbindungen. Es ist insbesondere gegen Säuren, einschließlich der Flußsäure, sehr resistent. Kochende konzentrierte Mineralsäuren, wie die Schwefelsäure, Salzsäure, Salpetersäure, greifen das Zirkonsilicat nicht an. Dementsprechend folgt daraus geradezu, daß es gegen basische Stoffe unbeständig sein muß. Das ist auch in der Tat der Fall. Geräte und Gefäße aus Sinterzirkon eignen sich in keiner Weise für die Arbeiten, bei denen man mit geschmolzenen Alkalicarbonaten oder gar freien Alkalien oder Erdalkalien zu tun hat.

Wie bereits oben erwähnt, ist das Zirkonsilicat bei hohen Temperaturen nicht stabil. Schon frühere Untersuchungen haben unzweifelhaft erwiesen, daß $ZrO_2 \cdot SiO_2$ sich zersetzt. So fand C. MATIGNON[1] bei seinen Versuchen, Zirkonsilicat zu schmelzen, daß bei 1800° C SiO_2 heraussublimiert. Verschiedene spätere Untersuchungen bestätigten diesen Befund. Nach H. GEORGE und R. LAMBERT[2] zeigt röntgenographische Untersuchung der schnell erstarrten Schmelze von Zirkonsilicat ein Gemisch von ZrO_2 und SiO_2, in die das Zirkonsilicat vollständig dissoziiert ist. Bei 1650° C erfolgt die Zersetzung nur bis etwa 10%.

[1] MATIGNON, C.: Compt. rend. **177**, 1290 (1923).
[2] GEORGE, H., u. R. LAMBERT: Compt. rend. **204**, 688—689 (1937).

Nunmehr ist das oben geschilderte sonderbare Verhalten des Sinterzirkons beim Erhitzen über 1600° C verständlich. Die Schwindung und die Festigkeit der über diese Temperatur hinaus gebrannten Körper zeigen eine Umkehr des bisherigen „normalen“ Verlaufs, weil wir nicht mehr mit dem ursprünglichen Ausgangsmaterial, dem Zirkonsilicat, sondern mit seinen Zersetzungsprodukten zu tun haben. Die polarisationsmikroskopische Untersuchung solcher Präparate zeigt unmittelbar die Anwesenheit zweier Phasen. Während der Dünnschliff des nicht zu hoch erhitzten Sinterzirkons ein einheitliches Netzwerk von zusam-

Abb. 122. Dünnschliff des Sinterzirkons, gebrannt be 1600°, zwischen gekreuzten Nikols. Vergr. 225×

mengeschweißten Zirkonkristallen zeigt, sieht man an Präparaten, die über 1700° C erhitzt waren, eine Glasbasis, in die stark doppelbrechende hoch-ZrO_2-haltige abgerundete Körnchen wie Froschlaich im Wasser eingebettet sind. Durch diese Befunde kann man also endgültig entscheiden, daß das Zirkonsilicat nicht unzersetzt schmelzen kann. Die Abb. 122 zeigt die mikrophotographische Aufnahme eines Dünnschliffs an normal gebranntem Scherben in 225facher Vergrößerung. Es handelt sich um ein normales Gefügebild eines Einstoffsystems, welches in unserem Falle aus den tetragonalen $ZrO_2 \cdot SiO_2$-Kristalliten besteht. Die Abb. 123 dagegen ist die analoge Mikroaufnahme eines bei über 1700° C gebrannten Scherbens. Man sieht deutlich die in einer Glasmatrix eingebetteten abgerundeten stark doppelbrechenden Körnchen, die nichts anderes als an ZrO_2 angereicherte Zirkonkriställchen darstellen.

Man findet, insbesondere in der Patentliteratur, zahlreiche Vorschläge, reines ZrO_2 durch Zersetzung von $ZrO_2 \cdot SiO_2$ zu gewinnen.

Nach USA.-Pat. 2072889[1] wird das Zirkonsilicat in einem elektrischen Widerstandsofen zwischen Graphitelektroden erhitzt. Hierbei verflüchtigt sich SiO_2, und das ZrO_2, dessen Reinheitsgehalt bis 99,5% gehen soll, bleibt zurück. Der Reaktionsort kann mit Petrolkoks, Sand und Sägespänen isoliert werden, wobei aus dem verdampfenden SiO_2 durch Reduktion mit Kohle bei hoher Temperatur SiC als Nebenprodukt gewonnen wird. Zur Erleichterung der Dissoziation wird von der STÉ DE ST. GOBAIN, CHAUNY et CIREY[2] der Zuschlag von Magnesia oder Tonerde in solchem Verhältnis vorgeschlagen, daß beim Erhitzen des

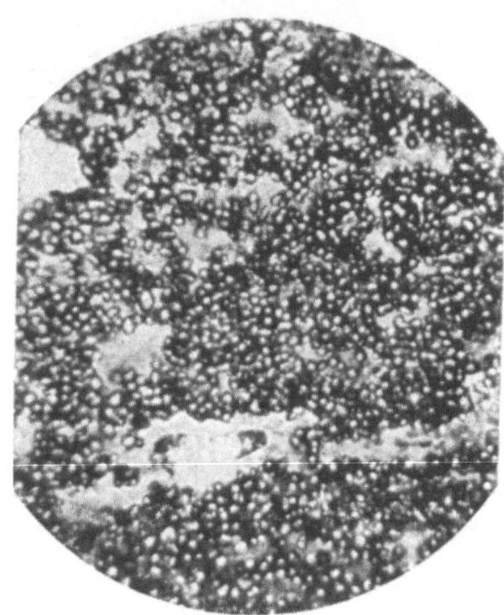

Abb. 123. Dünnschliff des Sinterzirkons, gebrannt über 1700°. Vergr. 225×.

Gemisches bis 1500° C die ganze frei werdende Kieselsäure als Magnesia- oder Tonerdesilicat gebunden wird.

Aus den obigen Ausführungen folgt sowohl die rationelle Arbeitsweise betr. Herstellung und auch Verwendung der Sinterzirkonerzeugnisse.

Die Aufbereitung der Zirkonsilicatmasse für die keramische Verarbeitung und ihre Verformung braucht kaum geschildert zu werden. Die bereits oben beschriebenen Arbeitsverfahren gelten in sinngemäßer Anwendung auch bei dem Zirkonsilicat. Sehr feine Vermahlung fördert die Ausbildung der plastischen Eigenschaften. Das Material kann sowohl als Schlicker in porösen Formen gegossen als auch gestampft, trocken gepreßt oder sonstwie keramisch verformt werden. Es bietet dabei keine

[1] KINZIE, CH. J., u. D. S. HAKE: USA.-Patent 2072889.
[2] Nach Franz. Patent 800779.

besonderen Schwierigkeiten, da es das Wasser nicht abbindet, wie z. B. die feingemahlene calcinierte Magnesia. Auch beim Brennen begegnet man insofern keinen besonderen Schwierigkeiten, als das Material keine plötzlichen Modifikationsänderungen, wie z. B. das Zirkonoxyd, erfährt.

Das Vergießen des Schlickers erfolgt bei schwach saurer Reaktion. Die erhaltenen Wandstärken der Erzeugnisse können ohne Schwierigkeiten sehr dünn und gleichmäßig gehalten werden. Die Trockenfestigkeit der Grünlinge ist ausreichend, so daß trotz des verhältnismäßig hohen spezifischen Gewichtes des Zirkonsilicates eine bequeme Handhabung beim Transport, beim Einsetzen in die Brennöfen usw. möglich ist.

Natürlich kann man das Zirkonsilicat auch nach anderen Verformungsmethoden bearbeiten und zu gewünschten Körpern formen. Das Stampfen der kaum plastischen Masse in geschlossenen Formen und Matrizen, das Trockenpressen des nur schwach angefeuchteten und sich noch trocken anfühlenden Materials in Stahlformen unter hohem Druck, das Strangziehen von Langprofilen, wie Rohren, Stäben, Kapillaren usw., einer mit organischen Plastifikatoren versetzten Masse erfolgt in der gleichen Weise wie bei der Anwendung dieser Arbeitstechniken auf andere Materialien, wie es oben geschildert worden ist.

Aus dem Zusammenhang zwischen dem Sinterungsgrad bzw. der Festigkeit und der Brenntemperatur ist bereits zu ersehen, daß das Brennen der Formlinge aus Sinterzirkon zweckmäßigerweise nicht über 1550 bis 1600° C erfolgen darf, da sonst infolge des Zerfalls des Silicats bei höheren Temperaturen die Qualität der Erzeugnisse in zunehmendem Maße leidet. Dementsprechend soll man die Erzeugnisse aus dem Sinterzirkon auch nicht wesentlich über diese Temperatur hinaus verwenden, wenn man nicht passende Vorkehrungen gegen die unvermeidliche Verringerung der Scherbenfestigkeit treffen kann oder die letztere nicht in Kauf nehmen will.

Ist dagegen diese Inkaufnahme möglich, so erstreckt sich die praktische Brauchbarkeit der Erzeugnisse aus dem Sinterzirkon bis ins Gebiet von etwa 1750° C, ja 1800° C. — Unter der Last von 2 kg/cm^2 beginnt sich das Material schon bei 1600° C merklich zu deformieren.

Wie bei anderen Rohmaterialien, ist es auch hier für die Herstellung von großen Formstücken geboten oder direkt erforderlich, zum Vermeiden von Brennschwundrissen etwas vorgebranntes Material zuzusetzen. Je nach Körnung, Verformungsweise, Brennführung usw. erhält man dabei mehr oder weniger poröse Erzeugnisse.

Verglichen mit den anderen bisher besprochenen oxydkeramischen Ausgangsmaterialien verlangt das Zirkonsilicat keine hohe Brenntemperatur. Hierbei entsteht ein nicht ganz versinterter und noch schwach poröser Scherben. Über 1700° C gebrannter Scherben ist praktisch dicht, jedoch macht sich hierbei die Verglasung desselben bemerkbar. Dementsprechend begegnet man hierbei auch der Gefahr der Deformation der Erzeugnisse. Der Zusatz der Tonerde und des Kaolins zu Zirkonsilicat verursacht eine sehr beträchtliche Schmelzpunktserniedrigung. Die eutektischen Schmelztemperaturen derartiger ternärer Gemische des Systems $ZrO_2/SiO_2/Al_2O_3$ liegen in der Nähe von 1600° C. Nach R. F. REA[1] liegt die Zusammensetzung des eutektischen Gemisches bei 70% SiO_2, 15% $ZrO_2 \cdot SiO_2$ und 15% Al_2O_3.

Das Zusammenbringen des Sinterzirkons mit der Tonerde bei hohen Temperaturen ist also ähnlich wie auch bei der chemisch und thermisch im allgemeinen widerstandsfähigeren Zirkonerde zu vermeiden. Aber auch andere Stoffe, wie Spinell, natürlich *BeO* usw., „vertragen" sich mit Sinterzirkon bei hohen Temperaturen nicht.

Die Sinterzirkonerzeugnisse werden in denjenigen Fällen mit Vorteil angewandt, in denen ihre hohe chemische Unangreifbarkeit durch saure Stoffe in Frage kommt. Allerdings sind die meisten keramischen Werkstoffe auf der Silicatbasis, insbesondere das Porzellan und das Steinzeug, gegen Säuren auch genügend widerstandsfähig. Daher ist beim Sinterzirkon die Anwendbarkeit wegen seiner Unempfindlichkeit gegen den Temperaturwechsel wichtiger. Die Untersuchung der Haltbarkeit von gleichartigen Probekörpern aus verschiedenen oxydkeramischen Materialien auf der Einstoffbasis gegen den schroffen Temperaturwechsel durch wiederholtes plötzliches Einsetzen der Stücke in den heißen Ofen und schnelles Herausnehmen derselben mit sofortigem Anblasen mit kalter Preßluft von etwa 3 atü zeigte, daß die Probekörper aus Sinterzirkon, insbesondere solche mit Zusatz von vorgebranntem Material, den anderen Sintererden (außer *BeO*) stark überlegen sind (vgl. S. 220).

Wenn also die Eintauchpyrometerrohre für Metallschmelzen, die Dauerformen zum wiederholten Gebrauch beim Gießen von Metallstücken und ähnliche Dinge aus keramischen Werkstoffen Aussicht auf tatsächliche Realisierung haben, dann kommt dem Sinterzirkon die bevorzugte Berücksichtigung zu. Allerdings haben die bisherigen in dieser Richtung unternommenen Versuche gezeigt, daß die außerordentliche Beanspruchung des Werkstoffes als Gießform z. B. für Eisenguß oder als Eintauchpyrometer für eine Stahlschmelze auch von dünnwandigen Sinterzirkongeräten nicht ausgehalten wird und die Formstücke springen. Das ist aber noch nicht ganz entmutigend, da sich vielleicht doch noch Wege finden lassen werden, auf denen auch diese Aufgaben gelöst werden können. Einige Ausblicke scheinen bereits vorzuliegen.

[1] REA, R. F.: Cone fusion studies of mixtures of zirconium silicate, silica and alumina. Journ. Amer. Ceram. Soc. **22**, 95 (1929).

7. Thorerde.

Die Thorerde (ThO_2) kommt in der Natur zwar ziemlich oft, jedoch fast immer nur in sehr geringen Mengen vor, so daß das Thorium zu den verhältnismäßig seltenen Elementen gehört. Sein Anteil am Aufbau der Erdkruste wird zu etwa $5 \cdot 10^{-5}$ geschätzt. Bemerkenswerterweise ist die Lava des Vesuvs besonders thoriumhaltig. Dieser Befund könnte eventuell eine Stütze für die Ansicht abgeben, wonach die Energiequellen mancher Vulkaneruptionen in den Zerfallprozessen großer Mengen radioaktiver Stoffe bestehen, wie es aus den Untersuchungen von O. HAHN und seiner Schule an Uran gefolgert werden kann[1].

Das Element Thorium ist bekanntlich radioaktiv. Seine Ordnungszahl ist 90, das Atomgewicht 232,12. Seiner Stellung in der 10. Reihe der 4. Gruppe des Periodischen Systems entsprechend gehört es zur Familie der selbstzerfallenden radioaktiven Elemente. Allerdings ist es verhältnismäßig langlebig: seine Halbewertszeit beträgt $1{,}4 \cdot 10^{10}$ Jahre.

Unter den bekanntesten Thoriummineralien sind zu nennen: der reguläre Thorianit (Thorerde mit isomorphem Urandioxyd UO_2), der tetragonale Thorit $ThO_2 \cdot SiO_2$, dessen Zusammensetzung jedoch stark wechselt und nur im Grenzfalle der angegebenen Formel entspricht, im übrigen dem Zirkon ($ZrO_2 \cdot SiO_2$) weitgehend entspricht, und vor allem Monazit, der etwa 5% ThO_2 als Phosphat enthält. Für die technische Gewinnung von Thoriumverbindungen kommt die größte Bedeutung dem Monazit zu. Der Weg dazu ist in kurzen Zügen folgender:

Das Mineral wird zunächst mit heißer konzentrierter Schwefelsäure aufgeschlossen; hierauf wird das gebildete $Th(SO_4)_2$ zusammen mit anderen leicht löslichen Sulfaten mit kaltem Wasser aufgenommen. Die filtrierte Lösung wird dann mit Oxalsäure versetzt, wobei Thorium als schwerlösliches Oxalat abgeschieden wird. Zur Trennung des Thoriumoxalats von den anderen mitgefällten Oxalaten wird der ausgewachsene Niederschlag mit Na_2CO_3 digeriert, wobei Thor als komplexes Carbonat — im Gegensatz zu CeO_2 u. a. — in Lösung geht.

Es gibt nur eine einzige mit Sicherheit bekannte Oxydationsstufe des Thoriums, und zwar ThO_2. Die Thorerde kristallisiert in regulärem System in Form von Kubo-Oktaedern. Nach V. M. GOLDSCHMIDT und W. ZACHARISSEN gehört ThO_2 zum Fluorittyp. Die Gitterkonstante beträgt 5,57 Å, der gegenseitige Abstand der Th- und O-Atome 2,414 Å. Es scheint, daß ThO_2 nur in dieser Form kristallisiert, also keine polymorphen Umwandlungen zeigt. Das spezifische Gewicht der Thorerde beträgt rund 10. Sie gehört also zu den schwersten überhaupt bekannten Oxyden.

[1] Vgl. J. NOETZLIN: Compt. rend. **208**, 1662—1664 (1939).

Die Druckfestigkeit kleiner Würfel aus Sinterthorerde bei verschiedenen Temperaturen ergab folgende Maximalwerte:

Temperatur °C	Druckfestigkeit in kg/cm²
20	15000
400	11000
600	6000
800	5000
1000	3600
1200	2000
1400	400
1500	100

Die Kurve Abb. 124 veranschaulicht den Gang der Abhängigkeit der Druckfestigkeit von der Temperatur.

Die Zerreißfestigkeit der Sinterthorerde konnte nur bei gewöhnlicher Raumtemperatur an etwa 2 mm starken Stäben mit rundem Querschnitt gemessen werden. Sie ergab sich zu weniger als 1000 kg/cm².

Der Youngmodul, gemessen an dünnen stranggezogenen und normal bei 1900° gebrannten Stäben nach der Durchbiegungsmethode, ergab folgende Werte:

Temperatur °C	E-Modul/·10⁶ kg/cm²
20	1,40
360	1,33
420	1,30
510	1,28
650	1,26
770	1,19
870	1,12
1000	1,10
1100	1,04
1170	0,85

Die Untersuchung der Abhängigkeit der Festigkeitseigenschaften (gemessen am E-Modul) von der Brenntemperatur der Sinterthorerde zeigte, daß die bislang normal angewandte Brenntemperatur der Sinterthorerde (etwa 1900 bis 1920° C) noch nicht die obere Grenze der Festigkeit ergibt. Der Gang der Funktion läßt erwarten, daß diese Grenze um etwa 10% höher als bei normalem Brennprodukt liegt und bei der Brenntemperatur von 2000 bis 2100° C zu erreichen sein dürfte. Da aber die Erzeugnisse aus der Sinterthorerde auf ihre mechanische Festigkeit kaum beansprucht werden, so erscheint es bisher nicht erforderlich, die mit bedeutend höheren Kosten verbundene Erhöhung der Brenntemperatur wesentlich über 1900° C anzuwenden.

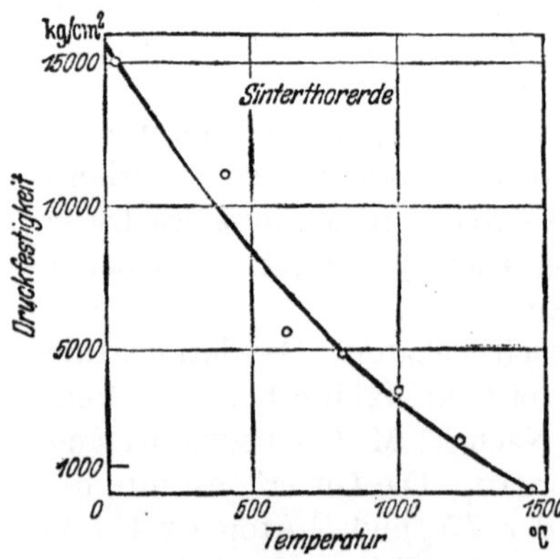

Abb. 124. Druckfestigkeit der Sinterthorerde in Abhängigkeit von der Temperatur.

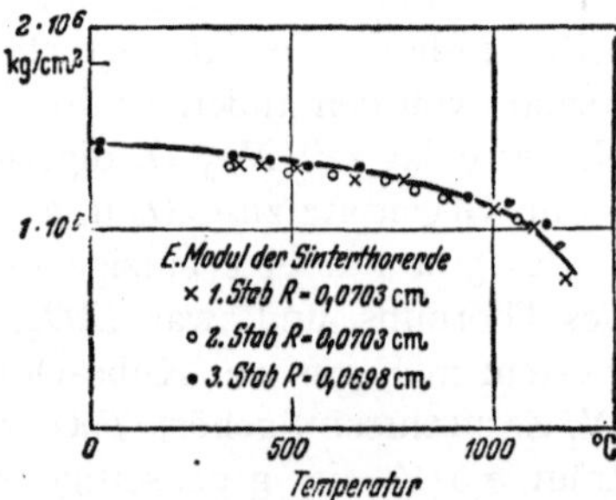

Abb. 125. Abhängigkeit des Elastizitätsmoduls der Sinterthorerde von der Temperatur.

Das Thoriumoxyd gehört neben dem HfO_2 zu den schwerstschmelzbaren Oxyden, sein Schmelzpunkt liegt bei rund 3000° C. Es kann nur an dünnen Scherbenrändern mit dem Acetylen-Sauerstoff-Gebläse angeschmolzen werden.

Die bisherige Hauptverwendung der Thorerde bestand in der Ausnutzung ihrer sehr hohen Feuerfestigkeit in Verbindung mit dem hohen Lichtemissionsvermögen im Gasglühlicht-„Strumpf". Diese Anwendung ist durch die Arbeiten von C. AUER VON WELSBACH (1885) erschlossen worden.

Die Herstellung der Glühkörper geschieht in der Weise, daß man das baumwollene oder kunstseidene lockere Gewebe in Form eines über die Flamme zu stülpenden „Strumpfes" in eine Mischung der Nitrate von *Th* und *Ce* in solchem Verhältnis eintaucht, daß die im Gewebe niedergeschlagene und nach dem Verglühen übrigbleibende Oxydmischung 99% ThO_2 und 1% CeO_2 enthält. Zur besseren Verfestigung des Oxydgemisches wird dem Nitratgemisch noch etwas Berylliumnitrat zugesetzt. Nach dem Verglühen werden die Glühstrümpfe mit Kollodium getränkt und in Kartonschächtelchen verpackt und versandt.

Der lockere in die Flamme eines Brenners eingehängte Glühkörper besitzt eine ziemlich große spezifische Oberfläche und führt durch die Kontaktwirkung die „Oberflächenverbrennung" des Brennstoffes herbei. Die auf diese Weise erreichte wahre Temperatur des Glühstrumpfes kommt auf rund 2000° C. Das hierbei ausgestrahlte Licht ist sehr intensiv, da das ThO_2/CeO_2-Gemisch eine ausgesprochene Selektivität im Sichtbaren besitzt. Nach den Messungen von RUBENS besitzt die Auermasse bei der normalen Glühtemperatur folgendes Emissionsvermögen in Abhängigkeit von der Wellenlänge:

0,45 μ	0,86	0,70 μ	0,06
0,50 μ	0,72	1,00 μ	0,02
0,55 μ	0,49	2,00 μ	0,007
0,60 μ	0,24		

Es nimmt erst über 5 μ wieder zu, bleibt aber noch weit hinter der sichtbaren Strahlung zurück.

Wie F. SKAUPY und Mitarbeiter gefunden haben[1], befindet sich der Sitz der Strahlung durchsichtiger farbloser polykristalliner Körper an den Korngrenzen zwischen den einzelnen Kristalliten. Während z. B. Einkristalle von Saphir bis 1500° C praktisch keine Strahlungsemission zeigen, ist die Sintertonerde in diesem Temperaturgebiet nicht nur im roten, sondern auch im blauen Spektralbereich ein beträchtlicher Strahler. Färbende Zusätze, wie z. B. Cr_2O_3, erhöhen stark die Emission. Die

[1] Vgl. z. B. F. SKAUPY u. H. HOPPE: Kristallstrahlung und Korngrenzenstrahlung nichtmetallischer Körper. Ztschr. f. techn. Phys. **13**, 226—228 (1932), und G. LIEBMANN: Ztschr. f. Physik **63**, 404—436 (1930).

Zugabe von CeO_2 zu ThO_2 hat den gleichen Zweck der „Undurchsichtigmachung" von ThO_2 bei hohen Temperaturen. Nun ergibt sich daraus, daß infolge der bestimmten Wellenlängen des sichtbaren Lichtes ein Maximum der Ausstrahlung bei bestimmten Korngrößen zu erwarten ist. Das ist nach den näheren Untersuchungen von SKAUPY in der Tat der Fall. Die Emissionsgrenze verschiebt sich um so mehr nach den längeren Wellen, je kleiner das Korn ist. Im allgemeinen nimmt die Absorption im Roten mit der Temperaturerhöhung zu, wodurch eine gewisse „Verfärbung" stattfindet. Am höchsten scheint die Ausstrahlung bei 2 bis 4 μ Korn zu liegen. Eine starke Herabminderung — etwa auf 1 μ — des Kornes bringt eine sehr empfindliche Abnahme der Lichtemission mit sich.

Zum genauen Vergleich des Strahlungsvermögens verschiedener Oxyde hat M. PIRANI[1] als Standardkörper mit definierten optischen Eigenschaften das Quarzglas vorgeschlagen.

Interessante theoretische Überlegungen über den Mechanismus der Strahlung nichtleitender fester Körper haben N. RIEHL und Mitarbeiter angestellt[2].

Für die Herstellung der möglichst gut strahlenden Glühstrümpfe aus ThO_2 müssen die angeführten Erkenntnisse berücksichtigt werden.

Wie B. W. KING JR.[3] ausführt, ist die Frage der Lichtemission und Reflexion auch für die alte Domäne der klassischen Silicatkeramik von großer praktischer Bedeutung, und zwar auf dem Gebiete der Emaille. Der Autor findet ein stark ausgeprägtes Maximum des reflektierten Lichtes bei einer Korngröße (von Korund und Anatas) von etwa 0,24 μ Durchmesser, das bei völlig durchsichtigen Körpern bis 70% beträgt. Hier liegt also die höchste Trübungswirkung des Emails. Auf diesem Gebiete ist durch die Berücksichtigung derartiger Zusammenhänge sicherlich noch mancher technische Fortschritt möglich.

Bemerkenswerterweise ist ThO_2 lichtempfindlich und verfärbt sich unter der Lichteinwirkung. Die Verfärbung geht im Dunkeln wieder zurück. Diese Lichtempfindlichkeit scheint jedoch an Spuren einer anderen geringfügigen Beimengung (Pr_2O_3?) gebunden zu sein.

Der mittlere thermische Ausdehnungskoeffizient der Thorerde zwischen 25 und 800° C beträgt $9{,}3 \cdot 10^{-6}$, gehört also zu relativ großen Werten[4]. Dementsprechend ist der Scherben der Sinterthorerde gegen den schroffen Temperaturwechsel relativ empfindlich. Die vergleichenden Versuche zeigen, daß unter allen oxydkeramischen Werkstoffen auf der Einstoffbasis die Sinterthorerde am vorsichtigsten behandelt werden muß, wenn es auf den Temperaturwechsel ankommt.

---

[1] PIRANI, M.: Journ. Sci. Inst. **16**, 372—378 (1939).
[2] RIEHL, N., u. Mitarbeiter: Ztschr. f. techn. Physik **21**, 128—133 (1940).
[3] KING JR., B. W.: Journ. Amer. Ceram. Soc. **23**, 221—225 (1940).
[4] MERRITT, C.: Journ. Amer. Electrochem. Soc. **50**, 283 (1926).

Der hohe Schmelzpunkt der Thorerde ist der äußere Ausdruck der hohen Festigkeit der Bindungskräfte der Bauteile im Gitterverband. Dementsprechend ist auch zu erwarten, daß auch der Dampfdruck des Thoriumoxyds bei hohen Temperaturen nur sehr gering sein muß.

Nach F. BORN[1] dürfte der Siedepunkt von ThO_2 bei etwa 3530° C liegen. Seine Verdampfungswärme wird auf 100 kgcal geschätzt. Der Dampfdruck von ThO_2 bei 2000° C soll $3 \cdot 10^{-3}$ mm Hg-Säule, bei 3000° C etwa 16 mm betragen. Das sind die geringsten Werte unter den angeführten hochfeuerfesten Oxyden (Al_2O_3, CaO, Cr_2O_3, MgO, ZrO_2 usw.).

Auch der berechnete Dissoziationsdruck ist außerordentlich gering. Er beträgt bei 2000° C nur 10^{-27} at und selbst bei 3000° C nur die Größenordnung von etwa 10^{-5} at. Hierin äußert sich eine hohe Widerstandsfähigkeit von ThO_2 gegen die reduzierenden Einflüsse selbst bei hohen Temperaturen.

Das äußert sich auch in der Bildungswärme von ThO_2 aus den Elementen: $Th + O_2 = ThO_2 + 326{,}0$ kgcal/Mol. Das ist eine ungewöhnlich hohe Zahl. Die auf 1 O-Atom reduzierte Verbrennungswärme von Th beträgt somit 163 kgcal, übertrifft also die von Al (133 kgcal) noch ganz beträchtlich. Da aber die Dissoziation von Al_2O_3 bei hohen Temperaturen noch geringer als die von ThO_2 zu sein scheint, könnte das Thoriumoxyd durch Al zu Th reduziert werden.

Entsprechend seiner Stellung im Periodischen System der Elemente ist Th ein ausgesprochener Basenbildner. Demgemäß gibt die Thorerde keine Thoriate [obwohl das $Th(C_2O_4)_2$ mit Na_2CO_3 lösliche Komplexe bildet]. Die Alkalien greifen den hochgesinterten Scherben aus Thorerde kaum an. Von heißen konzentrierten Säuren dagegen, z. B. von der Schwefelsäure, wird die Sinterthorerde ziemlich stark angegriffen. Das Hydrat $Th(OH)_4$ zieht sogar die Kohlensäure der Luft an.

Bei hohen Temperaturen reagiert ThO_2 mit Kohlenstoff unter Bildung von Carbid ThC_2. Dieses Carbid wird mit Wasser zersetzt und liefert neben Acetylen noch andere Kohlenwasserstoffe. Also auch hier äußert sich der stark elektropositive Charakter des Thoriums, das mit Kohlenstoff salzartige Verbindungen eingeht.

Gewichtsmäßig unbedeutende Zusätze üben auf den Schmelzpunkt von ThO_2 einen verhältnismäßig starken Einfluß aus, da ja das hohe Molgewicht von ThO_2 eine hohe Molkonzentration der Zusätze bedingt.

Die Schmelzdiagramme von ThO_2 sind von mehreren Forschern untersucht worden, worunter insbesondere H. v. WARTENBERG mit seinen Mitarbeitern zu erwähnen ist[2].

Das System ThO_2/BeO bildet ein einfaches Eutektikum, wobei die Liquiduskurve in sanftem Bogen ohne scharfes Minimum verläuft, das

[1] BORN, F.: Zeitschr. f. Elektrochem. **31**, 309—311 (1925).

[2] WARTENBERG, H. v., u. Mitarbeiter: Vgl. z. B. Zeitschr. f. anorg. u. allg. Ch. **207**, 1—20 (1932).

bei etwa 2220° C liegt. Hier ist die molare Zusammensetzung des Gemenges 2 BeO : 1 ThO_2.

Im System ThO_2/CaO begegnet man einem scharf ausgeprägten Eutektikum bei dem molaren Verhältnis 3 CaO : 2 ThO_2. Der Schmelzpunkt liegt hier bei 2300° C.

Das System Th_2O_2/Al_2O_3 ergibt ebenfalls ein einfaches Eutektikum mit flach verlaufender Schmelzkurve. Das Minimum liegt bei der molaren Zusammensetzung 4 Al_2O_3 : 1 ThO_2, entsprechend der Schmelztemperatur von 1920° C.

Eine starke Depression auf den Schmelzpunkt von ThO_2 übt der Zusatz von SiO_2 aus. Bemerkenswerterweise scheint sich das Vorhandensein des Orthosilicats Thorit, $ThO_2 \cdot SiO_2$, auf der Schmelzkurve gar nicht bemerkbar zu machen. Offenbar zerfällt diese Verbindung noch weit unter dem Erreichen des Schmelzpunktes (vgl. ähnliches Verhalten beim Zirkon $ZrO_2 \cdot SiO_2$).

Eine sehr starke Schmelzpunkterniedrigung übt auch TiO_2 auf ThO_2 aus. Der eutektische Punkt liegt bei 1630° C entsprechend der molaren Zusammensetzung des Gemisches 3 TiO_2 : 1 ThO_2.

O. Ruff und Mitarbeiter haben u. a. ternäre Systeme $ThO_2/ZrO_2/CaO$ und $ThO_2/ZrO_2/MgO$ untersucht[1]. Nach den Ergebnissen dieser Untersuchungen bildet ThO_2 mit ZrO_2 zweierlei Mischkristallreihen mit einer dazwischenliegenden Mischungslücke. Die Lage der ternären Eutektica entspricht folgender Zusammensetzung:

17% ThO_2, 50% ZrO_2, 33% CaO,
25% ThO_2, 45% ZrO_2, 30% MgO.

Alle derartigen Mischungen wurden im Acetylen-Sauerstoff-Gebläse geschmolzen und röntgenographisch untersucht. Wie in allen solchen Fällen dürfte es sich hierbei schwerlich um Gleichgewichtszustände handeln.

Erwähnenswert an dieser Stelle ist noch, daß gelegentlich der Untersuchung dieser Systeme farblose durchsichtige Erstarrungsprodukte gefunden wurden, die „glasig“ erscheinen. Es handelt sich hier nicht um wirkliche Gläser, da es an Bedingungen für die Glasbildung, wie z. B. am passenden Verhältnis der Ionenradien der Komponenten, fehlt. Diese Produkte zeigen zwischen gekreuzten Nikols im Polarisationsmikroskop vollständige Auslöschung, müssen also aus einem homogenen Kristallmaterial bestehen. Sie besitzen eine hohe Härte, einen sehr hohen Brechungsindex (bis 2,21) und eignen sich[2] als Material zur Herstellung künstlicher Edelsteine. Die Zusammensetzung entspricht z. B. folgenden Verhältnissen: 17,5% ThO_2, 77,5% ZrO_2, 5% CaO oder MgO.

Während in der Glanzzeit der Glühstrumpfbeleuchtung (hauptsächlich der Straßenbeleuchtung in den Städten) der Absatz von ThO_2 ge-

[1] Ruff, O., u. Mitarbeiter: Ztschr. f. anorg. u. allg. Ch. **207**, 308—312 (1932).
[2] Nach D.R.P. 556926, Erf. O. Ruff.

sichert und der Anfall an CeO_2 ein Ballast war, haben sich seit der stärkeren Entwicklung der elektrischen Beleuchtung die Verhältnisse völlig geändert, und man sucht nach der großtechnischen Verwendung von ThO_2.

In der Synthese von Kohlenwasserstoffen aus Kohlenoxyd und Wasserstoff hat in der ersten Zeit der ThO_2-Katalysator eine wichtige Rolle gespielt. Er konnte jedoch durch billigere Stoffe verdrängt werden.

Der Verbrauch an ThO_2 für keramische Zwecke ist sehr gering und bietet nicht im entferntesten ein Äquivalent für den Rückgang der Glühstrümpfe.

Zur keramischen Verarbeitung wird ein calciniertes Ausgangsmaterial verwendet, wobei die Calciniertemperatur nicht wesentlich über 1500° C hinauszugehen braucht. Die Thorerde wird in eiserner Kugelmühle mit Stahlkugeln feinst vermahlen, mit HCl ausgewaschen und in diesem mit HCl „aktivierten" Zustande hauptsächlich nach dem Schlicker-Gießverfahren verformt. Selbstverständlich kann man auch mit sekundären organischen Plastifikatoren Massen herstellen, die sich nach anderen keramischen Verformungsmethoden verarbeiten lassen.

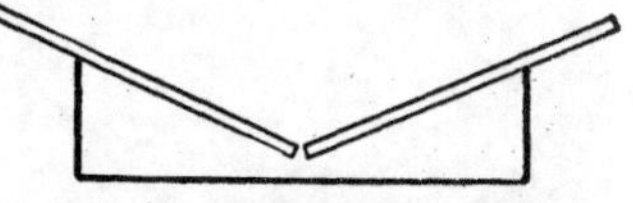

Abb. 126. Versuchsanordnung zum Schmelzen von ThO_2 (schematisch).

In einer interessanten Arbeit beschreiben W. SWANGER und F. R. CALDWELL[1] die Herstellung der geschmolzenen Thorerde sowie ihre Verarbeitung zu keramischen Laboratoriumsgeräten nach dem Gießverfahren. In einem aus Graphitplatten zusammengebauten Kasten länglicher Form, der mit hochfeuerfesten Isoliersteinen umgeben ist, befinden sich an zwei gegenüberliegenden Stirnseiten des Kastens zwei schräg gestellte Graphitrohre, die untereinander am Kastenboden einen stumpfen Winkel bilden, wie die schematische Skizze Abb. 126 zeigt.

Unter den sich gerade berührenden Rohrenden befindet sich eine Schicht Thorerde. Durch die Graphitrohre wird nun ein lebhafter Sauerstoffstrom hindurchgeleitet und hierauf der Lichtbogen zwischen den Graphitrohren gezündet, der im Sauerstoffstrom die Thorerde zum Schmelzen bringt. Nach Angabe der Autoren verbrennt der Sauerstoff die Elektroden gar nicht übermäßig stark, ermöglicht aber die Herstellung eines carbidfreien geschmolzenen ThO_2-Materials.

Nun wird die erstarrte Thorerdeschmelze in einer Stahlmühle mit Stahlkugeln fein vermahlen und mit Salzsäure von hineingemahlenem Eisen befreit. Das Korn des Mahlproduktes entspricht einem 100-Maschensieb auf Zoll, ist also noch recht grob. Die Gegenstände werden nach dem Stampf- oder Gießverfahren geformt und bei 1700 bis 1800° C gebrannt. Es resultiert ein Scherben mit dem Raumgewicht bis 9,6,

[1] SWANGER, W., u. F. R. CALDWELL: Special refractories for use at high temperature. Journ. Res. Bur. Stand. **6**, **1131—1143** **(1931)**.

der jedoch noch nicht gasdicht ist. Das ist allerdings nicht verwunderlich, da das wenig schwindende geschmolzene Material mit verhältnismäßig grobem Korn verarbeitet und nicht sehr hoch gebrannt wird.

Geht man jedoch von calciniertem, feinstgemahlenem Material aus, welches nach der Verformung bei etwa 2000° C gebrannt worden ist, dann erhält man einen dichten Scherben. — Die Abb. 127 stellt die mikrophotographische Aufnahme eines Dünnschliffes der so verarbeiteten Sinterthorerde dar. Man sieht, daß die ThO_2-Kristallite eine auffällig gleichmäßige Größe von hier durchschnittlich 15 μ im Durchmesser besitzen. Sie sind miteinander ohne Zwischenräume und Poren verwachsen und bilden ein dichtes Gefüge.

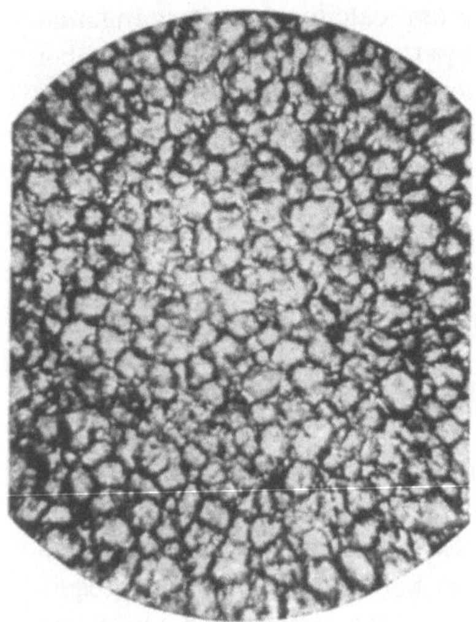

Abb. 127. Dünnschliff der Sinterthorerde. Vergr. 225 ×.

Infolge der überaus hohen Feuerfestigkeit der Thorerde, die sich in ihrem sehr hohen Schmelz- und Siedepunkt äußert, erscheint es möglich, die Geräte aus Sinterthorerde bis etwa 2700° C zu benutzen. Allerdings kommt eine derart hohe Temperatur nur recht selten in Betracht. Sie kann aber tatsächlich mit keinem anderen oxydkeramischen Werkstoff gemeistert werden.

Eine interessante Anwendung der Sinterthorerde als Schmelztiegelmaterial für besonders saubere und exakte Arbeiten bei hohen Temperaturen ergab sich bei der Revision und Neuaufstellung der Normale für die Lichtstärkeeinheit.

Bekanntlich wurde bis vor kurzer Zeit die „Hefnerkerze“ als Lichteinheit benutzt. Sie ist als diejenige Lichtmenge definiert, die von einer 40 mm hohen Flamme von primärem Isoamylacetat am runden Docht von 8 mm Durchmesser im Neusilberrohr von 0,15 mm Wandstärke in horizontaler Richtung ausgesandt wird. Der Barometerstand, Wassergehalt der Luft usw. üben einen bestimmten Einfluß auf die Leuchtkraft der Flamme aus. — Schon aus dieser Definition erhellt die Unbequemlichkeit, aber auch die Ungenauigkeit dieser Lichteinheit. Mit der Steigerung der Anforderungen an die Genauigkeit der Lichtmessungen ergab sich daher die Notwendigkeit, die Lichteinheit auf eine bessere Basis zu gründen. Diese Basis wurde in der Anwendung der schwarzen Strahlung bei der Temperatur des Erstarrungspunktes (1773° C) des reinen Platins festgelegt. Als schwarzer Körper wurde nun ein besonders geformter Schmelztiegel aus Thoriumoxyd gewählt, das sich für den gedachten Zweck sehr gut bewährt hat.

In der Abb. 128 ist der Schnitt durch diesen schwarzen Körper wiedergegeben. Er besteht aus einem schwach konischen Tiegel mit einem Wulst in der Bodenmitte, in den ein im Innern des Tiegels befindliches Rohr einmündet. Dieses Rohr reicht vom Tiegelboden fast bis zum oberen Tiegelrand. Der Tiegel ist mit einem Deckel versehen, in dessen Mitte eine Öffnung freibleibt. Über der Öffnung ist ein kleiner trichterförmiger Ansatz. Durch diesen Trichter kann man ins Innere des Rohres im Tiegel hineinblicken.

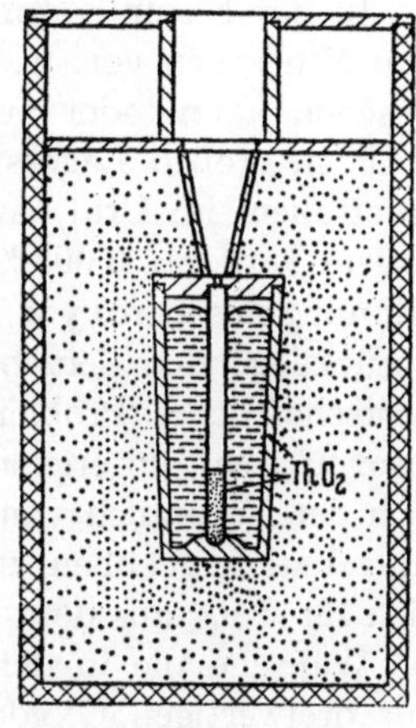

Abb. 128. Tiegel und Einsatz aus Sinterthorerde als schwarzer Körper.

Das Ganze befindet sich in einem wärmeisolierenden geschlossenen Gefäß, so daß nur der obere trichterförmige Ansatz freibleibt. Der Tiegel mit dem Innenrohr wird mit dem „physikalisch-reinen" Platin (also von einem überaus hohen Reinheitsgrad, der über die normale „chemische Reinheit" erheblich hinausgeht) gefüllt, welches durch Induktionsströme bis zum Schmelzen erhitzt wird. Mit dem optischen Pyrometer wird durch den trichterförmigen Ansatz der Temperaturgang der sich allmählich abkühlenden Metallschmelze verfolgt. Beim Erreichen des Erstarrungspunktes bleibt die Temperatur einige Zeit (bis die ganze Flüssigkeit erstarrt ist) konstant. Da man die aus dem Innenrohr austretende Strahlung als schwarz ansehen kann, sind die Lichtemissionsverhältnisse streng definiert. Der 60. Teil der Lichtstärke eines Quadratzentimeters des schwarzen Strahlers bei der obigen Temperatur ist die „Neue Kerze", die jetzt international angenommen worden ist. Diese Einheit ist fast um 10% höher als die alte Hefnerkerze. Ihre Reproduzierbarkeit und Genauigkeit sind erheblich größer als bei der alten HK[1].

Im Sinterthorerdetiegel kann man mehrere Male ein und dieselbe Platincharge schmelzen, ohne irgendwelche merkliche Verunreinigung der Schmelze durch die Einwirkung der Tiegelwand befürchten zu müssen.

Der Verbrauch der Thorerde für keramische Erzeugnisse ist bisher nur sehr gering. Da aber vorläufig auch andere Verbrauchsgebiete, wie z. B. Herstellung von Katalysatoren, nur sehr unbedeutend sind, besteht zur Zeit an Thorerde eine gewisse Überproduktion.

8. Cerdioxyd.

Das Cerdioxyd CeO_2 verdient auch ein gewisses keramisches Interesse, erstens weil es zu den höchstfeuerfesten Stoffen gehört und sich ohne besondere Schwierigkeiten zu keramischen Gegenständen ziem-

[1] Vgl. A. Dresler: Die Neue Kerze. Arch. f. techn. Messen. T. **133**, Okt. **1941**.

lich hoher Beständigkeit verarbeiten läßt, und zweitens, weil es in der letzten Zeit u. a. als Weißtrübungsmittel für Glasuren in Anwendung gekommen ist.

Das Cer gehört zur Gruppe der sog. „seltenen Elemente", die noch Lanthan, Neodym, Praseodym, Samarium usw. enthält. Es hat die Ordnungszahl 58, sein Atomgewicht ist 140,13. Es gibt zwei Oxydationsstufen von Cer, die dreiwertige im Ce_2O_3 und die vierwertige im CeO_2.

In der Natur kommt das Cer in verschiedenen selten vorkommenden Mineralien vor, wie im Cerit, das man als basisches Cermetasilicat ansehen kann, oder auch im Monazit, das Cerphosphat enthält und z. T. in großen Lagerstätten in Nord- und Südamerika, in Indien, in Australien, im Ural usw. vorkommt. Sein Anteil am Aufbau der Erdkruste wird zu 0,005% geschätzt. Als Quelle für die technische Gewinnung des Ceroxyds kommt nur der Monazit in Frage. In nicht weit zurückliegender Zeit bildete die Verwertung von Cer ein technisch-wirtschaftliches Problem, da man es nur in den Glühstrümpfen, und zwar in sehr untergeordneten Mengen, ausnutzen konnte. Heute hat sich der Verbrauch von Cer in den Zündlegierungen und als Trübungsmittel stark gehoben, und die Schwierigkeiten der Verwertung ergeben sich für ThO_2 aus dem Monazit.

Während die in der Natur vorkommenden Verbindungen des Cers zur dreiwertigen Oxydationsstufe gehören, sind künstlich die Ce(IV)-Verbindungen hergestellt worden, die an sich ziemlich stabil sind. Das CeO_2 ist in Gegenwart des freien Sauerstoffes sogar die beständigere Form und bildet sich beim Verglühen der Ce-Salze an der Luft als weißes schweres Pulver.

Zur technischen Gewinnung von CeO_2 aus Monazit wird das Rohmaterial zunächst mit konzentrierter Schwefelsäure behandelt, wobei sich neben den anderen Sulfaten das lösliche Sulfat $Ce(III)_2 \cdot (SO_4)_3 \cdot 8\,H_2O$ bildet. Aus der Sulfatlösung kann man das Cer in Form von schwerlöslichen Alkalidoppelsulfaten fällen und dann für sich weiter behandeln. Eine neue Methode beruht jedoch auf der oxydativen Trennung des elektrolytisch oder mit Cl_2 gebildeten CeO_2 von seinen nicht weiter oxydierbaren Begleitern. Reines CeO_2 ist fast ganz weiß. Durch starke Erhitzung erhält es jedoch eine bleibende gelbliche Verfärbung. Vielleicht ist sie auf eine partielle Sauerstoffabgabe zurückzuführen, die zur Gemischoxydbildung führt. Bekanntlich sind Gemischoxyde oft tiefer als ihre Einzelbestandteile gefärbt (z. B. $FeO \cdot Fe_2O_3$).

Das CeO_2 kristallisiert in regulärem System, und zwar nach dem Fluorittypus. Die Gitterkonstante beträgt 5,40 Å. Sein spezifisches Gewicht beträgt 7,3, es gehört also zu den schwersten Metalloxyden. Es ist schwach paramagnetisch. Chemisch gesprochen ist CeO_2 eine Base. Ceriate sind jedenfalls bisher nicht bekannt geworden. Wie immer bei dem niedrigerwertigen Oxyd, ist das Ce_2O_3 noch basischer als CeO_2.

Nach den Untersuchungen von H. v. WARTENBERG und Mitarbeitern[1] gehört CeO_2 zu den höchstschmelzenden Oxyden. Sein Schmelzpunkt liegt bei 2750° C, übertrifft also noch den Schmelzpunkt von ZrO_2. Der Schmelzpunkt des hellgelbgrünen Ce_2O_3 liegt bereits bei 1690° C.

Die spez. Wärme beträgt 0,0918 bei 25° C.

Die Bildungswärme von CeO_2 aus den Elementen beträgt 224,6 kgcal/Mol. Pro O-Atom ist somit die „reduzierte" Bildungswärme 112,3 kgcal, also empfindlich geringer als bei MgO, ZrO_2, Al_2O_3 usw.

Metallisches Cer kann man aus Chloriden oder Fluoriden durch Mg, Ca, Al usw. gewinnen. Die technische Metallherstellung geschieht jedoch auf dem elektrolytischen Wege aus Cer-Halogenid-Salzen. Das meiste Ce-Metall gelangt als „Mischmetall" in Legierung mit Fe für die pyrophoren Legierungen („Zündsteine") zur Anwendung.

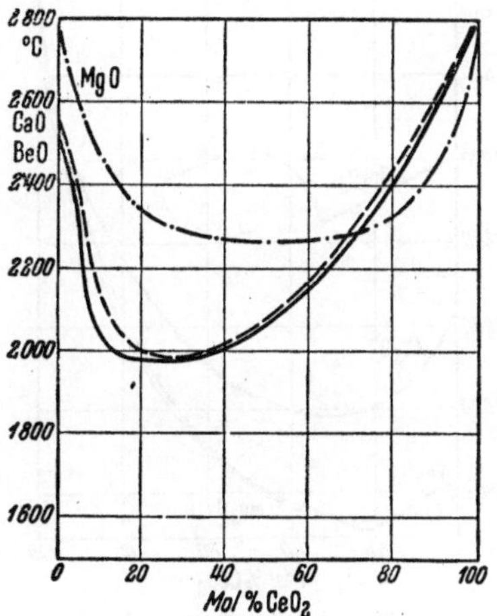

Abb. 129. Schmelzdiagramme der Systeme CeO_2/MeO nach v. WARTENBERG und ECKHARDT.

Schmelzdiagramme einiger binärer Systeme von CeO_2 mit verschiedenen anderen hochfeuerfesten Oxyden sind von H. v. WARTENBERG und K. ECKHARDT[2] untersucht worden.

Die Erdalkalien BeO, MgO, CaO bilden mit CeO_2 einfache Eutektica mit ziemlich stetig verlaufenden Kurven. Irgendein Anzeichen zur Bildung einer Verbindung besteht nicht.

Das Diagramm Abb. 129 veranschaulicht den Verlauf der Kurven CeO_2/MgO, CeO_2/CaO und CeO_2/BeO.

Die Sesquioxyde bzw. Gemischoxyde Al_2O_3, Fe_3O_4, Mn_3O_4 ergeben mit CeO_2 ebenfalls einfache Schmelzdiagramme mit Eutektikumsbildung. Die Minima liegen ziemlich tief. Der Verlauf der Kurven ist in Abb. 130 (S. 278) wiedergegeben.

Das Diagramm mit Cr_2O_3 ergibt ein ausgesprochenes Maximum beim Mischverhältnis $CeO_2 : Cr_2O_3 = 1 : 1$ mit dem Schmelzpunkt von etwa 2430° C. Die Autoren neigen zur Ansicht, daß hier das dreiwertige Cer vorliegt und die entsprechende Verbindung als Cer-Chromit angesehen werden dürfte.

Mit TiO_2 erhielten die Autoren stets tiefschwarz gefärbte, also vermutlich stark reduzierte Produkte mit einem Schmelzpunktsminimum

[1] WARTENBERG, H. v., u. K. ECKHARDT: Systeme mit CeO_2. Ztschr. f. anorg. u. allg. Ch. **232**, 179—187 (1937).

[2] WARTENBERG, H. v., u. K. ECKHARDT: Ztschr. f. anorg. u. allg. Ch. **232**, 179—187 (1937).

von etwas über 1500° C. Die Schmelzkurve mit ZrO_2 zeigt ein ausgesprochenes Eutektikum bei 2400° C mit etwa 30 Mol.-% CeO_2. Der Verlauf der Kurven ist in Abb. 132 wiedergegeben.

Mit ThO_2 konnten bis 2600° C keine geschmolzenen Gemische mit CeO_2 erhalten werden. Beim Arbeiten bis 2500° C war keine merkliche Verdampfung des CeO_2 festzustellen. Dementsprechend bildet dieses System wohl das geeignetste basische hochfeuerfeste Material, in dem das teuere ThO_2 mit Erfolg durch das viel billigere CeO_2 ersetzt werden kann.

Wie aus dem Valenzwechsel von *Ce* III zu *Ce* IV und umgekehrt

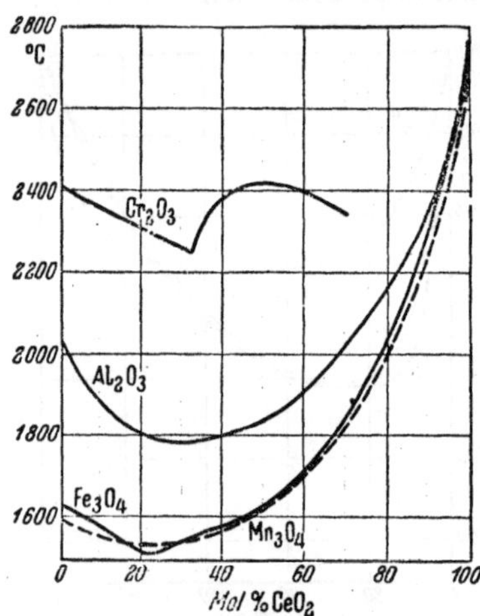

Abb. 130. Schmelzdiagramme der Systeme CeO_2/Me_2O_3 nach v. WARTENBERG und ECKHARDT.

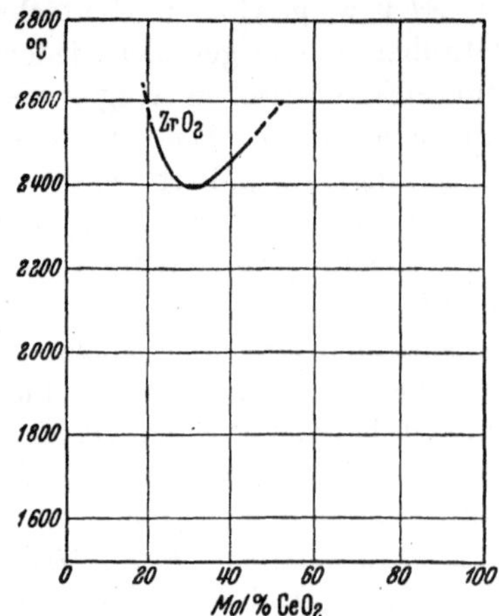

Abb. 131. Schmelzdiagramm des Systems CeO_2/ZrO_2 nach v. WARTENBERG und ECKHARDT.

zu erwarten, muß CeO_2 ein verhältnismäßig guter Elektroleiter sein. Das ist auch in der Tat der Fall. Die elektrische Leitfähigkeit von CeO_2 übersteigt diejenige von ZrO_2 ganz erheblich. Mit geringen Zusätzen anderer hochfeuerfester Oxyde, wie ThO_2, ZrO_2, Y_2O_3 usw., versetzt, leiten die hochgebrannten CeO_2-Körper den elektrischen Strom etwa dreimal besser als die Nernstmasse bei gleicher Temperatur. Dabei liegt der Beginn der technisch brauchbaren Leitfähigkeit (nur wenige Ohm pro cm-Würfel) der Sintercererde um etwa 200° C tiefer als bei der Zirkonerde.

Dementsprechend dürfte sich der CeO_2-Elektroleiter als Heizelement, als Lichtquelle usw. gut eignen. Nur seine Empfindlichkeit gegen den starken Temperaturwechsel bedeutet hier ein Hindernis. Recht geringe Schwankungen der Temperatur können bereits das Auftreten von Rissen verursachen.

Neuerdings ist CeO_2 als Bestandteil des elektrolytischen Festleiters für den Bau von Brennstoffelementen vorgeschlagen worden[1]. Nach

[1] D.R.P. 713568, Erf. E. BAUR.

den Untersuchungen von H. HOPPE[1] ist die Strahlung kompakter Körper aus Sintercererde stark temperaturabhängig, und zwar in der Weise, daß das Emissionsvermögen für Rot proportional der Temperatur zunimmt. Bei 1200° C abs. beträgt das Emissionsvermögen 0,4, bei 1600° C abs. bereits 0,8.

Das Ceroxyd wird durch Kohle bei über 1600° C reduziert. Hierbei bildet sich rötliches Carbid CeC_2, das mit Wasser Acetylen entwickelt.

Die Verarbeitung der Cererde zu keramischen Gegenständen erfolgt nach den gleichen Grundsätzen und Methoden wie die anderer Oxyde und braucht hier nicht gesondert geschildert zu werden. Das Material erleidet bis zur Brenntemperatur von etwa 1920 bis 1950° C keine Modifikationsänderungen und macht infolgedessen keine verarbeitungstechnischen Schwierigkeiten. Der bei S. K. 40 bis 41 gebrannte Scherben aus der Sintercererde ist dicht. Die Abb. 132 veranschaulicht das Gefüge des Scherbens aus Sintercererde.

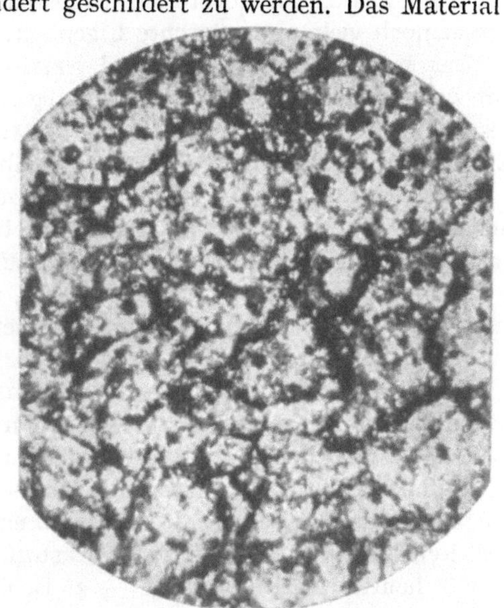

Abb. 132. Dünnschliff aus Sintercererde. Vergr. 2[illegible] ×.

Es hat sich bisher noch kein besonderes Anwendungsgebiet für die keramischen Erzeugnisse aus reiner Sintercererde abgezeichnet. Vielleicht wird sich auch in der Zukunft keine besondere Verwendung der Sintercererde herausbilden. Das Studium des keramischen und physiko-chemischen Verhaltens dieser Erde — ebenso wie auch der anderen, hier nicht erwähnten oder bisher noch überhaupt nicht ausprobierten Oxyde — kann nichtsdestoweniger von großer Bedeutung sein; es sei hier nochmals auf den Zusammenhang zwischen der Frage nach dem Brennstoffelement und der Oxydkeramik verwiesen. Deswegen sollte das Studium der Sintererden auch in keramischer Richtung fortgesetzt werden. La_2O_3, Y_2O_3, WO_3 usw. dürfen nicht beiseite bleiben. Die Frage besteht zunächst darin, ob man alle diese Oxyde auch tatsächlich keramisch wird verarbeiten können. Die bisher gewonnenen Erkenntnisse und Gesichtspunkte bezüglich der keramischen Verarbeitung oxydischer Systeme lassen die Ansicht nicht als vermessen erscheinen, daß es kein

[1] HOPPE, H.: Ann. der Physik **15**, 709—728 (1932).

oxydisches System gibt, das nicht keramisch beherrscht werden könnte. Das ergibt aber einen hoffnungsvollen Ausblick für die Weiterentwicklung des ganzen oxydkeramischen Gebietes und seiner technischen Anwendungen.

Bisher war man mangels der tieferen Kenntnisse gezwungen, mit den Werkstoffen zu arbeiten, die gerade da waren, d. h. die entweder von der Natur dargeboten (Kaoline usw.) oder von der Menschenhand hergestellt („reine" Oxyde) worden sind.

Neben zahlreichen hervorragenden technischen Eigenschaften besitzen die aus diesen Rohstoffen hergestellten keramischen Erzeugnisse immer noch viele unerwünschte Eigenheiten.

Der Mangel an elastischer und plastischer Verformbarkeit, die damit zusammenhängende verhältnismäßig schlechte Temperaturwechselbeständigkeit, die Stoßempfindlichkeit usw. aller bisherigen keramischen Erzeugnisse schränkt ihre Verwendungsfähigkeit stark ein.

Es zeichnen sich aber bereits heute zwei Wege ab, die zu einer wesentlichen Verbesserung führen. Der eine besteht darin, auf Grund der vorhandenen Eigenschaften die Verwendungsbedingungen dem Werkstoff besser anzupassen, der andere aber, neue keramische Werkstoffe zu synthetisieren, die möglichst günstige erwünschte Eigenschaftskombinationen erhalten.

Beide Wege sind nur durch das intensive Studium und die praktische Erprobung der bereits vorhandenen Werkstoffe beschreitbar.

Die wesentliche Erweiterung der Keramik durch die Schaffung der Werkstoffe auf der Grundlage der Einstoff- und Einphasensysteme dürfte für die nahe Zukunft vielleicht eine wesentliche Bereicherung der Synthese von besonderen Werkstoffen nach sich ziehen, wofür bereits heute wichtige Anfänge — z. B. in der Keramik der Kondensatorwerkstoffe — zu verzeichnen sind. Diese Anfänge haben sich bisher an die alte klassische Keramik gehalten, bei der der Ton und die Silicate die Grundlage bilden. Die auf alle oxydische Systeme erweiterte Grundlage wird der Weiterentwicklung wesentliche Dienste erweisen. Der Anfang dazu ist durch die Keramik reiner Oxyde gemacht.